JN252952

EW Against
a New Generation of Threats

電子戦の技術

新世代脅威編

デビッド・アダミー
David Adamy

河東晴子　小林正明　阪上廣治　徳丸義博 =訳

東京電機大学出版局

危険な状況に投入され，
電子戦の学および術を実践する制服の若者に
本書を捧げる.
彼らこそが，新世代の脅威による危険に直面し，
この危険に満ちた世界に暮らす残りの我らを守るために，
必要なことを成してくれる者なのである.

序文

　本書は，EW101 シリーズの第 4 巻である．これはジャーナル・オブ・エレクトロニックディフェンス（Journal of Electronic Defense; JED）誌の記事である EW101 をもとにしたものである．本書の執筆時点で，このシリーズには 20 年以上で 213 個の記事が収録されている．最初の 2 巻，すなわち EW101 と EW102 には，電子戦（EW）の基礎が取り上げられている．第 3 巻の EW103 は，通信電子戦を中心に扱うほか，中東における状況を受けて執筆されている．本書では，新たに地上における EW に力点を置きつつ，われわれに多大の人的損耗をもたらしている手製爆弾（IED）の起爆に用いられる回線など，地表面近傍の敵の通信を相手にする陸上部隊の要員の助けとなることを目的としている．

　ところで，EW の全領域が変化しつつある．極めて恐ろしい新型の脅威レーダや，非常に扱いにくい新型の通信リンクがある．EW で起きている最も恐るべき事態は，われわれがこれまで実行してきた EW 機能の果たし方の多くは，おそらく，これ以上役を果たせなくなるのではないか，ということである．これには新しい取り組みが必要とされるが，本書は，軍の内外を問わず，時には身命を賭してこの新たな現実に対処しようとする人々を支援するつもりである．

　既刊の EW101，EW102，EW103 と同様，本書は，秘密情報源から得た情報の一部を題材に扱ってはいるが，機密扱いはされていない．本書はそれには触れない．ここでのやり方はこうである．すなわち，アンテナ利得，実効放射電力（ERP）などに対して合理的な推定値を用いるのである．それらは正しい値でないかもしれないが，それで構わない．公開文献に数字が示されていなければ，合理的な推定をもとにそれらを補い，各数値データの補填に用いた理屈を示す．次に，数式の使用法を述べ，それらの推定値を代入した例題を示す．別の公開文献で異なる数値が見つかれば，それらのいくつかは間違いに違いないことがわかる．本書では，どの数値が正しくてどの数値が誤りであるかの判断はしない．た

だ，一つの数値を選定して，運用上の問題を解くのにその値を使用するだけである．ここでの課題は，情報の使い方ということになる．あとで読者がこの情報を実際に使用する際に，諸君が認可された秘密情報源にある実際の値を調べて，本書で説明した式にそれを代入すればよい．

日本語版出版に寄せて

　西側諸国の電子戦の専門家は，ソビエトのミサイルや火砲を撃破するのに，何十年にもわたって変わらない基礎的戦術を使用することで大成功を収めてきた．しかし，この何年間の間に，ロシア軍や中国軍は，西側諸国軍が従来達成できた電子戦技術の適用を拒否することを目的とした，まったく新しい世代の兵器を開発するとともに配備してきている．彼らのミサイルやレーダは，致死半径を著しく拡大させるとともに，我が伝統的な電子攻撃技術，特にスタンドオフ妨害を無効化することを目的とした電子防護技術を組み込んでいる．

　これらの新たな兵器システムと，それらに結び付いた通信から友軍のアセットを守るためには，新たな手法，技術，システムの開発が必要である．古い手法は明らかに新世代の脅威に対抗するには適していない，という事実にもかかわらず，伝統的な技術は，この先何年も使われ続ける多くの古いシステムに対抗するためには，まだ重要である．本書では，伝統的な電子戦手法および新たに必要となる手法を，技術的観点から説明する．

あなた方の仲間

Dave Adamy

訳者序文

　著者の序文にもあるように，本書は，AOC（Association of Old Crows）の機関誌である JED の連載コラムに加筆・修正してまとめられた前著 EW101, EW102, EW103（邦訳は『電子戦の技術 基礎編』『同 拡充編』『同 通信電子戦編』）に続く，新世代の脅威に対抗する電子戦に関する書籍である．

　本シリーズは日本語による初めての電子戦の技術書であり，これまでの 3 冊では予想を大きく上回る数の読者を得られた．

　著者も述べているように，近年，電子戦を取り巻く状況は大きく変化し，従来の技術に加えて，新たな技術が必要となってきている．本書は，伝統的な技術と，新たに必要となる技術の両方を含み，現在必要とされる技術を総括的に説明している点で，読者のニーズに応えるものと思う．また，本書中には数多くの計算例があるが，これは，利用者が各自の立場で仕様を当てはめて本書の知識を活用できるようにする，という著者の意図を表している．

　邦訳にあたってお世話になった多くの人々に心から感謝の意を表したい．まず，著者デイブ・アダミー氏に感謝する．氏には邦訳にあたり親切な助言をいただいたばかりか，日本語版出版にあたっての序文も執筆していただいた．次に，一般に馴染みの薄い分野の出版を受け入れ，シリーズ化して刊行していただいている東京電機大学出版局の関係者各位，特に編集者として尽力していただいた吉田氏に，そして，きめ細かな校正を担当していただいたグラベルロードの伊藤氏に感謝する．最後に，この翻訳出版をサポートしてくれた訳者周辺の関係各位に感謝する．

訳者一同

目次

第 7 章　最新の通信脅威　283

第 8 章　デジタル RF メモリ　329

第 9 章 赤外線脅威と対抗策　368

第 10 章 レーダデコイ　412

第 11 章 ES vs. SIGINT　441

第1章

序論

　この何年間で，電子戦（electronic warfare; EW）分野の特質が変化し，かつその変化は加速状態にある．本書の目的は，技術的観点からそれらの変化を論ずることにある．本書は公刊資料からの脅威情報を使用している．ここではそれを脅威の状況説明に役立てようとするのではなく，合理的見積もりに生かすとともに，それが対抗策に及ぼす影響について説明することを意図している．

　電子戦における重要な変化には，以下に示す項目が挙げられる．すなわち，

- 明確な戦闘空間としての電磁環境（electromagnetic environment）の認識
- 新型かつ極めて危険な電子誘導兵器
- 兵器の精度と致死効果の双方に影響を及ぼす新技術

である．

　本書は，公開情報のみを使用するという制約の中で，可能な限りこれらの領域はすべて扱う．幸い，新兵器におけるそれらの役割，さらに，それらの兵器に対抗する EW 対策の種類や有効性の説明を援助する新しい技術分野における公開情報は，豊富に存在している．

　EW 用語では，脅威に関連した電波の放射を「脅威」と呼んでいる．これは必ずしも的確とは言えない．なぜなら，実際のところ，「脅威」とは，爆発させたり，あるいは何か他の方法で危害を及ぼしたりすることを指すからである．けれども，これが上記の信号についての EW における言い方なのである．本書では，レーダ脅威と通信脅威の両方を話題にする．この専門用語を使えば，レーダ脅威とはレーダ管制兵器に使われるレーダ信号ということになる．すなわち，

- 各種捜索・捕捉レーダ
- 各種追尾レーダ
- レーダ処理装置とミサイルとの間の誘導およびデータ伝送のための無線回線

などである．

通信脅威には以下が挙げられる．すなわち，

- 指揮・統制通信
- 統合防空システムの構成部隊間のデータリンク
- 無人航空機（unmanned aerial vehicle; UAV）とその制御局を連接する指令・データリンク
- 手製爆弾（improvised explosive device; IED; 簡易爆発物）起爆用回線
- 軍事目的に使用される携帯電話回線

などである．

本書で重要視しているのは，これらの信号の振る舞いと，それらが武器の有効性や作戦にどう影響するかである．

同様に，熱線追尾ミサイル（heat-seeking missile）とそれらを撃破する対抗策の重要な進展についても考察する．

簡単に言えば，数十年にわたってずっと成功してきたやり方では，EW を遂行し続けることはできないということである．この世界は変化しているので，われわれもそれに合わせて変わらざるを得ないのである．

本書は，読者がその変化を実行に移す助けとなるツールをいくつか提供することを心がけている．

そのほかに，本書には以下の三つの大きな主眼がある．

1. 新たに認識された電磁戦（electromagnetic warfare）の領域について説明する（第2章）．これは，お馴染みの地上，海上，航空および宇宙の各戦闘空間に加えて表面に出てきたもう一つの戦闘空間である．おわかりのように，他の戦闘空間の様相にはすべて類似点があり，そして EW は重要な立役者の一つである．どこにもあまり当てはまらなかったが，重要な関連項目がある．それは，電子戦支援（electronic warfare support; ES）と信号情

報（signal intelligence; SIGINT）の違いについての第 11 章における定義付けである.

2. 電子制御兵器や EW に影響を及ぼすいくつかの新技術や取り組みがある. これらの領域については，デジタル通信理論に関して第 5 章で，デジタル RF メモリ（digital radio frequency memory; DRFM; デジタル高周波メモリ）に関して第 8 章で，レーダデコイに関して第 10 章で，というように，個別の章で取り上げる.

3. 最新の脅威についても取り上げる. レーダ脅威は二つの章で取り上げる. 第 3 章は，在来型の脅威，さらにレーダ脅威の捕捉と妨害のための計算式について取り上げる. 第 4 章では，高度に発展した新世代脅威の特徴を取り上げる. 同じく通信脅威も第 5 章と第 7 章の二つの章で取り上げる. 第 6 章では，傍受と妨害のための伝搬計算式を含め，在来型の脅威，さらに電波源位置決定についても取り上げる. 第 9 章では，赤外線脅威と対抗策について述べる.

第2章

スペクトル戦

　戦いの種類が変わりつつある．その領域は，かつては陸上，海上および航空であった．その後，宇宙が加えられた．さらに今では，第5の領域，すなわち電磁スペクトル（electromagnetic spectrum; EMS）が加わった．本章では，この新しい戦いの領域の特質を追求し，それをそれ以外の四つの領域の戦いに関連付ける．本章は，その基本概念と電磁（electromagnetic; EM）スペクトル領域の戦いに使われる語彙を取り上げる．

2.1　戦いの変化

　通信能力の向上によって，戦いの遂行方法が大きく変えられつつある．無線通信は，ほんの1世紀前に始まったばかりである．それまでは，距離をおいた通信は電信だけであった．軍事通信は，おおよそ2世代前までは，実用的な理由から主として有線によってのみ行われていた．艦船，航空機や陸上移動アセットでは有線によらずに通信を行う必要があるので，無線通信に多くの試みが投入された．第2次世界大戦が開始されると，たいていの対戦国によってレーダが開発され，そして無線通信も格段に洗練されてきた．

　当初から，スペクトルの使用と管理は問題であった．マルコーニが火花ギャップ（spark gap; 火花間隙）送信機を使用して最初の大西洋横断伝送に成功した際は，非常に広範囲のスペクトルを使用したので，世界中で一つの伝送を行うだけのスペクトルの余裕しかなかった．（その後まもなく）同調式の送信機が開発されたにもかかわらず，無線回線相互間での干渉は大きな問題であった．無線通信

やレーダ信号の傍受（intercept; 捕捉）の確実性と送信機の位置決定能力は，軍事作戦に大きな影響を与えた．傍受，妨害（jamming），電波源位置決定（emitter location），通信文の保全および伝送保全（transmission security）は，戦いに必須となってきており，またこれらはそう簡単になくなりそうにはない．

　戦闘に用いられる基本的な破壊力は，大きく変わってはいない（これらのアイテムの開発者たちには異論があるかもしれないが）．しかしながら，それらの使用法は，電磁スペクトル（EMS）の利用を通じて，著しく変化してきた．現在われわれは，さまざまな方法で EMS を使用することで，武器の破壊エネルギーを標的へ誘導している．電子戦に従事しているわれわれもまた，敵の武器を標的に命中させないようにしたり，あるいは彼らに目標の所在を知られないようにしたりするため，EMS を使用している．

　破壊エネルギー（高速飛翔体，超高圧あるいは超高温）は，敵を殺害したり，戦闘遂行や彼らの生活様式を持続する必要がある事物を破壊したりするのに使用される．時には敵による通信機能の破壊それ自体が目的となることもある．したがって，かつては（緯度，経度，高度，時間の）四つの次元しかなかった戦闘空間が，いまや第 5 の次元，すなわち周波数という次元を持つに至ったのである（図 2.1 参照）．

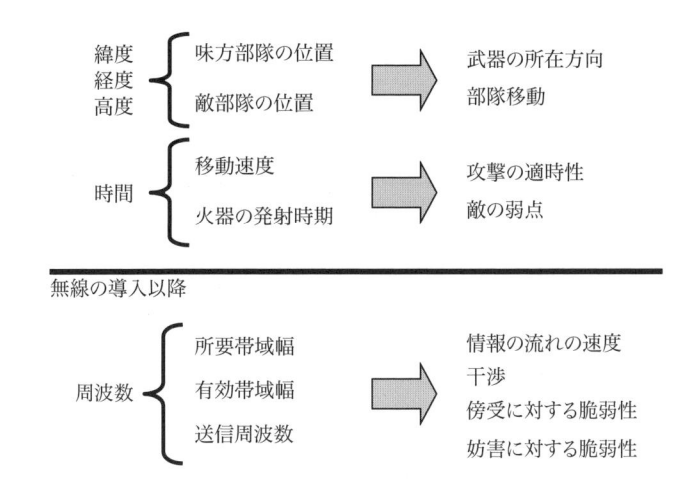

図 2.1　無線通信の出現以前は，戦いは四つの次元で遂行されていた．現在では，さらなる次元として周波数がある．

　破壊エネルギーをさらに抑制するには，破壊の中心をより慎重に攻撃する必要に迫られる．われわれは，その破壊エネルギーのすべてを所望の目標に指向する必要がある．紛争当事者の行動を阻害する一般市民に危害を加えないということに頓着しない者たちにとってさえも，副次的被害（collateral damage; 巻き添え被害）は，昔から軍事力の浪費である．民間人の死傷者や被害を防止することを大切にするわれわれにとっては，武器を正確に指向することがさらに喫緊の課題となる．

2.2　　伝搬に関連した特殊な問題

　距離は無線伝送に大きな影響を与える．環境にもよるが，受信信号強度は送信機からの距離の2乗分の1あるいは4乗分の1の関数となる．したがって，より近距離の受信機ほど信号を良好に受信でき，また一般に，送信機の位置をより正確に見つけることも可能になる．受信機が複数ある場合，敵の送信機に最も近い受信機が最良の情報を入手することになるだろう（図2.2参照）．一方，その情報を役立てるためには，意思決定がなされる場所までそれを届ける必要がある．それゆえ，そこに含まれる受信機はネットワークの不可欠な要素である．

　複数の受信機からの情報に頼った時点で，そのネットワークは戦闘形成能力の中心的役割を果たすようになる．われわれはまさにネット中心の戦い（net

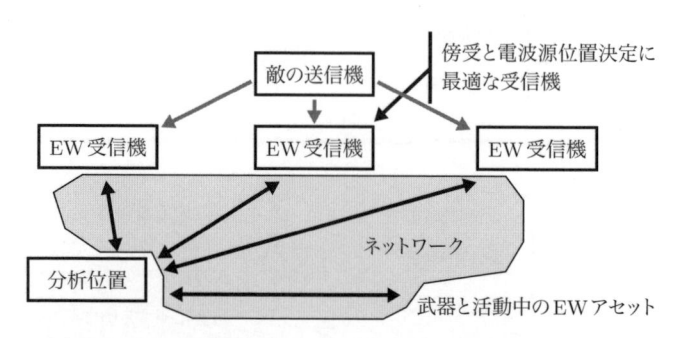

図2.2　敵の送信機へ近接することは，傍受や電波源の位置決定能力に大きな影響を与える．

centric warfare; NCW）に足を踏み入れているのである．

　次に，敵の送信信号を妨害する際の問題について考えてみよう．通信妨害（communication jamming）やレーダ妨害（radar jamming）のどちらの場合であっても，十分な妨害対信号比（jamming-to-signal ratio; J/S; JS 比）を与える必要がある．妨害における方程式はともに，妨害装置（jammer; ジャマ）から被妨害受信機までの距離の 2 乗（または 4 乗）に関係している．地理的に分散した多数の妨害装置を保有している場合，最も近距離に位置する妨害装置を使用すると，最も良い結果を出す可能性がある．同類の問題の一つが，自らの EMS アセットを妨害すること（すなわち，同士討ち（fratricide; 友軍相撃））である．図 2.3 に示すように，目標の受信機に最も近接している妨害装置は最小限の電力を使って妨害できるので，友軍の通信やレーダの性能発揮に対する妨害の影響を減らすことが可能になる．

　この場合も先と同様に，これらの妨害装置はネットワークに不可欠な要素となる．もちろん，このネットワークは，敵にとって重要な標的となる可能性がある．敵が我がネットワークから情報を収集できれば，彼らは我が戦術的企図について多くを究明することが可能となり，また敵が我がネットワークを破壊できれば，敵は我が戦闘形成能力を減殺するか，あるいは排除することさえも可能になるだろう．

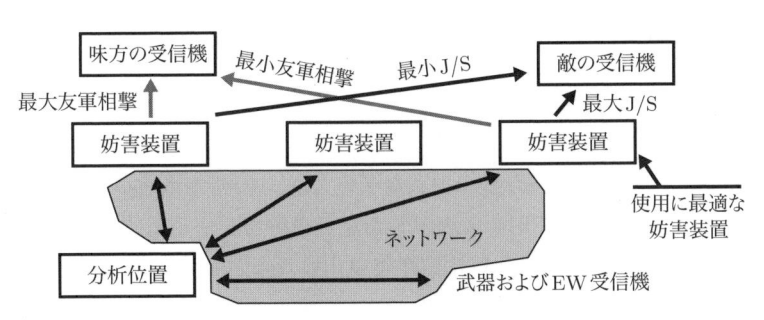

図 2.3　敵や味方の受信機へ近接することは，妨害効果や同士討ちに大きな影響を与える．

2.3　連接性

　われわれの生活やビジネスにおけるネットワークの連接性（コネクティビティ）への依存のせいで，敵は，連接性そのものに対する攻撃によって，決定的に重大な被害をわれわれにもたらすことができる．われわれの銀行システム，鉄道インフラ，あるいは航空輸送機能などの停止による経済的影響について考えてみよう．これらのすべてや，われわれの現代の経済的能力，および軍事的能力のさらに多くの局面が連接性に依存しすぎているため，無線周波数やサイバー攻撃は，かなりの物理的損傷，軍事的能力の喪失，あるいは経済活動の壊滅的な混乱をもたらす可能性がある．連接性に対する攻撃について，より詳しく説明するのに先だって，技術的観点から連接性の特質について，考察することが役立つだろう．

　連接性とは，片方の場所や人などから別の場所や人などへ情報を移動させることを目的とする技法の一つであると考えることができる．その伝達手段には，有線，電波伝搬（radio propagation），光伝搬（optical propagation），あるいは可聴周波数伝搬がなりうる．ここで最も基本的な連接性についても考察する必要がある．すなわち，2人，（例えば，コンピュータなど）二つの機器，あるいは機器と人との間の連接性である．

2.3.1　最も基本的な連接

　連接の最も単純な形式は，1人が別の人と会話すること（あるいは距離を隔てて叫ぶこと）や光学的に情報を送ることである．人から人への光学的伝送の例としては，他の人に読ませるための地表などの文字，不動灯（steady light）や発光信号灯（flashing light）を用いて表示した記号や符号，信号旗（それとも煙）の使用などがある．要するに，複雑精巧な軍用システムや民間システムのほとんど全部において，かなりの程度使用されているのである．さらに専門的な送信技法が用いられるときでさえ，人による情報の入力は，音声あるいはキーボード，その他の接触機器からの物理的なデータ入力によっている．他の人に情報を届けることは，聴覚，視覚あるいは触覚を介することによってのみなしうるのである．

　最も簡単な技法はすべて，実現と頑強性の単純さからなる強みを共有してい

る．この種の連接を妨害することは極めて難しい．さらにまた，送信情報を傍受するには，敵は比較的近接している必要がある．とは言うものの，保全には，隠しマイクや隠しカメラ，あるいは窓に当たって跳ね返るレーザ反射を監視するといった技法を敵がうまく用いることを防ぐ入念な方策が必要となる．

　しかしながら，これらの簡単な連接技法のすべては，短距離であるという極めて大きな不都合を有する．これらの連接手段の距離が伸びるに従って，伝令を送ることや情報を中継することが必要となる．どちらの技法も，複雑さの大幅な増加，傍受に対する保全の低下，そして渡された情報の正確度についての信頼性や確かさの低下を引き起こす．したがって，おそらく数キロメートルまで，ことによると，いくつかの地球上のかなりさまざまな場所まで距離を延伸するには，技術的な伝送路や技法を用いることが好都合であり，あるいは，なくてはならないものにさえなってくる．

2.3.2　連接要件

　最も単純な連接技法から最も複雑な連接技法まで，どの技法が使用されるかに関係なく，表 2.1 に示す要件を満たす必要がある．最初に最も単純な連接技法と渡される情報の特性について考えてみよう．

2.3.2.1　人から，または人への連接

　人が備えている連接性について，図 2.4 に示す．

- 音声通信： 聴覚に問題がなければ，耳は約 15kHz の帯域幅を処理できるが，情報の大部分は，おおむね 4kHz 幅の音声で伝えられる．実際には，音声信号を伝達するために，電話回線には，300〜3,400Hz の領域しか割り当てられていない．人がその受信データを処理するには，そのデータが音節や単語で構成されている必要がある．人は，最高で毎分約 240 語まで聞いて処理することが可能である．
- 光通信： 人の目は，非常に広い帯域幅を有している．完全な虹を見ることができるとすれば，自分の目の帯域幅は，赤色から紫色までの約 375THz のスペクトル幅であると算出できる．一方で，人は自身の目を通した情景全体を見て処理を行う．人は新しい情景を毎秒 24 コマ見ることができる

表 2.1　連接要件

要 件	水 準
帯域幅	所要のスループット率で情報の最高周波数成分を搬送するために最適であること
遅延	機能ループを要求性能で動作させるために十分短いこと
スループット率	所要の速度で情報を渡すために最適であること
情報の忠実度	受信された伝送内容から所要の情報の再生を可能にするために最適であること
通信文の保全	その情報が敵にとって有用である期間，それを保護するために最適であること
伝送保全	敵が，所望の送信を阻止するため，時間内に送信信号を探知すること，送信機への効果的な攻撃を行うため，時間内に送信機を標定すること，あるいは軍事作戦を遂行するため，時間内に電子戦力組成を究明することを妨ぐために最適であること
干渉除去	使用環境において所要の情報の忠実度をもたらすために最適であること
耐妨害性	敵が，予想された妨害能力や位置関係を使用して，十分な情報の忠実度の達成を阻止することを防止するために最適であること

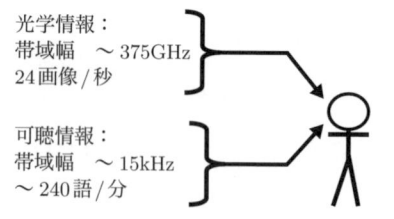

光学情報：
帯域幅　〜 375GHz
24画像 / 秒

可聴情報：
帯域幅　〜 15kHz
〜 240語 / 分

図 2.4　人と人との連接は，物理的な帯域幅とデータフォーマット要素の制約を受ける.

（人は一つひとつの色の変化を，その約半分の速度で見て，さらに高速に周辺視（peripheral vision; 周辺視野）で，明暗の一つひとつ（輝度）を認識できることに注意しよう．人が映像データを得る有効帯域幅として検討する際の極めて実用的な値としては，4MHz 幅弱の帯域幅を持つアナログ式のカラーテレビ信号であろう）．

- 触覚通信（tactile communication; 触覚伝達）：　読者はたぶん，可聴周波数

に近い振動を感知することができるだろう．例えば，約 1,000Hz の携帯電話（cell phone）の振動は容易に感知できる．しかしながら，触覚通信は一般に，より詳細な音声あるいは映像情報に注意を向けるための警報に限定される．これに対する重要な例外が点字（Braille; ブライユ）文書であり，それによって盲目の人が点字の点（raised dots）のパターンを感知して情報を得ることができる．盲目の人の皮膚に（ビデオカメラから）図形イメージを押しつける試作装置が，文献でいくつか議論されている．

2.3.2.2　マシン間連接

マシン対マシン，すなわちコンピュータ対コンピュータの連接を図 2.5 に示す．コンピュータなどの被制御マシンは人の連接速度に制限されないので，この連接は非常に広い帯域幅を持ちうる．マシンは，互いにパラレル（parallel; 並列）相互連接かシリアル（serial; 直列）相互連接を使用することで互いに直接的に通信回線に接続するか，あるいはローカルエリアネットワーク（local area network; LAN）を使用して相互に連接することができる．LAN は，デジタルケーブル，RF 回線あるいは光回線によってマシンを相互に連接することができる．その速度は，数ヘルツからギガヘルツに及ぶことがある．

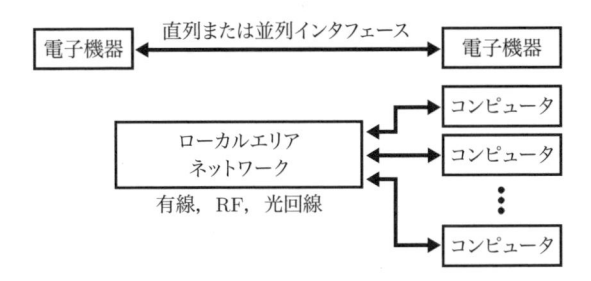

図 2.5　短距離のマシン連接は，直接に，あるいはケーブル，RF，光 LAN を経由することで可能になる．

2.3.3　長距離情報伝送

ある場所にいる人から別の場所にいる人へ（あるいは，ある場所に位置するコンピュータから別の場所に位置するコンピュータへ）情報を送る，長距離の

連接技法について見ていこう．表 2.1 のそれぞれの要件について見ていくことにする．

図 2.6 に示すように，情報の入力点における帯域幅は，そのデータを受け取るのに十分なものでなければならない．しかしながら，それが伝送される帯域幅が異なることがある．そのデータの流れが連続形であることが求められる場合，その伝送経路は，入力データの全帯域幅に対応できなければならない．一方で，入力データが非連続であるか，あるいはデータフロー速度が変動している場合，速度を落として伝送されることがある．このやり方で動作する実用システムでは，データをデジタル化し，クロックに同期してリンクの送信側のレジスタに入力される．次に，データは，レジスタから速度を落としてクロックに同期して出力されることで，伝送帯域幅（transmission bandwidth）を狭めることを可能にする．受信側では，そのデータを（必要に応じ）別のレジスタに入力し，元のデータレート（data rate; データ転送速度）でクロックに同期して出力することができる．このほかにも，所要伝送帯域幅に影響を及ぼす要因が二つある．すなわち，遅延（latency）とスループット率（throughput rate）である．

「遅延」とは，送信データに比較した受信データにおける遅れのことである．遅延の良い説明例は，地球の裏側のレポーターに司会者が語りかけるニュース放送である．司会者が質問すると，レポーターは返答するまで数秒間反応せず立ったままでいる．その司会者の質問は，衛星を経由した約 82,300km を光速で約 0.3 秒かけて移動する．レポーターの応答は，さらに約 0.3 秒かけて司会者の位置に届く．このプロセス遅延（process delay）によって，レポーターのうつろな表情が約 0.6 秒間テレビに映ることになる．司会者の位置と視聴者のテレビとの間にはさらなる遅延が存在するが，一定遅延（constant delay）がデータの連続流（continuous flow）として見えるようにしているので，視聴者はそれに気づかない．

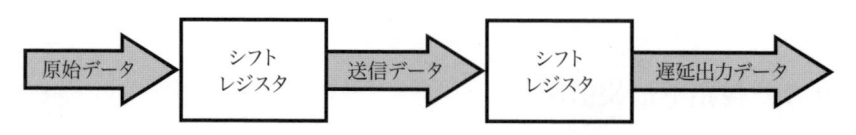

図 2.6　広帯域幅，非連続の原始データは，低速で伝送され，受信機でその元のフォーマットに戻されるが，遅延を伴うことがある．

　連接が処理ループ内に存在する場合，遅延は決定的に重要な意味を持ってくる．かなりの遅延がある状態で，無人航空機（UAV）を遠隔手動で着陸させようとする場合，過制御による墜落を避けるには非凡な技量を必要とするだろう．許容可能な遅延が小さくなるほど，伝送帯域幅の削減可能量は小さくなる．言うまでもなく，伝搬時間対距離も遅延要因となる．

　「スループット率」とは，情報が流れる平均速度のことである．一般に，非常に広帯域のデータの各個片は，それらを正しいテンポで伸長することによって，限られた帯域幅で伝送される．しかしながら，情報の流れの平均速度が伝送帯域幅より速い場合，遅延が大きくなって，処理が停止する．この現象の簡単な例としては，さほど流暢とは言えない人の外国語の会話が挙げられる．概して外国人の聞き手は，使用されているいくつかの単語がわからない．その人は，ある程度の速さの会話にはついていけるが，文脈からわからない言葉を引き出すために，何と言われたかを心の中で振り返る必要がある．この振り返りの過程は，情報経路の一部であり，上に述べたように，実効伝送帯域幅を制限するのである．ネイティブスピーカが速すぎる速度のまま話し続けると，その聞き手の振り返り処理の遅れが遅延を増加させ，外国人の聞き手は会話についていけなくなる．

　コンピュータ間通信（computer-to-computer communication）内での類似した処理には，受信中のコンピュータが処理を終えるため，データ流全体を正規のフォーマットに戻せるように低速の帯域幅データの「区切り」や「終止符」になってやっと広帯域データを格納するものがある．許容遅延量は，受信コンピュータが利用できるメモリの空き容量によって決まる．このメモリが，過度のスループット率のせいでオーバフローするときに，その処理は機能停止する．

　ネットワーク化されたシステムは，一般に，最大データレートよりはむしろ所要スループット率のせいでトラブルに見舞われるが，これについては後ほど説明する．

2.3.4　情報の忠実度

　前に，帯域幅，遅延，およびスループット率の相互関係について説明した．これらの項目はすべて，情報の忠実度（fidelity）にも関わっており，データ圧縮

（data compression）の問題を提起する．人が話したり書いたりするときには，受け手が情報を受けて，その情報を人間の脳の動作に従って処理できるように情報の形式を整える．言語，文法，文の構造，句読法，形容詞や副詞のすべてが，われわれの意図を明快にするのに役立つ．それらはまた，多くの時間と帯域幅を使い果たしてしまう．若い人たちが互いにメールを打つときには，目にも止まらぬ速さで自分たちの携帯電話を親指でつつくとともに，年配者には理解できない略語や文法を用いている．彼らがやっていることは，技術的観点から言うと，情報圧縮（information compression）のための符号化（encoding）なのである．利用可能な帯域幅がシンボルの伝送速度を制限することから，この非常に重要な情報の流れは，学問的仕様に合った文法，つづりなどに付き物である規定のオーバヘッド（overhead）によって，その速度は受け入れがたいほどのレベルにまで落とされる．この符号化はデータから冗長性を除去するデータ圧縮の一つの形態であり，それによってデータレート対情報レート比を増加させることが可能になる．同じ機能は，会話や映像の圧縮に用いられるデジタルデータ圧縮技術として普及している．図2.7は，発信者からユーザへの（何らかの手段による）データ圧縮を含む情報の流れを示している．受信機で受信された信号は干渉信号や雑音を含んでおり，さらに受信機自身も雑音を発生させていることに注意しよう．

　言うまでもなく，問題は，使用される符号化はどれも情報の忠実度に何らかの影響を及ぼすということである．理想的には，伝達者は，符号化と復号処理の最初から最後まで，情報はすべて保護される無損失の符号を使用している．しかしながら，ここで，発信者から受信者への符号化情報の送信に及ぼす影響が加わる．最初に，デジタル通信媒体（communication media）について考えてみよ

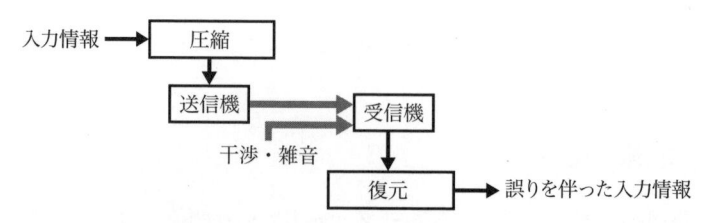

図 2.7　どのデータ圧縮法も，復元の際の干渉や雑音により誤りを生じる可能性がある．

う．ビットエラー（bit error; ビット誤り）は，距離が増えたり，（故意あるいは非故意の）干渉が発生したりしたときに，1か0のどちらが受信されているか，受信機で決定しなければならない時点で作り出される．図2.8は，ビットエラーレート（bit error rate; BER; ビット誤り率）とE_b/N_oとの関係を示す．E_b/N_oとは，RF帯域幅とビットレート（bit rate）との比で補正された検波前信号対雑音比（predetection signal-to-noise ratio; RFSNR; 検波前SNR）のことである．デジタルデータが伝送されるには，変調（modulation）によって搬送される必要があり，それには元のデジタル値の1と0を再現するために復調（demodulation）しなければならない．この図にある変調の曲線はそれぞれ異なるが，全部がほぼ同じ形状である．無線伝送システムでは，一般に，ビットエラーレートが10^{-3}〜10^{-7}となるように設計されている．この範囲では，ほとんどの変調において，RFSNRの1dBの変化に対して，ビットエラーの変化の約1桁分のRFSNRの傾きに相当する誤りを与える．（電話網などの）ケーブル伝送においては，SNRはずっと高いほうが実用になることがあるので，この曲線の傾きは急勾配になる．

　順方向誤り訂正（forward error correction; FEC; 前進型誤信号訂正）については，第5章で述べる．ここでは，受信機である程度の誤りを除去できるように，

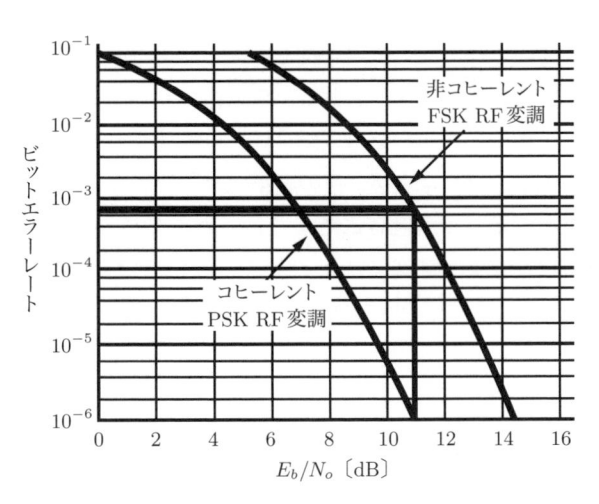

図2.8　復調デジタル信号のビットエラーレートは，E_b/N_oの関数である．

伝送信号に追加の情報を付加する誤り検出・訂正（error detection and correction; EDC）符号についてのみ考察する．

　ここでの議論の核心は，ビットエラーはほぼ確実に存在するもの，ということである．これらのビットエラーは，符号から元の情報の基本形への変換の正確度を低下させることによって，伝達情報の品質を低下させる可能性がある．例えば，ビデオ圧縮（video compression; 映像圧縮）を行うと，ビットエラーはどれも皆，再現される画像品質を低下させる．

　符号化が利用されるときはいつでも，若い人たちの携帯メールに至るまで，類似の現象が幅広く起こることに注意しよう．1 回の親指の押し間違いが，符号の累乗（すなわち，データ圧縮率（data compression rate））に比例した量まで情報の忠実度を低下させる．これが表 2.1 の最初の 4 項目の相互依存関係を表している．

　連接が，敵の攻撃を受ける環境あるいは強度の干渉が存在する環境を通過するネットワークを経由している場合，そのネットワークとその使用経路は，利用可能帯域幅，許容遅延，および所望スループット率を使って所望の情報の忠実度で伝えるのに十分堅固でなければならない．

　「通信文の保全」（message security）は，送ろうとしている情報をほかの誰かに知られないようにする理由があるときはいつでも重要な項目である．このことは，指揮・統制通信を経由して伝達される計画や命令を敵が知ることによって味方部隊に重大な被害を与えることがある軍事通信において，何よりも明らかである．第 2 次世界大戦中に海軍の暗号 ENIGMA を解読することによって，連合国軍は枢軸国の潜水艦を見つけ出す（その結果沈める）ことができ，それが戦争の全体方向を変えた．暗号が解読されるまでは，カナダから英国に向かう船舶は，建造可能な倍の速さで撃沈されていた．暗号が解読された後は，潜水艦は建造可能な倍の速さで撃沈された．通信文の保全に関するもう一つの明らかな要求は，秘密の金融情報の伝送である．たいていの人は，個人情報の盗難（identity theft; なりすまし犯罪）を恐れるので，その伝達手段の安全性を確信していない限り，クレジットカード番号や社会保障番号（social security number）を送信することはない．

　暗号化（encryption）は，通信文の保全を与える基本的な方法である．安全な暗号化には，情報をデジタル形式にして，一連のランダムビットを通信文に加算

すること（$1+1=0$ など）が必要となる．受信側では，元の通信文を再生するため，受信通信文に同一のランダムビット列が加算される．一般的には，このために所要帯域幅を増大させたり，スループット率を低下させたりする必要はない．しかしながら，ビットエラーが存在する場合，一部の暗号化方式はビットエラーレートの増加に陥る．（何年も前の）あるシステムを注意深く測定してみると，暗号化される際に，ビットエラーレートを 2 桁分増加させることがわかった（つまり，どうやら暗号解読機（decrypter）は 1 個の誤りを 100 個の誤りに変えてしまったらしい）．図 2.8 によると，これにより，十分な情報忠実度を与えるには，さらに 2dB の受信信号電力が必要となる．

図 2.9 では，情報の流れの経路は，圧縮から始まり，次に暗号化，誤り訂正符号化，そして伝送へと進むことに注目しよう．受信機では，受信された情報はまず誤りの訂正を受ける．暗号解読，復元のいずれもデータビットを変換し，存在するビットエラーの数に関わる問題を引き起こすので，これは，欠かせないものである．EDC もまた，データをそれの元の形式に戻していることに注意しよう．暗号化されているものと同じ符号に解読されなければならないので，暗号解読は EDC の後，かつ復元の前に行われる．

関連問題は，敵が不正な情報を加えるためにネットワークへ侵入することを阻むための「認証」（authentication; 固有識別）である．高水準の暗号化は優れた認証を備えてはいるが，規定の認証手順の適切な使用も同様に大切である．

「伝送保全」は，敵が我が送信機の探知や位置特定をできなくするために必要

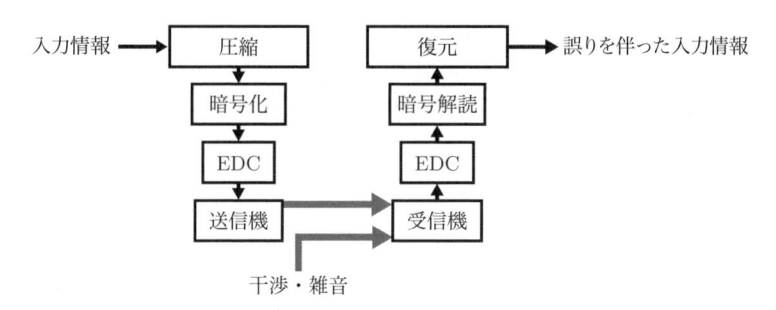

図 2.9　この情報の流れには，最初の機能として圧縮がある．EDC は，暗号解読機能と最後の復元機能に先立って，極力多くのエラーを取り除くことを見越して，暗号化と暗号解読の間で実行される．

である．予想される作戦状況において，たとえ満足できる防護を提供するに足りる伝送保全手段を用いても，特定の状況下で敵が通信文の内容をうまく読み取ることができるかもしれない「通信文の保全」とこの「伝送保全」とはまったく違う．伝送保全手段には，放射エネルギーを制限すること，伝送路を幾何学的に縮小すること，スペクトルを拡散することなどが挙げられる．本章の後半では，情報の流れの有効性に対してそれらが及ぼす影響との関連で，これらの問題のすべてを説明する．

「干渉除去」（interference rejection）と「耐妨害性」（jamming resistance）は，同一の問題の両面をなしている．通信妨害とは，情報の流れを悪化させるか排除するため，敵の受信機に（干渉する）不要信号を意図的に作り出す過程のことである．その主な違いは，意図的妨害のほうがより精緻になることがある点にある．

（偶然あるいは意図的な）干渉の影響を弱める技法には，受信信号強度に関係するものがあり，また特有の変調に関係するものもある．どちらの方策が用いられるとしても，EWアセットを連接しているネットワークに十分な情報忠実度を持たせるには，最適な干渉防護を持たせることが不可欠である．

2.4　　干渉除去

意図的か非意図的であるかにかかわらず，干渉信号は受信情報の忠実度を低下させる．ここでは，干渉の影響を減らすための変調技術と符号化技術について考察する．

2.4.1　送信スペクトルの拡散

スペクトル拡散技術の詳細については，第5章で説明する．ここでの説明は，情報の転送対帯域幅および干渉環境の特質に重点を置く．これらの信号を定義するのに低被傍受確率（low probability of intercept; LPI; 低被傍受/探知確率）の表現も用いられているが，これはその信号の一つの優位性を取り上げているに過ぎないので，ここではそれらをスペクトル拡散（spread spectrum; SS）信号として説明することにする．

一般に，これらの信号は，伝送情報を搬送するのに必要とされるよりはるかに広

い伝送スペクトルを持っている．受信機におけるこの信号の逆拡散（despreading）は，受信干渉信号による誤出力に対する再生情報の比率を増大させる処理利得（processing gain）をもたらすと同時に，伝送情報を再生する．ここで留意すべき点は，これらの種類のシステムはすべて，雑音や干渉を低減することと所要伝送帯域幅の増加とのトレードオフを行っているということである．これについて考える簡単な方法は，民間の周波数変調（frequency modulation; FM）放送の信号をよく見ることである．

2.4.2 民間 FM 放送

周波数変調信号は最初に広く利用されたスペクトル拡散技術であった．図 2.10 は，その変調を表している．広帯域の FM は，変調による伝送帯域幅の拡散度の 2 乗に応じて信号対雑音比（signal-to-noise ratio; SNR）と信号対干渉比を増加させることによって，信号品質（signal quality）を向上させる．その拡散率（spreading ratio）は，変調指数（modulation index）と呼ばれている．これは，図 2.11 に示すように，搬送波からの最大周波数オフセット量と最高変調周波数（highest modulation frequency）の比率である．この SNR 改善の代償は，伝送にさらなる帯域幅を必要とすることである．民間の FM 周波数割当（frequency assignment）では，100kHz 間隔で，かつ地域内の占有チャンネル間に複数のチャンネルスロットがなければならない．大きな変調指数を備えている場合の伝送帯域幅は，

$$\mathrm{BW} = 2f_m\beta$$

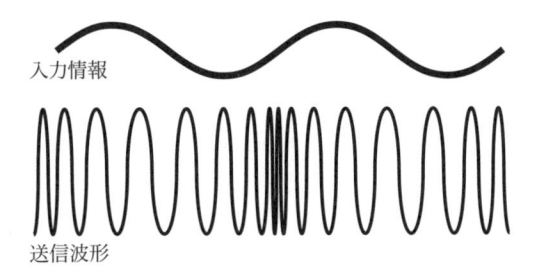

図 2.10　FM 信号は，送信周波数の変化として情報を搬送する．

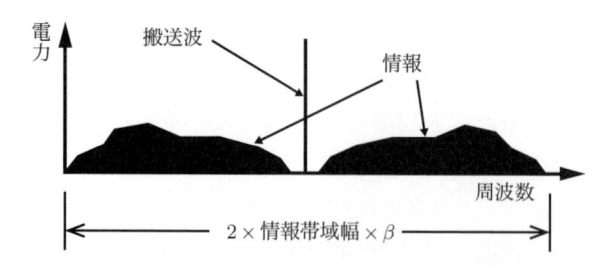

図 2.11　送信される FM 信号は，選定された変調指数によって決まる帯域幅内で，その情報を搬送する．

となる．ここで，BW は伝送帯域幅，f_m は情報信号の最高周波数（maximum frequency），また β は FM 変調指数である．

　出力の信号対雑音比の改善式（デシベル（dB）単位）は，

$$\text{SNR} = \text{RFSNR} + 5 + 20 \log \beta$$

となる．ここで，SNR は出力 SNR〔dB〕，RFSNR は検波前 SNR〔dB〕である．

　この SNR の改善を達成するには，この RFSNR が，しきい値レベル（threshold level）を上回る必要がある．そのレベルは，受信機に使用される復調器の種類にもよるが，4dB あるいは 12dB である．民間の FM 放送信号に使われているのは，最高変調周波数は 15kHz，変調指数は 5 である．最も一般的な復調器形式を使用する場合，その RFSNR のしきい値は 12dB である．したがって，放送帯域幅は，$2 \times 15\text{kHz} \times 5 = 150\text{kHz}$ となる．最も一般的な形式の復調器に使われる受信アンテナからの最小しきい値信号の場合，その出力 SNR は $12 + 5 + 20 \log 5 = 12 + 5 + 14 = 31\text{dB}$ となる．この周波数変調によって，出力 SNR が 19dB だけ改善された．

　ここで留意すべき点は，送信機の（高域変調周波数の電力を高める）プリエンファシス（pre-emphasis）と，受信機の（高域変調周波数の出力を抑える）デエンファシス（de-emphasis）によって，伝える情報の種類にもよるが，もう 2〜3dB の SNR の改善が可能になるということである．

　意図的か非意図的かにかかわらず，干渉波の低減法は，干渉信号の種類によって異なる．干渉波が狭帯域の場合の干渉波の低減法は，SNR の改善と似たものになるだろう．例えば，干渉波が電力線の雑音のようなものであれば，SNR 改

善の類のもので低減することが可能である．しかしながら，干渉波が適切に変調された妨害波であるか，あるいは類似した別の変調 FM 信号である場合，希望信号と同じ処理利得を得ることがある（すなわち，干渉波に対する性能改善がない）．

2.4.3　軍用スペクトル拡散信号

高度の妨害環境，すなわち敵性環境における通信は，妨害を克服するように考案された専用のスペクトル拡散技術の使用による恩恵を受けられる．これらの特有の変調には，他のどの受信信号と比べても，希望信号が相当な処理利得を持つことが可能で，ほかにはなく，かつすべての干渉信号とは十分に異なることが保証された擬似ランダム関数（pseudo-random function）がある．

擬似ランダム関数は，送信前に信号に組み込まれる．認可されている全受信機が，送信情報の再生が可能な受信信号を逆拡散するために，同じ擬似ランダム関数を使用できるように同期される（図 2.12 を参照）．

軍のスペクトル拡散システムに用いられている変調方式には 3 種類がある．すなわち，周波数ホッピング（frequency hopping; FH），チャープ（chirp），および直接スペクトル拡散（direct sequence spread spectrum; DSSS; DS スペクトル拡散）である．

また，複数の拡散変調からなるハイブリッド方式もある．これらの変調方式については第 5 章で詳細に説明するが，ここでは，それらの情報伝送との密接な関係に重点を置いて説明しておこう．

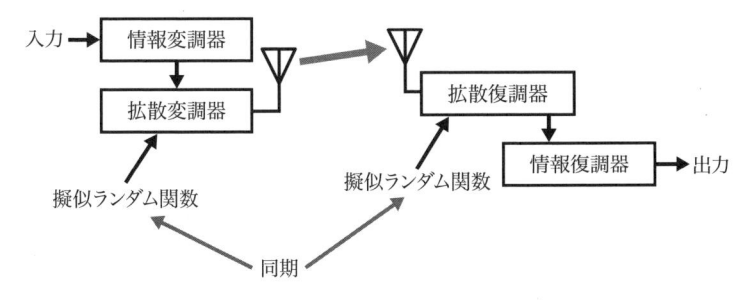

図 2.12　LPI 通信システムは，送信機と受信機の間で同期された擬似ランダム関数に応じて，それらのスペクトルを拡散する．

　スペクトル拡散変調（spread spectrum modulation）の種類に応じて，自身の情報をデジタル形式で伝送しなければならない特有の理由がある．

　デジタル情報をそのまま送信することはできない．それには，無線伝送に適合する何らかの種類の変調を施さなければならない．デジタル通信については第5章で取り上げているが，ここではさらに詳しく述べることにして，この場合も先と同様に情報伝送に重点を置くことにする．図2.13と図2.14は，スペクトルアナライザの画面に現れる送信デジタル信号のスペクトルと，電力と周波数特性を表す線図形式を示している．

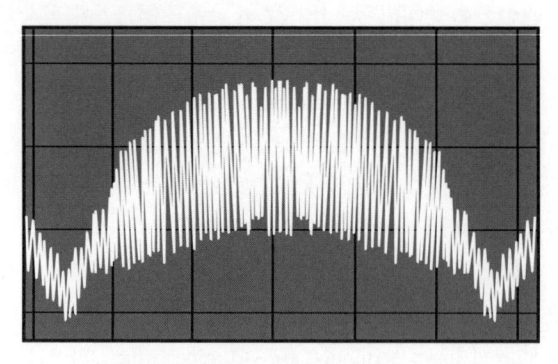

図 2.13　デジタル信号のスペクトルアナライザ表示は，搬送波周波数の両側に明瞭なヌルの形状を伴うメインローブパターンを示す．

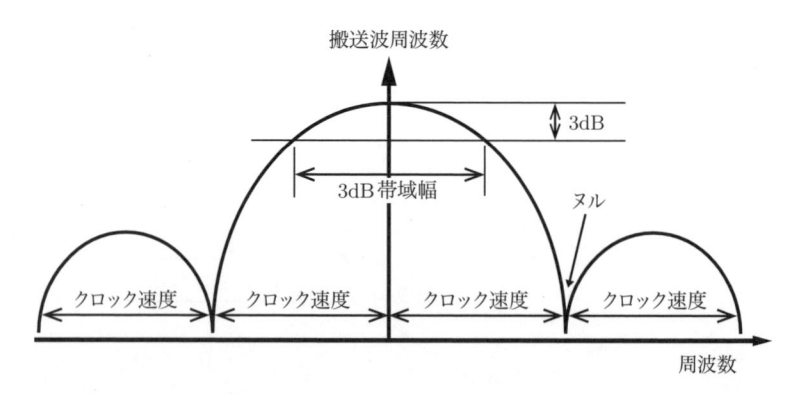

図 2.14　デジタル信号のスペクトルは，メインローブと搬送波周波数からクロック速度の倍数の間隔を置いた明瞭なヌルを持つサイドローブからなる．

　読者は，デジタル信号を搬送するのに必要な伝送帯域幅はデータのクロック速度の関数であり，送信信号の秒当たりのビット数であることに気づくだろう．所要ビットレートは，搬送される情報の帯域幅と所要信号品質の関数である．ほとんどのデジタル化の仕組みでは，ナイキスト速度（Nyquist rate）が必要になる．この必要条件は，サンプルレートは，搬送される情報の帯域幅〔Hz〕の2倍であるということである．得られる信号品質は，サンプル（sample; 標本）当たりのビット数で決定される．所要帯域幅を縮小できる高効率の符号化法が存在している．サンプルレート（今後はビットレートという）は，より高い情報の忠実度を獲得できるようにするため，さらに大きくすることが可能であり，また，送信信号はほとんどすべての場合に，アドレッシング（addressing; アドレス指定），同期（synchronization），ならびに誤り検出・訂正に使われる追加ビットを必要とする．

2.5　　情報伝送のための帯域幅所要

　1か所からもう1か所へ情報を運ぶのに使用する帯域幅に関わる重要な問題がいくつかある．すなわち，

- 回線の複雑さ
- 情報を生成，蓄積，あるいは使用するために必要な複合設備の位置
- 敵の傍受や送信機の位置決定に対する回線の脆弱性

などである．

　ネットワークをベースにした軍事的能力の構想においては，これらの問題のそれぞれにトレードオフを必要とする．

2.5.1　　回線を使用しないデータ伝送

　民間の配信型娯楽サービスやパーソナルコンピューティングにおいては，これらすべてのトレードオフは実行されており，またそれらは急速に変わりつつある．

　電子的に配信される映画について考えてみよう．最初はビデオカセットレコーダ（VCR）であったが，今はその多くがデジタルビデオディスク（DVD）に取っ

て代わられた．われわれは映画のビデオテープやビデオディスクを購入するかレンタルして，自分のビデオプレーヤでそれらを再生することができた．回線を使用しない情報の配信が求められたが，それには，使用場所に（VCR や DVD プレーヤなどの）複雑な機器が必要であり，また，映画は何らかの手段によって物理的に使用場所まで配送される必要があった．

一つの優れた例に，1970 年代に脅威識別テーブル（threat identification table; TID table）をレーダ警報受信機（radar warning receiver; RWR）へ読み込ませたことが挙げられる．そのデータは RWR に記憶されたが，更新されたデータセットを物理的に運搬して更新しなければならなかった．この処理に一部でも関わった誰もが，更新データの管理，検証，保全，ならびにこれらに付随する複雑さや，整備所要に関わる深刻な兵站上の課題があることを承知している．

図 2.15 に，可搬型メディア（transportable media）利用の一般的な概念を示す．EW システムでは，運用中のシステムやデータベースの更新を援助するために，収集データを可搬型メディアによってスタンドアロン（stand-alone）システムから中央の施設へ移動させ，でき上がったアップグレード版を，その後スタンドアロンシステムに読み込ませることができる．

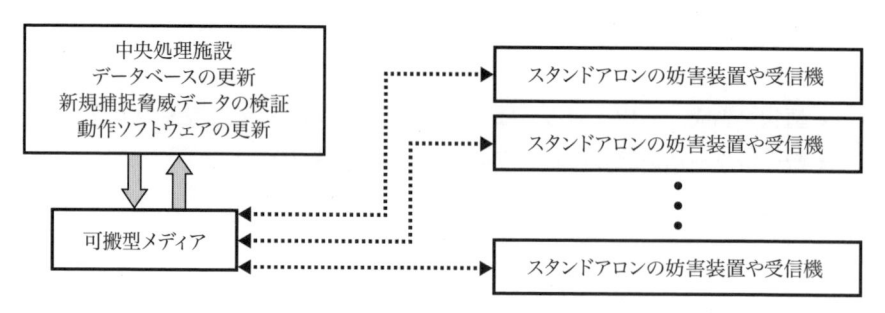

図 2.15　情報は，可搬型メディアを用いてスタンドアロンシステムへ入力したり，そこから取り出したりすることができる．

2.5.2　回線を使用したデータ伝送

読者は，自分のパーソナルコンピュータに配信された映像を保存することができる．読者は自分が必要とするときに，欲しい映像を注文することができ，配信施設は配信情報を正確に知る（そして請求書を送りつける）ことができる．読者

が受信している装置は，デスクトップコンピュータほど複雑であっても，携帯電話ほど小さくて軽くてもよい．一般的に，読者は，自分が映像を入手するのに使う専用の受信装置を所有していない．しかしながら，読者は情報を受信，処理，配信するためにかなり複雑な多用途機器を持つ必要がある上に，データ回線を必要とするのである．読者のデータ回線の帯域幅が広いほど，より高速に情報を得ることができ，その品質を高めることができる．通常，ビデオ情報を送ることは圧縮されない限り極めて実行困難であり，また概して，配信されるデータの品質は圧縮量に反比例して低下する．

2.5.3　ソフトウェアロケーション

パーソナルコンピューティング用ソフトウェア業界で起こっていることについて考えることは有益である．もともとは，読者はソフトウェアを購入し，そのまま自分のパーソナルコンピュータにインストールしていた．ソフトウェアには使用許諾が必要だが，ソフトウェア製作会社がそれを強制することは困難だった．現在は，ソフトウェア製作会社に連絡して使用許諾を得ることなくソフトウェアを起動できることはめったにない．ソフトウェア製作会社は，その所有者が誰であるかわかっており，その使用を正規ユーザだけに認可することができる．読者もまた，同一の規制手段およびセキュリティ対策があればソフトウェアをダウンロードすることができる．ソフトウェア製作会社は定期的に，すべての認可ユーザに対してそのソフトウェアをアップグレードする．このようなソフトウェアやデータの配布の形式は，民間と軍事の両方のさまざまな状況に応用できる．このセキュリティと認可規制のレベルは，軍事データに対しては，ほとんどの場合，より厳格である．

どちらの場合も，受信所には，すべてのソフトウェアを格納できる能力と，アプリケーションを実行するのに十分な量の再構成可能なメモリがなくてはならない．リアルタイムの意思疎通は必要ないので，認可とデータのダウンロードは，利用可能なほぼすべての回線を通して達成できる．容量の小さい回線は，データを（低速で）伝送するため，容量の大きい回線よりかなり多くの時間を必要とする．

現在は，ソフトウェア製作会社がソフトウェアを持ち続ける傾向がある．ユー

ザは，回線を通してそのソフトウェアにアクセスし，入力データをアップロードして各機能を操作したり答えをダウンロードしたりすることができる（図 2.16 参照）．その恩恵は，比較的小さなローカルメモリやコンピュータの処理能力しか必要としないことにより，ユーザの装置をかなり単純化することが可能になることである．もう一つの恩恵は，メーカが直接ソフトウェアの保守を行えることである．その結果，すべてのユーザは常時，適切にアップグレードされたソフトウェアを利用することが可能になるのである．この過程で行われていることは，機能をエンドユーザから処理中心地に移すことである．その効果は，ユーザ側での複雑さを削減することにある．ただし，これはコンピュータと処理中心地間のリアルタイム（あるいは準リアルタイム）の相互作用によって動かされることになるので，回線への依存と回線帯域幅に対する要求が，さらに強まることになる．

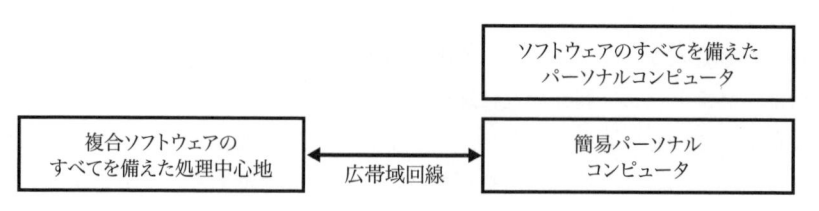

図 2.16　パーソナルコンピュータのソフトウェアは，完全にコンピュータ内に置くか，あるいは処理中心地に保持し，要求に応じアクセスすることができる．

2.6　　分散型軍事力

　分散型軍用システムの機能の配置について一般化してみよう．図 2.17 に示すように，ユーザ位置には多くの機能を持たせることができる．EW アプリケーションでは，そのユーザに，傍受受信機（intercept receiver），妨害装置，その他のいくつかの EW 装置などがなりうる．このやり方には，一つ以上の回線への重大な実時間依存なしに，ユーザ側ですべてのシステム機能に高速アクセスできるという利点がある．同様に，複数ユーザ用の機器群は，要求に応じて，比較的狭い帯域の回線を通してその機器相互間でデータを送ることで，共同運用することができる．ユーザが多数配置されているので，類似機能が多数必要になる．この

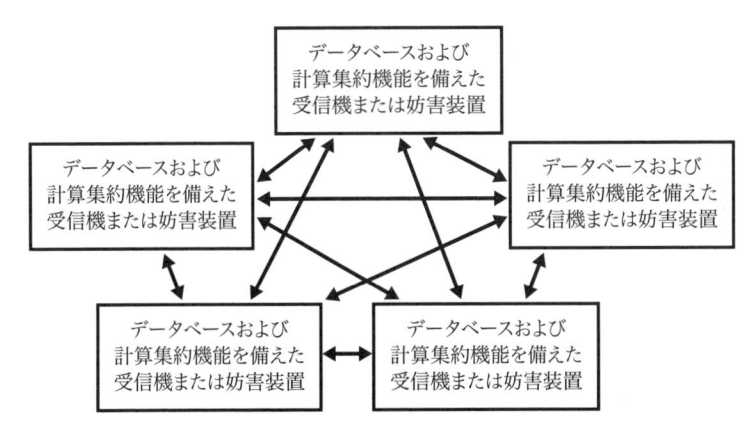

図 2.17 分散型軍用システムでは，狭帯域の連接回線を考慮して，その機能のほとんどをローカルユーザ装置に常駐できるようにしている．

場合，追加の寸法，質量，電力およびコストに加え，セキュリティ上の問題が存在する．ユーザ装置の一部でも敵の手に陥ると，その能力を究明するため分析される可能性があり，保護されたデータベース情報もまた抽出できるようになるかもしれない．

一方，図 2.18 に示すように，全システム機能のかなりの部分が，処理中心地で実行されることがある．この場合には，全システムの複雑性や保守努力が軽減される．さらにまた，ユーザ装置は一般的に（おそらく，より安全な）処理中心地にある装置より敵に近接しており，破壊や敵による目標捕捉にさらされるので，一般的に不都合なやり方に陥ることになる．

データベースと計算集約処理が処理中心地に保持されている場合，ユーザ位置と処理中心地との間に信頼できるリアルタイムの広帯域通信がなければ，機能を

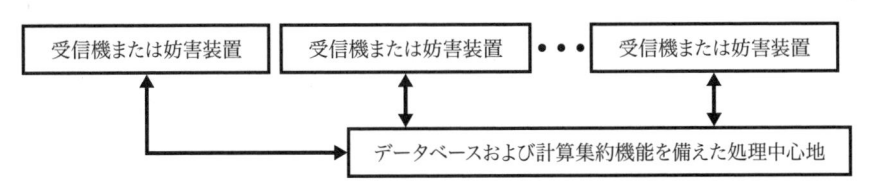

図 2.18 ローカルユーザ装置の複雑度は，広帯域回線を通して，複合処理中心地にアクセスすることによって軽減できる．

発揮することはあり得ない．このため，統合システムの機能性の中核にデータリンクのセキュリティと頑強性を置くことになる．

2.6.1　ネット中心の戦い

分散型（すなわち，ネット中心（net-centric））の軍事作戦が実施される場合，妨害に対する相互連接回線の脆弱性や，敵の送信機の地理的位置情報に付随する危険は，重大な考慮事項である．これらの問題は両方とも，伝送保全を実行に移すことによって低減されるが，そのことは通信文の保全とは異なる．

2.7　　伝送保全と通信文の保全

通信文の保全とは，暗号を用いて信号が伝達する情報に敵がアクセスすることを防止することである．高品質の暗号化には，その信号がデジタル形式であることと，図 2.19 に示すように，その信号のビットストリーム（bit stream）に擬似ランダムのビットストリームを加えることが必要である．この説明を明確にするために，これを「暗号化信号」と呼ぶことにしよう．この足し合わされたビットストリームそれ自体が擬似ランダム的であり，このメッセージは再生不能になる．民間アプリケーションでは多くの場合，わずか 64 ビットから 256 ビットの反復暗号化信号を使用することが容認される．しかしながら，秘匿化軍用暗号では，その暗号化信号は，何年もの長期にわたって繰り返して使用されることはない（暗号化ビットストリームが短いほど，敵にとって，その符号を解読することが容易になる）．受信機では，元の暗号化ビットストリームが受信ビットストリームに加えられ，その信号を元の非暗号化形式に戻す．

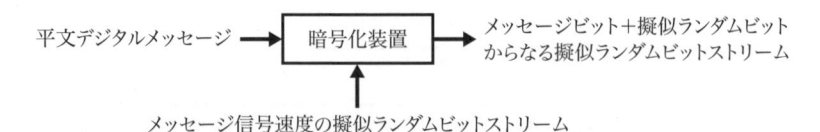

図 2.19　通信文の保全は，擬似ランダムビットストリームをデジタル化入力通信文に加えることによって達成される．

　一方，伝送保全は，敵が信号を探知してその信号を妨害したり送信機を標定したりすることを極めて困難にする何らかの擬似ランダム的手段を使用して送信される信号のスペクトルを拡散することに関わる．その信号を拡散する三つの手段が，周波数ホッピング，チャープ，直接スペクトル拡散である．これらについては，（妨害との関連で）第5章で説明する．ここではこれらの技法を，伝送保全の観点から説明することにする．そのほかにも運用上の便益はあるが，伝送保全の第一の便益は，敵による送信機の標定，ひいてはそこへ向けて射撃することや，それに対抗してホーミング武器（homing weapon）を使用することができないようにすることである．図2.20に示すように，高価値アセットから低価値アセットまでの回線に伝送保全を備えることが最も重要である．

　周波数ホッピング信号は，図2.21に示すように，低速ホッパ（slow hopper）では数ミリ秒ごとに，また高速ホッパ（fast hopper）では数マイクロ秒ごとに，その全電力を別の周波数に切り替えて出力する．このことがその信号の存在探知をかなり容易にするので，標定すべき送信機を見越してランダムに捕捉する掃引が可能な多くのシステムが存在している．このことは，とりわけ低速ホッパに関して当てはまる．したがって，周波数ホッピングは，送信機の位置を保護するには最も好ましくない技法であると言える．

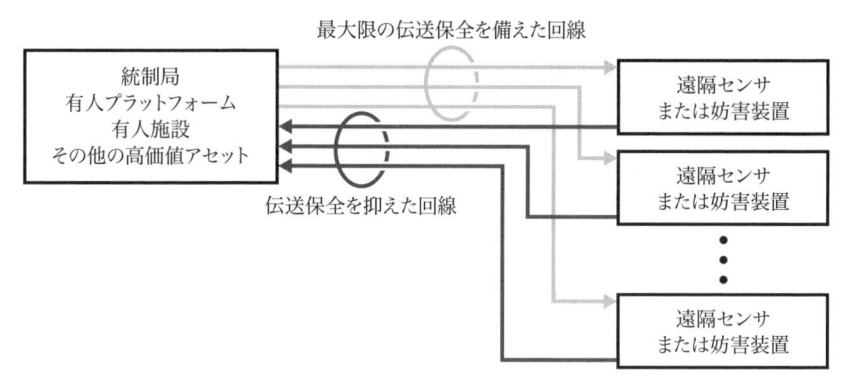

図2.20　より高い水準の高価値アセットからの回線には，高次の伝送保全を備えていることが望ましい．

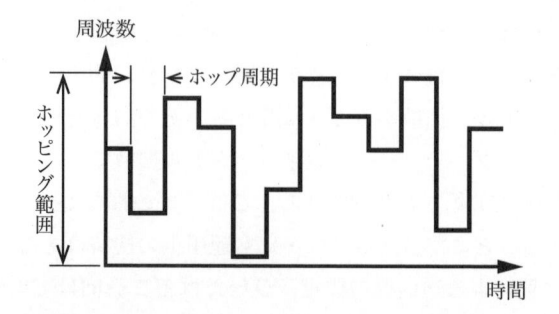

図 2.21　周波数ホッピング信号は，一つの通信文の間に，その全送信電力を新しい周波数に何度も移動させる．

　広帯域の線形掃引を使用するチャープ信号は，広い周波数範囲を極めて高速に移動する（図 2.22 参照）．周波数ホッピング信号と同様，チャープ信号は，その全信号電力を一度に一つの周波数に移す．しかしながら，この信号は非常に高速に同調するので，受信機に相当広い帯域幅がない限り，その信号を探知することはできない．この広い受信帯域幅は受信感度（receiver sensitivity）を低下させるが，それでもこのチャープ信号を探知することはかなり容易である．したがって，送信機の地理位置情報はかなりわかりやすい．

　図 2.23 に示すように，直接スペクトル拡散信号は，高速の擬似ランダムビットストリームを用いて 2 次デジタル変調を加えることにより，信号エネルギーを広い周波数範囲全体に拡散する．高速デジタル化においては，ビットをチップ

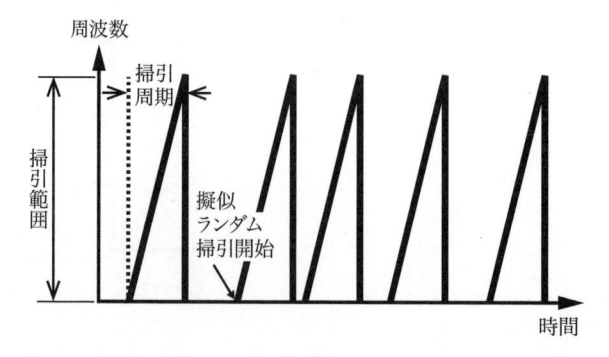

図 2.22　チャープ信号は，広い周波数範囲にわたって，その全電力を極めて迅速に掃引する．

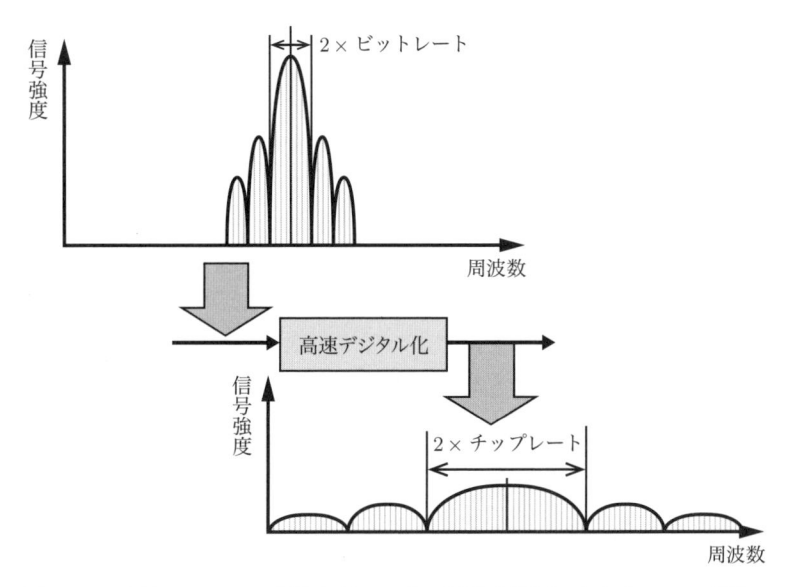

図 2.23　直接スペクトル拡散変調は，広い周波数範囲にわたり，その信号
を拡散することによって，どの周波数の電力も低減させる．

(chip) と呼ぶことに注意しよう．デジタル信号の周波数スペクトルについては，2.4 節で説明した．入力情報信号のヌルからヌルまでの帯域幅がビットレートの 2 倍であるのに対し，拡散信号のそれはチップレート (chip rate) の 2 倍である．この信号内の電力は，その非常に広いスペクトルの全域にばらまかれる．これが文字どおり，広い周波数範囲全域に実時間で拡散されたエネルギーを持つ雑音状の信号を作り出す．そもそも単一の周波数において全電力を受信することもせずに，信号が存在していることを見つけることは，極めて難しい．この信号を探知するには，エネルギー探知 (energy detection) か，あるいは狭帯域の周波数決定因子を形成するための高速ビットストリームのチップの時間を折り畳む極めて複雑な処理の，いずれかを必要とする．したがって，この技法は，伝送保全をもたらすのに重んじられる達成法である．次に説明するように，信号が広く拡散されるほど，伝送保全はより卓越したものになる．

　伝送保全技法が信頼できる通信文の保全をもたらさないことに気づくことが大事である．通常の状況下で，どの拡散技法も送信された情報を敵が再生するのを困難にすることができる．しかしながら，各技法に対して高度な技術を持つ敵が

信号を逆拡散せずに通信文の内容を知ることができる条件がある．これらの状況には，短距離受信機，すなわち高感度受信機の使用や高度な信号処理などが必要になる．

2.7.1　伝送保全 vs. 伝送帯域幅

受信機の SNR は，その装置の帯域幅に反比例する．これは，受信機がスペクトル拡散信号を探知する能力は，信号の拡散量に従って低下させられるということを意味している．伝送保全策を講じていなければ，信号は，基本の情報変調に整合した帯域幅内で受信できる．しかしながら，図 2.24 に示すように，信号が（例えば）1,000 倍に拡散されている場合，全信号電力を捕捉するには，その受信機の帯域幅を 1,000 倍に広げなければならない．これが 30dB，つまり "$10\log_{10}$(帯域幅率)" の受信感度の減少をもたらす．この受信感度の損失は，信号の到来方向を測定可能な精度とほとんど線形の関係にある．信号変調の仕様によって決まる各種の電波源位置決定方策に関連する処理利得が存在しているので，この一般論には若干の注意を要する．けれども，この原則は依然として当てはまる．つまり，伝送保全のレベルは，その信号の拡散率の 1 次関数となる．

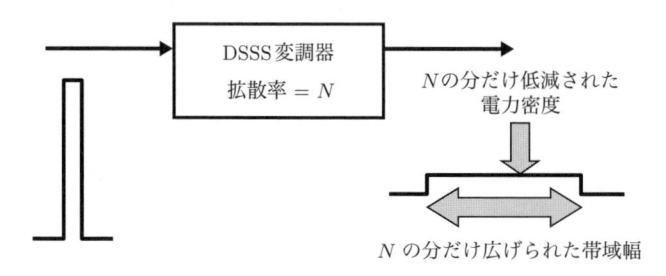

図 2.24　信号のスペクトルを拡散することによって，拡散率に比例して，その探知可能性や送信機を地理的に位置決定する能力を低下させる．

2.7.2　帯域幅制限

さて，どれほどの拡散を信号に加えることができるかを考えてみよう．これは，拡散される前の信号の帯域幅によって決まる．例えば，指揮回線などの狭帯域送信機は，ほんの数 kHz の幅であればよい．例えば，指令信号の速度は，

毎秒 10,000 ビットであるかもしれない．使用される変調にもよるが，指揮回線の帯域幅は 10kHz であろうか．拡散率を 1,000 としても，指揮回線の帯域幅は，まだわずか 10MHz である．一方，リアルタイムのデジタル画像データ回線は，50MHz 幅であろう．たとえビデオ圧縮を利用できても，おそらく，それでもおよそ 2MHz 幅であろう．これを 1,000 倍で拡散すると，結果としてもたらされる信号は 2GHz 幅となるだろう．

　所要送信電力は回線の帯域幅に比例するばかりでなく，帯域幅が 10% に近づけば，増幅器やアンテナは大幅に効率が低下し始める．5GHz の 10% の帯域幅は，500MHz である．マイクロ波回線（例えば，5GHz）は，良好な性能を得るために，通常，指向性アンテナ（directional antenna）を必要とする．高機動戦術プラットフォームは，無指向性アンテナ（nondirectional antenna）を使用することにより，はるかに容易に回線に接続できる．これが（おそらく，500〜1,000MHz の）UHF 帯の周波数範囲の回線をさらに価値のあるものにする．500MHz の回線における 10% の帯域幅はわずか 50MHz である．問題は，高速データ回線に高度の伝送保全を与えることは困難であるということである．高速な回線ほど，実際の回線の帯域幅内に収めるために，より低い拡散率を持つことが必要である．

2.8　　サイバー戦 vs. 電子戦

　本書の執筆時点では，サイバー戦（cyber warfare）についての防衛関連の文献において，多くの議論があった．新しい興味分野のすべてにおいて見られるように，定義について激しい議論がときどきあり，サイバー戦と EW を何かと一緒にする人々も存在している．その種の議論のすべてがそうであるように，この議論もゆくゆくは解決されることになろう．本書の焦点は技術であるので，その基本原理は重視するが，言葉に関する論争の解決は，他の人に譲ることにしよう．

　これまで，軍事目的のデジタル情報の移動についてのさまざまな側面について説明してきた．この予備知識は，従来の指揮・統制と同様に，ネット中心の戦いにおける難題やトレードオフを理解し対処するための手がかりになる．本節における一つの試みは，この情報の流れを，サイバー戦と EW のアプリケーションへ結び付けようとすることである．

2.8.1　サイバー戦

　サイバー（cyber）という用語は，インターネット上のさまざまな場所で定義されている．その大多数の意見は，サイバーとは，インターネットを通してコンピュータからコンピュータへ移される情報，すなわち，インターネットを構成しているコンピュータのネットワークの内部に注意を向けることである，というものである．サイバー戦は，敵から重要な軍事情報を収集したり，敵がインターネットその他のネットワークを通して情報を移動させたり，あるいはコンピュータ内部で情報を処理する敵の能力を妨げたりすることによって軍事的優位を獲得するために，この情報ハイウェイ（information superhighway）を利用する方策であると，（時には非常に詳細に）定義されている．

2.8.2　サイバー攻撃

　また，文献によると，サイバー戦は，害を及ぼすことを目的とするマルウェア（malware; malicious software）というソフトウェアを用いることによって実施される．これには以下が含まれる．

- ウイルス（virus）：自分自身を複製し，1台のコンピュータから他のコンピュータへ拡散させることが可能なソフトウェアのこと．ウイルスは，コンピュータが所望の機能を実行するのには，空きメモリが不足するほど多量の情報をコンピュータに読み込ませることに用いられる．ウイルスはさらに，極めて有害な方法で，目的とする情報を削除したり，プログラムに変更を加えたりすることができる．

- コンピュータワーム（computer worm）：セキュリティの脆弱性を巧みに利用して，ネットワークを通して自動的に他のコンピュータに自分自身を拡散するソフトウェアのこと．

- トロイの木馬（Trojan horse）：無害に見せて，コンピュータのデータや機能発揮を攻撃するソフトウェアのこと．このマルウェアは，敵のプログラムコードをコンピュータやネットワークに侵入させるやり方に関わる．トロイの木馬のプログラムは，うまく動作すればいくらかの有用な利益をもたらすことがあると説明されており，そのようにうまく動作する可能性はある．しかしながら，ダウンロードされたソフトウェアに隠されているも

のは，極めて好ましくない機能を有する別のプログラムである．

- スパイウェア（spyware）： 敵対的目的でコンピュータからデータを収集，あるいは転送するソフトウェアのこと．

インターネットを使って被害者のコンピュータにアクセスし，コンピュータが自身の任務を果たす能力を攻撃するのに利用されるさまざまな技法を表現する用語は，ほかにも多数ある．

ハッカー（hacker）は，インターネットを活用するすべての人にとっての懸念となっており，そのことが複雑で覚えにくいパスワードを使用したり，ファイアウォール（firewall）に金を使ったりする理由となっている．しかし，サイバー戦では，これらの攻撃は重要な軍事的狙いを持って専門家によって計画され，仕掛けられる．これらの専門家は，だますことに非常に長けており，安易な解決策はどれも皆すぐに乗り越えられるので，持続的で複雑な防御努力が必要になる．

2.8.3　サイバー戦と EW の類似点

EW には，三つの主要な下位領域と，もう一つの近縁関係にある領域があると言われている．これらを以下に挙げる．

- 電子戦支援（ES）は，敵の送信信号の敵対的な傍受（捕捉）に関与する．
- 電子攻撃（electronic attack; EA）は，（レーダや通信用受信機などの）敵の電子的センサを，一時的あるいは恒久的に機能低下させることを目的として作られる信号を送信する．
- 電子防護（electronic protection; EP）は，敵の電子攻撃活動から味方のセンサを防御するために考案された一連の方策である．
- デコイ（decoy）は，文字どおり EW の一部ではないが，敵のミサイルシステムや火砲システムに無効な目標を捕捉・追尾させるという理由で，EW と見なされている．

サイバー戦の要素は，これらの EW 関連の下位領域に沿ったものである．表 2.2 に示すように，これらの分野のそれぞれに，サイバー戦の中に対応する技法がある．すなわち，

表 2.2　EW 機能とサイバー戦機能の比較

運用上の機能	EW	サイバー戦
敵の情報の収集	EW 支援：敵の能力や運用モードを究明するために敵の信号を聴取する.	スパイウェア：情報が敵の位置に転送されるようにする.
敵の作戦能力を電子的に妨げる	電子攻撃：受信情報を隠すか，あるいは誤った出力を信じさせるように処理させる.	ウイルス：利用可能な作動メモリを減らすか，または正確な処理結果を出力させないようにプログラムに変更を加える.
敵の電子妨害から味方の能力を防護する	電子防護：敵の妨害が作戦能力に影響を及ぼさないようにする.	パスワードとファイアウォール：コンピュータにマルウェアを侵入させないようにする.
敵のシステムに好ましくない行動を開始させる	デコイ：有効な目標に見せかけて，ミサイルシステムや火砲システムに捕捉される.	トロイの木馬：正当で有益であるように見えることから，敵のコンピュータに受け入れられた敵性のソフトウェアである.

- ES は，スパイウェアと対照できる．実質的には，スパイウェアは信号情報（SIGINT）とも似ている．ES, SIGINT いずれも，敵が収集されたくない情報を収集する．これら二つの分野の違いについては，第 11 章で説明する．
- EA は，敵の受信機に妨害信号を送ることによって，敵に情報を与えない．目標の受信機がレーダである場合，妨害は，レーダ受信機が受信する必要がある信号（すなわち，目標から反射された信号）を隠すか，あるいは，レーダの処理サブシステムに，目標が誤った位置に存在していると断定させる波形を使用して，レーダを欺まんするかの，いずれかが可能である．EA とサイバー戦との類似点には，以下が挙げられる．
    - レーダのカバー妨害（cover jamming; 遮蔽妨害）は，コンピュータの有効メモリを使い果たさせる一種のコンピュータウイルスの方法とまさに同類である．これは，所望の情報を隠すことで，コンピュータ機能を効果的に飽和させるものである．
    - レーダの欺まん妨害（deceptive jamming）は，ウイルスが，不正確な結

果か，あるいは無意味な結果を与えることができるように，目標のコンピュータのプログラムコードを変更することと同様に，コンピュータ処理が誤った結論に達する原因になる信号を送信するものである．

- 通信妨害は，目標の受信機が情報を抽出しようとしている信号を遮蔽する．なりすまし（spoofing）は，正しい信号のように見えるが，誤った情報を含んでいる偽の信号を送信することに関与している．これら二つの EW 機能は，目標のコンピュータを飽和させたり，プログラムコードを変更したりするコンピュータウイルスの影響と類似している．

- EP は，（レーダ受信機/処理装置や通信用受信機などの）味方センサの情報や機能の喪失を軽減または排除する一連の手段からなる．これは，マルウェアに対してコンピュータを防護する，パスワード防護の機能とファイアウォール措置に類似している．

- デコイは，重要目標からの有効な反射であるように見えるレーダ信号を返す物理的な装置である．それらは，システムの運用に有害な動作を開始させるようにして，敵のシステムをだますことから，トロイの木馬の働きに類似している．

2.8.4　サイバー戦と EW の相違点

　サイバー戦と EW との違いは，敵対的機能が敵のシステムに取り込まれる方法の違いから生じる．図 2.25 に示すように，サイバー攻撃では，マルウェアをソフトウェアとしてシステムに入力する必要がある．つまり，そのシステムは，インターネット，コンピュータネットワーク，フロッピーディスク，あるいはフラッシュドライブから入力されるということである．図 2.26 に示すように，EW は電磁的に敵システムの機能に入り込む．ES は敵の送信アンテナから送信された信号を受信し，EA は被害を及ぼすことになる敵の受信アンテナを通して敵の受信機や処理装置に入り込む．

　確かに，最新の脅威システムは極めてソフトウェア集約的であるが，例えばロシアの S-300 地対空ミサイルシステムの各種構成品を調べてみると，ダイナミックな交戦シナリオで必要とされるコンピュータ間で信号を移動できるよう

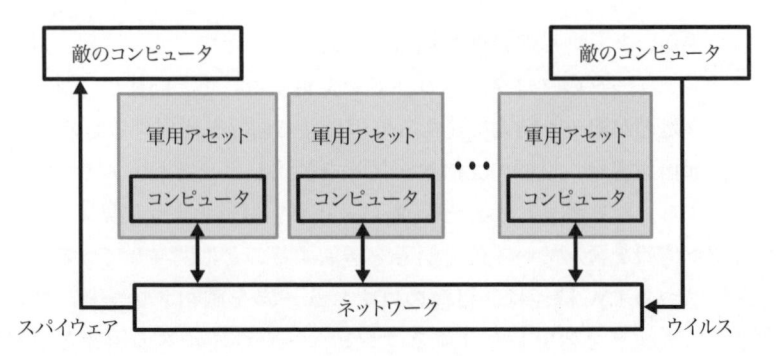

図 2.25　サイバー戦は，インターネットなどのネットワークを介して軍用アセットに対する攻撃に関与する．

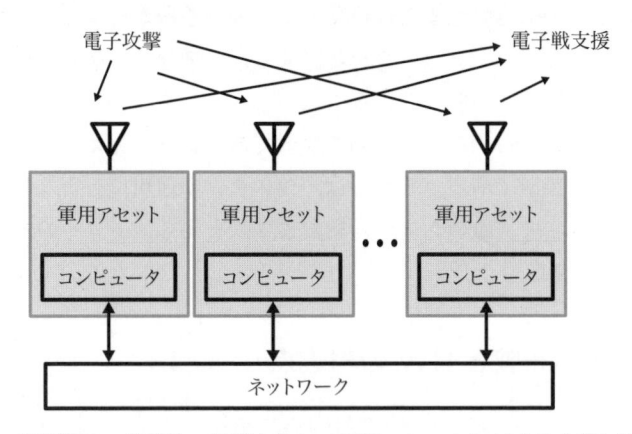

図 2.26　電子戦は，電磁波の伝搬を介して軍用アセットに対する攻撃に関与する．

に，（指揮車両，レーダ搭載車両，発射装置などの）あらゆる車両に通信用アンテナが設置されていることに気づくだろう．戦術的な有効性とシステムの全構成要素の残存性は，自身の機動性によって決まるが，これには電磁的な相互連接性を必要とする．それゆえ，それらは EW 攻撃の対象になりやすい．

2.9　　帯域幅のトレードオフ

　帯域幅は，どんな通信ネットワークにおいてもトレードオフの重要な変数である．一般に，帯域幅が広いほど，一つの位置から他へ情報をより高速に伝送することができる．一方，受信信号が十分な忠実度を備えるためには，帯域幅が広いほど大きな受信信号電力が必要になる．

　デジタル通信では，受信信号の忠実度は，受信信号ビットの正確度を単位として測定される．ビットエラーレート（BER）は，全受信ビットに対する不良受信ビットの比率である．第5章で詳細に説明するが，デジタルデータをそのまま送信することはできない．すなわち，それを無線周波数帯の搬送波に乗せて変調しなければならない．代表的な変調方式における受信ビットエラーレートを，E_b/N_o の関数として図2.27に示す．2.3.4項で説明したように，E_b/N_o は，帯域幅に対するビットレートの比率に応じて補正された検波前 SNR（RFSNR）のことである．標準的なデジタル伝送回線では，受信 BER は 10^{-3}〜10^{-7} の間で変動する．このグラフから，この範囲での BER は RFSNR の 1dB の減少につき約1桁分増加することがわかる．この RFSNR と BER の変化率は，デジタルデータに使用されるすべての変調において変わらない．

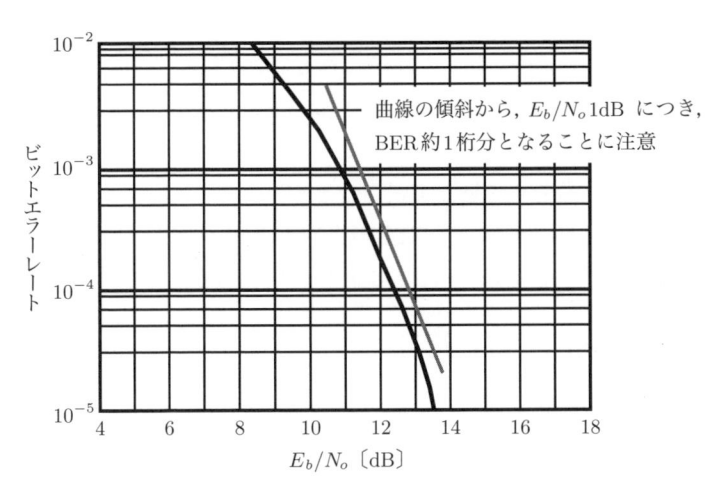

図2.27　受信信号のビットエラーレートは，E_b/N_o の逆関数である．

BERがこの範囲に満たないことが求められる場合，ビットエラーを訂正するために誤り訂正技法が用いられる．

2.9.1　ビットエラーの重大な事例

第5章では，ビデオ圧縮について説明する．説明されている各技法が原因となって，ビットエラーの存在が再現画像の忠実度を低下させることがある．場合によっては，たとえ1ビットのエラーの影響でも深刻なデータの喪失を起こす可能性がある．

他のBERの重大な事例としては，ビットエラーが同期外れ（loss of synchronization）を起こす可能性がある暗号化信号や，概して，誤りに対して極めて低い耐性しか持たない指揮回線などが挙げられる．

2.10　誤り訂正法

図2.28に示すように，受信信号を送信機へ返送して，ビットを1ビットずつチェックさせ，必要ならばその後再送させることによって，誤りを訂正できる．これには双方向回線（two-way link）が必要で，また，システムには（伝送距離，干渉，妨害などの）瞬間的な条件によって変動する遅延が加わる．誤りはさらに，各冗長伝送（redundant transmission）が比較される多数決符号化（majority encoding）により減らすことができ，その最大一致数（maximum number of agreement）バージョンが出力される．これと類似したやり方は，複数の同一のメッセージを送信し，強力なパリティ符号化を通して誤りのあるデータを削除することである．これらの方策はどちらも送信ビット数を相当増大させる．図に示す3番目の手法が，誤り訂正符号（error correction code）の使用である．

2.10.1　誤り検出・訂正符号

誤り検出・訂正（EDC）符号を用いると，受信誤りは（その符号の実力で決まる限度まで）訂正することが可能である．データに付加されるEDCのビット数が多いほど，訂正できるビットエラーの割合は高くなる．

図2.29に，簡単なハミング符号（Hamming code）の符号器（encoder; エンコー

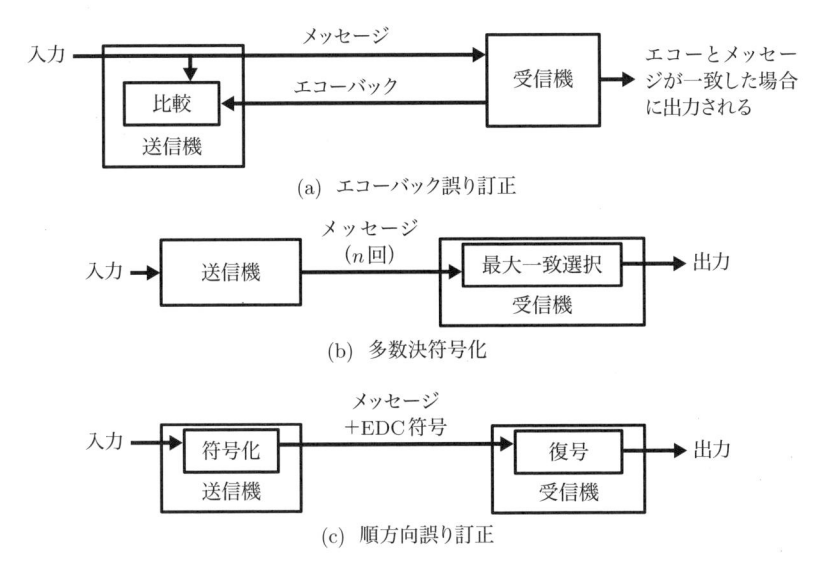

図 2.28　ビット誤りは，いくつかの技法で訂正することができる.

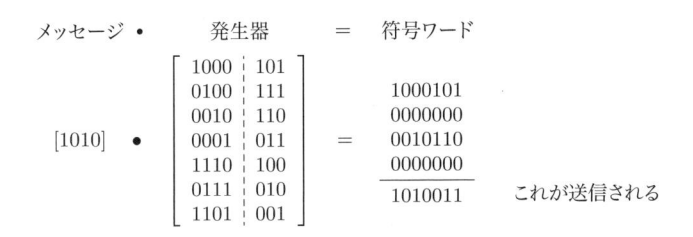

図 2.29　(7,4) ハミング符号の符号器

ダ) の動作を例示する. 最初の入力ビットが1であれば, 最初の7ビット符号がレジスタにセットされる. 最初のビットが0であれば, すべて0が入力される. すべてのビットが符号化されると, レジスタは合計され, その合計が送り出される. 図 2.30 は, 復号器 (decoder; デコーダ) を示している. 受信ビットが1であれば, 付随する3ビット符号がレジスタに入力される. 逆に, ビットが0であれば, すべて0が入力される. ビットがすべて正しく受信されれば, レジスタは0を加える. この例では, 受信符号の4番目のビットに誤りがあるので, レジスタの合計は011 となる. これは, 4番目のビットが確実に訂正されるということを示している.

$$送信 = [1010011]$$
$$誤り = [0001000]$$
$$受信された符号 = [1011011]$$

$$
[1011011] \bullet
\begin{bmatrix}
101 \\
111 \\
110 \\
011 \\
100 \\
010 \\
001
\end{bmatrix}
=
\begin{array}{l}
101 \\
000 \\
110 \\
011 \\
000 \\
010 \\
001 \\
\hline
011
\end{array}
$$

つまり，4 番目のビットが誤っている

受信ワードに [0001000] を加えることでこれが訂正される

図 2.30　(7,4) ハミング符号の復号器

EDC 符号には 2 種類がある．すなわち，畳み込み符号（convolutional code）とブロック符号（block code）である．畳み込み符号は，ビット単位で訂正するのに対し，ブロック符号は（例えば 8 ビットの場合）バイト全部を訂正する．ブロック符号では，1 バイトの中の 1 ビットだけが不良であるのか，あるいはそれらのすべてが不良であるかどうかに関係なく，そのバイト全体を訂正する．誤りが均一に散らばっている場合には，概して，畳み込み符号のほうが優れている．しかしながら，グループエラーの原因になる何らかの作用がある場合には，ブロック符号がより効率的である．

　ブロック符号にとって重要なアプリケーションは，周波数ホッピング通信である．信号が（密度の高い戦術環境ではよくあるように）他の信号によって占有されている周波数にホップ（hop; 跳躍）するときはいつでも，そのホップ間に送信されたビットのすべてが誤りとなる可能性がある．

　畳み込み符号の能力は，(n,k) と記載される．これは，k 個の情報ビットを保護するためには，n ビットを送信する必要があるということを意味している．ブロック符号の能力は，k 個の情報シンボル（バイト）を保護するためには n 個の符号シンボルを送信する必要があるという意味で (n/k) と記載される．

2.10.2　ブロック符号の例

　リードソロモン符号（Reed-Solomon code; RS 符号）は，広く利用されているブロック符号である．そのアプリケーションの例には，（軍の相互連接に使われ

る）リンク 16（Link 16）や衛星テレビ放送がある．RS 符号は，（含まれたデータのバイト数を上回る）ブロック内の追加バイトの半数に等しい自身のブロック内の多数の不良バイトを訂正することが可能である．

　上記のアプリケーションの両方に用いられている変形として，(31,15) RS 符号がある．これは，それぞれのブロック内に，情報を搬送する 15 バイトと誤り訂正用の 16 の追加バイトを含む，31 バイトを送信する．これは，31 バイト中最大で 8 不良バイトまで訂正できることを意味する．

　周波数ホッピング信号に，この符号を用いることを考えてみよう．この符号は，8 不良バイトしか訂正できないので，1 回のホップで 31 バイト中 8 バイトしか送信しないように，データは交互に配置される．図 2.31 は，簡略化したインターリービング（interleaving; 交互配置）の考え方を示している．ただ，実のところ，最新の通信システムのバイト配列は，擬似ランダム的にすることができる．同じ 31 バイトの符号ブロックからデータを伝送するときに，複数の伝送データブロック（例えば，数ホップ）内の誤りをかなり頻繁に引き起こすほど RFSNR が低くない限り，結果として生じるビットエラーレートは，事実上 0 まで減らすことができる．

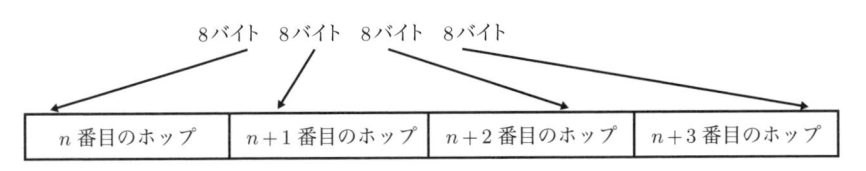

8バイト　8バイト　8バイト　8バイト

| n 番目のホップ | $n+1$ 番目のホップ | $n+2$ 番目のホップ | $n+3$ 番目のホップ |

図 2.31　規則正しい干渉や妨害から保護するため，インターリービングでは，隣接したデータを信号の流れの他の部分に配置する．

2.10.3　誤り訂正 vs. 帯域幅

　どのような順方向誤り訂正法（多数決符号化，冗長データ（redundant data），あるいは EDC 符号化）であっても，そのビットレートを増加させる．多数決符号化が用いられる場合，そのデータレートは，少なくとも 3 倍になる．強力なパリティを備えた冗長データが用いられる場合，そのレートは 5〜6 倍に増加する．上記の (31,15) RS 符号を使用すると，そのデータレートは 207% まで増加する．

　受信感度は，受信機の帯域幅に反比例して変化する．第 5 章で詳述するよう

に，デジタル信号の受信に必要な標準的な帯域幅は，ビットレートの 0.88 倍である．したがって，同じデータスループット率を用いてそのビットレートを 2 倍にすることで，その感度を 3dB 低下させることが可能になる．図 2.8 を参照すると，これが一般的にビットエラーレートを 3 桁増加させることになる．これは，デジタル通信業務に関わる人たちが言っていること，すなわち，ビットエラーへの耐性が極めて低い場合や，深刻な干渉や妨害がある場合を除いて，誤り訂正手段はわれわれの役に立つどころか十中八九害を与えることを，はっきり示している．

2.11　EMS 戦の実際

本章では，EMS 戦（electromagnetic spectrum warfare; 電磁スペクトル戦）の遂行領域や，関連する物理学上の特質に関わる多くの実務上の問題について説明してきた．また，情報はどのようにして 1 地点から別の地点へ移動されるのか，そして，不利な結論を裏付ける目的で，その情報の移動を妨げたり，あるいはそれを捕捉するために敵が実行できることについて触れた．

2.11.1　戦いの領域

例えば，EMS が領域の一つとして存在しているか否かなど，用語について，EW 文献で数多く議論されてきた．いわゆる目指すべきものについての議論は続いているが，その用語についての論争に取り合わないまでも，そこには同感できる真理がいくつか内在している．

EW は歴史的に，電磁スペクトルをキネティック（kinetic; 運動エネルギー利用）脅威に関わるものとして扱われてきた．すなわち，

- 目標を見つけて，ミサイルをそれらの目標に誘導し，弾頭（warhead）を爆発させる各種レーダ．この場合の EW の目的は，ミサイルが目標を捕捉，あるいは目標に命中させることができないようにすることにある．したがって，EW 攻撃の限定的な目的は，レーダ目標からのリターン信号（return signal）を受信できないようにするか，あるいはミサイルのアップリンク（uplink）がミサイルへ誘導情報を配信できないようにすることに

ある（図 2.32 参照）.

- 我をキネティック攻撃可能な敵部隊の指揮・統制に関わる敵の通信．EW の目的は，敵の有効な指揮・統制を妨げることにあるとされている．したがって，この場合の EW 攻撃の目的は，指揮・統制信号を，部隊指揮所あるいは遠隔の軍用アセットによって正確に受信できないようにすることである（図 2.33 参照）.

コンピュータとソフトウェアは，現代戦のほとんどすべての局面に不可欠な要素であり，そのようなコンピュータに対するサイバー戦攻撃は，キネティック攻撃や，それらの攻撃に対抗する防御に直接的な影響を与える.

一方，現代戦の一部となってきた新しい現実がある．いまや EMS それ自体が，敵の攻撃目標になってきているのである．敵は，我が EMS の使用を拒否することによって，一発の弾を撃つことや一発の爆弾を落とすこともなく，われわれの社会に相当の経済的損失を与えることができる．EMS を利用できなければ，例えば以下のことなどは実行不可能となる.

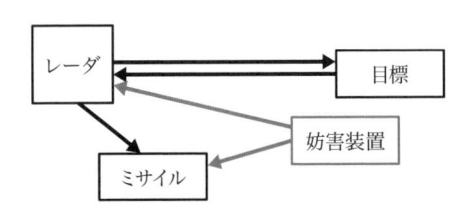

図 2.32　古典的には，妨害装置は，レーダが自身の目標を捕捉または追尾したり，目標にミサイルを誘導したりすることを阻止するものである.

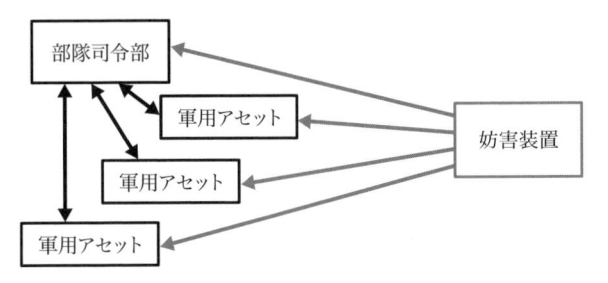

図 2.33　古典的には，EW 攻撃は，敵が自身の軍用アセットを有効に指揮・統制することを阻止するものである.

- 定期航空便や貨物機の飛行
- 列車の運行
- トラックによる貨物の移動予定の決定
- 材料を確保した上での工場生産
- 市場への品物の発送
- 家庭や企業への電力供給

ほかにも例はたくさんあり，現代生活を成り立たせるにあたってのEMSへの依存は，日に日に増大しつつある．EMSの使用に対する攻撃は，歴史を通じて戦いの一部になっているキネティック武器による攻撃に極めて類似している．

これから，EMSの大幅な使用を織り込む現代戦における変化について考えてみよう．

- ミサイルシステムは，生き残るとすれば，いまや「隠れ，撃ち，かつ移動する」ような特性を示す必要がある．これは，そのシステムのすべての構成要素がEMSを介して相互連接されなければならないことを意味する．なぜなら，有線による相互連接は，まったく使い物にならないからである．
- 有効な統合防空は，すべての構成要素に機動性が求められるので，EMSで相互連接される．
- 組織的な航空攻撃は，キネティックあるいは電子的のいずれであっても，EMSを介して相互連接される必要がある．
- 海上作戦は，EMSの相互連接なしでは実行できない．
- 陸軍は，EMSによる相互連接なしでは，単に銃を持って駆け回る烏合の衆に過ぎず，おそらく敵に対してよりそれら自身の安全を脅かすことになる．

敵を安全で信頼できるEMSにアクセスできなくすることは，敵の軍事力全体に対する極めて効果的な攻撃になるとともに，彼らの国民経済活動全体を悪化させる可能性がある．

ネット中心の戦いは，いまや，将来の軍事作戦遂行手段の決まり文句として定着している．この取り組みは，アクティブあるいはパッシブな電子戦運用の有効性を最大限に高める．安全で信頼できるEMSの利用なしでは，ネットワークは一切存在せず，それゆえにネット中心の戦いはあり得ない．

　クラウドコンピューティング（cloud computing）は，商業界に根付いており，軍事的にもその重要性が高まりつつある．図 2.34 に示すように，この方策によって，個別の活動拠点から多量のソフトウェアやデータを移動させることができるようになる．その長所は，作戦地に分散配置されている軍のハードウェアをより小型化，軽量化，低電力化，低価格化できるとともに，敵による捕捉・利用に対して堅固にできることである．ただし，安全で信頼に足る EMS の可用性を高めるためにはコストが必要である．

　EMS 戦の特質について，図 2.35 に示す．図 2.32 や図 2.33 とは対照的に，EMS 戦の実際の目標は EMS そのものへのアクセスであり，関連するキネティック武器の有効性を減少させることではない．

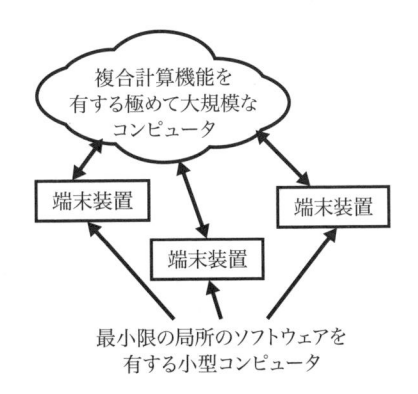

図 2.34　クラウドコンピューティングでは，データリンクによってアクセスできることで，ほとんどのソフトウェアを使用場所から大規模コンピュータ設備へ移している．

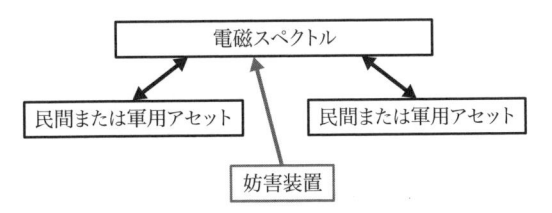

図 2.35　EMS 戦における直接の目的は，敵の電磁スペクトルの使用を拒否することにある．

2.12　電子透かし

　電子透かし（steganography）は秘密の書き込みと定義され，何世紀もの歴史がある．しかしながら，デジタル通信の出現とともに，まったく別の新しい意味を持つようになってきた．読者のウェブブラウザで電子透かしについて調べてみると，詳細な歴史，理論，対策が見つかり，さらにそれを実行したり探知したりするのに利用できるソフトウェア製品などが入手できるだろう．例によって，この種の主題について，われわれは電子戦や情報戦（information warfare）におけるその有用性，特にスペクトル戦に対するその適用性に焦点を合わせて説明しよう．

2.12.1　電子透かしと暗号化の対比

　電子透かしと暗号化を対比すると，送信信号経路における伝送保全と通信文の保全との差異に似ている．スペクトル拡散技法を使用する場合，とりわけ高水準の直接スペクトル拡散（DSSS）では，擬似ランダム拡散符号を利用できない敵が受信した信号は，雑音に似ている．つまり，その信号は，送信機方向の雑音レベルがわずかに増えているように見える．したがって，専用の装置と技術がなければ，敵は送信が行われたことさえ探知できない．一方，暗号化は送られた情報を敵が解読できないようにしている．スペクトル拡散変調は，敵が送信機を位置決定したり攻撃したりすることを防ぐ伝送保全を備えている．暗号化もまた，高性能の手段で信号が探知された後に，我が秘密を敵が知ることがないようにするという理由で必要である（図2.36参照）．

　電子透かしでは，ハードコピーあるいは電子的方法のどちらによっても，送る情報をそのまま処理する．図2.37に示すように，これは外見的には関係のない

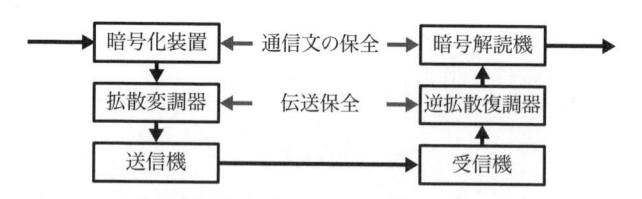

図 2.36　スペクトル拡散通信が伝送保全を提供する一方で，暗号化は通信文の保全を提供する．

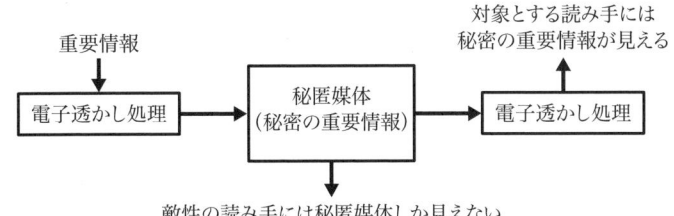

図 2.37　電子透かしは，ハードコピーや電子的に配布されるメッセージの中に，伝送保全に相当する機能を提供する．

データを使用してわれわれの秘密のメッセージを隠すので，われわれが重要な（主として軍の）連絡を行っていることさえ，敵にはわからない．事実上，これは伝送保全の機能を提供する．前に説明したように，暗号化には同じ機能がある．すなわち，たとえ敵が我が秘密のメッセージを発見しても，我が情報は保護される．しかしながら，暗号化されたメッセージがいかにでたらめな文字やビットを表示しようとも，われわれが何かを隠そうとしていることは明らかになる．これが重要な情報を伝えようとしていることを敵に教えて，解読活動のきっかけを与え，最終的に敵は我が情報を解読するかもしれない．電子透かしは，成功すれば，敵にこの運用上の利点を与えないようにすることができる．

2.12.2　初期の電子透かし技法

　いくつかの文献で検討された初期の技法の一つは，伝令の頭髪を剃り，頭髪のない頭に通信文を入れ墨して，彼の髪を元どおり生えさせ，その後，メッセージを解読する際にその伝令の髪を剃るというものであった．他の技法として，秘密の情報を含んだ通信文の至るところに，あるパターンの文字をばらまいて，当たり障りのない通信文を書き送るものがある．また，外見的には無害そうに見える通信書面内にマイクロドット（microdot; 縮小文書）や，あぶり出しインク（invisible ink; 透明インキ）を含ませたものもあった．特に（第 2 次世界大戦時のスパイ映画での）面白いやり方の一つは，作曲家に特定の音符配列（この事例では，変ロ音）の曲を書かせて暗号文を伝えられるようにする，というものであった．

2.12.3　デジタル技法

　デジタル信号は，データの形式内に情報を隠すための多くの有利な条件を備えている．極めて有効な技法の一つは，カラー写真をデジタル化することで，送信データをわずかに変化させるというものである．画像のデジタル化技法の一つについて考えてみよう．この画像は，ピクセル（pixel; 画素）（色の小さな斑点）として送られる．各ピクセルは，（例えば赤，黄，青の）三つの基本色の濃度を記録する符号を使ってデジタル化される．これらの原色の濃度を組み合わせる（絵の具を混ぜることに似ている）ことによって，非常に大きな色配列を作り出すことができる（図 2.38 参照）．各原色の濃度を 256 段階で測ると，それを 8 ビットで記録することができる．送信されるフルカラーデータは，24 ビット（原色当たり 8 ビット）となる．すると送信データレートは，24 × フレーム当たりのピクセル数 × フレームレート（frame rate; 画面書き換え速度）となる．1 フレームに 640 × 480 ピクセルで，毎秒 30 フレームとすると，その送信データレートは，（圧縮なしで）毎秒約 2.2×10^8（$640 \times 480 \times 24 \times 30$）ビットということになる．送信ビットレートを減らす各種のデータ圧縮技法があるが，それらは電子透かしの使用を妨げるものではないことに注意しよう．

　画像がデジタル化されることで，原色当たりのビット数を減らして，秘密のメッセージを送るために追加ビットを使用することが可能になる．例として，図 2.39 に示すように，5 番目のピクセルおきに 1 ビットずつ青色のデジタル化を減らしてみよう．これによって，全画像内の 5 番目のピクセルごとの色を極めて

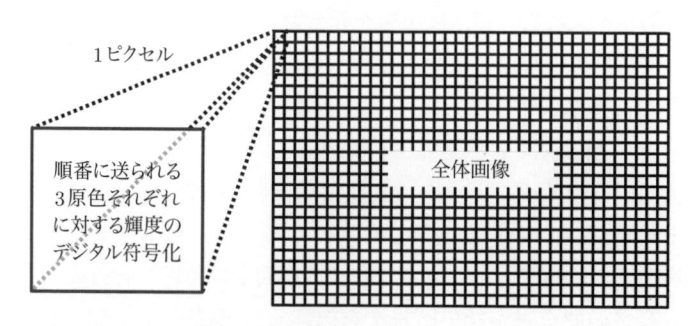

図 2.38　デジタル化画像は，一般にピクセルとして送信される．各ピクセルは符号化された輝度と色情報を持っている．

通常のピクセルデータ

赤色の輝度 8ビット	黄色の輝度 8ビット	青色の輝度 8ビット

電子透かしで変更されたピクセルデータ

赤色の輝度 8ビット	黄色の輝度 8ビット	青色の輝度 7ビット	

秘匿されるメッセージからのデータ1ビット

図 2.39 デジタル化画像の少数のビットを使用することで，もう一つの秘密の画像やメッセージを送信信号内で搬送することができる．

微妙に変化させることが可能になる．受信画像を見ている人は，（非常に特殊な装置なしでは）そのわずかな変化にまったく気づかないだろう．秘密のデータ用に犠牲にされた青色の1ビットを用いることで，1.8MB（$640 \times 480 \times 6$）の速度で秘密のメッセージを挿入することが可能となり，これによって，手渡されるべきかなりの量の秘密の情報が許容されるようになる．電子透かしに関するオンライン文献は一般的に，大きく異なる秘密の画像と一緒に送られた偽装写真を示している．その一例に，曇り空を背景にした樹木の画像に隠された膝掛けの上のぶち猫の詳細画像がある．

これらは，デジタルテキスト伝送に使用できるものと同じようなやり方である．

2.12.4 電子透かしはスペクトル戦にどう関係しているのか

第一の関わりとしては，通信していることを敵に知られることなく，A地点からB地点へ重要な情報を送ることを可能にするということである．新手の手法としては，サイバー攻撃を開始するため，見たところ無害そうな通信文や画像にマルウェアを埋め込んでもよいかもしれない．電子透かしが見破られない限り，標的とされた敵には，サイバー攻撃が起きていることはたぶんわからないだろう．

2.12.5 電子透かしはどのようにして見破られるのか

この分野は，電子透かし解析（steganalysis）と呼ばれている．あぶり出しインクのような古い技法を使ったやり方には，拡大して注意深く点検したり，現像剤や紫外線（ultra violet; UV）を使用したりする方法がある．第2次世界大戦時の

捕虜収容所では，捕虜たちはあぶり出しインクであることが鮮明にわかるように（ひそかに）作られた特殊紙を使って手紙を送るよう義務付けられていた．デジタル通信では，電子透かしは，隠蔽用の表紙の絵の原本と（電子透かしメッセージを含む）修正された絵とを比較することにより見破ることができる．さらに，複雑な統計解析によって，修正された文字や画像の存在を見破ることも可能である．どの場合においても，電子透かし解析は高価で時間のかかる処理である．

2.13　回線の妨害

以下では，妨害を検討する回線はデジタル形式で，かつその伝搬モードは見通し線（line of sight; LOS）であることを前提としている．なお，EW 運用にとって重要な三つの主要な伝搬モードについては，第6章で説明する．

2.13.1　通信妨害

最初に通信妨害に関するいくつかの基本事項を記述する（詳細については，第6章で説明する）．

- 送信機ではなく，受信機を妨害する．どんな妨害でも，対象とする受信機が受信しようとする信号から所望の情報を正確に再生させないように十分な電力を使って，その受信機に不要信号を入力させることに関わっている（図2.40を参照）．
- 妨害の決め手となる係数は，妨害対信号比（J/S）である．J/S は，その信号の変調から情報が再生される対象受信機位置における，希望信号電力と

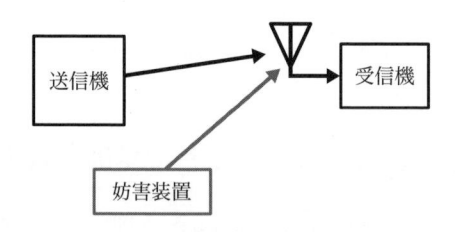

図 2.40　データ回線を妨害する場合は，妨害装置は受信位置方向に送信する必要がある．

妨害信号電力との比率のことである.

- デジタル信号の場合, J/S は 0dB で十分であり, また, 通信を完全に停止させるには, 一般に 20%〜33% の妨害デューティサイクル (duty cycle) で十分である. デジタル信号を再生不能にする最も信頼できる方法は, 十分高いビットエラーレート (つまり, 不正確に再生されたビットの比率) を作り出すことである.

- より低い J/S とデューティサイクルの両方またはいずれか一方の通信を停止させるには, 受信デジタル信号の同期を外すことが実用的かもしれないが, この実現を非常に難しくするであろう, 極めて強靭な同期方式がいくつか存在している.

- 目標となる回線を通した通信を無効にするのに, より小さい J/S やずっと低い妨害デューティサイクルでも十分な状況がいくつかある. これは, その回線で伝送される情報の種類による.

J/S の大きさは, 次式で与えられる. すなわち,

$$J/S = \mathrm{ERP}_J - \mathrm{ERP}_S - \mathrm{LOSS}_J + \mathrm{LOSS}_S + G_{RJ} - G_R$$

である. ここで, ERP_J は妨害装置の実効放射電力 (effective radiated power; ERP) 〔dBm〕, ERP_S は送信機が提供する希望信号の ERP 〔dBm〕, LOSS_J は妨害装置から目標受信機までの伝搬損失 (propagation loss) 〔dB〕, LOSS_S は希望信号の送信機から目標受信機までの伝搬損失〔dB〕である. また, G_{RJ} は受信アンテナの妨害装置方向の利得〔dB〕, G_R は受信アンテナの希望信号方向の利得〔dB〕である.

2.13.2 デジタル信号の妨害における所要 J/S

デジタル情報を伝達する無線周波数の変調のいかんを問わず, 受信ビットエラーレート (BER) 対 (ビット/雑音)/Hz 当たりのエネルギー (E_b/N_o) 曲線が存在している. ここで留意すべき点は, E_b/N_o は帯域幅とビットレートとの比で補正された検波前信号対雑音比 (RFSNR) であるということである. RFSNR が低下するにつれて, そのビットエラーレートは増加する. 第 5 章に示すように, 変調の種類ごとに一般的な形状を備えた独自の曲線を持っているが, それらはすべ

て，RFSNRが極めて低くなるにつれて50%ビットエラー値にほぼ等しくなる．図2.41は，水平軸上をJ/Sが左方向に増加している，この曲線の変形である．したがって，J/Sが増加するにつれ，BERもまた50%エラー値にほぼ等しくなるまで増加する．図に示すように，J/Sが0dBに達すると，この値は曲線の膝部より上になるので，生ずる可能性のあるビットエラーの大部分は生じてしまっている．妨害電力をそれ以上増やしても，それ以上エラーを発生させることはほとんどない．

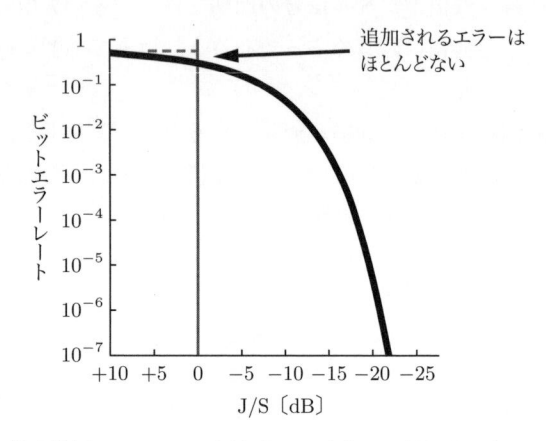

図2.41　妨害装置がJ/S 0dBを達成した時点で，見込まれるほぼすべてのビットエラーが生じている．

2.13.3　回線妨害に対する防護

　妨害に対して回線を防護するには，数種類の手段がある．その中の三つの重要な技法を以下に挙げる．

☐ スペクトル拡散変調

　広い帯域幅にわたって信号のエネルギーを拡散させるため，信号に特殊な変調を加えることが可能である．周波数ホッピング，チャープ，スペクトル直接拡散などの低被傍受/探知確率（LPI）技法については，第7章で詳細に説明する．その他の特徴として，これらの技法は，妨害に対する回線の脆弱性を減らす．すなわち，それらが目標となる受信機のJ/Sを下げるということである．その受信

機には拡散変調を除去する特殊回路があり，上に述べたように，希望信号送信機からの信号に対する処理利得をもたらす．拡散変調はそれぞれ，受信機が利用できる擬似ランダム符号（pseudo-random code）によって運ばれる．推定されるように，拡散変調を伝達しない妨害信号は，この処理利得による利益を得ることはない．

信号が送信機で拡散され，また受信機で逆拡散される実際の方法は，第7章で説明している．図2.42は，拡散復調器（spreading demodulator）と呼ばれる全般ブロック図によって表される処理を一般化したものである．ここで指摘しておくべきことは，逆拡散処理は実質的に，拡散されていない信号の強度を高めることなく，希望信号の強度を高める処理利得を作り出すことと見なせることである．要するに，実は拡散復調処理は，すでに適切な拡散変調を含んでいないか，あるいは間違った符号によって運ばれる，どんな受信信号でも拡散するのである．

前記の0dB J/Sとは，実効J/Sを指している．つまり，妨害信号は拡散復調器によってもたらされる処理利得から利益を得ることはできないことを考慮したJ/Sのことである．したがって，妨害信号の実効放射電力は，同じ実効J/Sを達成するには，処理利得に匹敵する量まで増やされなければならないのである．

☐ アンテナ指向性（antenna directivity）

前記のJ/Sに使われている式には，二つの受信アンテナ利得に相当する項がある．G_Rは希望信号の送信機方向の受信アンテナ利得であり，G_{RJ}は妨害装置方

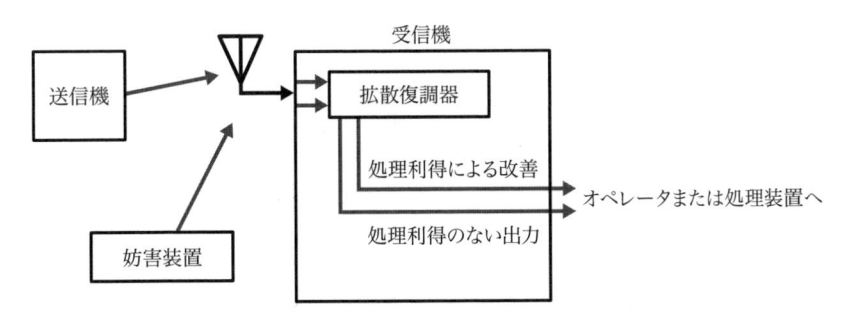

図2.42 スペクトル拡散信号は，目標となる受信機からの処理利得を含んで出力される．妨害信号は，処理利得がない，かなり低いレベルで出力される．

向の受信アンテナ利得である．システムの構成要素は，相手側の要素の位置を知り，それらを追尾しなければならないので，指向性アンテナの使用は，ネットワーク中心のシステムに対する運用上の複雑度をもたらす．一方，そのようなアンテナによって，妨害装置がもたらす実効 J/S を大幅に減らすことが可能になる．J/S を予測するための計算では，目標とする受信機のアンテナは当然，希望受信機のほうに正確に向けられていると見なすのが常識である．妨害装置は他の位置にあるので，目標の受信機が無指向性アンテナを備えている（極めて普通の）場合を除いて，目標となる受信機のアンテナは妨害装置に，その方向のサイドローブのアンテナ利得を与える．前記の J/S 計算式からわかるとおり，J/S は，受信アンテナの希望信号方向の利得（G_R）と妨害装置方向の利得（G_{RJ}）の差の分，減少する．

　図 2.43 に，ヌル形成アンテナアレイ（nulling antenna array）を示す．そのようなアレイ（array; 配列）の場合，アンテナはそれぞれ非常に広いビーム幅を持っており，一般的に 360° の大きな角度セグメントをカバーすることができる．処理装置は，アレイ内の各アンテナからの線路に位相偏移（phase shift; 位相シフト）を作り出す．これらの位相偏移は，受信機への出力を，すべてのアンテナの利得が一方向から到来する信号に集約されるように設定することが可能であり，選択された方向に狭ビームを作り出せるようになる．この位相偏移はまた，一つ以上の方向にヌルを形成するように調節できる．ヌルが妨害装置の方向に指向されれば，その実効妨害電力は，ヌルの深さに従って低減されるので，結局，J/S を低下させることになる．

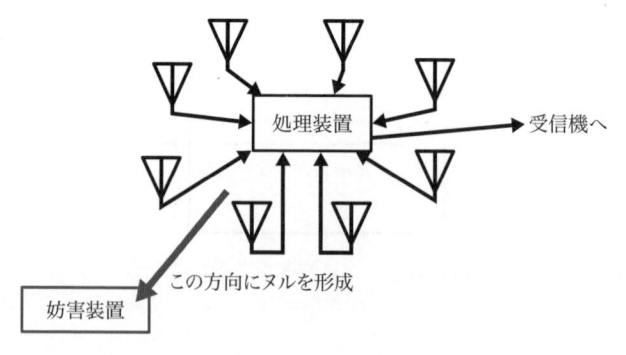

図 2.43　アンテナアレイは，妨害装置の方向にヌルを作り出すことができる．

❏ 誤り訂正符号

2.10 節で述べたように，誤り検出・訂正（EDC）符号は，送信デジタル信号に追加のビットを付加する．受信機は，ある BER を上限とするビットエラーを検出・訂正するため，符号の検出能力（つまり，一定の割合の追加ビット）によって決定される追加ビットを使用する．このことは，有効な通信を阻止するのに十分な訂正後の BER をもたらすには，妨害装置はもっと多くの誤りを作り出さなければならない，ということを意味する．それゆえに，もっと大きい J/S が必要とされる．EDC が用いられる場合は，間欠妨害の有効性を減ずるため，送信前にビットの区画を再配置することは当たり前である．これには高デューティサイクル妨害が必要になることがある．

2.13.4　回線妨害への最終的な影響

スペクトル拡散，アンテナ指向性，誤り訂正などの効果は，妨害効率（jamming efficiency）を低下させることである．デジタル信号の効果的妨害のためには J/S 0dB を達成しなければならないが，これは，任意の対妨害技法の効果を狙った実効 J/S のことである．このことは，対象となる受信機に対して，それ以上の妨害電力を送る必要があることを意味する．受信妨害電力を増加させる二つの基本的な方法がある．すなわち，妨害 ERP を増大させることと，妨害装置を目標となる受信機のより近くに展開させることである．図 2.44 は，妨害されている特定の敵の回線の J/S に対して両方の変数が与える影響を示している．その目標となる回線は，希望送信機の ERP が 100W（+50dBm）であり，20km の距離を通して稼働している．グラフの各曲線は，さまざまな妨害の ERP を用いている．このグラフを使うには，妨害装置から目標までの距離を縦軸で選び，妨害装置の ERP に相当する曲線まで右に移動し，その後，下方に移動して達成される J/S を得る．例えば，妨害装置から目標までの距離が 15km で，妨害装置の ERP を 40dBm とした場合，達成される J/S は −5dB となる．このグラフから明らかになった一つのことは，妨害装置を目標となる受信機の近くに展開させるスタンドイン妨害（stand-in jamming）の効果である．

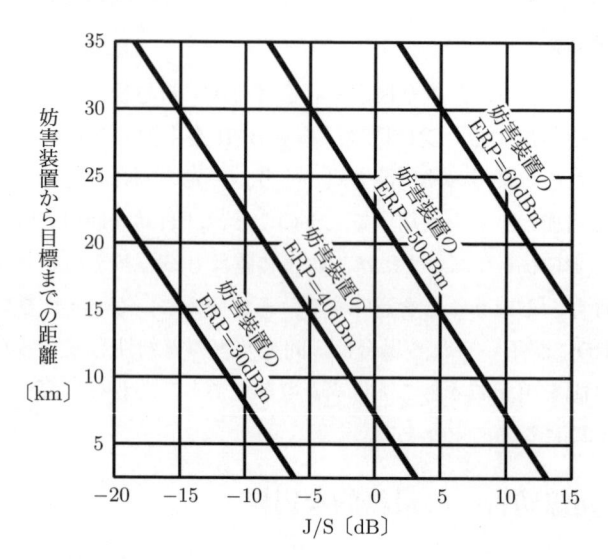

図2.44　目標となる受信機入力で達成される J/S は，妨害装置の ERP と妨害装置から受信機までの距離の関数となる．

第3章

在来型レーダ

本章では，第4章において最新の脅威について議論できるようにするため，まず在来型の脅威システムについて説明する.

3.1　脅威諸元

冷戦中は，高射砲の実戦高度を超えて高空飛行する航空機の攻撃用に，多くの地対空ミサイルが開発された．それらの中で最も成功を収めたものはSA-2ガイドライン（Guideline）ミサイルで，これは，ファンソン（Fan Song）レーダによって目標に向けて制御される指令誘導（command-guided; command guidance）武器であった．これらの武器は，捕捉レーダ（acquisition radar）や追尾レーダ（tracking radar），および多数のミサイル発射装置に加えて，高射砲用パラボラ反射鏡レーダ（gun dish radar）誘導によるZSU-23自走高射機関砲（self-propelled anti-aircraft gun）からなる統合防空網に組織化されていた.

これらの武器はベトナム戦争中に使用されて大きな効果をあげ，それから数年間にわたって，さまざまな地域紛争で他の各種ミサイルシステムとあわせて使用された.

レーダ誘導式（radar-guided）の空対空ミサイル（air-to-air missile; AAM）や，対艦ミサイル（anti-ship missile; ASM）もあった.

これらの武器にはソビエトの記号表示も存在するが，本書では，NATOの記号表示を使用する．これらの武器の一部は今でも使用されており，またそれらのほとんどは，さまざまに改良されている.

　本節の説明が脅威の包括的な概要説明を意図したものではないことを，ここではっきりさせておくことが大事である．これらすべての武器システムについて，インターネット上で入手できる情報はたくさん存在する．さまざまな武器の射程が，各改良サイクルで加わった他の能力とともに説明されている．いくつかの諸元（例えば，動作周波数範囲，実効放射電力，変調諸元など）は，公開文献では説明がないか，あっても不十分である．本章では，これらの武器については大まかに触れるだけにして，これらの武器に対抗して使用される多様な電子戦（EW）技法について，ここでの説明を裏付ける一連の代表的な諸元を明らかにすることにする．

　一部の重要な脅威諸元は，公開情報文献（教科書，技術雑誌の記事，オンライン記事など）から入手できるものもあれば，そうではないものもある．第4章では，最新の脅威の話に移るが，それは公開文献ではあまり説明されていない．公開文献の説明は，概して，記述が許される脅威諸元それぞれについて数値範囲のデータは記述しているが，残りの諸元を完全に無視している．本書では，文献から入手できる場合には，つじつまが合うと思われる代表的な値を選別して利用する．公開文献に具体的な数値が現れない場合には，入手できる情報から標準的な値を算出することにする．

　ここで，これらすべての武器，およびこれらに関連したレーダの諸元のすべてが，秘密文書には存在していることを理解していただきたい．本書は秘区分なしの書籍であるため，ここでその情報を利用することはできない．しかしながら，一連の代表的な諸元によってEW技法についての説明が可能となり，問題に対する数値解法を促進できる．それらの解は，われわれが期せずして選んだ代表値を持つ脅威システムに対してしか正解ではない．実在のシステムでは，これらの諸元値のすべてを持っているわけではないので，その場合の解は間違っている可能性がある．確かに，それは間違っているだろう．上に述べたように，現実の脅威に対処する際，ある実体について正しい計算結果を得るためには，現実の脅威である武器システムのうち確かめられる諸元を調べて，本書で説明されている方程式に代入することができるのである．

　第4章で新型のシステムを取り上げる際には，公開文献に記載されている諸元値は少数しかない．しかし，同じ手法により，脅威諸元値が更新されるときに必要な技法やEWシステムの変化を見つけ出すことが可能になる．

　脅威タイプごとに，獲得するか，あるいは予測できる固有の脅威諸元は次のとおりである．

- 有効射程
- 動作周波数
- 実効放射電力（ERP）
- パルス幅（pulse width; PW）
- パルス繰り返し周波数（pulse repetition frequency; PRF）
- アンテナのサイドローブアイソレーション（side-lobe isolation）
- 防護目標のレーダ断面積（radar cross section; RCS; レーダ反射断面積）

3.1.1　在来型の代表的な地対空ミサイル

　SA-2 は，長年にわたってさまざまに更新されながら広く使われ，かつ，依然として存在していることから，象徴的な脅威としてうってつけの武器である．表 3.1 に代表的な旧来の地対空ミサイルとして本書で利用する標準的諸元値を示す．これらは SA-2 の分析結果を掲載した公開文献に基づいている．公開文献では値の多くは明記されていないため，表の各値を選択した理由を以下に述べる．

表 3.1　代表的な在来型 SAM の諸元値

諸　元	値
有効射程	45km
最大高度	20km
動作周波数	3.5GHz
送信電力	88dBm
アンテナボアサイト利得	32dB
アンテナビーム幅	$2° \times 10°$
実効放射電力	120dBm
アンテナサイドローブレベル	-21dB
パルス幅	1μs
パルス繰り返し周波数	1,400pps
目標のレーダ断面積	1m^2

「有効射程」は，SA-2 については，公開文献に通常約 45km と記載されており，また「最大高度」（maximum altitude）は一般に 20km とされている．一方，撃墜高度はそれより高いと記述されている．

「動作周波数」は，SA-2 の各種モデルに応じて，E，F，および G バンドが示されている．動作周波数バンドが与えられた場合，代表的な諸元値としてそのバンドの中央付近の切りの良い数を選ぶことにする．SA-2 の代表的な動作周波数として，ここでは 3.5GHz（F バンド内）を使用する．

「送信電力」は，公開文献に（E および F バンド型に対して）600kW と記載されており，これをデシベル形式に変換すると，次のようになる．

$$
\begin{aligned}
\text{送信電力〔dBm〕} &= 10\log_{10}(\text{電力〔mW〕}) \\
&= 10\log_{10}(600{,}000{,}000) = 87.8 \text{〔dBm〕}
\end{aligned}
$$

問題を解く便宜上，本章ではこれを四捨五入して 88dBm とする．

脅威レーダの「アンテナボアサイト（boresight）利得」は，通常，公開文献には見当たらないが，ビーム幅諸元は与えられている．SA-2 ファンソンレーダにおいては，二つの走査ファンビームの各ビーム幅は $2° \times 10°$ である．非対称なアンテナビームの利得は，次式で計算される．

$$
G = \frac{29{,}000}{\theta_1 \times \theta_2}
$$

ここで，G はボアサイト利得（比），θ_1 および θ_2 は直交方向の 3dB ビーム幅である．

SA-2 に関する公開文献の情報からアンテナ利得を計算すると，次のようになる．

$$
G = \frac{29{,}000}{2° \times 10°} = \frac{29{,}000}{20} = 1{,}450
$$

これをデシベル値に変換すると，$10\log_{10}(1{,}450) = 31.6\text{dB}$ となる．問題を解く便宜上，本章ではこれを 32dB に四捨五入する．

「実効放射電力」（ERP）は，公開文献では簡単には見当たらない．しかし，実効放射電力は送信電力とアンテナ利得の積と定義される．レーダの場合，アンテナボアサイト利得を使用する．したがって，SA-2 ファンソンレーダの実効放射電力は，

$$87.8\text{dBm} + 31.6\text{dB} = 119.4 \, [\text{dBm}]$$

となる.

問題を解く便宜上, これを四捨五入して使用する. すなわち,

$$88\text{dBm} + 32\text{dB} = 120 \, [\text{dBm}]$$

となる.

「パルス幅」(PW) は, SA-2 については, 公開文献では $0.4\sim1.2\mu s$ となっている. ここでは, その代表値として $1\mu s$ を使用する.

「パルス繰り返し周波数」(PRF) は, 公開文献では追尾モードにおいて 1,440pps (pulses per second; パルス/秒) となっている. 便宜上, PRF 値の代表値として 1,400pps を用いる.

「アンテナサイドローブレベル」は, 公開文献ではすぐには見つからないので, 文献 [1] において, 平凡なアンテナにおけるサイドローブレベルとして表に示された $-30\sim-13\text{dB}$ の中間点をアンテナサイドローブレベルとして用いることにする. ここでは, サイドローブレベルを, レーダアンテナの主ビーム (main beam) のボアサイト利得のピークと比較したときの主ビームの外側の平均サイドローブレベルと定義している. SA-2 のアンテナの平均サイドローブレベルの代表値として, (同表の値の範囲の中間点に近い) -21dB を使用する.

「防護目標のレーダ断面積」は, 脅威レーダによってばらつきが大きいが, 入門書やレーダの議論の中の例題には, しばしば 1m^2 が登場する. そこで, 代表値として 1m^2 を使用することにする.

3.1.2 在来型の代表的な捕捉レーダ

在来型の代表的な捕捉レーダは, ソビエトの P-12 スプーンレスト (Spoon Rest) である. 表 3.2 に, 公開文献で入手できる数字, あるいは, そこに出ている諸元から算出される値をもとにした, このレーダの諸元を示す.

公開文献にあるスプーンレスト D 型の射程は 275km であり, また動作周波数は $150\sim170\text{MHz}$ となっているので, ここでは代表値として 160MHz を使用する. 送信電力は $160\sim260\text{kW}$ となっているので, ここでは代表値として 200kW を使用する. アンテナビーム幅は $6°$ なので, この値から, 次式によりアンテナボアサイト利得を 29dB と計算することができる. すなわち,

表 3.2　代表的な在来型捕捉レーダの諸元値

諸 元	値
射程	275km
最大高度	20km
動作周波数	160MHz
送信電力	83dBm
アンテナボアサイト利得	29dB
アンテナビーム幅	6°
実効放射電力	112dBm
アンテナサイドローブレベル	−21dB
パルス幅	6μs
パルス繰り返し周波数	360pps
目標のレーダ断面積	1m^2

$$G = \frac{29,000}{\text{BW}^2}$$

である．ここで，G はアンテナボアサイト利得，BW はアンテナの 3dB ビーム幅である．

送信電力 200kW はデシベル換算で 83dBm であり，レーダの ERP は通常送信電力とボアサイト利得の積とされるので，ERP はデシベル換算で 112dBm となる．

アンテナサイドローブレベルは，公開文献ではすぐに見当たらないので，文献 [1] に出ているものと同じ値を使用する．パルス幅とパルス繰り返し周波数は公開文献から取り，目標レーダ断面積の最小値は同じ 1m^2 と仮定する．

3.1.3　代表的な高射砲

ソビエトの ZSU-23-4 シルカ（SHILKA）自走高射機関砲は，在来型の代表的な高射砲と考えられる．表 3.3 に公開文献からのこの武器の諸元値を示す．装軌プラットフォーム搭載レーダは，直径 1m のレーダで，J バンドで作動する．15GHz は J バンド中央の切りの良い数なので，これを代表的な AAA 周波数に選ぶ．

表3.3 代表的な在来型高射砲の諸元値

諸 元	値
有効射程	2.5km
最大高度	1.5km
動作周波数	15GHz
送信電力	70dBm
アンテナボアサイト利得	41dB
アンテナビーム幅	1.5°
実効放射電力	111dBm
アンテナサイドローブレベル	−21dB
目標のレーダ断面積	1m^2

　高射砲用パラボラ反射鏡レーダの送信電力は，公開文献中にすぐには見つからないので，代表的な短距離の AAA レーダであるドイツのブルツブルグ（Wurzburg）レーダの代表的な送信電力である 10kW を使用する．これはデシベル換算で 70dBm である．1m のパラボラアンテナの利得は，次式により計算できる．

$$G = -42.2 + 20\log(D) + 20\log(F)$$

ここで，G はアンテナボアサイト利得〔dB〕，D はパラボラ反射鏡の直径〔m〕，F は動作周波数〔MHz〕である．

　周波数が 15GHz で直径 1m の反射鏡の場合，これを計算すると（四捨五入して）41dB となる．したがって，ERP は（四捨五入して）111dBm となる．

　アンテナビーム幅の 1.5° は次式から計算される．

$$20\log\theta = 86.8 - 20\log D - 20\log F$$

ここで，θ は 3dB ビーム幅〔°〕，D はアンテナ直径〔m〕，F は動作周波数〔MHz〕である．

　周波数が 15GHz で直径 1m の反射鏡の場合，$20\log\theta$ の値は 3.3 となる．

　したがって，ビーム幅は次式から得られる．

$$\theta = \text{antilog}\left(\frac{20\log\theta}{20}\right) = \text{antilog}\left(\frac{3.3}{20}\right) = 1.5 \text{〔°〕（四捨五入値）}$$

アンテナサイドローブレベル，および目標のレーダ断面積の最小値は，表3.1および表3.2で使用したものと同じ値に設定する．変調諸元は公開文献中にすぐには見つからない．

3.2　電子戦技法

本章と第4章では，次の電子戦活動および関連する計算について説明する．すなわち，

- 探知，傍受，および電波源位置決定
- 自己防御用妨害（self-protection jamming; SPJ）
- その他のアセットを防護する遠隔妨害
- アセット防護用のチャフ（chaff）とデコイ

である．

いずれの場合にも，適切な計算式を展開し，3.1節で説明した代表的諸元値を用いて例題を解くことが可能である．

脅威タイプごとに計算できる具体的な解答には以下がある．

- 傍受距離
- 妨害対信号比（J/S）
- バーンスルーレンジ（burn-through range）
- デコイのレーダ断面積（RCS）シミュレーション

3.3　レーダ妨害

本節と本章の残りの部分は，レーダ妨害について文献 [2], [3] の全章で（公式の導出を含め）詳しく取り上げられている事柄の復習である．ここでの狙いは，第4章で提示される新世代の脅威レーダの EW への影響に関する説明に資することである．レーダ妨害をより詳細に解説した，もう一つの重宝な参考文献としては，文献 [4] のシリーズがある．

レーダ妨害のやり方は，位置関係によって，また妨害技法によって区別される．

まず，位置関係における検討事項，すなわち自己防御用妨害と遠隔妨害（remote jamming）を取り上げよう．これには，両形式の妨害に付随する J/S およびバーンスルーレンジにおけるデシベル計算式がある．以下の説明では，妨害電力はすべてレーダ受信機の帯域幅内に存在しており，さらに，レーダは送信と受信用にそれぞれのアンテナを使用していることを前提とする．より込み入った事例については，あとで考察しよう．読者は，本節のデシベル計算式のそれぞれに，数値定数（例えば，−103）があることに気づくだろう．この数字は，数値を最も使いやすい単位で入力することを考慮して，各種の変換係数を一体化したものである．現れた割に大きな数は，デシベル形式に変換されている．あらゆるデシベル形式の方程式の使用において考慮すべき極めて重要なことは，「正しい答えを得るためには，入力数値は指定された単位で入力されなければならない」ということである．

　これらの計算式についてもう一つの重要なことは，これらのデシベル計算式のすべてが，単位の相違を考慮することなく加算されるように見えるが，周波数は MHz 単位，電力は dBm 単位など，個々の単位の入力データがあるということである．多少厄介ではあるが，数値定数の中に隠された単位変換があるという理由で，これらの各単位を一体化することができる．これらの隠れた単位変換を信用して利用することはよく行われていることであるが，これらの変換は，本書に（導出せずに）提示されているどの厳密なデシベル計算式の導出においても処理されている．

3.3.1　妨害対信号比

　まず，レーダ受信機が受信する目標からの反射信号（skin return; スキンリターン）の電力を考えよう．図3.1 に示すように，レーダアンテナにより送信電力は目標に向かって集中している．実効放射電力（dB 形式）とは，主ビームのボアサイト利得によって強められた送信電力のことである．一般的なレーダは信号の送受信に指向性アンテナを使用するので，その伝搬モードは見通し線となる（第6章参照）．レーダ受信機内の反射信号電力 S〔dBm〕は，次式で与えられる．

$$S = -103 + \mathrm{ERP}_R - 40 \log R - 20 \log F + 10 \log \sigma + G$$

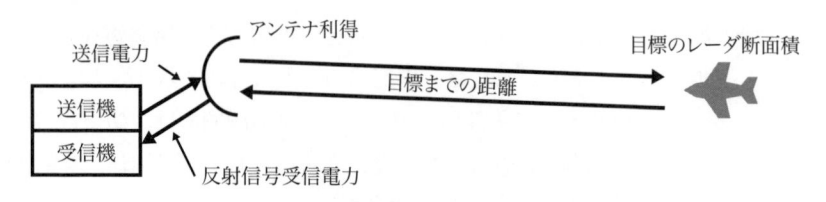

図3.1   レーダの反射信号電力は，レーダ送信電力とアンテナ利得，目標までの距離，および目標のレーダ断面積から計算する．

ここで，ERP_R は目標方向のレーダの実効放射電力〔dBm〕，R はレーダから目標までの距離〔km〕，F はレーダの送信周波数〔MHz〕，σ は目標のレーダ断面積〔m^2〕，G はレーダアンテナの主ビームのボアサイト利得〔dB〕である．

レーダが受信する妨害装置からの電力 J〔dBm〕は，次式で与えられる．

$$J = -32 + \mathrm{ERP}_J - 20\log R_J - 20\log F + G_{RJ}$$

ここで，ERP_J はレーダ方向の妨害装置の実効放射電力〔dBm〕，R_J はレーダから妨害装置までの距離〔km〕，F は妨害装置の送信周波数〔MHz〕，G_{RJ} はレーダアンテナの妨害装置方向の利得〔dB〕である．

3.3.2   自己防御用妨害

図3.2 に示すように，自己防御用妨害装置は，レーダによって探知または追尾されている目標に搭載されている．これは，妨害装置からレーダまでの距離が R で，レーダアンテナの妨害装置方向の利得と目標方向の利得とが同一（この利得を G とする）であることを意味する．J の式から S の式を引き，簡約すると，自己防御用妨害装置により生じる J/S の計算式は，次式となる．

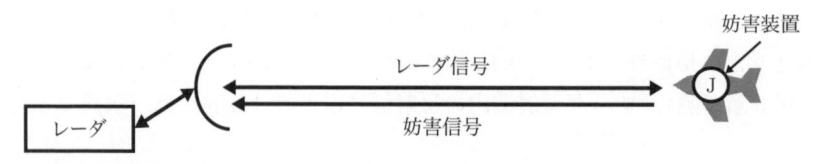

図3.2   自己防御妨害は，航空機搭載の妨害装置を使用して目標を防護する．

$$J/S = 71 + \mathrm{ERP}_J - \mathrm{ERP}_R + 20 \log R - 10 \log \sigma$$

ここで，71 は定数，ERP_J は妨害装置の実効放射電力〔dBm〕，ERP_R はレーダの実効放射電力〔dBm〕，R はレーダから目標までの距離〔km〕，σ は目標のレーダ断面積〔m^2〕である．

図 3.3 に示すような，表 3.1 に記載の諸元値を使用した具体的な自己防御用妨害の状況を考えよう．脅威レーダは，距離 10km にあるレーダ断面積 1m^2 の目標航空機を追尾している．目標航空機に搭載された妨害装置の ERP は 100W，すなわち +50dBm である．レーダの ERP は +120dBm である．レーダアンテナのボアサイト利得は 32dB で，アンテナのボアサイトはまっすぐに目標を指している．

これらの値を上記の J/S 計算式に代入すると，

$$J/S \,〔\mathrm{dB}〕 = 71 + 50\mathrm{dBm} - 120\mathrm{dBm} + 20 \log(10) - 10 \log(1)$$
$$= 71 + 50 - 120 + 20 - 0 = 21 \,〔\mathrm{dB}〕$$

となる．

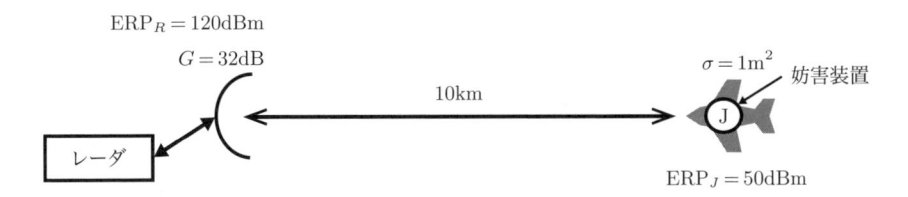

図 3.3 自己防御妨害の計算問題

3.3.3 遠隔妨害

遠隔妨害では，妨害装置は目標位置には置かれない．遠隔妨害の典型例は，図 3.4 に示すスタンドオフ妨害（stand-off jamming; SOJ）である．（妨害専用航空機内の）妨害装置は，追尾レーダで管制された武器の有効射程外に位置している．この妨害装置は，その有効射程内に位置する目標となる航空機を防護する．スタンドオフ妨害装置は，通常，多数のレーダによる捕捉から多数の対象機を防護することに注意しよう．これは，妨害装置が，どのレーダの主ビーム内にも入

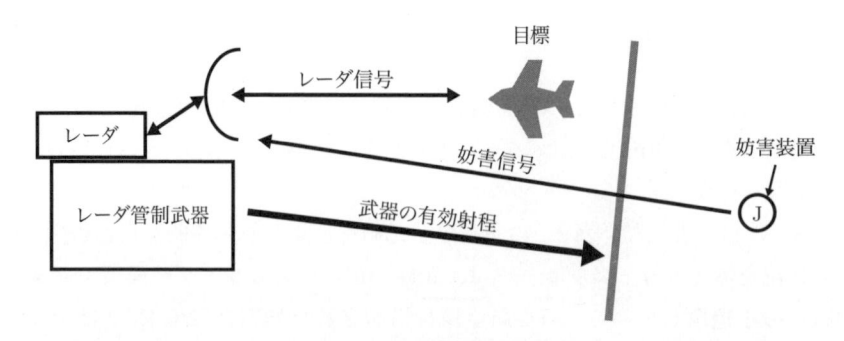

図 3.4　スタンドオフ妨害は，レーダ管制武器の有効射程外に位置する妨害装置を使用して，有効射程内に位置する目標を防護する．

ることはできないことを意味している．それゆえに，妨害装置は，すべての敵のレーダのサイドローブに送信することが前提となる．

　あらゆる種類の遠隔妨害装置は，次式による J/S を生み出す．

$$\mathrm{J/S} = 71 + \mathrm{ERP}_J - \mathrm{ERP}_R + 40\log R_T - 20\log R_J + G_S - G_M - 10\log \sigma$$

ここで，71 は定数，ERP_J は妨害装置の実効放射電力〔dBm〕，ERP_R はレーダの実効放射電力〔dBm〕，R_T はレーダから目標までの距離〔km〕，R_J は妨害装置からレーダまでの距離〔km〕，G_S はレーダのサイドローブ利得（上記 G_{RJ} を再定義したもの）〔dB〕，G_M はレーダの主ビームのボアサイト利得〔dB〕，σ は目標のレーダ断面積〔m²〕である．

　距離 5km にある目標となる航空機を追尾しようとしているレーダを検討してみよう．このレーダは，図 3.5 に示すように，自身のボアサイトは目標となる航空機のアンテナに向いている．（スタンドオフ妨害航空機上の）妨害装置は，レーダアンテナのサイドローブの中にあり，レーダ管制武器システムの最大有効射程をほんの少し越えたところに位置している．

　妨害装置の ERP は，自己防御用妨害装置のそれよりもはるかに大きい．送信電力が 1kW で，アンテナ利得が 20dB であるとすると，その ERP は 80dBm となる．レーダアンテナのボアサイト利得は 32dB で，そのサイドローブアイソレーションは 21dB である（両値とも表 3.1 による）．したがって，サイドローブ利得は 11dB である．スタンドオフ妨害装置までの距離は（表 3.1 の有効射程 45km をほんのわずかに超える）46km である．目標航空機のレーダ断面積は 1m² で

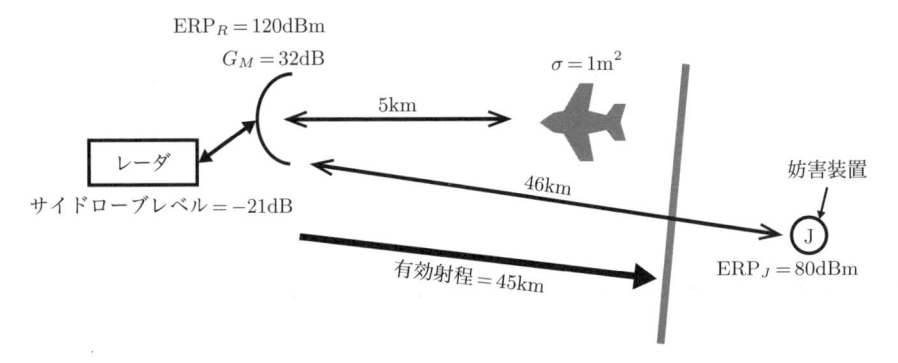

図3.5 スタンドオフ妨害の計算問題

ある.

これらの値を上記の遠隔妨害の計算式に代入すると,

$$J/S = 71 + 80\mathrm{dBm} - 120\mathrm{dBm} + 40\log(5) - 20\log(46) + 11\mathrm{dB}$$
$$- 32\mathrm{dB} - 10\log(1)$$
$$= 71 + 80 - 120 + 28 - 33.3 + 11 - 32 - 0 = 4.7 \,(\mathrm{dB})$$

となる.

　図3.6にもう一つの遠隔妨害の事例を示す.これはスタンドイン妨害（stand-in jamming）であり,この場合は,妨害装置は防護する目標となる航空機よりも敵レーダに近接して配置される.この妨害装置も同様に,敵レーダのサイドローブに送信することが前提となる.

　レーダ断面積 $1\mathrm{m}^2$ の航空機がレーダのアンテナボアサイトにあって,レーダからの距離が10kmである,図3.7に示す状況を考えよう.配置された小型の妨害装置は,レーダからの距離が500mで,そのアンテナボアサイト利得より21dB低

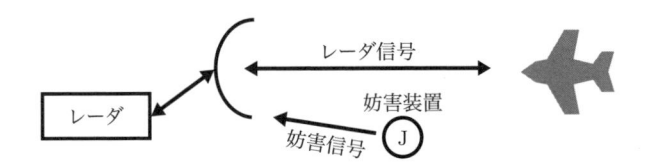

図3.6 スタンドイン妨害は,レーダにさらに近接した妨害装置を使用して目標を防護する.

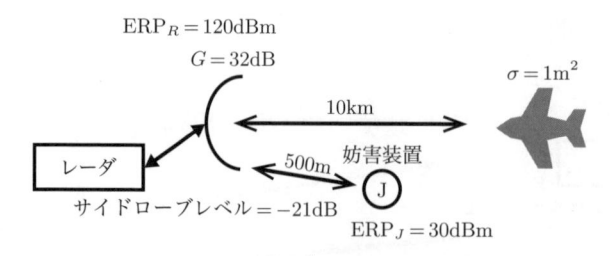

図 3.7　スタンドイン妨害の計算問題

い利得のサイドローブ内にある．この妨害装置の ERP は 1W（30dBm）である．
これらの値を遠隔妨害の計算式に代入すると，

$$J/S = 71 + 30\text{dBm} - 120\text{dBm} + 40\log(10) - 20\log(0.5) + 11\text{dB}$$
$$- 32\text{dB} - 10\log(1)$$
$$= 71 + 30 - 120 + 40 - (-6) + 11 - 32 - 0 = 6 \text{〔dB〕}$$

となる．

3.3.4　バーンスルーレンジ

　上記の計算式のどちらにおいても，J/S はレーダから目標までの距離の正の関
数である．したがって，目標がレーダに近づくにつれ J/S は小さくなる．J/S が
十分に小さい場合，被妨害レーダは目標を再捕捉することができる．再捕捉が起
こる可能性があるおよその J/S 値を決定し，この J/S が生じる目標までの距離を
バーンスルーレンジとして規定することが，よく行われている．
　自己防御用妨害の場合について，図 3.8 で説明する．レーダが受信する妨害電
力は距離の減少に対して 2 乗で増加するのに対し，目標からの反射信号電力は，
距離の減少に対して 4 乗で増加することに注目しよう．自己防御のバーンスルー
レンジに対する計算式は，自己防御の J/S 計算式から次のように導ける．

$$20\log R_{BT} = -71 + \text{ERP}_R - \text{ERP}_J + 10\log\sigma + \text{所要 J/S}$$

ここで，R_{BT} はバーンスルーレンジ〔km〕，ERP_R はレーダの実効放射電力
〔dBm〕，ERP_J は妨害装置の実効放射電力〔dBm〕，σ は目標のレーダ断面積
〔m^2〕，所要 J/S は妨害装置の再捕捉が起こる可能性がある J/S 値である．

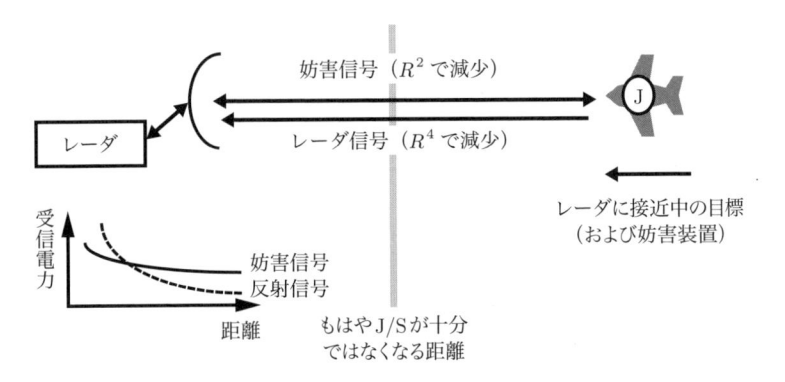

図 3.8　自己防御のバーンスルーは，目標がレーダに再捕捉されうるほどレーダに接近したときに生じる.

km 単位のバーンスルーレンジは，$20 \log R_{BT}$ の値から，

$$R_{BT} = \text{antilog}\left(\frac{20 \log R_{BT}}{20}\right)$$

が導ける.

図 3.3 に示した，目標となる航空機がレーダに向かって飛行している状態での自己防御用妨害の状況について検討してみよう．図 3.9 では，目標は，妨害がある中でレーダに再捕捉されうる値にまで J/S が減少する距離に到達している．バーンスルーの J/S は使用する妨害の種類に依存しており，多くの場合 J/S 値は 0dB が妥当であることに注意しよう．この例題では，バーンスルー J/S 値を任意に 2dB と設定した.

妨害装置の ERP は 50dBm，レーダの ERP は 120dBm，レーダ断面積は 1m^2，所要 J/S は 2dB である．これらの数値を上記の自己防御のバーンスルー計算式に代入すると，

$$20 \log R_{BT} = -71 + 120\text{dBm} - 50\text{dBm} + 10 \log(1) + 2\text{dB}$$
$$= -71 + 120 - 50 + 0 + 2 = 1$$

となる.

R_{BT} について解くと，

$$R_{BT} = \text{antilog}\left(\frac{1}{20}\right) = 1.12\text{km} = 1{,}120 \,〔\text{m}〕$$

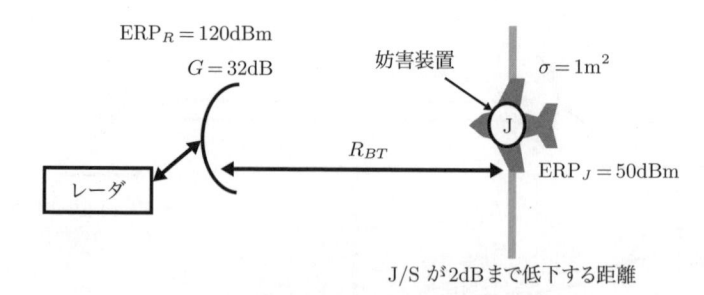

図 3.9　自己防御のバーンスルーの計算問題

となる.

図 3.10 は, 任意の種類の遠隔妨害に関するバーンスルーの説明図である. 目標がレーダに接近している間は, スタンドオフあるいはスタンドイン妨害装置は移動しないと考えるのが一般的なやり方であることに注意しよう. したがって, レーダが受信する反射信号電力は, 距離の減少に対して 4 乗で増加するのに対し, レーダが受信する妨害信号の電力は一定のままである. このように, バーンスルーレンジは, レーダから目標までの距離のみに依存している.

どの種類の遠隔妨害についても, バーンスルーの計算式は, 遠隔妨害の J/S 計算式から次のように導かれる.

$$40 \log R_{BT} = -71 + \mathrm{ERP}_R - \mathrm{ERP}_J + 20 \log R_J + G_M - G_S + 10 \log \sigma + 所要\ \mathrm{J/S}$$

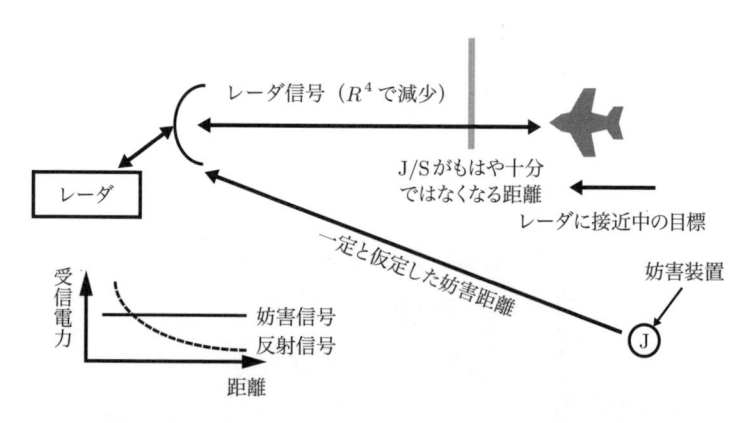

図 3.10　遠隔妨害のバーンスルーは, 目標がレーダに再捕捉されうるほどレーダに接近したときに生じる.

km 単位のバーンスルーレンジは，$40 \log R_{BT}$ の値から，

$$R_{BT} = \text{antilog} \left(\frac{40 \log R_{BT}}{40} \right)$$

となる．

目標となる航空機がレーダに向かって飛行し，スタンドオフ妨害航空機がレーダのサイドローブ内の一定位置において小さなパターンで飛行している状態での，図 3.5 に示したスタンドオフ防護妨害の状況について検討してみよう．図 3.11 では，目標は，妨害の存在下でレーダに再捕捉されうる J/S 値の位置に到達している．自己防御の例題の場合と同じように，バーンスルー J/S 値を任意に 2dB と設定した．

妨害装置の ERP は 80dBm，レーダの ERP は 120dBm，σ は 1m^2，そして所要 J/S は 2dB とする．これらの数値を上記の遠隔妨害のバーンスルー計算式に代入すると，

$$\begin{aligned}
40 \log R_{BT} &= -71 + 120\text{dBm} - 80\text{dBm} + 20 \log(46) + 32\text{dB} - 11\text{dB} \\
&\quad + 10 \log(1) + 2\text{dB} \\
&= -71 + 120 - 80 + 33.3 + 32 - 11 + 0 + 2 = 25.3
\end{aligned}$$

となる．

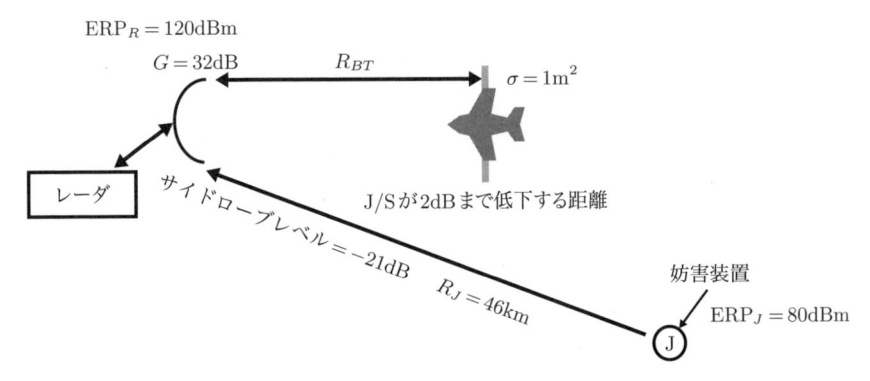

図 3.11 遠隔妨害のバーンスルーの計算問題

R_{BT} について解くと,

$$R_{BT} = \text{antilog}\left(\frac{25.3}{40}\right) = 4.3 \text{ (km)}$$

となる.

3.4　レーダ妨害技法

レーダ妨害技法は, カバー妨害と欺まん妨害に分類することができる. 両タイプの技法とも, 妨害効果は前述の J/S の観点から述べられる.

3.4.1　カバー妨害

カバー妨害の目的は, レーダが目標を捕捉または追尾できなくなるのに十分な程度まで, レーダ受信機内の信号品質を低下させることにある. それは, 自己防御と遠隔妨害のどちらの位置関係でも使用できる. カバー妨害は, 通常, 雑音波形を有するが, レーダの電子防護 (EP) 機能に打ち勝つために他の波形がたまに用いられる. こうした EP 技法は第 4 章で取り扱う.

3.3 節に示した J/S とバーンスルーの計算式は, 妨害装置の全電力がレーダ受信機の帯域幅内に存在していることを前提としている. 妨害装置がレーダ受信機の有効帯域幅よりも広い周波数帯域の雑音を使用している場合は, その雑音がレーダの受信帯域幅内にある部分でしか妨害は有効でない. 妨害効率は, 妨害装置の実効放射電力 (ERP) の有効な部分の合計を妨害装置の ERP で割った値となる. これは, レーダの受信帯域幅を妨害中の帯域幅で割った値に等しい. 例えば, レーダの受信帯域幅が 1MHz で, 妨害信号の帯域幅が 20MHz の場合, 妨害効率は 5% となる.

3.4.2　バラージ妨害

バラージ妨害 (barrage jamming; 広帯域妨害) は, 一つ以上の脅威レーダを含むことが見込まれる周波数帯の全体にわたって雑音を送信する広帯域の妨害装置によって生成される. この技法は初期の妨害装置で頻繁に用いられたが, 今もなお, 多くの妨害状況にふさわしい手法である. バラージ妨害の大きな利点

は，レーダの動作周波数についてリアルタイムの情報を必要としないことである．ルックスルー（look-through）（すなわち，脅威レーダ信号を探すために妨害を中断すること）は不必要である．問題は，バラージ妨害は一般に極めて低い妨害効率しか持っていないことである．有効 J/S は妨害効率の係数分だけ低下し，またそれに応じてバーンスルーレンジが増大するため，妨害電力のほとんどが無駄になっている．

3.4.3 スポット妨害

妨害信号の帯域幅が妨害目標となるレーダの帯域幅をわずかに超えるまで減らされ，かつ妨害装置がそのレーダの送信周波数に同調している場合，この妨害は，スポット妨害（spot jamming; 狭帯域妨害）と呼ばれる．図 3.12 に示すように，スポット妨害では，その妨害電力がほとんど無駄にならないので，妨害効率は著しく増大する．スポットの幅は，目標信号の周波数や設定する周波数に内在する不確かさを補償するのに十分な幅である（第 4 章でコヒーレント妨害を取り上げる）．妨害効率は，レーダの帯域幅を妨害帯域幅で割った値であるにもかかわらず，その比率はもっと有利である．Schleher [1] は，スポット妨害を，レーダの帯域幅の 5 倍未満の帯域幅にわたって行う妨害であると定義している．

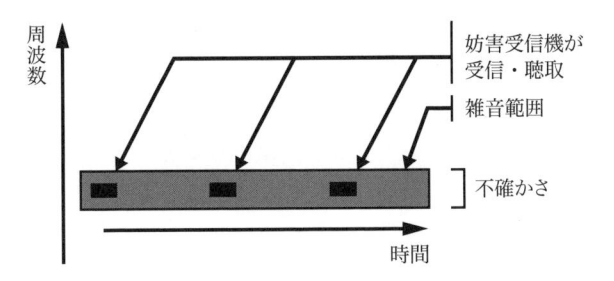

図 3.12　スポット妨害では，レーダの運用周波数の周辺に雑音を集中させる．

3.4.4　掃引スポット妨害

狭帯域の妨害装置が，図 3.13 に示すように，脅威信号を含むことが見込まれる周波数範囲にわたってすべて掃引されるとき，この妨害は掃引スポット妨害

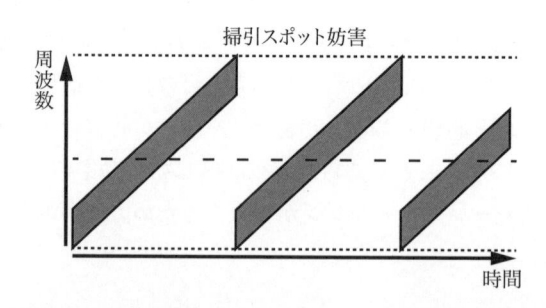

図 3.13　掃引スポット妨害では，レーダを運用している可能性がある帯域全体にわたって，狭い妨害帯域を移動させる．

(swept spot jamming; 掃引狭帯域妨害) と呼ばれる．掃引スポット妨害は，バラージ妨害と同様に，ルックスルーを必要とせず，また掃引範囲内のどの信号も妨害可能である．この妨害は，妨害装置の妨害帯域が妨害対象レーダの帯域幅内にある間は，追跡形スポット妨害装置と同じ妨害効率をもたらす．しかし，妨害デューティサイクルは，スポットの帯域幅の掃引範囲に対する比率分だけ減少する．それにもかかわらず，この妨害は，状況によっては一部のレーダに対して十分な妨害能力をもたらす．スポット帯域幅と掃引範囲はその状況に合わせて最適化されなければならない．

3.4.5　欺まん妨害

欺まん妨害は，レーダに，目標からの有効な反射信号を受信しているように思い込ませるが，レーダが受信信号から引き出す情報は，距離または角度で追尾している目標をレーダが見失う原因となる．欺まん妨害装置は，目標位置において目標信号にマイクロ秒未満の精度で入力しなければならないので，欺まん妨害は一般に自己防御利用に限定される．遠隔妨害において何らかの欺まん技法を実行することは可能であるが，めったに実用になることはない．したがって，ここでは欺まん技法を自己防御用妨害として説明することにする．まず，レーダを距離で欺まんする技法を説明し，次に角度で欺まんする技法，それから周波数で欺まんする技法について説明する．

3.4.6 距離欺まん技法

ここでは三つの距離技法，すなわち，距離ゲートプルオフ（range gate pull-off; RGPO; レンジゲートプルオフ），距離ゲートプルイン（range gate pull-in; RGPI; レンジゲートプルイン），およびカバーパルスについて考察しよう．

3.4.6.1 RGPO

RGPO 妨害装置は，それぞれのレーダパルスを受信し，それから，そのパルスをさらに高い電力でレーダに返送する．一方，妨害装置は，最初のパルスのあとは遅延量を増加させつつ後続の各パルスを遅延させる．パルスからパルスまでの遅延の変化率は，指数関数的あるいは対数関数的となる．レーダは，目標までの距離を自身のレーダパルスの往復の伝搬時間から測定するので，その目標はレーダから遠ざかっていくように見える．

図 3.14 にレーダ処理装置の前ゲート（early gate; アーリーゲート）と後ゲート（late gate; レイトゲート）を示す．これらは，レーダが追尾しているときは概してほぼパルスの幅（捕捉中はもっと広い幅）になる，二つの時間ゲートのことである．レーダは，これら二つの時間幅内の反射パルスのエネルギーの均衡を保つことによって距離を追尾する．妨害装置は，より強力な反射信号を遅延させて，後ゲート内のエネルギーを前ゲートに対して優勢にすることで，レーダに目標の距離追尾を外させる．

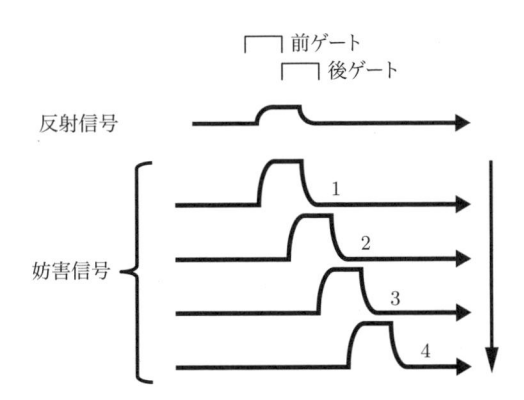

図 3.14　距離ゲートプルオフは，レーダの後ゲートに詰め込まれる，順次遅延した反射パルスからなる．

レーダの分解能セル（resolution cell）とは，レーダがその中の複数の目標を分解できない空間の体積のことである．このセルの距離軸上の中心は，送信信号を前ゲートと後ゲートの継ぎ目に置くような往復の伝搬時間に対応した距離にある．したがって，レーダは，目標がこのセルの中心にあることを前提にしている．図 3.15 に（2次元で）示すように，RGPO 妨害装置は，レーダがその分解能セルを距離軸上で外側へ移動させるようにする．いったん真目標が分解能セルから外れると，レーダは距離追尾を失う．

RGPO が最大の遅延に達すると，急に元のゼロ遅延に戻り，またこのプロセスを（何度も）繰り返す．その結果，レーダは距離軸上で目標を再捕捉せざるを得なくなり，これには数ミリ秒かかる．そして，この時間のために，距離追尾が再び外されることになる．

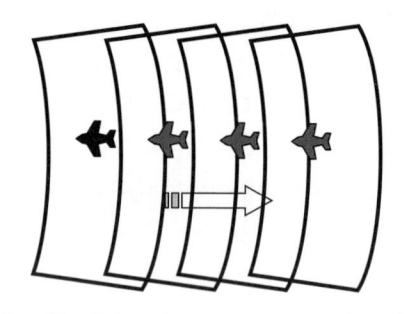

図 3.15 後ゲートに詰め込むことによって，レーダの分解能セルを外へ移動させ，目標がさらに遠ざかったとレーダに思わせる．

3.4.6.2 RGPI

距離ゲートプルイン（RGPI）は，インバウンド距離ゲートプルオフ（inbound range gate pull-off）とも呼ばれる．これは，レーダの各パルスの前縁（leading edge; リーディングエッジ）のエネルギーだけを用いて距離追尾するレーダに対して使用される．それゆえ，前ゲートと後ゲートは，パルス前縁のエネルギーの均衡を図っている．欺まん妨害パルスを生成する処理には遅延があるため，RGPO 妨害装置は，パルス前縁エネルギーが立ち上がっている間に追尾ゲートを捕捉する見込みはないので，レーダを欺まんすることはできない．RGPI 妨害装置は，レーダのパルス繰り返しのタイミングを追尾し，図 3.16 に示すように，

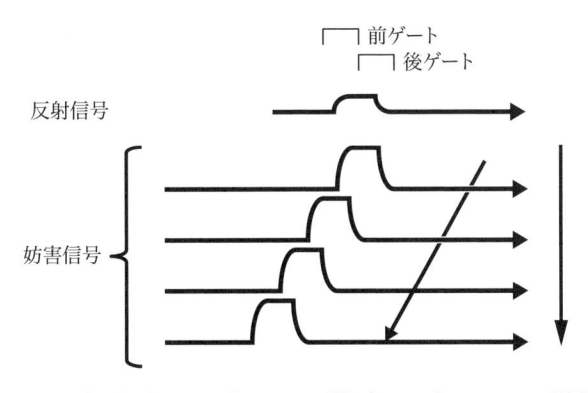

図 3.16 レーダの前ゲートに詰め込む距離ゲートプルインは，順次そのプ
ルイン量を増大させて，予期した反射パルスを引き起こす．

指数関数的または対数関数的に増大するプルイン量によって次のパルスを予期し
て，強力な反射パルスを生成する．これが前ゲートに詰め込まれ，目標が近寄っ
てきているとレーダに思わせる．

　RGPI 妨害は，レーダのパルス繰り返し周波数（PRF）が固定 PRF，あるいは
低レベルのスタガ PRF（staggered PRF）である場合にうまくいくことに注意し
よう．しかしながら，ランダム PRF を追尾することはできないので，RGPI は，
この種の信号に対してはうまくいかないことになる．

3.4.6.3　カバーパルス

　カバーパルス（cover pulse）は，技法的には欺まん妨害ではないが，目標位置
におけるパルスのタイミングと密接に関連しているので，ここでそれらについて
説明する．妨害装置にパルス列追尾回路（pulse train tracker）があれば，レーダ
反射信号パルスにその中心を置く長パルスを出力することができる．このこと
が，レーダに距離情報を与えず，それゆえ距離追尾を妨げることになる．

3.4.7　角度欺まん妨害

　レーダの距離追尾が外されると，追尾の回復には数ミリ秒を要するかもしれ
ず，しかしその後再び距離追尾が外されるに違いない．一方，角度追尾（angle
tracking）が外された場合には，レーダは目標の角度位置を見つけるため，通常は

捜索モードに戻らざるを得ず，それを見つけるには数秒かかることもある．かつてのレーダは，目標を角度で追尾するためにアンテナビームの移動が必要であった．図 3.17 の 1 段目に示す円錐走査（conical scan; コニカルスキャン）レーダの受信電力対時間の図を見てみよう．このアンテナの動きは円錐形を描く．アンテナが目標のより近くを向くほど受信信号は強力になり，目標から離れたほうを向くに従ってその信号は弱くなる．レーダは，目標を走査の中心に置くために，反射電力が最大の方向に走査パターンの中心を動かす．レーダ受信機と目標に搭載されたレーダ警報受信機（RWR）には，両方とも同一の電力対時間プロットが見える．目標に搭載された妨害装置が（レーダパルスに同期して）信号電力が最小となる時間に強力なパルスのバーストを送信すると（図 3.17 の 2 段目を参照），レーダには図の 3 段目に示すような電力対時間プロットが見えるであろう．レーダは，この情報から誘導信号を作り出すため，その処理では，（狭い）サーボ応答帯域幅内の電力が同図の破線のように見えることになる．したがって，レーダは走査軸の方向をその目標から離れるように移動させ，角度追尾が外れる．これは逆利得妨害（inverse gain jamming）と呼ばれている．

　レーダが，非走査イルミネータ（illuminator; 照射機）を持っていて，受信アンテナに走査をさせる場合，目標に搭載された妨害装置は，正弦曲線状の経時的な電力変動の位相を識別することができない．したがって，妨害装置はそのパルスバーストの時期を，最小受信電力の時期に選ぶような調節をすることができない．しかしながら，妨害装置がバーストのタイミングを，レーダアンテナの既知の走査速度よりもわずかに速い，あるいは遅い時刻に選ぶと，この妨害はそれで

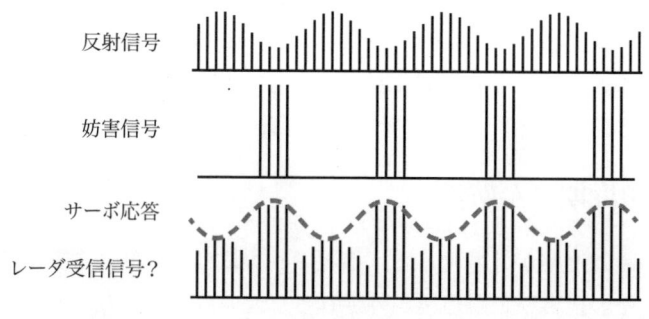

図 3.17　逆利得妨害は，レーダにその角度誘導を間違った方向に補正させる．

もレーダの角度追尾を外すことができる．これは，バースト時刻が最適に決められている場合ほど効果的ではないが，それでもやはり効果的な妨害が可能である．

　図3.18にトラック・ホワイル・スキャン（track-while-scan; TWS）レーダへの角度妨害を示す．図の1段目は，TWSレーダの反射信号は，ビームが目標を通過するときパルスバーストであることを示している．このレーダは，目標の角度位置を決定するのに角度ゲートを使用する．すなわち（この場合は）左右の各ゲート内の電力が等しくなるように，角度ゲートを動かす．これら二つのゲートの継ぎ目が目標方向の角度を示す．目標に搭載された妨害装置が，図3.18の2段目に示すように，一連の同期パルスバーストを発生させた場合，レーダ上では3段目に示すような合成された電力対時間曲線となる．これが角度ゲートの片側に詰め込まれ，レーダは目標の角度から離される．

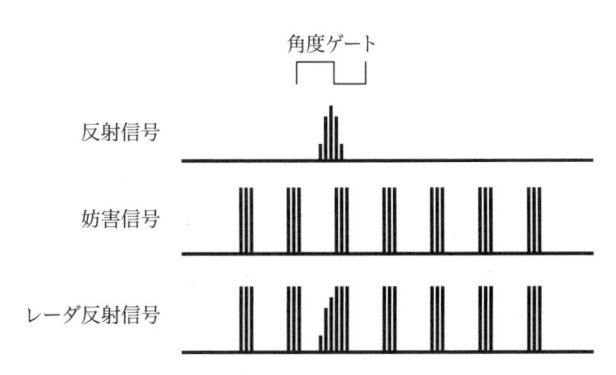

図3.18　逆利得妨害は，トラック・ホワイル・スキャンレーダに対して，角度を目標方向から引き離させる．

3.4.7.1　AGC妨害

　レーダの動作には，大きなダイナミックレンジ（dynamic range）が必須なので，自動利得制御（automatic gain control; AGC）が欠かせない．AGCは，回路のある箇所で受信電力レベルを測定し，回路のその箇所より前の段で利得や損失を調整して測定点での信号強度が均一になるように動作する．この制御が有効であるためには，AGC回路には高速な立ち上がり特性と低速な減衰特性が必須である．図3.19の上段に，円錐走査レーダの反射信号に生じる正弦波状電力対時

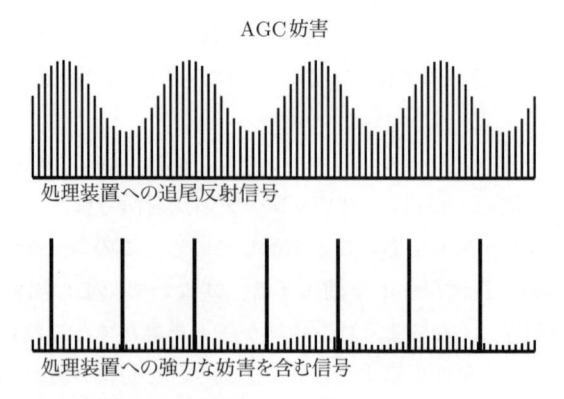

AGC妨害

処理装置への追尾反射信号

処理装置への強力な妨害を含む信号

図3.19　AGC妨害は，ほぼ目標信号の変調速度で強力な狭パルス列を発生し，レーダのAGCを捉える．

間曲線の例を示す．強力な狭帯域妨害信号が反射信号に加えられた場合，下段に示すように，高レベルのパルスがAGCを捉え，円錐走査アンテナの正弦波信号を著しく低下させることができる．正弦波信号は，実際には図に示されているよりもずっと低減され，レーダによる目標の角度追尾を不可能にする．

3.4.7.2　その他の角度妨害の用例

　角度妨害には，ほかにもいくつかの用例がある．例えば，逆利得妨害はロービングレーダ（lobing radar）に対して用いることができる．一方，上記の角度妨害の説明は，角度妨害がどのように動作するかを明らかにするとともに，今後の説明を理解しやすくすることを意図したものである．一つの重要なポイントとして，前述の各用例は，角度追尾をするためにアンテナを動かして多数の反射信号パルスを受信しなければならないレーダにおけるものであった．受信した一つひとつの反射信号パルスから完全な角度情報を入手するモノパルスレーダ（monopulse radar）と呼ばれる重要なレーダの類がある．これらの類のレーダと，これらの類のレーダに対する有効な妨害技法は，3.4.9項で取り上げる．

3.4.8　周波数ゲートプルオフ

　レーダを周波数で欺まんすることが，しばしば重要である．反射信号の受信周波数は，送信周波数，およびレーダと目標との間の距離の変化率で決まる．

図 3.20 の上段に，ドップラ・レーダ（Doppler radar）の反射信号の信号強度対周波数を示す．レーダの内部雑音（internal noise）は，反射信号の周波数範囲の低周波領域に現れることに注意しよう．多重の地上反射も存在する．これが航空機搭載レーダである場合は，最大かつ最高周波数（すなわち，最高速度）の地上反射は，その航空機の真下の地面からの反射である．より小さい反射信号は，通過中の地形地物からの反射である．これらの反射信号は，航空機の飛行経路と地形地物の間のオフセット角のため，より低いドップラ周波数に位置する．最後に，レーダと目標の間の接近速度に関係した周波数の位置に，目標反射信号が見えることになる．レーダは，目標を追尾できるように，速度ゲートを目標の反射信号周波数の近くにセットする．妨害装置が速度ゲートの中に信号をセットし，その後，目標の反射信号周波数から離れるようにその妨害信号を周波数掃引すれば，レーダは目標の速度追尾を外されることになる．この技法は，速度ゲートプルオフ（velocity gate pull-off; VGPO; 速度欺まん）と呼ばれる．

　いくつかのレーダは，（距離ゲートプルオフに起因する）距離変化率を反射信号のドップラ偏移（Doppler shift）と関連付けることにより，距離ゲートプルオフ妨害を判別できることに注意しよう．この場合，距離ゲートプルオフと速度ゲートプルオフの両方の実行が必要になることがある．

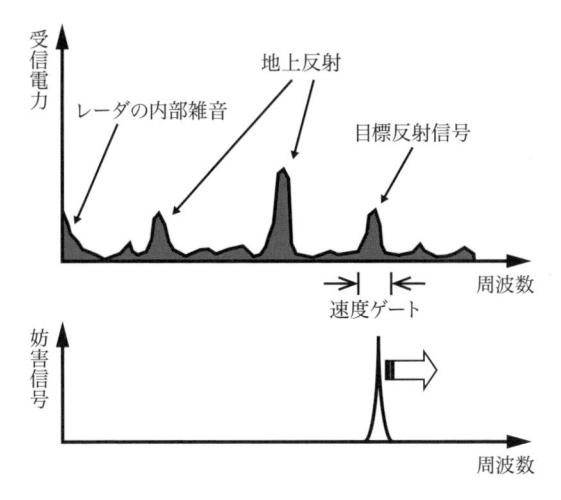

図 3.20　周波数ゲートプルオフは，レーダの速度ゲートに妨害信号をセットし，ゲートを捉え，そして目標反射信号からゲートを引き離す．

3.4.9　モノパルスレーダの妨害

　レーダの角度欺まんについて 3.4.7 項で説明したが，このレーダは多数のパルス反射から目標の角度位置を決定しなければならない．さて，パルス反射の一つひとつから角度情報を得るモノパルスレーダについて考えよう．モノパルスレーダは，多数の受信センサの信号を比較することによって目標角度を決定する．図 3.21 には，センサを二つだけ表示している．ただし，実際のモノパルスレーダは，2 次元の角度追尾を可能にするため，三つまたは四つのセンサを持っている．センサ出力は，和と差の各チャンネルにおいて結合される．和チャンネルは，反射信号のレベルを形成し，差チャンネルは角度追尾情報を与える．差信号（Δ）応答は，和信号（Σ）応答の 3dB 幅の全域で一般に線形であることに注意しよう．誘導制御入力は Δ 応答から Σ 応答を引いたものとなる．

　本節でこれまでに示した妨害技法は，実際には，目標位置からの受信信号強度を増加させることにより，モノパルスレーダの角度追尾の有効性を高めてしまう．しかし，モノパルスレーダに対してはかなり効果のある技法がいくつかある．それらを以下に示す．

- 編隊妨害（formation jamming; フォーメーション妨害）
- 距離情報拒否編隊妨害（formation jamming with range denial）
- ブリンキング妨害（blinking jamming）
- 地形反射利用妨害（terrain bounce jamming）
- 交差偏波妨害（cross-polarization jamming）
- クロスアイ妨害（cross-eye jamming）

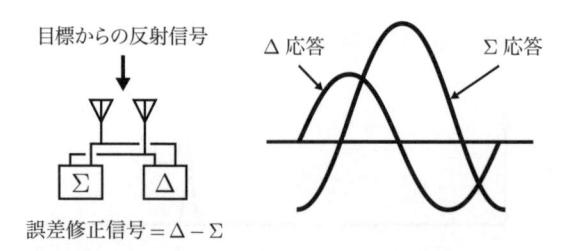

図 3.21　モノパルスレーダは，多数のセンサを用いてパルスの一つひとつから角度情報を導き出す．

3.4.10 編隊妨害

図 3.22 に示すように，2 機がレーダの分解能セルの内側を編隊飛行する場合，レーダはこれらを分解できず，二つの実目標の中間に，実質的に一つの目標が見えることになる．この技法の問題は，両機を分解能セルの内側に保持することが極めて難しいことである．

分解能セルの幅（すなわち，クロスレンジ）の寸法は，次式で与えられる．

$$W = 2R\sin\left(\frac{\text{BW}}{2}\right)$$

ここで，W は分解能セルの幅〔m〕，R はレーダから目標までの距離〔m〕，BW はレーダアンテナの 3dB ビーム幅〔°〕である．

その奥行き（すなわち，ダウンレンジ）の寸法は，次式で与えられる．

$$D = c\left(\frac{\text{PW}}{2}\right)$$

ここで，D は分解能セルの奥行き〔m〕，PW はレーダパルス幅〔sec〕，c は光速（3×10^8m/sec）である．

例えば，目標がレーダから距離 20km にあり，レーダパルス幅が 1μsec，レーダアンテナビーム幅が $2°$ の場合，分解能セルは幅 698m，奥行き 150m となる．図 3.23 は，レーダから目標までのさまざまな距離に対するこのレーダの分解能セルの寸法を比較している．

レーダの距離分解能セル

図 3.22 編隊妨害は，レーダの分解能セルの内側を飛行する航空機 2 機で構成される．レーダには，二つの実目標の中間位置に一つだけの目標があるように見えてしまう．

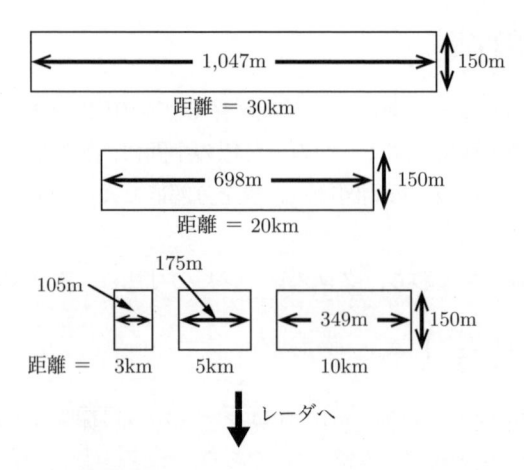

図 3.23　レーダの分解能セルの形は，レーダから目標までの距離に応じて大きく変化する．この図はパルス幅 1μsec，ビーム幅 2° の場合である．

3.4.11　距離情報拒否編隊妨害

　自己防御用妨害は，レーダの目標から放射するため，モノパルスレーダの角度追尾を増進させる．ただし，この妨害は，レーダに距離情報を与えないようにすることが可能である．図 3.24 に示すように，両機がほぼ同じ電力で妨害を行えば，レーダはこの 2 目標を距離的に分解できなくなる．したがって，レーダがこの 2 目標を分解することを防ぐためには，両機は分解能セルのクロスレンジの幅

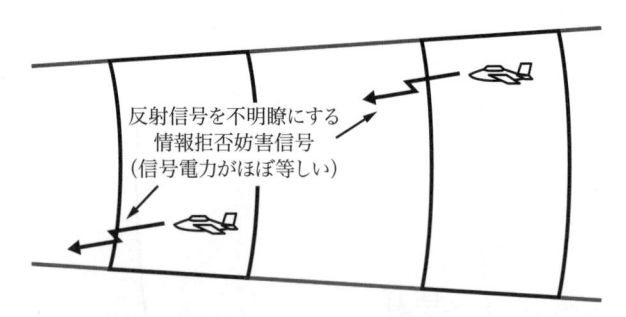

図 3.24　レーダによる距離情報の取得を拒否するために 2 機が均等に妨害をかける場合，両機はレーダ分解能セルのクロスレンジの幅の中にのみ占位保持しなければならない．

の中にのみ占位保持しなければならない．レーダが遠い場合は，分解能セルは幅が奥行きより非常に長いので，この技法では占位保持が平易にできる．

3.4.12 ブリンキング妨害

図 3.25 に示すように，レーダの分解能セル内の 2 機の航空機が，適度な頻度（0.5〜10Hz）で交互に妨害を実施すると，攻撃ミサイルはどちらか一方に交互に誘導される．このミサイルは，2 機に接近するにつれて次第に増大する大きなオフセット角のために，目標に再指向することになる．ミサイルの角度誘導制御は，ループ帯域幅に制限されるので，ミサイルは転移する目標の一つに追随できず，片側の方向に逸れて飛んでいくことになる．

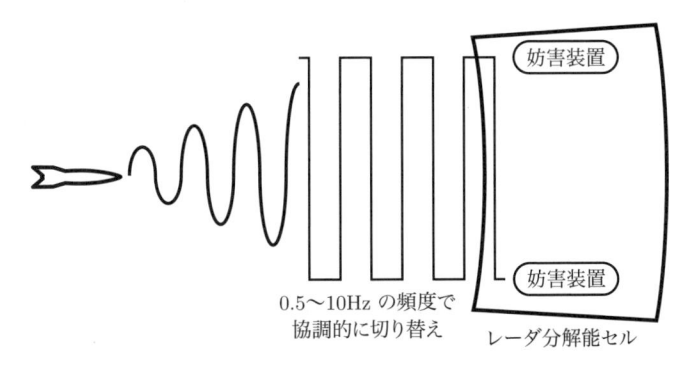

図 3.25　ブリンキング妨害は，交互に動作する妨害装置を 2 機の航空機に搭載し，追尾レーダにミサイル誘導の過度のストレスがかかるまで各目標間での切り替えを強いる．

3.4.13 地形反射利用妨害

図 3.26 に示すように，上空を飛行する航空機やミサイルが，下方の水面や地面に向けられたアンテナから相当な利得でレーダの信号を再送信すると，モノパルス追尾装置は被防護プラットフォームより低い位置を追尾するようになる．これによって，武器は目標に命中できなくなる．

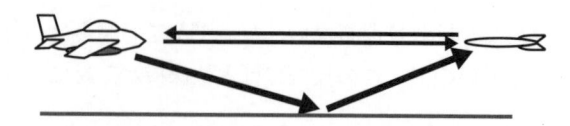

図 3.26　地形反射妨害では，地表または水面から強い反射信号を反射させ
て，レーダに目標より下方を追尾させるようにする.

3.4.14　交差偏波妨害

　レーダアンテナのパラボラ反射鏡は，その形状が著しく前方に張り出している
場合，主アンテナへの給電に対して交差偏波の小さなローブ（コンドンローブ
（Condon lobe）と呼ばれる）を発生させることがある. 一般に，このアンテナの
曲率が大きいほど，コンドンローブは大きくなる. 図 3.27 に示すように，レー
ダに，その主レーダ信号に対して交差偏波の極めて強力な妨害信号が照射される
と，これらのローブが優勢になることがある.

　図 3.28 に交差偏波妨害装置（cross-polarization jammer）の動作を示す. この
装置は，偏波（polarization）が直交した二つのアンテナでレーダ信号を受信す
る. この図では，一つが垂直偏波（vertical polarization），もう一つが水平偏波
（horizontal polarization）になっている. 垂直偏波のアンテナで受信した信号は，
水平偏波のアンテナで再送信され，水平偏波のアンテナで受信した信号は，垂
直偏波のアンテナで再送信される. これにより，妨害装置は，受信信号の偏波
にかかわらず，受信信号と交差偏波した信号を生成する. このようにして生成

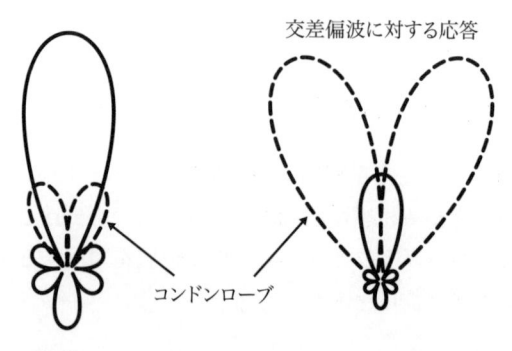

交差偏波に対する応答

コンドンローブ

図 3.27　レーダアンテナの中には，共偏波ローブのボアサイトから離れた
方向に交差偏波ローブを持つものがある.

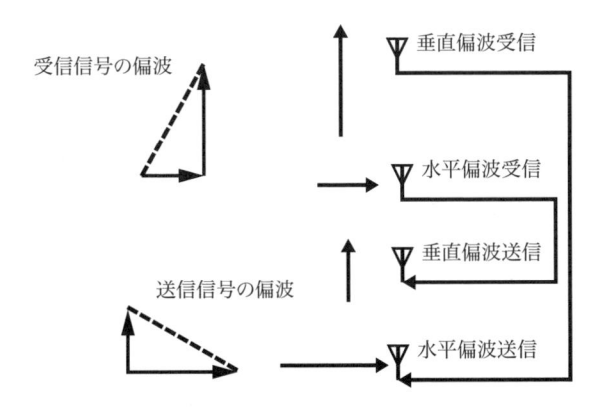

図 3.28 交差偏波妨害は，強力な交差偏波の反射信号を発生させ，レーダ
にそのコンドンローブのうちの一つの中で目標を追尾させるようにする．

された妨害信号は，20〜40dB の J/S を生み出すのに足りるだけ大きく増幅される．

　強力な交差偏波信号は，レーダに到達するとコンドンローブの一つを捉える．すると，レーダはその結果，捉えられたコンドンローブを目標に向けようと，そのアンテナを動かす．これによりレーダの目標追尾が外される．

　一般に，このタイプの妨害は，コンドンローブを生じるような前方に張り出した形状を持たない平面フェーズドアレイアンテナ（phased array antenna）を有するレーダに対しては，有効でない．しかしながら，フェーズドアレイが可変照射による著しいビーム成形をしている場合，このアンテナはコンドンローブを持つことがある．

　レーダのアンテナが偏波フィルタによって防護されている場合，そのアンテナは交差偏波妨害に影響されない可能性がある．

3.4.15　クロスアイ妨害

　クロスアイ妨害装置の構成を図 3.29 に示す．位置 A のアンテナで受信した信号は 20〜40dB 増幅され，位置 B のアンテナから再送信される．同様に，位置 B のアンテナで受信した信号も増幅され，位置 A のアンテナから再送信されるが，この回路には 180° の位相偏移がある．この妨害装置が効果を発揮するには，これらの 2 信号の経路は厳密に同じ長さでなければならない．妨害が有効であるた

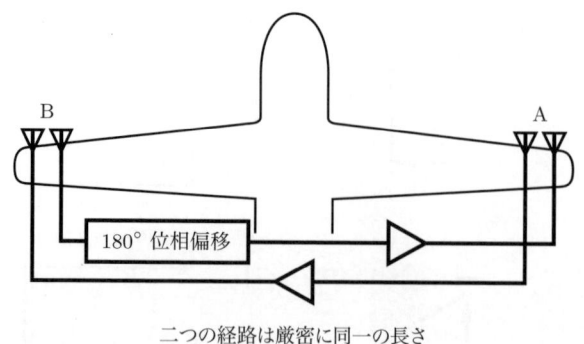

二つの経路は厳密に同一の長さ

図 3.29　クロスアイ妨害は，位置 A で受信したレーダ信号を位置 B から送信し，同時に位置 B で受信した信号を 180° 位相偏移して位置 A から送信する．

めには，位置 A と位置 B との間隔は，かなり大きくなければならないので，そのケーブルが長くなる．温度変化や周波数変化の範囲にわたってこれら 2 組のケーブルのバランスを十分に保持することは，極めて困難である．この二つのケーブルの経路は，効果的妨害のためには，電気角度 1° ないし 2° 以内で 180° の位相関係が保持されなければならない．これは，電気長で 1mm の 10 分の 1 程度の差である．

　この問題を軽減するために，図 3.30 に示すようなシステム構成にすることができる．ナノ秒スイッチは，2 か所の各アンテナそれぞれが 1 本のケーブルを使えるようにするので，（極めて小さい）筐体の内部で位相の整合を保持することが容易になる．各スイッチは，一つのレーダパルスを受信している間に，何度も信号経路を，位相偏移の分岐と非位相偏移の分岐の間で交互に切り替える．レーダ受信機は，レーダのパルスを受信するために最適化されなければならないので，図のパルスの下側に示す矩形波を平均化する．その結果，妨害装置の二つのアンテナからの信号は，レーダにおいて位相が 180° 離れた二つの同時パルスのように見えることになる．

　レーダからアンテナ A へ，さらにアンテナ B に至りレーダへ戻る経路と，レーダからアンテナ B へ，さらにアンテナ A に至りレーダに戻る経路は，厳密に同一の長さである．このために，A-B 間の基線（baseline）が妨害装置からレーダへの経路に対して垂直である必要はない．したがって，レーダは位相が 180° 異

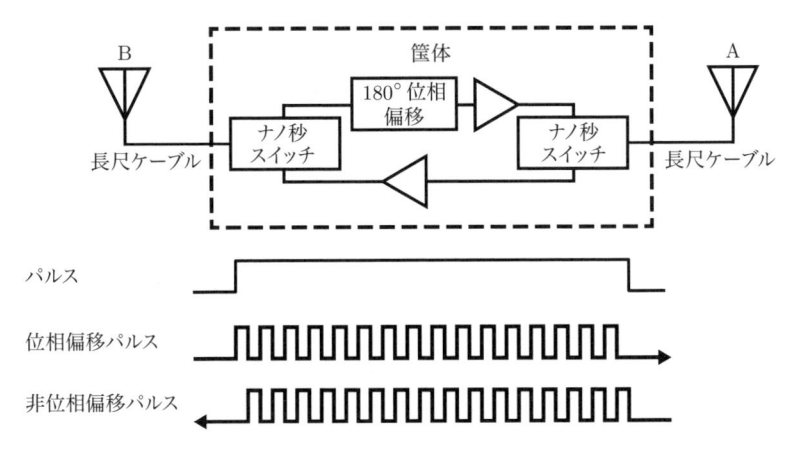

図 3.30　ナノ秒スイッチはそれぞれ，各アンテナにつながる1本のケーブルが時分割で両方向の信号を伝送できるようにすることで，クロスアイ妨害で重要なケーブル長の整合をなくせる．

なる二つの信号を受信することになる．図3.31 に示すように，これがレーダのセンサにヌルをもたらす．その結果，和信号（Σ）応答は差信号（Δ）応答を下回るようになり，このため「Δ－Σ計算式」の符号が変わる．これによって，レーダは，目標に向かうのではなく，目標から離れるように，その追尾角度を補正することになる．

　パルスレーダとビデオカメラが一体で照準規正されている場合にクロスアイ妨害がかけられると，目標が猛スピードで画面から逸れていくことがわかる．これはモノパルスレーダが対象目標から急速に引き離されたからである．

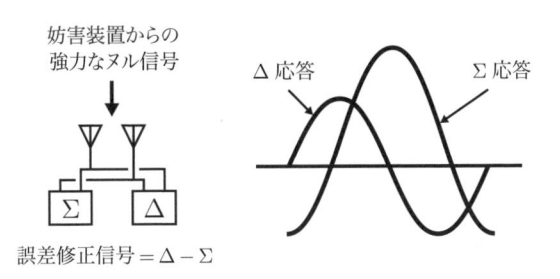

図 3.31　クロスアイ妨害がもたらすヌルは，和信号（Σ）応答を差信号（Δ）応答より小さくし，モノパルス追尾応答の方向を逆にする．

クロスアイ妨害の効果は，文献では多くの場合，図 3.32 に示すような反射信号の波面（wave front）の歪みとして表現されている．

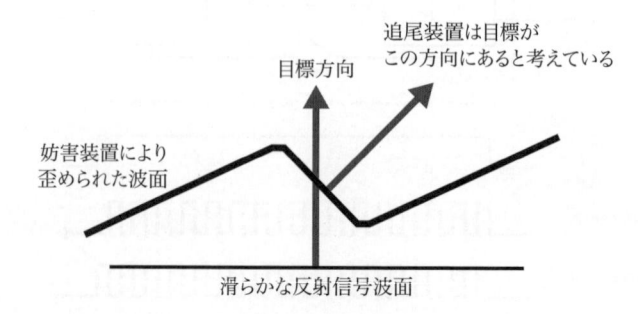

図 3.32   位相偏移信号と非位相偏移信号がモノパルス追尾センサに同時に到着するので，ヌルが生じて，追尾装置は目標から引き離される．

参考文献

[1] Schleher, D. C., *Electronic Warfare in the Information Age*, Artech House, 1999.

[2] Adamy, D., *EW101: A First Course in Electronic Warfare*, Artech House, 2001.
    【邦訳】河東晴子, 小林正明, 阪上廣治, 徳丸義博 訳, 『電子戦の技術 基礎編』, 東京電機大学出版局, 2013.

[3] Adamy, D., *EW102: A Second Course in Electronic Warfare*, Artech House, 2004.
    【邦訳】河東晴子, 小林正明, 阪上廣治, 徳丸義博 訳, 『電子戦の技術 拡充編』, 東京電機大学出版局, 2014.

[4] Adamy, D., "EW101", *Journal of Electronic Defense*, May 1996 – April 1997.

第4章

次世代脅威レーダ

4.1 脅威レーダの改良

　新たな脅威の進展に関し，過去 10 年間に多くの活発な動きがあった．これら
の新たな脅威は，旧来の武器に対して長年にわたり成功を収めてきている対抗手
段を克服することを目的に考案されてきている．これらの新しい進展には，より
高い能力を持つ武器やレーダが含まれている．第3章で述べたように，本章は脅
威の概要について説明するものではない．秘密の情報源にはそういった情報が含
まれており，そしてそれは絶えず変化している．しかしながら，本書は非機密書
籍であるので，ここではそのような情報を利用できない．本章のアプローチは，
新たな脅威の技術的なプラス面について，一般論として説明することである．こ
こでは，脅威と脅威レーダの各種の変化とともに，その電子戦（EW）への影響
を，一般的な用語で取り上げることにする．説明の EW 部分は，次の事項に重点
を置く．

- EW のシステムや戦術で，もはや実際に役立たないものは何か？
- いかなる新たな EW 戦術が求められているか？
- いかなる新たな EW システム能力が求められているか？

　秘密事項を扱うのではなく，一般的な変化を取り上げよう．特定の諸元が変更
された場合に，EW システムに求められる対応は何だろう？　本章には，脅威諸
元のさまざまなレベルの変化の影響を示す図表があるので，読者は，特定の実在
の問題に臨む際，秘密情報源にある特定の新世代脅威の諸元を調べて，新たな現

実的脅威に対抗するのに必要な，新たな EW 装備の仕様や戦術を決定することができる．

とは言うものの，公開文献から入手できるこれらの新たな武器やレーダには重要な機能があり，それらの機能は，われわれが遂行してきた EW の方法がもはや十分ではないことを示している．

はっきり言って，EW で対抗すべき脅威には著しい変化が存在しているということである．ここ数十年間われわれが実行してきた方法では，EW 活動を遂行できないのである．公開文献から以下の事項が明らかになっている．

- ミサイルの射程が著しく増大している．これはスタンドオフ妨害（SOJ）に影響を及ぼす．
- 脅威レーダの電子防護（EP）能力が著しく高まっている．この対応には新たな装備と新たな戦術が必要となる．
- 新たな武器は，隠れる（隠蔽）能力，撃つ（射撃）能力，移動する（運動）能力が向上している．これはリアクションタイム（reaction time; 反応時間）を短縮する．
- 新たな脅威レーダは，実効放射電力（ERP）が増大している．これによって脅威レーダの妨害対信号比（J/S）とバーンスルーレンジが改善する．
- レーダの信号処理が著しく変化している．これにより，EW 処理作業にはより一層の複雑さが要求される．
- 多数の新たな脅威にアクティブ電子走査アレイ（active electronically steered array; AESA）が含まれている．これが EW 処理の複雑さを増加させ，さらに所要妨害電力にも影響を及ぼす．

もう一つの新たな進展は，熱線追尾ミサイルにおける各種センサや誘導システムの顕著な改善である．このため，フレア（flare）（赤外線ミサイル回避用おとり発熱発光弾）や赤外線（infrared; IR）妨害装置のかなりの変更が必要となる．この問題と，赤外線スペクトルの EW システムや戦術に必須の変更については，第9章で取り上げる．

無線周波数（RF）スペクトル領域の EW 戦術は，以下のようにいくつかの点で変化している．

- スタンドオフ妨害には，相当な課題がある．
- 自己防御用妨害は，妨害電波源追尾（home-on-jam; HOJ; 妨害源追尾）武器の影響を受ける．
- デコイやその他のオフボード（off-board）装備は，その役割が増大する．
- 電子戦支援（ES）は，LPI レーダの影響を受ける．

　本章では，電子防護（EP），武器やレーダの更新の系譜，（公開文献にある）新型ミサイルの能力，および（同様に公開文献にある）新型脅威レーダの諸元について取り上げる．その後，今後予測される各脅威の能力向上の特徴を考察するとともに，諸元値の範囲がさまざまな EW 活動にどの程度影響するかを（図表を使って）明らかにする．

　本章の流れは次のとおりである．

- 電子防護（EP）技法
- 地（艦）対空ミサイル（surface-to-air missile; SAM）の能力向上
- SAM 捕捉レーダの能力向上
- 対空火器（anti-aircraft-artillery; AAA）の能力向上
- 脅威レーダの能力強化と EW 対処技術

4.2　レーダの電子防護技法

　電子防護（EP）は EW の一分野ではあるが，一般に EW 固有のハードウェアを必要としないという点において ES や EA と異なる．より正確に言えば，それは，敵の妨害効果を減らすことを意図した多くのセンサシステムの特性を指す．したがって，EP とは，我がプラットフォームを防護するのではなく，むしろ我がセンサを防護することであると言える．第 6 章では，通信システムを防護する EP 技法を説明する．本章ではレーダ EP を取り上げる．

　表 4.1 に，主要なレーダ EP 技法と，その防護対象の EA 技法の一覧を示す．

　これらの技法を説明しながらも，例えばレーダのデータ処理方法などの関連事項にも触れなければならないだろう．また，読者は，われわれが EP 技法と呼んでいるものが，別の理由でレーダに組み込まれていることもあり，それが付加的

表 4.1 電子防護技法

防護技法	防護の対象となる妨害技法
超低サイドローブ	レーダ探知，サイドローブ妨害
サイドローブキャンセル	サイドローブ雑音妨害
サイドローブブランキング	サイドローブパルス妨害
対交差偏波	交差偏差妨害
パルス圧縮	デコイ，非コヒーレント妨害
モノパルスレーダ	多数の欺まん妨害技法
パルスドップラ・レーダ	チャフ，非コヒーレント妨害
パルス前縁追尾	距離ゲートプルオフ
ディッケ・フィックス	AGC 妨害
バーンスルーモード	あらゆる種類の妨害
周波数アジリティ	あらゆる種類の妨害
PRF ジッタ	距離ゲートプルイン，カバーパルス
HOJ モード	あらゆる種類の妨害

効用として対妨害防護機能をもたらしていることもわかるだろう．これらの技法をくまなく調べると，対妨害防護の程度は実装の細部によって決まり，また，その一部の技法は，複数の種類の妨害と戦うものであることがわかる．

4.2.1　役立つ情報源

いくつかの役立つ参考資料として，電子防護の技法の背景にある数学を詳しく調べたい人々を対象とした教科書 [1] や，レーダの動作を理解するのにたいへん役に立つ図書 [2] もある．

4.2.2　超低サイドローブ

一般的なレーダアンテナの利得パターンを図 4.1 に示す．利得の角度に応じた変化が二つの図に示されていることに注目しよう．上側の図は，利得対角度を極座標表示したものである．アンテナメーカのウェブサイトで，ある特定のアンテナの利得パターンを調べると，このような曲線群が確かめられるだろう．この曲

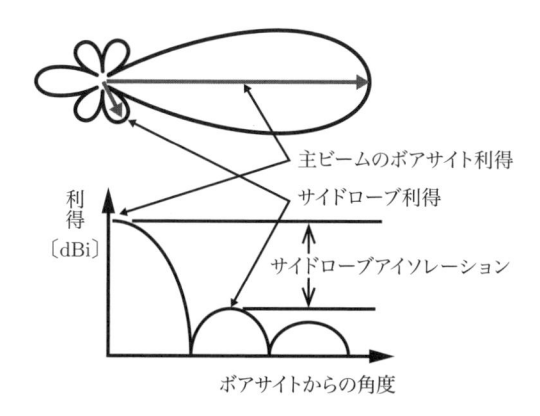

主ビームのボアサイト利得

サイドローブ利得

サイドローブアイソレーション

利得〔dBi〕

ボアサイトからの角度

図4.1 アンテナのサイドローブは，あらゆる方向からのレーダ探知と妨害を可能にする．

線群は，アンテナを電波暗室にセットし，回転台上で回転させることにより得られる．電波暗室（anechoic chamber）の円錐部には入念に較正された送信アンテナがあり，暗室の表面はすべて電波吸収体（radio absorptive material）で覆われている．したがって，回転台上のアンテナは送信機からの直接波（direct wave）だけを受信する．アンテナや他の場所からの反射はすべて暗室壁面で吸収される．供試アンテナを水平面内で360°回転させると，現れる受信電力レベルは，そのアンテナの送信アンテナ方向の利得パターンに比例したものとなる．そのときの相対受信電力の表示曲線がアンテナの水平パターンとなる．アンテナの垂直パターンを測定するには，回転台上のアンテナの設定方向を90°変えて回転させる．このウェブサイトには，アンテナ周りのさまざまな面内のある周波数範囲の全曲線群が掲載されているかもしれない．

図4.1の下側の曲線は，横軸にボアサイトからの角度を，縦軸に利得を示している．この曲線上で，ボアサイト利得と，第1サイドローブの相対レベルが定義される．ボアサイトおよびサイドローブ利得は，dBi（等方性アンテナ（isotropic antenna）と比較したデシベル値）で記述するのが適切であり，相対的サイドローブレベルはデシベル値（dB）で記述するのが適切である．

利得パターンは，通常，主ビームのボアサイト利得に対して相対的に定義される．ボアサイトは，そのアンテナに指向させようとする方向として定義される．この方向とは，ほとんどの場合，送信あるいは受信のどちらに関しても，そのア

ンテナが持つ最大利得の方向である.

　この利得パターンは,ボアサイト近くでは $\sin(x)/x$ パターンとなる.主ビームの端にはヌルが,さらに他のあらゆる方向にはサイドローブが存在する.最初の 1〜2 個のサイドローブを越えた先にある各サイドローブは,構造物からの反射によって決まる.大きなバックローブが存在することも多い.各ローブの合間のヌルはサイドローブよりはるかに狭いので,平均サイドローブレベルを考慮すると,レーダの主ビームから離れたところで EW の相互作用において遭遇するであろうレーダアンテナの送信や受信の利得について合理的な評価が可能になる.

　超低サイドローブ (ultralow side-lobe) のはっきりした定義はない.これは,ただ単に,そのアンテナサイドローブが普通のアンテナで生じる可能性のあるものよりずっと低いことを意味しているに過ぎない.いくつかの特定のアンテナでは異なるかもしれないが,Schleher [1] は,次のような,合理的な値の範囲を示している.

- 「普通」のサイドローブは,サイドローブのピーク利得の平均が −5〜0dBi で,そのレベルが主ビーム(またはボアサイト)のピーク利得より 13 〜 30dB 低いもの.
- 「低」サイドローブは,ピーク利得が −20〜−5dBi で,そのレベルがボアサイト利得より 30〜40dB 低いもの.
- 「超低」サイドローブは,ピーク利得が −20dBi 未満で,そのレベルがボアサイト利得より 40dB 以上低いもの.

4.2.3　サイドローブレベルの低減が EW に及ぼす影響

　目標をまだ捕捉していないレーダの存在を見つけるために,(例えば,レーダ警報受信機などの)受信機は,レーダのサイドローブ信号を受信するのに十分な(アンテナ利得を含めた)感度を持っていなければならない.このとき,受信感度は,信号の到来方向を決定し,また,レーダタイプや動作モードを決定するための信号諸元分析を支えるのに十分な受信信号電力を必要とする.図 4.2 に示すように,サイドローブ傍受問題に適用されるレーダ ERP は,平均サイドローブ利得分だけ増やした送信機出力(送信管出力ともいう)である.レーダからの信号は,レーダからの距離の 2 乗で減少する.それゆえに,サイドローブ利得の

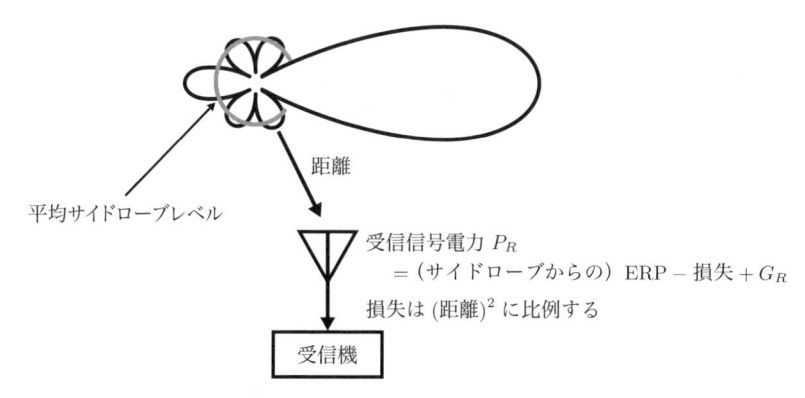

図 4.2　アンテナの主ビームから離れた方向の傍受受信機で受信した信号
は，レーダの平均サイドローブアイソレーションの分だけ減少する．

10dB 低減（すなわち，サイドローブ方向の実効放射電力の 10dB 減少）により，
受信感度レベルを固定にした場合，探知距離は $\sqrt{10}$（すなわち 3.16）分の 1 に減
少し，また 20dB のサイドローブアイソレーションにより，探知距離は 10 分の 1
に減少する．第 5 章では，電波伝搬モデルの全体を解説する．

　3.3.3 項で説明したように，スタンドオフ妨害は，通常，レーダのサイドローブ
に対して行われるが，それは一般に，1 台の妨害装置，例えば EA6B 航空機ポッ
ド（pod）1 基で，多数のレーダを妨害するからである．図 4.3 に示すように，ス
タンドオフ妨害対信号比（J/S）は，妨害装置とレーダの相対的な実効放射電力

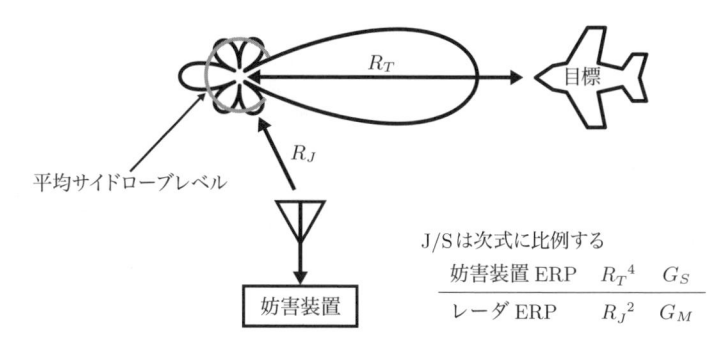

図 4.3　サイドローブ妨害装置で実現できる J/S は，レーダアンテナのサイ
ドローブアイソレーションの分だけ減少する．

（ERP），目標までの距離（R_T）の 4 乗と妨害装置からレーダまでの距離（R_J）の 2 乗の比，およびレーダアンテナの平均サイドローブ利得（G_S）とボアサイト利得（G_M）の比の関数である．したがって，他のすべてが同一値のままであれば，10dB のサイドローブ利得の低減は，特定の J/S 値を実現できる（妨害装置までの）距離を 3.16 分の 1 に減少させる．20dB のサイドローブアイソレーションは，スタンドオフ妨害距離を 10 分の 1 に減少させる．

4.2.4　サイドローブキャンセル

　図 4.4 に示すように，サイドローブキャンセラ（side-lobe canceller; SLC）には，主レーダアンテナの主要なサイドローブからの信号を受信する補助アンテナが必要である．これらのサイドローブは，主ビームの間近にある．補助アンテナは，主アンテナのサイドローブ方向に，主アンテナビームのサイドローブ利得より大きい利得を持っている．したがって，レーダは，そのサイドローブ方向から信号が到来したことを確定でき，また，その信号を判別することができる．

　この技法は，コヒーレントに（妨害）信号をキャンセル（相殺）することにより，レーダ受信機への入力時にその信号が減らされるので，コヒーレント・サイドローブキャンセレーション（coherent side-lobe cancellation; CSLC）とも呼ばれる．図 4.5 に示すように，補助アンテナからの妨害信号は，電気角が 180° 偏移されたコピーを作るのに使用される．位相偏移されたコピー信号を作る処理に

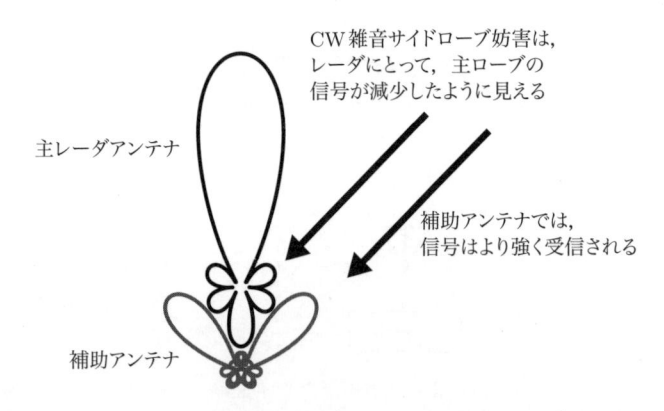

図 4.4　コヒーレント・サイドローブキャンセラは，レーダアンテナの主ビームよりサイドローブに強く受信される CW 信号を除去する．

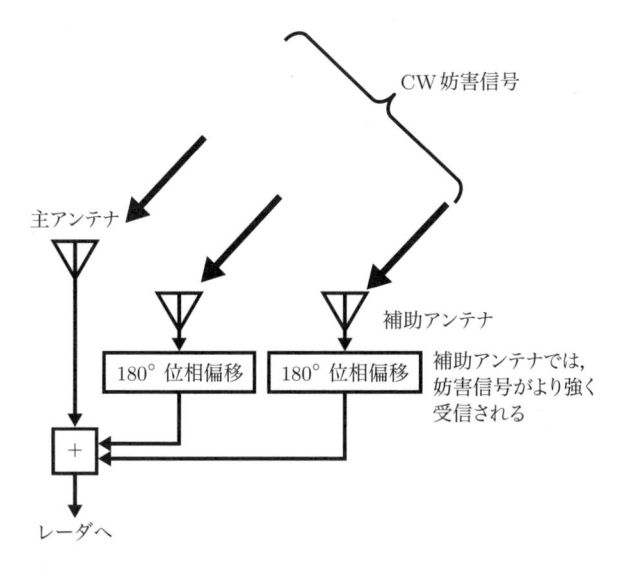

図 4.5　補助アンテナからの入力は，位相を 180° ずらした上で主アンテナの出力に加えられる.

は，ある種の位相ロックループ（phase-locked loop; PLL）回路が必要であり，さらに，高精度の（すなわち，180° に極めて近い）位相制御を行うには，この回路のループ帯域幅が狭帯域でなければならない．広帯域のループ帯域幅は，高速応答を可能にするが，高精度の位相ロックには狭帯域のループが必要になるゆえに，低速応答となることに注意しよう．狭帯域ループには連続信号，例えばスタンドオフ雑音妨害装置（noise jammer）に使用されるような雑音変調された連続波（continuous wave; CW）信号が必要となる．位相偏移信号と妨害信号との位相ずれが，厳密に 180° のずれに近いほど，レーダ受信機に入る妨害信号の減少量が大きくなることを理解することが大切である.

　キャンセルされる妨害信号ごとに独立したアンテナと移相回路（phase-shift circuit）が必要である．図 4.5 には二つの補助アンテナがあるので，このレーダは，二つの CW サイドローブ妨害をキャンセルできるだろう.

　図 4.6 に示すように，パルス信号のフーリエ変換（Fourier transform）（すなわち，周波数領域（frequency domain）で見られるパルス信号）が，多数の明瞭に区別できるスペクトル線を持っていることは興味深い．図の上段は（オシロスコー

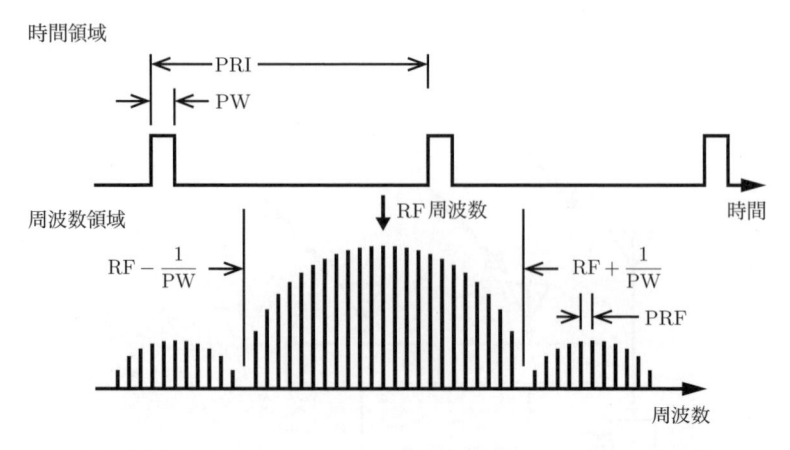

図 4.6　周波数領域で見ると，一つのパルス信号が多数のスペクトル線を持っている．

プ上で見られるような）時間領域（time domain）のパルス信号を示し，下段は同じ信号を（スペクトルアナライザ上で見られるような）周波数領域で見たものを示している．ここで，PW を時間領域におけるパルス幅とすると，周波数応答のメインローブは 1/PW の幅になることに注意しよう．また，各スペクトル線は，パルス繰り返し周波数（PRF）の間隔で隔たっていることにも注意しよう．ここで，PRI を時間応答におけるパルス繰り返し間隔（pulse repetition interval; パルス繰り返し周期）とすると，PRF ＝ 1/PRI である．したがって，サイドローブキャンセラで防護されたレーダの各サイドローブへ送信された単一パルス信号は，数個のコヒーレント・サイドローブキャンセレーション回路を引き付けることができるので，CSLC を雑音妨害（noise jamming）に対して無効化できる．そういうわけで，サイドローブ妨害雑音にパルス信号を付け足すことがふさわしいこともある．

4.2.5　サイドローブブランキング

　サイドローブブランキング（side-lobe blanking; SLB; サイドローブ消去）（図 4.7 参照）は，図 4.8 に示すように，主要な各サイドローブの角度範囲をカバーする補助アンテナを使用する点で，サイドローブキャンセラと同類である．相違点は，これはサイドローブパルス妨害の効果を減少させることを意図していること

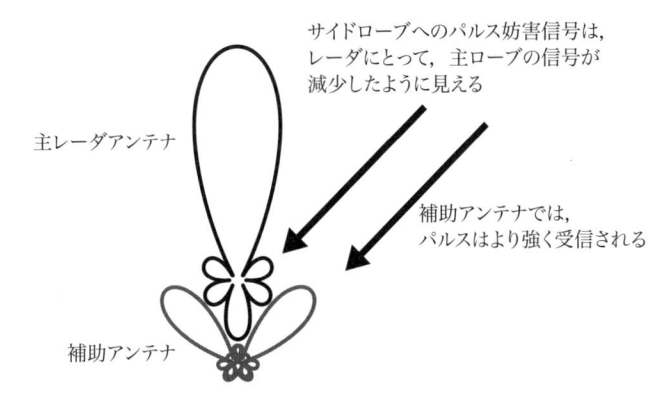

サイドローブへのパルス妨害信号は,
レーダにとって,主ローブの信号が
減少したように見える

主レーダアンテナ

補助アンテナでは,
パルスはより強く受信される

補助アンテナ

図 4.7 サイドローブブランカでは,主ビームよりもサイドローブにある強
力なパルス信号を除去する.

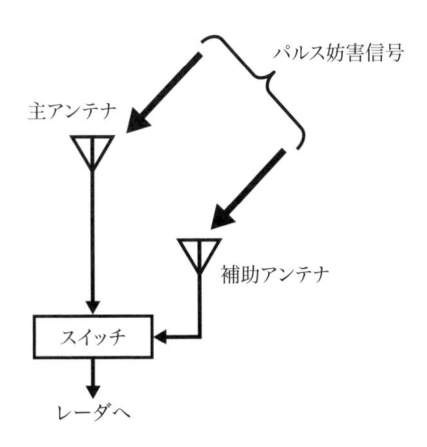

パルス妨害信号

主アンテナ

補助アンテナ

スイッチ

レーダへ

図 4.8 主レーダアンテナの出力は,補助アンテナのパルスのほうが強力で
ある間は無信号になる.

にある.パルス信号が,主レーダアンテナで受信されるより高いレベルで補助ア
ンテナに受信されると,レーダは,その信号がレーダの送信信号の反射ではな
く,サイドローブ妨害の信号であるとわかる.その結果,レーダは,妨害パルス
の間,図に示す回路を用いて自身の受信機への入力を無信号にする.
　この種の EP は,例えば,パルスを受信する一部の制御回線や,敵味方識別
(identification friend or foe; IFF) システムなど,どの種類のパルス信号受信機に

も有効である．これらのシステムは，偽パルスに妨害されることがあるが，これは SLB によって除去される．

この技法がレーダに与える問題は，レーダのサイドローブ内に何らかのパルスが存在している間は，レーダは自身の反射信号を受信することができないことである．したがって，妨害装置は，レーダがまさに反射信号を探す必要があるときに，レーダを見えなくするカバーパルスを使用することによって，レーダ（あるいは，データ回線や IFF）を動作不能にすることができる．サイドローブ妨害装置（例えば，スタンドオフ妨害装置）は，目標位置に所在していないので，敵のパルスのタイミングはマイクロ秒の精度まではわからない．したがって，妨害装置は，各パルスを敵の反射信号パルスの真上に置くことができない．このため，各サイドローブカバーパルスには，この時間の不確かさを盛り込むのに十分な長さが必要となる．

4.2.6　モノパルスレーダ

モノパルスレーダは，反射信号パルスごとに電波到来方向（direction of arrival; DOA）の情報を取得する．これは，ある種の欺まん妨害を無効にするので，EP 技法の一つと考えることができる．モノパルスレーダの動作は，第3章で取り上げている．

例えば，距離ゲートプルオフや，カバーパルスなどの妨害技法は，距離欺まんを提供するが，これらは目標方向から強力なパルスを発生させるので，モノパルスレーダによる角度追尾を増進することになる．レーダの追尾アルゴリズムを惑わすために強力なパルスを発生させる逆利得妨害のような角度欺まん技法も同様に，モノパルスの角度追尾を強化することになる．これらの妨害技法は第3章で説明している．

一般に，角度欺まんは，距離欺まん以上に効果を発揮する．レーダは，通常数ミリ秒で距離を再取得できる一方で，角度の大幅なプルオフには，そのレーダの捕捉モードに復帰する必要がある．これが，数秒の角度再捕捉時間を招く．

チャフ雲（chaff cloud）やデコイは，実在の追尾可能な目標を作り出すので，モノパルスレーダに対してうまく機能する．

モノパルスレーダは，図 4.9 のように，複数のアンテナ給電回路の受信電力の

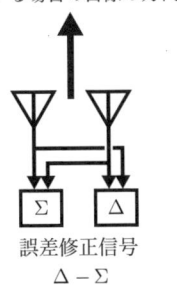

図 4.9 モノパルスレーダには複数のアンテナ給電回路があり，二つの受信信号の和で正規化されたそれらの信号の差からアンテナ指向誤差修正信号を生成する．

バランスがとれるように角度を調整することにより，それらのアンテナを目標に指向させる．有効な角度妨害では，アンテナ給電回路のバランスを歪めて，レーダが妨害信号に応答して間違った方向にアンテナを動かすよう強制する．例として，交差偏波妨害では，レーダに自身の交差偏波されたコンドンローブの一つが目標を向くようにさせる．

4.2.7 交差偏波妨害

交差偏波妨害は 3.4.14 項で取り上げたが，ここでは交差偏波のコンドンローブについての理解をさらに深めてみたい．鉛筆を 45° 右に向けて手に持ち，その手を 45° の角度で斜めになった壁に鉛筆が触れるまで移動させよう．次に，鉛筆が壁で反射されるとして，鉛筆が移動するであろう方向に手を移動させてみよう．今度は，鉛筆が，その移動方向に対して 45° 左に向いていることがわかるだろう．前方に張り出した壁の配置と鉛筆の斜めの角度によって，前方への手の動きに対する鉛筆の相対的角度が 90° 変化したのである．

さて，図 4.10 のパラボラ形反射鏡の右上部に到着した垂直偏波の信号を考えよう．この反射鏡の前方に張り出した形状はこの部分で信号の偏波と約 45° をなしているので，アンテナ給電器に向かう（微弱な）水平偏波の反射が生じる．この結果，各コンドンローブが発生する．

Leroy Van Brunt の優れた，しかし極めて専門的な "applied ECM" の 3 冊組の

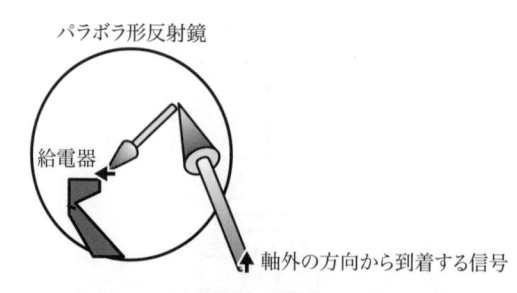

図 4.10　パラボラ形反射鏡の端の前方に張り出した形状は，軸外の信号に対して，その信号が反射してアンテナ給電器に向かうときに 90° の偏波角変化を引き起こす．

本（現在絶版ではあるが）で，交差偏波妨害について詳解されている [3]．その中で，交差偏波妨害は，対応周波数妨害（on-frequency jamming）あるいは雑音妨害のどちらとでも一緒に使用することが可能であり，各ビームが互いに交差偏波になった 2 ビーム式の SA-2 トラック・ホワイル・スキャンレーダなどの捕捉レーダと追尾レーダの両方に有効であると，指摘されている．

　第 3 章に記載されている 2 経路リピータ形交差偏波妨害装置に加えて，到着レーダ信号の偏波を感知し，図 4.11 に示すような信号発生器でその交差偏波応答を生成する妨害装置もある．

　2 チャンネルリピータ形交差偏波妨害装置が，十分なアンテナアイソレーション（antenna isolation）を得ることができない場合，Van Brunt は，互いに交差偏波の 2 信号を分離するのに時間ゲート制御が使えると指摘している．彼が著書で提案した時期は，3.4.15 項のクロスアイ妨害の説明に見られるような最新の極めて高速のスイッチがまだ利用できないころだった．時間ゲート制御された交差偏波妨害技法は，現在の技術でははるかに良く動作するはずである．

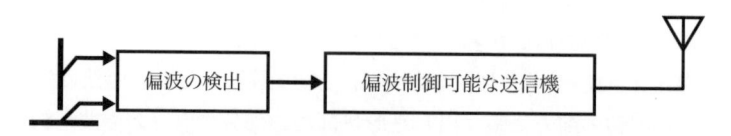

図 4.11　交差偏波妨害信号を生成する技法の一つは，偏波を検出し，適切な偏波を持つ反射信号を生成することである．

4.2.8 対交差偏波

　交差偏波信号に対する感度を低減させたり，コンドンローブを低減させたりする特徴があるレーダは，対交差偏波（anti-cross-polarization; ACP）EP を備えていると言われる．図 4.12 に示すように，交差偏波のアイソレーションを持つレーダのコンドンローブは非常に小さい．レーダアンテナの反射鏡が大きな放物面の小さな部分に過ぎないと，給電器は反射鏡の直径に比べて反射鏡から遠くにあり，反射鏡はわずかな前方張り出し形状しか持たない（したがって，コンドンローブが低い）ことになる．反射鏡が小さな放物面の大部分であると，給電器は相対的に反射鏡に近接して，反射鏡はもっと大きい前方張り出し形状を持つことになり，したがってコンドンローブは高くなる．レーダアンテナが平面フェーズドアレイの場合は，交差偏波応答を生じるような前方張り出し形状がないので，一般にコンドンローブはほとんど存在しない．しかしながら，ビーム形成用の各アレイアンテナ素子に利得の差がある場合は，コンドンローブを持つことがある．コンドンローブに対するアンテナ形状の影響を図 4.13 に図解する．

　対交差偏波 EP の機能を実装するもう一つの方法は，アンテナ給電回路のスロート状の部分または給電器の全体にわたるように，あるいはフェーズドアレイ全体にわたるように，偏波フィルタを付けることである．

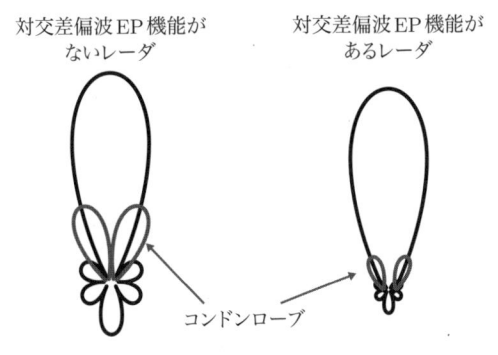

図 4.12　対交差偏波 EP 機能があるレーダは，コンドンローブが著しく小さい．

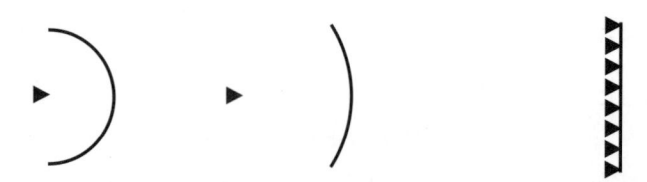

大きなコンドンローブを   より小さなコンドンローブを   コンドンローブを持たないか，持って
持つ短焦点アンテナ   持つ長焦点アンテナ   いても小さい線形フェーズドアレイ

図 4.13   レーダアンテナの形状は，そのコンドンローブの強度に影響を与える.

4.2.8.1   偏波キャンセラ

これと同類の EP 技法の説明も，Van Brunt のセット本 [3] にある．この技法
は，二つの直交する偏波の補助アンテナを必要とし，円偏波か斜め偏波の 1 台の
妨害装置に対して非常に有効になりうる．その回路は，妨害信号のレーダと共偏
波でない成分は判別するが，レーダの反射信号は通過させる．Van Brunt は，上
記のような二重の交差偏波妨害チャンネルは，この EP 技法に打ち勝つだろうと
指摘している.

4.2.9   チャープレーダ

パルス圧縮（pulse compression; PC）の目的は，レーダの距離分解能を小さく
することであるが，パルス圧縮は，妨害装置が対象レーダのパルス圧縮技法を模
倣していない限り，妨害装置の有効性を減らす効果も持つ.

パルス圧縮の一種であるパルスへの線形周波数変調（linear frequency modula-
tion on pulse; LFMOP）は，チャープとも呼ばれる．チャープレーダ（chirped
radar）は，各パルスの全域にわたって線形周波数変調されている．この変調は受
信した際，受信機によっては鳥のさえずりのように聞こえるので，チャープ化と
呼ばれる．図 4.14 にチャープレーダのブロック図を示す．これらは，普通は，必
要な信号エネルギーを与えるために長パルスを使う長距離捕捉レーダと考えられ
る．しかしながら，LFMOP は，短距離追尾レーダでも使用されることがある.
レーダ受信機に入る反射パルスは，圧縮フィルタを通過することに注意しよう.
このフィルタは，周波数によって異なる遅延時間を持つ．フィルタの傾斜は，パ
ルスへの FM と一致している（すなわち，時間対周波数変化曲線は，遅延時間対

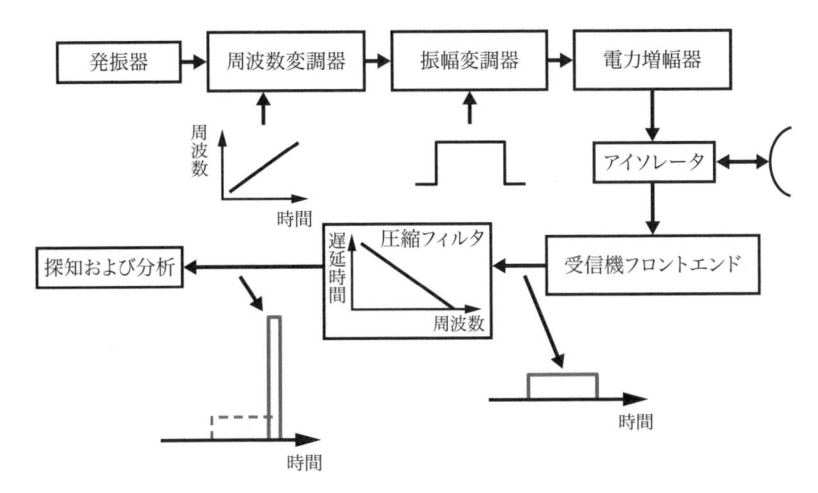

図 4.14 チャープパルスは，そのパルス上に線形周波数変調を持ち，これが受信処理における受信パルスの短縮を可能にする．

周波数曲線と同じである）．これは，パルスの各部分をパルスの後端まで遅延させる効果を持つ．したがって，処理後は，長パルスが非常に短いパルスへと押し込まれる．

レーダの分解能セルは，レーダが多数の目標を区別できない領域のことである．図 4.15 は，分解能セルを 2 次元で示している．しかし実際には，それは巨大な洗濯桶のような 3 次元の容積である．図に示すように，分解能セルのクロスレンジ（角度方向）の寸法は，レーダアンテナの 3dB ビーム幅によって決まる．距

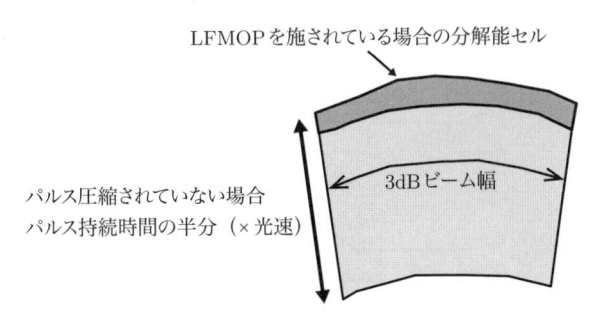

図 4.15 レーダの分解能セルは，アンテナビーム幅と LFMOP が施されたパルス持続時間で決まり，その実効パルス持続時間は大幅に減少する．

離分解能の限界は，レーダのパルス持続時間（pulse duration; PD）によって決まる（パルス持続時間のナノ秒当たり6分の1メートル）．長パルスは，大きいエネルギーを持つ一方，貧弱な距離分解能をもたらす．図4.15の分解能セルの上部の暗い帯は，LFMOPによって縮小された距離の不確実性を示す．パルスは，圧縮フィルタを通過したあとでは実効上短くなっているので，距離分解能が改善される．

　距離圧縮（range compression）の量は，周波数変調の幅とパルス幅の逆数との比である．したがって，周波数変調幅が2MHzで，幅が10μsecのパルスであれば，その距離分解能は20倍改善されることになる．

　その妨害に与える影響を図4.16に示す．黒色のパルスは，LFMOPが施されたレーダ信号である．つまり，図の右側に示すように，圧縮フィルタによって圧縮される．灰色のパルスは，LFMOPが施されていない妨害パルスである．図の右側に灰色で示すように，そのエネルギーはパルスの後端に集積されない．レーダ処理は，圧縮されたパルスが存在している期間にのみ集中して行われるので，非圧縮の妨害パルスのエネルギーは，圧縮パルスのエネルギーより著しく少ない．これは，他の方法で作り出せるどんなJ/Sをも減少させる効果を持つ．このJ/Sの減少率は，パルス圧縮率に等しい．上記の例では，これは13dBのJ/S減少となる．

　妨害装置が妨害信号に適切なLFMOPを施している場合は，レーダのこのEP特性は無効にされる．適合するLFMOPは，ダイレクトデジタル合成（direct digital synthesis; DDS），あるいはデジタルRFメモリ（DRFM）を使って，妨

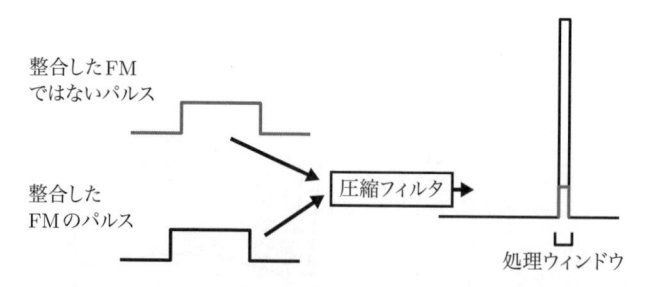

図4.16　妨害が正しい周波数対変調時間の傾きを持っていなければ，実効J/Sは圧縮率の分だけ減少する．

害装置で作り出すことができる．これら両方の技術については，第8章で説明する．

4.2.10　バーカコード

バーカコード（Barker code; バーカ符号）パルス圧縮を使ったレーダのブロック図を図4.17に示す．レーダの各パルスは，2位相偏移変調（binary phase shift keying; BPSK）されており，またパルス圧縮は，反射パルスをタップ付き遅延線（tapped delay line）に通すことにより実現される．図4.18の上段は，7ビットの最大周期系列符号（maximum length code）の例を示している．レーダは，一般にもっと長い符号を使用する．この符号が1110010であれば，0値の各ビットの位相は，1値のビットの信号位相に対して180°偏移される．パルスがタップ付き遅延線を通過すると，すべてのタップ上の信号が加算され，パルスが厳密にシフトレジスタ（shift register）を埋めている場合を除いて，その合計は0または -1 となる．4番目，5番目，および7番目の各タップには180°の位相偏移があるので，厳密に位置が合ったパルスにより，すべてのタップがプラスに加算されることに注意しよう．これは，1ビットの持続時間の間に大きな出力をもたらす．したがって，タップ付き遅延線を通ったあとのパルス持続時間は，実効的に1ビットの長さとなる．これは，各パルスに設けた符号のビット数の分だけ，パルスを圧縮（また，距離分解能を改善）する．

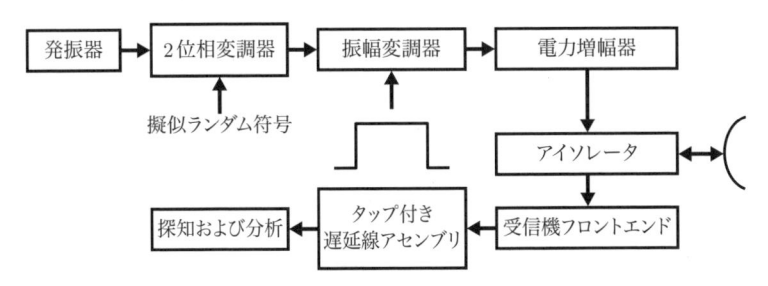

図4.17　各パルスには2位相偏移変調符号で変調がかけられる．また，受信機内のタップ付き遅延線は実効的なパルス幅を減少させ，距離分解能を改善する．

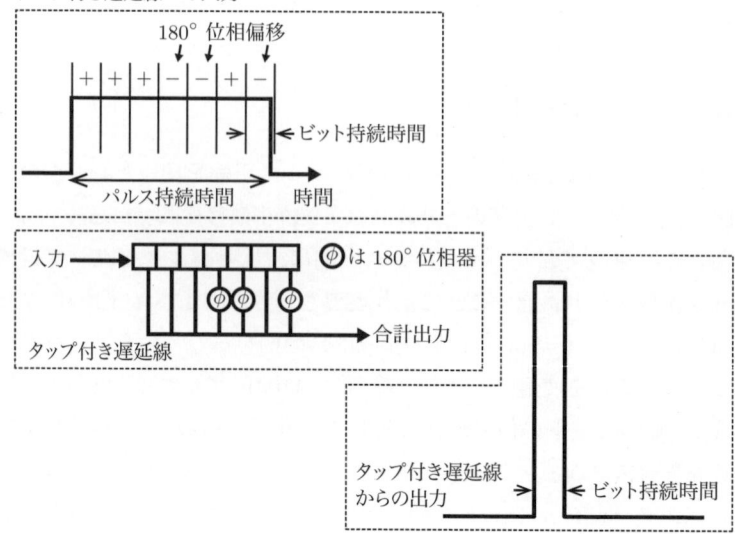

図 4.18　符号化パルスは，その全ビットの位置が各タップと揃った場合に，遅延線から大きな出力を生み出す．

　例えば，各パルス内の符号が 31 ビットであれば，距離分解能は 31 倍改善されることになる．

　ここで，図 4.19 について考えよう．左段の黒色のパルスはタップ付き遅延線に適合する適切な 2 進符号を持つレーダ信号である．このパルスは，右段の図に黒色で示すように，遅延線によって圧縮される．左段の灰色のパルスは符号を

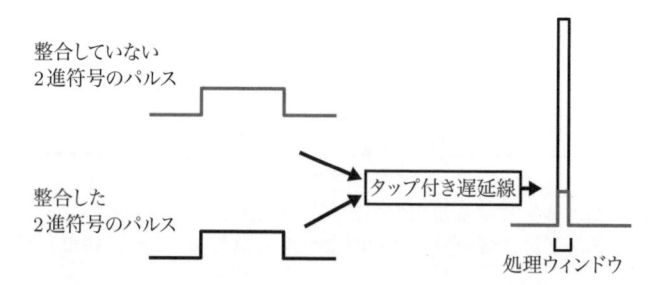

図 4.19　妨害が正しい 2 進符号を持っていなければ，実効 J/S は圧縮率の分だけ減少する．

持たない妨害パルスである．右段の図に灰色で示すように，そのエネルギーは1ビットの出力持続時間内に押し込まれることはない．LFMOP のように，デジタル符号圧縮も，別のやり方で得られる J/S を減少させる．J/S の減少率は，圧縮率と同一である．上記の 31 ビット符号の例では，この符号は，15dB の減少を実効 J/S にもたらすことになる．

　妨害装置が，（DRFM を使用することにより）妨害信号に適切な 2 進符号をセットしている場合は，レーダのこの EP 特性は無効になる．

4.2.11　距離ゲートプルオフ

　第 3 章から，距離ゲートプルオフ（RGPO）欺まん妨害を思い起こそう．これは，（続くパルスとともに）徐々に遅延する偽の反射パルスを生成することで，目標がレーダから逸れていくとレーダに錯覚させ，ひいてはレーダに距離追尾を外させるようにする妨害である．RGPO は，これを，妨害パルスの大きなエネルギーをレーダの後ゲートに詰め込むことによって行う．RGPO を無効にするために使用される EP 技法が，前縁追尾（leading edge tracking; リーディングエッジトラッキング）である．図 4.20 に示すように，レーダは，反射信号の前縁のエネルギーから目標距離を追尾する．RGPO 妨害装置にいくらかの処理遅延があると仮定すれば，妨害パルスの前縁は，実反射信号の前縁より遅れて始まる．Schleher [1] は，RGPO 妨害装置が距離追尾の引き離しに成功する最大の妨害処理遅延量は，約 50nsec であるとしている．これより大きい妨害遅延になると，レーダ処理は妨害パルスがわからなくなり，それゆえ実反射信号パルスによる実目標距離を追尾し続けることになる．

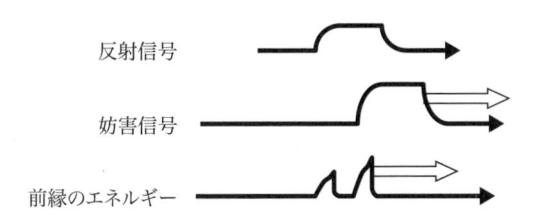

反射信号

妨害信号

前縁のエネルギー

図 4.20　前縁追尾回路は，妨害パルスの前縁が前縁の後ゲートの外側に落ちる原因になる妨害装置内の距離ゲートプルオフ妨害信号の遅延を無視するので，妨害装置はレーダの追尾回路を引き付けることができない．

　前縁追尾を打ち負かすのに用いられる妨害技法に，距離ゲートプルイン（RGPI）がある．これはまたの名をインバウンド距離ゲートプルオフという．図 4.21 に示すように，妨害装置は偽パルスを作り，移動量を増やしつつ，そのパルスを時間軸上で前方に移動させる．偽パルスは実反射信号パルスを通り越して前方に動き，レーダの距離追尾を（レーダが前縁を追尾している場合でも）引き付けるようにすることで，目標が向きを変えてレーダに向かって来ていると錯覚させる．これによって，レーダに距離追尾を外させる．RGPI を実行するためには，妨害装置は，次のパルスが現れる時期を予測できる PRI 追尾回路を持っていなければならない．RGPI 技法に対して有効なレーダの EP 技法は，ジッタパルスを使用する方法である．ジッタパルスを使うとパルス間隔がランダムになるので，妨害装置は次パルスのタイミングを予測することができず，したがって，滞りなく増やすやり方でパルスを先取りして偽パルスを発生させることができない．

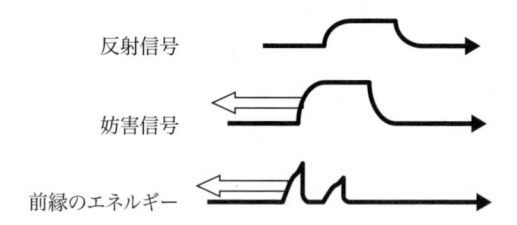

図 4.21　　距離ゲートプルイン妨害は，実反射信号パルスよりも前を進むパルスを発生させることによって，前縁追尾回路を引き付ける．

4.2.12　AGC 妨害

　第 3 章で，対象とするレーダの走査速度の前後で，幅の狭い強力な妨害パルスを発生させる自動利得制御（AGC）妨害について説明した．狭い妨害パルスは，レーダアンテナ走査による反射信号の振幅変動がわからなくなる程度までレーダの利得を低下させて，レーダの AGC を引き付ける（図 4.22 参照）．このようにすると，レーダはその角度追尾機能を果たすことができなくなる．この妨害パルスのデューティサイクルは低いので，この技法によって，最小の妨害エネルギーを使った効果的妨害が可能になる．この AGC 妨害技法に備える EP は，図 4.23 に示すようなディッケ・フィックス（Dicke fix）である．

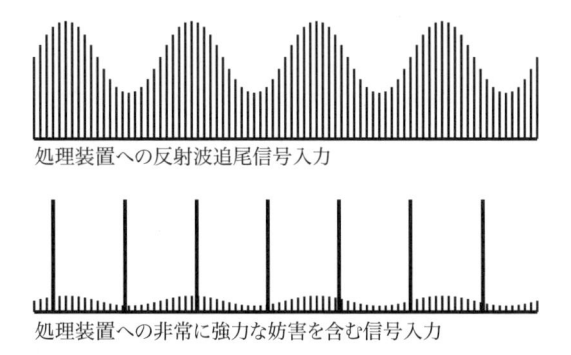

処理装置への反射波追尾信号入力

処理装置への非常に強力な妨害を含む信号入力

図 4.22　AGC 妨害では，レーダアンテナの走査速度とほぼ同じ速さで幅の
狭い強力なパルスを送信することにより，そのレーダの AGC を引き付け，
アンテナ走査で生じる振幅変動を使用できないレベルまで減少させる．

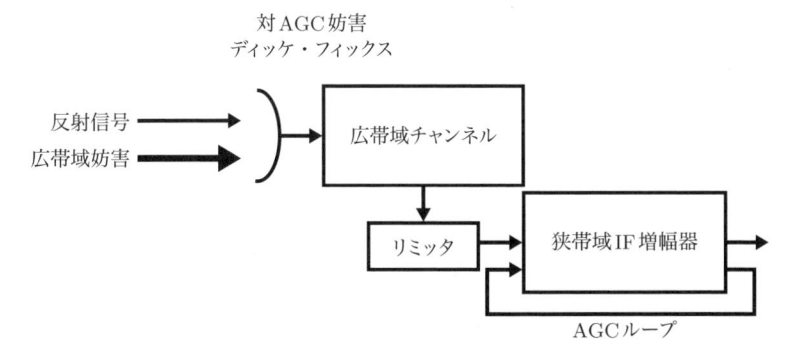

図 4.23　レーダのディッケ・フィックス機能は，AGC 機能を強力な広帯域
妨害から防護するため，狭帯域チャンネルへの入力に先立って，広帯域信
号を減らすために広帯域チャンネルの出力を振幅制限する．

　ディッケ・フィックスは，リミッタを持つ広帯域チャンネルと，そのあとに続
く，レーダパルスに整合した帯域幅を持つ狭帯域チャンネルを備えている．幅の
狭い妨害パルスは帯域幅が広いので，このパルスは広帯域チャンネルでクリップ
される．レーダに不可欠な AGC 機能は，狭帯域チャンネルで果たされるので，
あらかじめ振幅制限された狭パルスに捉えられることはない．

4.2.13　雑音妨害の質

　雑音妨害の有効性は，雑音の質に強く影響される．妨害雑音は，理想的には白色ガウス分布（white Gaussian）である必要がある．したがって，妨害装置の飽和した増幅器におけるクリッピング（clipping）による歪みは，対象となるレーダ受信機内の J/S を何 dB も減らすことができる．質の高い妨害雑音を作り出す極めて有効な一つの手段を図 4.24 に示す．CW 信号は，レーダ受信機の帯域幅よりはるかに広い帯域にわたって，ガウス信号により周波数変調される．レーダ受信帯域を妨害信号が通過するたびに，インパルス（impulse; 衝撃波）が作り出される．この一連のタイミングがランダムなインパルスは，レーダ受信機内で質の高い白色ガウス雑音をもたらす．

　インパルスは，もともと極めて広帯域である．したがって，ディッケ・フィックスの広帯域チャンネルにおける振幅制限は，狭帯域チャンネルの J/S を減らす．これが，雑音妨害技法に対抗する有効な EP の一つである．

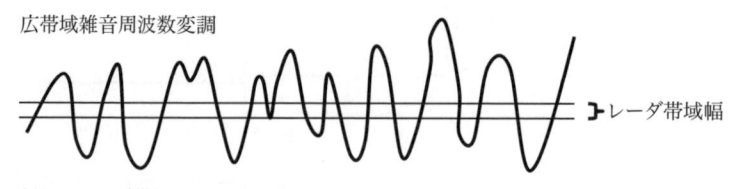

広帯域雑音周波数変調

レーダ帯域幅

信号がレーダ帯域を通過するたびに，インパルスが作り出される

図 4.24　広帯域雑音 FM 変調は，レーダ帯域幅を通過するたびにインパルスを作り出し，レーダ受信機内で理想的な雑音妨害を発生させる．ディッケ・フィックスは，この妨害の有効性を減少させる．

4.2.14　パルスドップラ・レーダの電子防護特性

　パルスドップラ・レーダ（pulse Doppler radar; PDR）には，次のような特有の電子防護（EP）特性がある．

- 反射信号が狭い周波数範囲にあることが予測されるので，非コヒーレント妨害との区別ができる．
- 妨害装置からのスプリアス出力がわかる．
- チャフによる周波数拡散がわかる．

- 分離目標がわかる.
- 距離変化率とドップラ偏移の相関をとることができる.

4.2.15 パルスドップラ・レーダの構成

パルスドップラ・レーダは，図4.25に示すように，各パルスが同一のRF信号のサンプルであるので，コヒーレントである．したがって，受信信号の電波到来時刻（time of arrival; TOA）とドップラ偏移の両方を測定することができる．電波到来時刻は，目標までの距離を決定することを可能にし，また，ドップラ偏移は，レーダと目標との相対的な視線速度（radial velocity; 動径速度）によってもたらされる．後述するように，パルスドップラ・レーダ処理によって克服しなければならない，いくつかの重要なアンビギュイティ（ambiguity; 曖昧性; 多義性）問題が存在する．

パルスドップラ・レーダ内の処理装置は，図4.26に示すような距離対速度のマトリクスを形成する．各距離セルは，送信パルスに対する受信パルスの相対的な電波到来時刻を示しており，さらに各セルは，1距離分解能の奥行きとなっている．時間分解能（あるいは距離セルの奥行き）は，パルス幅の半分である．これにより，パルスドップラ・レーダの距離分解能は次式で与えられる．

$$距離セルの奥行き = \left(\frac{パルス幅}{2}\right) \times 光速$$

これらの各距離セルは，各パルスの間の全期間で切れ目なく続いている．

速度セルは，チャネライズドフィルタバンク（bank of channelized filter），ある

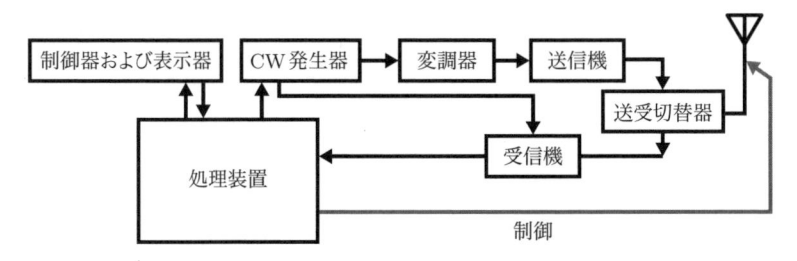

図4.25 パルスドップラ・レーダはコヒーレントであり，アンビギュイティに対応するために複雑な処理を用いている．

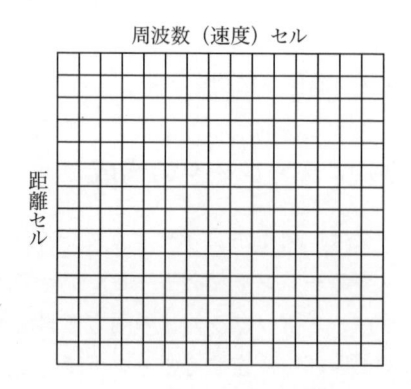

周波数（速度）セル

距離セル

図 4.26　パルスドップラ・レーダの処理は，距離対反射周波数のマトリクスを作り出すことができる.

いは高速フーリエ変換（fast Fourier transform; FFT）処理によるチャネライゼーション（channelization）によりデータ入力される. 速度（すなわち, ドップラ周波数）チャンネルの幅は, 各フィルタの帯域幅である. このフィルタの帯域幅の逆数は, レーダが信号を処理する時間幅であるコヒーレント処理期間（coherent processing interval; CPI）である. 捜索レーダにおいては, CPI はレーダアンテナが目標を照射しているのと同じくらいの時間であることに注意しよう. したがって, 周波数チャンネルは極めて狭くなる. 例えば, レーダビームが 20msec 間目標を照射するとすれば, 各フィルタの帯域幅は 50Hz 幅になるだろう.

　レーダで積分されるパルスの数は,（雑音レベルを上回る）レーダの処理利得を決定する. この処理利得は, 次式で計算される.

$$\text{処理利得〔dB〕} = 10\log(\text{CPI} \times \text{PRF})$$

$$\text{または}$$

$$= 10\log\left(\frac{\text{PRF}}{\text{フィルタの帯域幅}}\right)$$

4.2.16　分離した目標

　第 3 章で説明した RGPO 欺まん妨害の使用について考えよう. 図 4.27 に, 実反射パルスと, 妨害装置で発生させた偽パルスを示す. 通常のレーダは, 処理装置に（パルスドップラ・レーダの切れ目なく続く距離セルではなく）前ゲート

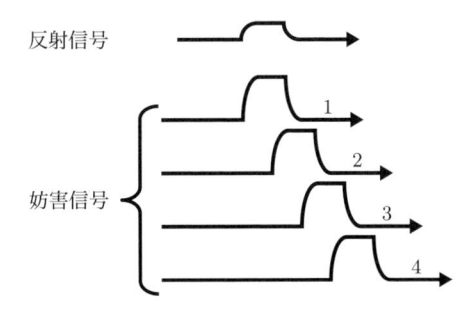

図 4.27 距離ゲートプルオフ（RGPO）は，順次遅らせた反射パルスからなり，このパルスがレーダの後ゲートに詰め込まれる．

と後ゲートを持つ．妨害パルスは正の J/S を持つので，レーダの距離追尾を引き付ける．妨害装置は，後続の妨害パルスをそれぞれ遅延させることによりエネルギーを後ゲートに詰め込み，レーダに目標が遠ざかっていると思わせる．一方，パルスドップラ・レーダは，両方の反射パルス（すなわち，分離した各目標）を検知できる．図 4.28 に示すように，各パルスは距離対周波数（速度）マトリクスにセットされる．

実目標反射信号は，距離値の増加に伴って一連の距離セルを移動していく．こ

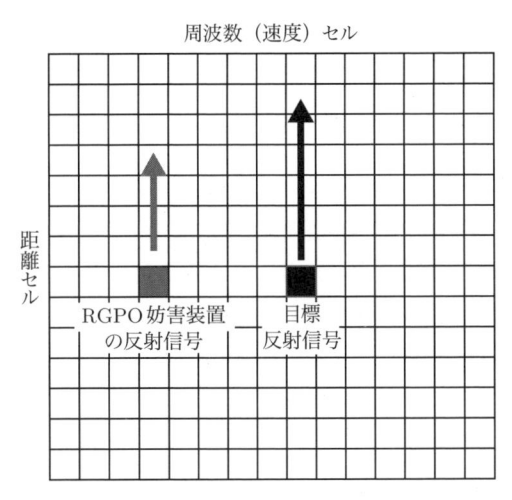

図 4.28 RGPO 妨害装置で作り出されたパルスは，それらの距離変化率と整合するドップラ偏移を持たない．

の次第に増加する距離は視線速度を表している．目標反射パルスは，実目標の距離変化率によって引き起こされるドップラ偏移に相当する速度セルの中へ入る．しかしながら，妨害装置は反射信号を遅延させ続けているので，妨害パルスの見掛けの距離は伸び続ける．妨害パルスが入るドップラ周波数セルは，妨害装置の実際の視線速度によって決まる．したがって，各妨害パルスは，距離セルに表示される距離の変化から計算される距離変化率に相当しない速度セルの中に入ることになる．これによって，パルスドップラ・レーダは，実際のドップラ周波数に対応する距離の変化率に対してパルスを選択できるようになる．したがって，このレーダはRGPO妨害を無効化し，目標を追尾し続けることができる．

上の説明は簡素化されたものである．ダイナミックな交戦では，目標距離はたぶん変化し続けるが，値が入った距離セルの時間履歴は，反射信号が入ったドップラフィルタによって表示される速度値と一致する視線速度を示すことを理解しよう．妨害信号に関しては，距離変化率の計算値と表示値は異なることになる．

これによってパルスドップラ・レーダがRGPI妨害の判別もできることに注意しよう．

パルスドップラ・レーダのこの長所に打ち勝つには，第3章で説明したように，妨害装置は速度ゲートプルオフ（VGPO）も利用することが必要である．パルスドップラ・レーダを欺くためには，周波数オフセットを距離ゲートプルオフ速度と調和させる必要がある．

4.2.17　コヒーレント妨害

図4.29に示すように，目標からのコヒーレントな反射信号は，単一のドップラセルの中に収まる．広帯域妨害信号（例えば，バラージや非コヒーレントスポット雑音）は，多数の周波数セルを占有することになるので，このレーダは，コヒーレントな目標反射信号を判別することができる．このことは，妨害装置がパルスドップラ・レーダを欺こうとするのであれば，コヒーレントな妨害信号を発生させる必要があることを意味している．

チャフ雲によってもたらされるシンチレーション（scintillation）もまた，レーダ信号を拡散させることがあることに注意しよう．パルスドップラ・レーダはこの周波数拡散を検知でき，したがって，チャフの反射信号を見分けることができる．

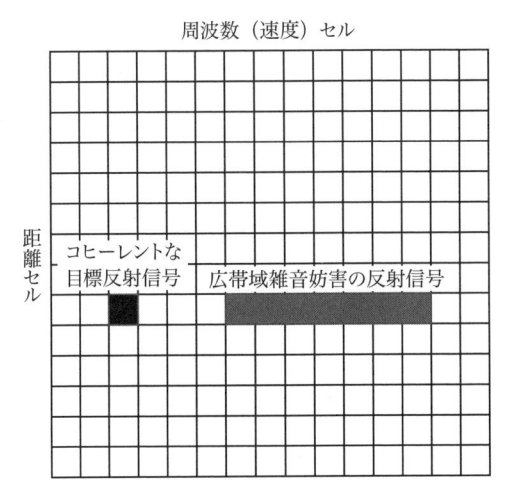

図 4.29　広帯域妨害は多数の周波数セルを占有するのに対し，コヒーレントパルスドップラ・レーダは，目標反射信号を単一の周波数セル内に見出す．

4.2.18　パルスドップラ・レーダのアンビギュイティ

レーダのアンビギュイティのない最大距離とは，送信されたパルスが，その次のパルスが送信されるより前に光速で往復できる距離のことである（図 4.30 参照）．

$$R_U = \left(\frac{\text{PRI}}{2}\right) \times c$$

ここで，R_U はアンビギュイティのないレーダ距離〔m〕，PRI はパルス繰り返し間隔〔sec〕，c は光速（3×10^8m/sec）である．

例えば PRI が 100μsec であれば，その一義的な距離は 15km となる．パルス繰り返し周波数（PRF）が高くなるほど PRI は短くなり，したがって，距離アンビギュイティのない距離は短くなる．PRF が極めて高いと，多くの距離アンビギュイティが存在することになるだろう．

反射信号のドップラ偏移周波数は，パルスドップラ・レーダの処理装置のドップラフィルタの中に収まる．

最大ドップラ周波数偏移は，

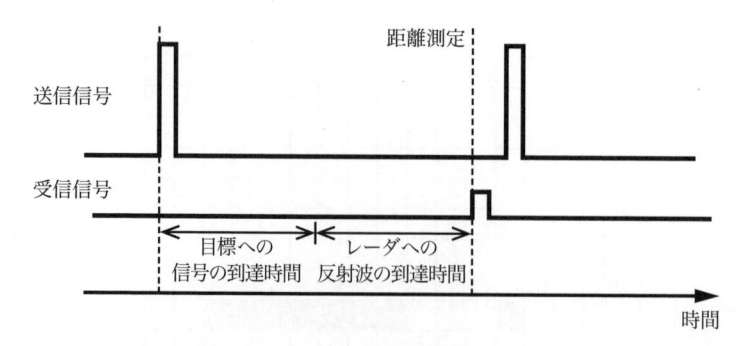

図 4.30　アンビギュイティのない最大距離とは，レーダパルスが，他のパルスが送信される前に光速で目標とレーダの間を往復できる距離のことである．

$$\Delta F = \left(\frac{v_R}{c}\right) \times 2F$$

で与えられる．ここで，ΔF はドップラ偏移〔kHz〕，v_R は距離変化率〔m/sec〕，および F はレーダの動作周波数〔kHz〕である．

　例えば，10GHz のレーダが最大距離変化率 500m/sec（マッハ 1.5 強）での交戦に対応できるよう作られているとすれば，ΔF は，

$$\Delta F = \frac{500\text{m/sec}}{3 \times 10^8\text{m/sec}} \times 2 \times 10^7\text{kHz} = 33.3 \,〔\text{kHz}〕$$

となる．

　パルス信号のスペクトルは，図 4.31 に示すように，PRF に等しい周波数間隔のスペクトル線を持つ．PRF が低い場合，例えば 1,000pps であれば，各スペクトル線はわずか 1kHz しか離れていない．PRF が高い場合，例えば 300kpps であれば，各スペクトル線は 300kHz 離れている．これらの線はそれぞれドップラ偏移もしており，それらが意図した交戦における最大ドップラ周波数偏移に満たないと，処理マトリクス内で周波数応答（すなわち，周波数アンビギュイティ）が生じる．PRF が低くなるほど，周波数アンビギュイティは大きくなる．1,000pps の PRF は，33.3kHz 未満の多くの曖昧な応答を持つのに対し，300kpps の PRF では，処理マトリクスの周波数範囲内でアンビギュイティがまったくない．

　図 4.32 に示すように，PRI が処理マトリクスの最大目標距離の往復時間に満

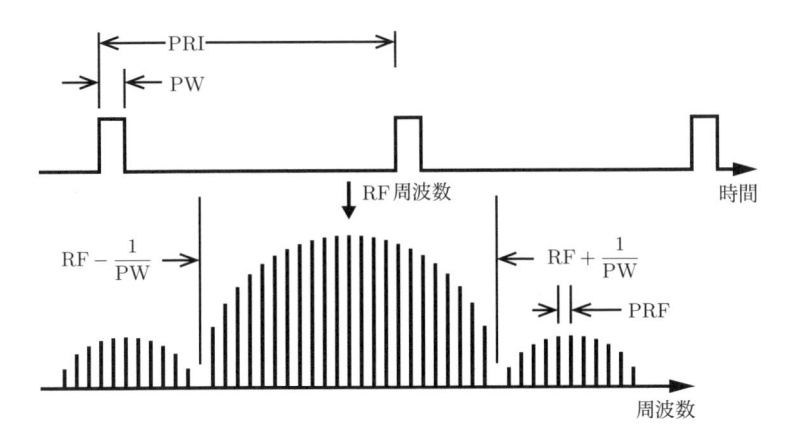

図 4.31 パルス信号は，周波数領域では PRF に等しい周波数間隔のスペクトル線を持つ.

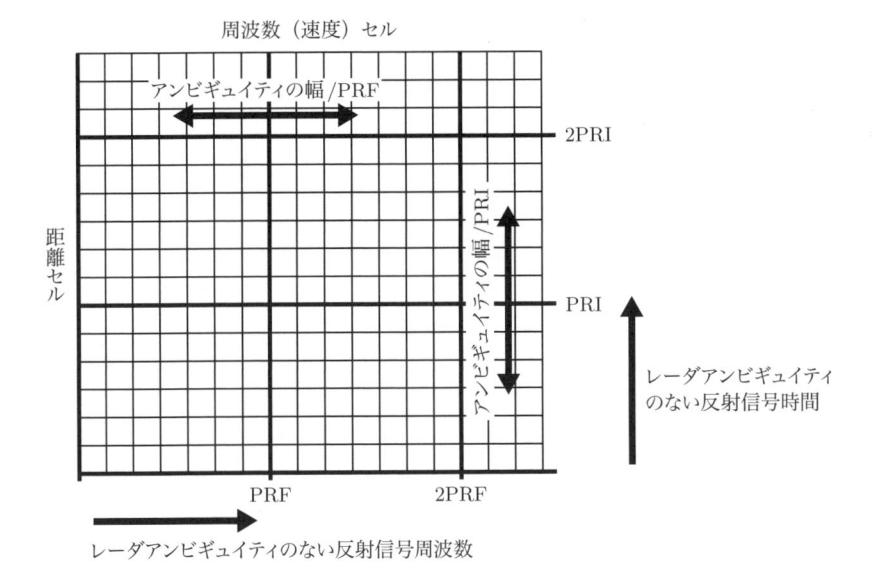

図 4.32 パルスドップラ・レーダは，パルス繰り返し間隔に応じて距離に，また，パルス繰り返し速度に応じて周波数にアンビギュイティが生じることがある.

たない場合には，距離が曖昧となり，また，PRFがこのマトリクスの最大ドップラ偏移（すなわち，ドップラフィルタの最高周波数）に満たない場合には，周波数が曖昧になる．

4.2.19　低・中・高PRFのパルスドップラ・レーダ

パルスドップラ・レーダには，PRFによって区分される3種類がある．これらを図4.33で説明している．

低PRFレーダはPRIが大きいので，かなりの目標距離まで距離のアンビギュイティがない．したがって，目標捕捉に大いに役立つ．しかしながら，その低PRFがドップラ周波数の決定に大きなアンビギュイティをもたらす．このことは，目標の視線速度の決定が曖昧になることを意味しており，そのレーダは距離変化率/速度相関測定に役立つ能力が制約され，RGPO妨害やRGPI妨害に対して脆弱になる．

高PRFレーダは，極めて高い距離変化率までドップラ周波数のアンビギュイティがなく，目標に対する高速対面交戦（head-on engagement）用途に最適である．大きいドップラ周波数は，目標反射信号が地上からのレーダ反射波や内部雑音干渉から遠く隔たるので，非常に望ましい．しかしながら，この高PRFは低PRIをもたらすので，高PRFパルスドップラ・レーダは距離が極めて曖昧になる．このレーダは速度専用モードで使用することができ，また，図4.34に示すように，信号に周波数変調をかけることにより距離を測定することもできる．等速

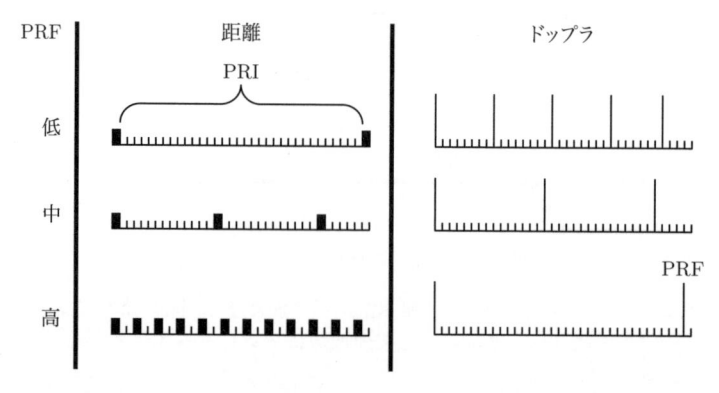

図4.33　低・中・高PRFドップラ・レーダの距離と周波数セル

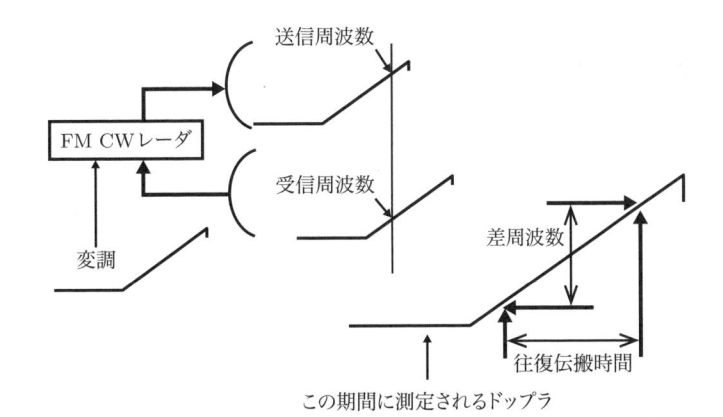

図 4.34 レーダ信号に図のような周波数変調がかけられると，送信信号と受信信号の差は，直線期間中のドップラ偏移によるものと，傾斜期間中の（距離に比例した）伝搬遅延によるものになる．

度追尾（空自）（tail chase; 追しょう運動（海自））交戦では，低い距離変化率が特徴であるので，ドップラ周波数偏移は対面交戦の場合よりもはるかに小さいことに注意しよう．このことが高 PRF のパルスドップラ・レーダを不利にする．

中 PRF レーダは，距離と速度の両方が曖昧である．このレーダは，等速度追尾交戦を強化するために開発された．中 PRF のパルスドップラ・レーダは数個の PRF を使用しており，それぞれが距離対速度マトリクス内にアンビギュイティ帯を作り出す．一部の PRF については，処理によって追尾中の目標の距離と速度においてアンビギュイティがないと決定することができる．

4.2.20 妨害検知

パルスドップラ・レーダは妨害を検知できるので，4.2.23 項で説明するように，妨害電波源追尾（HOJ）機能を持つどのミサイルシステムも，妨害電波源追尾の運用モードを選択できる．

4.2.21 周波数ダイバーシティ

図 4.35 に示すように，レーダは多数の運用周波数を持ちうる．ここで留意すべきなのは，レーダは効率の良いアンテナと良好に動作する電力増幅器を必要と

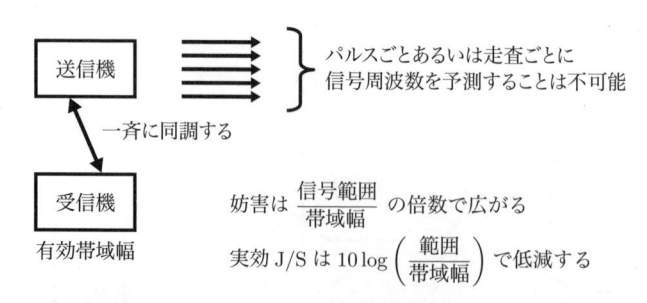

図 4.35　周波数ダイバーシティでは，妨害装置が多数の周波数，あるいは一つのさらに広い周波数範囲をカバーする必要がある．

するので，使用を期待できる周波数範囲は 10% 未満になることである．パラボラアンテナは，10% 未満の周波数範囲で動作する場合は 55% の効率を持ちうるが，広い周波数範囲のアンテナほど効率は低くなる．例えば，2～18GHz の EW アンテナの効率は約 30% に低くなるはずである．

　周波数ダイバーシティ（frequency diversity）の最も簡単な例は，選択された周波数でレーダが長時間動作している場合に選択可能な一組の周波数である．妨害装置に付随する受信機が動作周波数を測定できさえすれば，妨害装置は使用中の周波数に設定することができ，その信号に対して自身の妨害帯域幅を最適にすることができる．これは，狭帯域雑音を使ったスポット妨害のほか，欺まん妨害技法にも当てはまる．

　周波数ダイバーシティのさらに魅力的な活用は，レーダアンテナの走査ごとに一つの周波数を割り当てることである．例えば，レーダアンテナが（数個のそれぞれの仰角において方位方向に 1 回円形走査する）ヘリカルスキャン（helical scan; ヘリカル走査）方式である場合，レーダは円形走査するたびに周波数を変更する可能性がある．このことは，レーダにとって，そのコヒーレント処理の間は単一周波数であるという強みとなる．妨害装置にデジタル RF メモリ（DRFM）がある場合，最初に会ったパルスの周波数（および，他のパラメータ）を測定でき，また，妨害装置を搭載している目標をレーダビームがカバーしている期間中に，後続のすべてのパルスの正確な複製を作ることができる（DRFM の詳細は，第 8 章で取り上げる）．

　周波数ダイバーシティの最も魅力的な事例は，パルスごとの周波数ホッピン

グである．この場合，各パルスは，擬似ランダムに選択された周波数で送信される．妨害装置は，今後の各パルスの周波数を予測することができないので，最も有利にレーダを妨害することは不可能である．この種のレーダは，妨害を検知した各周波数を避けるはずなので，少数の周波数を妨害するだけでは妨害性能が改善される可能性は低い．少数の周波数だけの場合，妨害装置を各周波数に設定することが実用的である場合もあるが，より一般的には，周波数ホッピング範囲全体を妨害する必要がある．例えば，レーダが約 6GHz において 10% の周波数範囲で稼働していて，受信帯域幅が 3MHz である場合は，以下のことが言える．

- 妨害装置は 600MHz の周波数範囲をカバーしなければならない．
- レーダは自身の帯域幅内では妨害信号の 3MHz しか検知しない．
- したがって，その妨害有効性はわずか 0.05% である．
- これによって，実効 J/S は（整合した妨害に比べて）23dB 低下する．

4.2.22　PRF ジッタ

レーダが，図 4.36 に示すような，擬似ランダムに選択されたパルス繰り返し間隔を持っている場合，各レーダパルスの到来時刻を予測することは不可能である．したがって，RGPI 妨害は使用できない．レーダに距離情報を与えないためにカバーパルスを使用する場合，そのカバーパルスは，見込まれる各パルス位置をすべてカバーするまで広げられる必要がある．このため，妨害装置のカバーパルスストリームは，さらに長いデューティサイクルを持つ必要がある．その結

図 4.36　ランダム PRI には，妨害装置が各パルス時刻の全変動域をカバーする必要がある．

果，妨害効率は低下する．

　レーダ信号は，目標に向かう際と目標から戻る際，それぞれ距離の 2 乗で電力を損失し，一方，妨害信号は目標位置からレーダまで伝搬するだけであるので，自己防御用妨害における妨害対雑音比は距離の 2 乗の関数となる．図 4.37 に示すように，（妨害装置を搭載している）目標がレーダに接近するにつれて，レーダ受信機内の妨害信号は，減少していく距離の 2 乗で増加するのに対し，反射信号は減少していく距離の 4 乗で増加する．レーダが目標を再捕捉するのに足りるまで J/S が低下する両者間の距離は，バーンスルーレンジと呼ばれる．同図は，妨害信号と反射信号が等しくなるときにこの距離が生じることを示していることに注意しよう．このことは少し誤解を招くおそれがある．というのは，目標を防護する最小の J/S は，使用する妨害技法やレーダの設計によって決まるからである．

　第 3 章で取り上げたスタンドオフ妨害の事例を思い出そう．その違いは，目標がレーダに接近してくる際に，妨害装置は移動しないことを前提にしていることである．スタンドオフ妨害装置（静止していることを前提）が，もはや防護することができなくなる目標までの距離がバーンスルーレンジである．

　レーダが目標を捕捉できる距離を定義するレーダ方程式は，文献 [1] で与えられている．この方程式はいろいろな形式で用いられているが，そのすべてが，

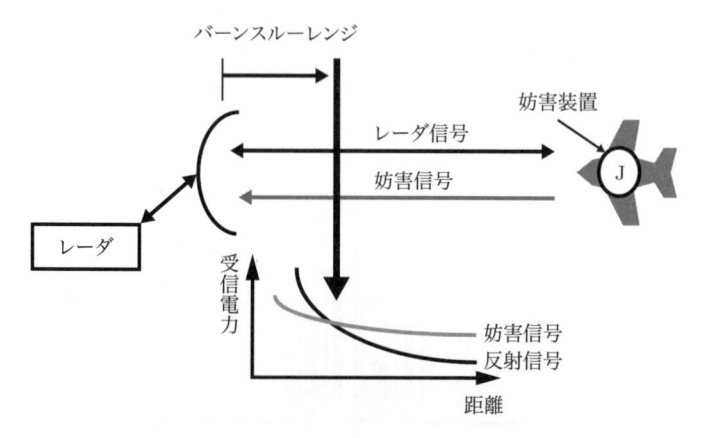

図 4.37　レーダのバーンスルーレンジとは，妨害存在下で目標を再捕捉できる距離のことである．

レーダが目標を照射する時間に関する時間項を分子に持っている．これは，レーダ距離が，受信した反射信号のエネルギーに依存しているからである．信号エネルギー対雑音エネルギーは，探知されるのに必要なレベル（一般に 13dB とされる）に達していなければならない．

図 4.38 に，被妨害レーダに到着した反射信号と妨害信号を示す．図は，レーダは，妨害装置が妨害電力を送っている間ずっとエネルギーを捜索していることを示している．レーダは，その実効放射電力を増大するか，あるいはそのパルス列のデューティサイクルを増大することによって，捕捉距離を増大することができる．多くのレーダは，質の良い反射信号対雑音比を実現するのに足りる放射電力しか出力しないという，発射管制（emission control; EMCON; 電波管制; 輻射管制）を行っている．妨害を検知すると，レーダはその出力電力を最大レベルまで増加させることができる．J/S は，妨害装置の実効放射電力とレーダの実効放射電力との比であるので，レーダ電力のどのような増加も J/S を減少させ，ひいてはレーダが妨害を克服できる距離を増大させる．

レーダの目標捕捉距離は，その目標を照射している時間に正比例するので，レーダのデューティサイクルのどのような増加も捕捉距離を増大させ，したがって，レーダはより遠距離で目標を捕捉（または再捕捉）できるようになる．

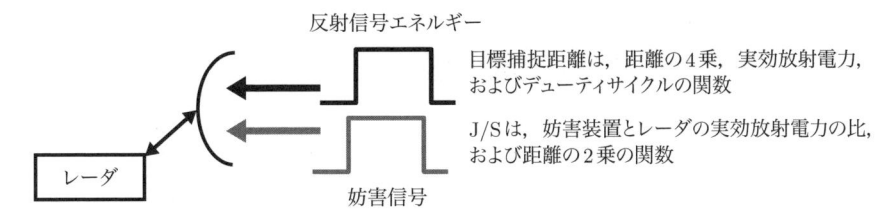

図 4.38　バーンスルーモードは，送信電力か，信号のデューティサイクルを増加させることにより，バーンスルーレンジを拡大する．

4.2.23　妨害電波源追尾

多くの近代的なミサイルシステムは，妨害電波源追尾（HOJ）モード，別名妨害電波追尾（track-on-jam）モードを持っている．図 4.39 に示すように，このモードでは，ミサイルは妨害信号を受信して，その電波到来方向（DOA）を決定できなければならない．そのレーダは妨害を検知した時点で HOJ モードに移行でき，

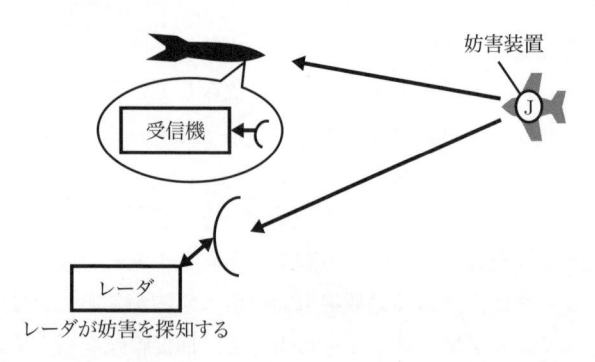

図 4.39　HOJ モードでは，ミサイルが妨害エネルギー源を追尾できるため
のパッシブ誘導能力が必要である.

それにより，ミサイルを妨害装置に向かって自身で舵を切らせる. この機能は，
終末防護のために自己防御用妨害を用いることを極めて危険なものにする. この
モードはスタンドオフ妨害装置に対しても使えるので，ミサイルにスタンドオフ
妨害位置に到達するに足る射距離があれば，この高価値/少数保有アセットを脅
かすことができる. ミサイルを高く打ち上げることにより，HOJ モードではさ
らにミサイルの飛翔距離を延伸できるようになる可能性があることを強調してお
こう.

4.3　　地対空ミサイルの能力向上

　図 4.40 に，ソビエトの防空システムの能力向上の系譜を示す. この図は，ロシ
アの武器にのみ着目したものであるが，その一部の技術は中国に輸出され，ロシ
アがルーツであるものとはいくつかの点で異なる並行開発につながっている. 図
に示す武器の分類ごとに，各世代は，旧来のシステムが経験から得た対抗手段，
あるいは運用試験での欠点を克服するように作られてきている.
　公開文献に記載されているレーダの周波数範囲は，通常，NATO (North Atlantic
Treaty Organization; 北大西洋条約機構) のレーダ周波数帯の単位で，表 4.2 に
従って与えられる. 一方，それらは表 4.3 に示す IEEE (Institute of Electrical and
Electronics Engineers; (米国) 電気電子技術者協会) 標準レーダ周波数帯の単位
で与えられることもある.

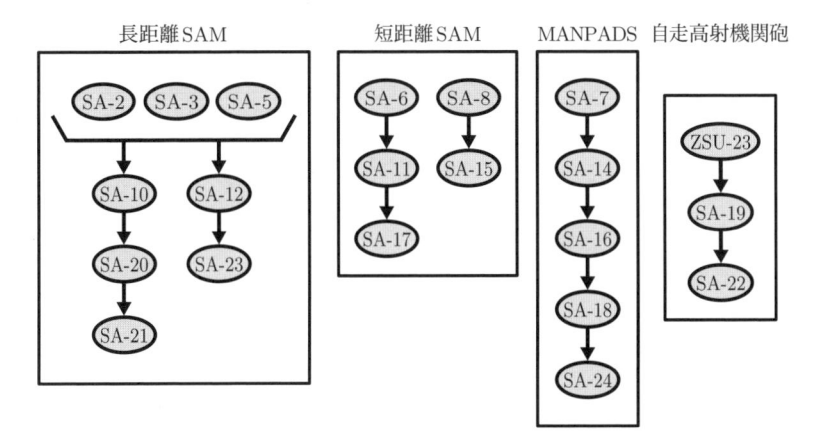

図 4.40　脅威武器システムには多くの能力向上が施されており，そのプロセスは続いている．

表 4.2　NATO レーダ周波数帯

周波数帯	周波数範囲
A	0〜250MHz
B	250〜500MHz
C	500〜1,000MHz
D	1〜2GHz
E	2〜3GHz
F	3〜4GHz
G	4〜6GHz
H	6〜8GHz
I	8〜10GHz
J	10〜20GHz
K	20〜40GHz
L	40〜60GHz
M	60〜100GHz

表 4.3　IEEE 標準レーダ周波数帯

周波数帯	周波数範囲
HF	3〜30MHz
VHF	30〜300MHz
UHF	300〜1,000MHz
L	1〜2GHz
S	2〜4GHz
C	4〜8GHz
X	8〜12GHz
Ku	12〜18GHz
K	18〜27GHz
Ka	27〜40GHz
V	40〜75GHz
W	75〜110GHz
mm	110〜300GHz

　この図の最大の範囲は，対抗手段の存在下で運用されたソビエトの初期のミサイルシステムの欠陥を克服するために開発された，S-300 ミサイルシステムに関連するものである．この一連の SAM システムは，初期の SA-2，SA-3，SA-4，および SA-5 システムから生じていることがわかる．S-300 システムファミリーの設計は，確かに初期のシステムの特徴を生かしてはいるが，新たなシステムでは，初期のシステムの脆弱性を避けるための性能が著しく改善されている．

　初期の SA-6 と SA-8 から発展した，より短距離のミサイルシステムファミリーも二つ存在する．このシステムファミリーの後継システムは，個別の対抗手段の弱点を克服するため，S-300 システムファミリーの特徴の多くを持っている．

　MANPADS（Man Portable Air Defense System; 携行型地対空ミサイルシステム）武器ファミリーは，SA-7 の能力向上シリーズである．これらは赤外線誘導の熱線追尾ミサイルである．

　本節ではこれらのシステムの技術的側面だけを扱い，個々の運搬手段や，これらが運用される部隊編成に関する説明は含まれていない．また，ミサイル，レーダ，ビークルの写真も除外している．これらはすべて（秘区分なしのレベルで）オンライン記事で十分に説明されている．多くの適切な参考資料がウィキ

ペディア（Wikipedia）にあり，また，Air Power Australia ウェブサイト（www.ausairpower.net）には，多くの写真を含む上質の記事がある．

ここでは，これらの各システム，ミサイル，レーダは，それらの NATO 記号を使用して説明する．上記のオンライン参考記事では，すべての NATO 記号が対応するロシア語表記に関連付けられている．

これらすべての SAM システムと，それらに付随したサブシステムは，隠れる（隠蔽）能力，撃つ（射撃）能力，移動する（運動）能力の原理を貫いて開発されている．その目的は，ミサイルを発射するまではシステムを極力探知されないようにすることと，発射後，発射位置から可能な限り速やかに離れて，そこを標的としたミサイルによる重要装備品の破壊を回避することである．

公開文献では，現代のミサイルの多くの特徴について概略図が提供されている．一般に，より最近の能力向上のものほど，個別の機能についての詳細は手に入りにくい．それでも，もたらされる情報を収集することは有益である．4.6 節で，以下に記載する特徴や能力向上と EW における意義について説明する．

4.3.1 S-300 シリーズ

S-300 ファミリーは，複数の SAM システムを含む．それらには，ミサイル梱包容器からの垂直コールドランチ（cold launch; ガス圧発射）方式で，組み立て時間 5min，および，ミサイル発射間隔 3〜5sec という共通の特徴がある．図 4.41 は，他の新世代のミサイルにも使われている垂直コールドランチ方式を示している．このミサイルは，その梱包容器，あるいは密閉型発射機からガス圧で射出され，その後，ミサイルはデータリンクで傍受され，目標に向けて転回する．次に，ミサイル燃料に点火する．このミサイルファミリーの構成装備は，かなりの電子防護（EP）特性も有している．

4.3.2 SA-10 とその能力向上

固定型と移動型の地上発射式 SA-10 システムは，グランブル（Grumble）ミサイルおよびフラップリッド（FLAP LID）射撃統制システムを使用している．このミサイルは，マッハ 4 の目標を攻撃できると言われている．初期の SA-10 に使われたティンシールド（TIN SHIELD）およびクラムシェル（CLAM SHELL）

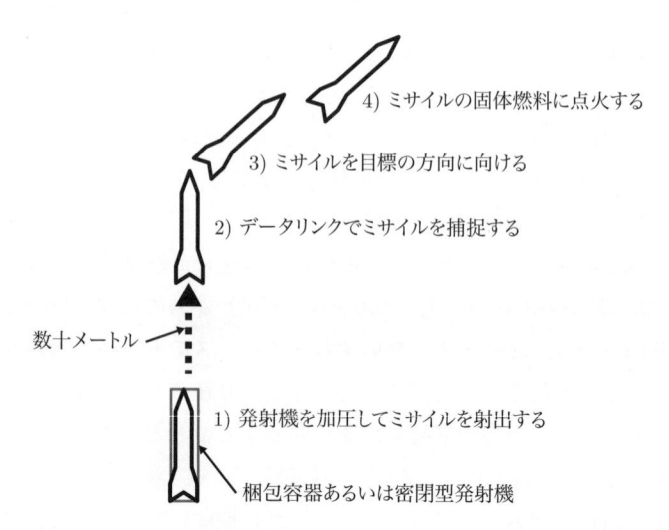

図 4.41　コールドランチ方式のシーケンスでは，ミサイルは低温ガスにより梱包容器あるいは密閉型発射機から射出される．その後，ミサイルはデータリンクで捕捉され，目標へ向きを変える．次にミサイル燃料に点火される．

という二つの系列の捕捉レーダがある．より最近のバージョンは，ビッグバード（BIG BIRD）捕捉レーダがもとになっている．

　SA-10 の初期の有効射程は，公開文献に 75km と記載されている．数次のシステム改善の後には，有効射程は 150km とされている．SA-10 は，トラック搭載の起倒型発射機/レーダ搭載 SAM 搬送車両（transporter erector launcher and radar; TELAR）から発射される．このミサイルは，ガス圧利用の円筒型梱包容器からコールドランチ方式で垂直発射される．ミサイルは，発射後，高度数 m で向きを変えて目標へ向かう．その後，固体燃料のミサイルエンジンに点火される．この方法が，SA-10 に，隠れる（隠蔽），撃つ（射撃），かつ移動する（運動）という理念を貫いた，極めて速い再装填シーケンスと大いに簡素化した作戦ロジスティクス（operational logistics）を提供している．このシステムの追尾レーダは，かなりの EP 能力が組み込まれたアクティブ電子走査アレイ（AESA）レーダのフラップリッドである．公開文献では，このレーダのアンテナサイドローブが非常に小さいという以外，その具体的な EP 能力の大部分は掲載されていない．

4.3.2.1 SA-N-6

SA-10 の艦艇搭載型は，SA-N-6 と呼ばれている．公開文献には，その有効射程が 90km と記載されている．このシステムは回転式ランチャからグランブルミサイルを発射する．追尾は，トップセイル（TOP SAIL），トップペア（TOP PAIR），あるいはトップドーム（TOP DOME）レーダで行う．このシステムは指令誘導を用いているが，図 4.42 に示すように，終末の誘導には，セミアクティブレーダホーミング（semi-active radar homing; SARH）モードもある．

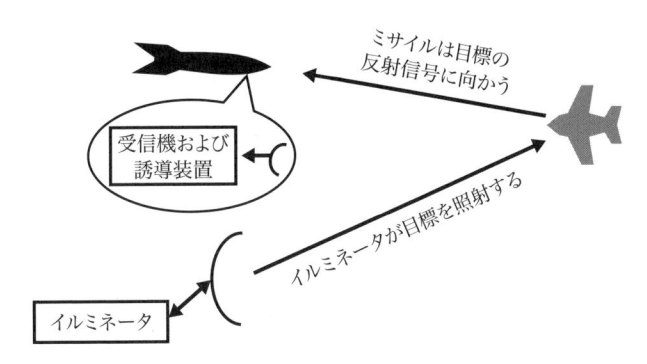

図 4.42 セミアクティブ終末誘導方式は，遠距離からの正確な目標指向能力を高めた．

4.3.2.2 SA-N-20

これは，最高速度マッハ 8.5 までの目標と交戦可能なマッハ 6 のミサイルとされている．このシステムは，トゥームストーン（TOMB STONE）追尾レーダを使用している．また，図 4.43 に示すようなミサイル経由追尾誘導 (track-via-missile; TVM) 機能を有するとも言われている．

4.3.2.3 SA-20

SA-10 は，新型のガーゴイル（Gargoyle）ミサイルと，トゥームストーン追尾レーダで能力向上がなされてきた．これは，短距離，および中距離戦術ミサイルのほかに，航空機にも対抗できる能力があるとされている．この能力向上型が NATO 名で SA-20 である．その射程は 195km とされる．ガーゴイルミサイルは，初期のミサイルの空力垂直安定板ではなく，ガスダイナミック操舵装置を有するとされており，これがより高い運動性をミサイルに与えている．

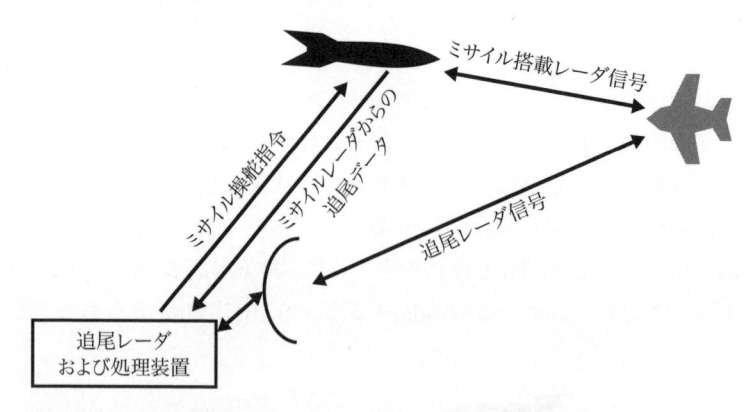

図 4.43　TVM 誘導が用いられる場合，ミサイル搭載の補助レーダは目標を追尾するとともに，総合的な追尾精度を向上させるため，追尾情報を主追尾レーダに送る．

4.3.2.4　SA-21

　このシステムは，グレーブストーン（GRAVE STONE）追尾レーダとトライアンフ（TRIUMP）ミサイルを使用する SA-21 へと，さらなる改良がなされている．ミサイルの射程は，一つが 240km，もう一つが 396km，さらに三つ目が 442km とされている．このミサイルは，より遠距離でスタンドオフ妨害機や戦闘航空交通管制機を無力化することを目的とするものである．このシステムは，目標を直撃できるように，極めて高速での運動を可能にする制御機能を備えた射程 74km のより小型のミサイルも備えている．

4.3.3　SA-12 とその能力向上

　SA-12 SAM システムには，空力応用目標に対するグラディエータ（GLADIA-TOR）と，弾道ミサイルに対するジャイアント（GIANT）という 2 種類のミサイルがある．グラディエータはグリルパン（GRLL PAN）レーダを使用しており，射程は 75km である．また，ジャイアントはハイスクリーン（HIGH SCREEN）レーダを使用しており，最大高度が 32km で，射程は 100km である．

　グリルパンレーダは，自律的捜索能力を有しているとされる．

　SA-12 は，優れた路外機動性を発揮する装軌式の発射および支援車両を使用している．

SA-12 は，有効射程 200km で高度のレーダデータ処理能力を有する SA-23 へ改善されている．また，これには図 4.44 に示すような，慣性誘導（inertial guidance），指令誘導，およびセミアクティブホーミングの各誘導方式がある．このシステムは，自身の TELAR に搭載したセミアクティブレーダホーミング（SARH）レーダを，イルミネータとして使用している．

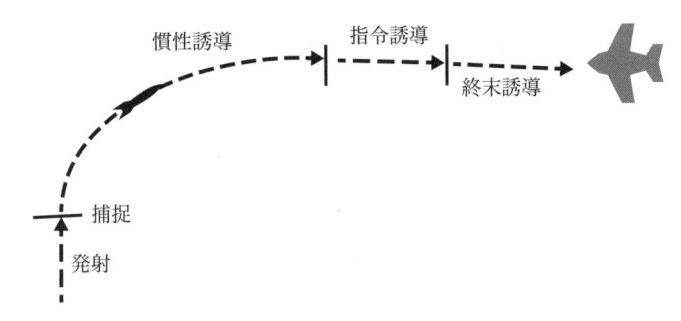

図 4.44　多くの最新のミサイルは，ミサイルの捕捉時から慣性誘導を使用し，次に，ミサイルが目標に近づいた時点で指令誘導に格上げし，その後，終末段階に向けて，セミアクティブホーミング，パッシブホーミング，あるいは，TVM 誘導を用いる．

4.3.4　SA-6 の能力向上

SA-6 は，ファイアドーム（FIRE DOME）レーダを使用する短距離ミサイル（short-range missile）システムである．20〜30km のさまざまな射程を持つとされ，マッハ 2.8 の目標を攻撃することができる．

このシステムは，ゲインフル（Gainful）ミサイルとストレートフラッシュ（STRAIGHT FLUSH）AESA 追尾レーダを使用する SA-11 へ改善されている．射程は 35km とされている．

2 度目の能力向上は，射程 50km を有するとされる SA-17 システムへの改善である．

4.3.5　SA-8の能力向上

SA-8は，水陸両用（amphibious; AMPH）装輪車搭載の低高度，短距離のシステムである．当初は射程9kmであったが，その後の改善で15kmに伸長されている．J帯（J-band; Jバンド）の周波数アジャイル（frequency agile）モノパルス追尾レーダと，C帯（C-band; Cバンド）の捕捉レーダを使用している．また，電子光学（electro-optical; EO）追尾装置も備えている．

このシステムは，新型のレーダとミサイルでSA-15へ能力向上されている．これはゴーントレット（Gauntlet）ミサイルを使用しており，その射程は12kmである．このシステムの特徴は，監視，指揮統制，ミサイル発射，誘導のすべての機能を同一車両に搭載した自律型システムであることにある．さらに，このシステムには，IFF機能とG/H帯のフェーズドアレイパルスドップラ追尾レーダがある．

4.3.6　MANPADSの能力向上

携行型地対空ミサイルシステム（MANPADS）とは，光学照準式の熱線追尾ミサイルシステムのことである．これらの肩撃式（shoulder-fired）ミサイルシステムは，公開文献に次のように記載されている．このシリーズの初代のミサイルは，非冷却式の硫化鉛（lead sulfide; PbS）センサで誘導されるSA-7 ストレラ（STRELLA）であった．これは，後方からしか航空機を攻撃できなかった．射程は3,700m，最大目標高度は1,500mであった．

このシステムのその後の能力向上は，次のとおりである．

- SA-14 グレムリン（GREMLIN）：どの角度からも攻撃可能な，より良好な冷却式シーカを備えていた．最大高度は2,300mであった．
- SA-16 ギムレット（Gimlet）：フレアに対抗するため，全方位センサでSA-14を改善したもの．射程は5kmで，最大高度は3,500mである．
- SA-18 グルース（GROUSE）：射程5.2km，高度3,500mのどの方向からも攻撃可能な冷却式アンチモン化インジウム（indium antimonide）センサを備えている．2チャンネル追尾装置など，対フレア防護が著しく改善されている．
- SA-24 グリンチ（GRINCH）：標準的な暗視装置（night vision）を備え，その射程は6kmである．

4.4 SAM 捕捉レーダの能力向上

ベトナム戦争年代の SAM システムの追尾レーダは，捕捉レーダに大きく依存していた．一般に周波数範囲が VHF 帯や UHF 帯の捕捉レーダは，目標を捕捉して，それを追尾レーダに引き継ぐことになる．開発には二つの方向がある．一つは，一部の追尾レーダに捕捉モードが組み込まれていることである．もう一つは，捕捉レーダがさらに高い周波数で動作していることである．例えば，ティンシールドやビッグバードは S 帯（S-band; S バンド）で，また，ハイスクリーンは X 帯（X-band; X バンド）で動作している．

概して，動作周波数が高いほど，大きな角度分解能のために必要なアンテナビーム幅の減少が可能であり，波長が短いほど，レーダ断面積（RCS）が極めて小さい目標を扱うのに便利である．ステルス航空機（stealth aircraft），ミサイル，無人航空機（UAV）を捕捉するには，低 RCS の目標を捕捉する能力が極めて重要となる．パルス圧縮のレベルが高くなるのに伴い，近代的な捕捉レーダでは，目標の位置精度や分解能を高めてきている．

捕捉レーダは，それに関連した追尾レーダよりも，探知距離は相当長く，そのことは相変わらず変わっていない．しかしながら，これらのレーダには，スタンドオフ妨害機による妨害を困難にする，重要な電子防護特性が組み込まれつつある．

敵味方識別（IFF）装置は，次第に捕捉レーダに組み込まれるようになり，潜在目標の早期識別が可能になってきている．

4.5 AAA の能力向上

自走高射機関砲ファミリーは，ZSU-23-4 シルカ（SHILKA）に始まった．これは，装軌車（tracked vehicle）搭載の 4 連装 23mm 水冷式（water-cooled）機関砲である．その射程は 2.5km で，最大有効高度は 1,500m である．その後，8 連装 SA-18 または SA-16 熱線追尾ミサイルが付加された．これは，高射砲用パラボラ反射鏡ガンディッシュ（GUN DISH）レーダを備えている．

このシステムは，2 連装 30mm 機関砲と 8 連装のレーダ指令誘導のミサイルを備えた SA-19 ツングースカ（TUNGUSKA）に能力向上がなされている．その機

関砲は射程 4km，高度 3km で，ミサイルは射程 8km，高度 3.5km である．この
システムには，C/D 帯の捕捉機能と J 帯の 2 チャンネルモノパルス追尾機能を備
えたホットショット（HOT SHOT）レーダが組み込まれている．

さらに，2 連装 30mm 機関砲と最大 12 連装の指令誘導のミサイル，ならびに，
レーダまたは光学追尾式を備えた SA-22 グレイハウンド（GREYHOUND）への
改善がなされている．これは，ホットショットレーダおよび一体化 IFF を備えて
いる．機関砲は射程 4km，最大高度 3km であり，ミサイルは射程 20km，天頂射
撃限界 10km である．

4.6　　脅威レーダの能力強化と EW 対処技術

上述の近代的武器に対する能力強化それぞれには，いくつか重要で密接な EW
との関係がある．ここでは，それらを個々の脅威システムに関連付けるよりはむ
しろ，それらと EW との関係について機能性の観点から説明する．したがって，
そのほとんどは，いくつかの異なるシステムの中で述べ，その後の能力強化につ
いては，どれも，ミサイルや脅威レーダの能力向上という途切れることのない流
れの中に含めることとしよう．

本節では，いずれの能力強化に関しても，レーダの機能改善の EW への影響に
ついて述べたあと，それにどう対処するかについて助言する．

4.6.1　　有効射程の増加

スタンドオフ妨害（SOJ）は，脅威システムに対抗する主要な技法の一つであ
る．第 3 章の復習をすると，SOJ は，多数の脅威ミサイルの有効射程をかろうじ
て越えた位置で，有効射程内に突入する打撃部隊の多数の航空機を防護するため
に一糸乱れないパターンで飛行する（通常は）2 機の妨害専用機を必要とする．
多数のレーダを同時に妨害するので，各脅威レーダの主ビームの中に妨害を入れ
るわけにはいかない．また，この妨害機は，その妨害電力を多方向にばらまく必
要がある．

スタンドオフ妨害で実現できる J/S は，次式で計算できる．

$$J/S = 71 + \mathrm{ERP}_J - \mathrm{ERP}_R + 40\log R_T - 20\log R_J + G_S - G_M - 10\log \sigma$$

ここで，71 は定数，ERP_J は妨害機の実効放射電力〔dBm〕，ERP_R はレーダの実効放射電力〔dBm〕，R_T はレーダから目標までの距離〔km〕，R_J は妨害機からレーダまでの距離〔km〕，G_S はレーダのサイドローブ利得〔dB〕（前述の G_{RJ}），G_M はレーダの主ビームのボアサイト利得〔dB〕，σ は目標のレーダ断面積〔m²〕である．

$-20\log R_J$ 項について簡単に説明しよう．つまり，J/S は，この追加の距離因数の 2 乗で減少しているということである．改善型 SA-10 の推定有効射程 150km からの妨害は，SA-2 の有効射程 45km からの妨害と比べて，J/S が 11.1 分の 1 に（10dB だけ）減少する．最も能力が高いミサイルを有する SA-21 の推定有効射程 396km より外へ妨害機が離れると，J/S は 77 分の 1 に（19dB だけ）減少する．SOJ がその妨害の位置関係の困難を打開するためには，得られるすべての J/S が必要であることを考えると，これは解決が難しい．

この解決法は，妨害電力を増やすか，あるいは目標の RCS を減らすかのいずれかとなるが，能力向上型脅威レーダの多くが低 RCS 目標に対抗して性能強化していることを念頭に置こう．もう一つの方策は，（無人の）妨害装置を目標よりもずっと脅威レーダに近接して配置するスタンドイン妨害を検討することである．

4.6.2 超低サイドローブ

超低サイドローブは，電子戦支援（ES）システムが脅威レーダを探知したり，電子攻撃（EA）システムがそれを妨害したりすることをより困難にする．脅威レーダをそのサイドローブの中で探知しようとすると，その探知距離は，サイドローブ減少分の 2 乗で減少する．

同様に，SOJ のような EA システムで実現できる J/S は，サイドローブの減少率で減少する．4.2.2 項を参照されたい．

この解決法は，ES システムにおいては，システム感度を最適化することである．一つの方法は，フェーズドアレイの受信アンテナで走査することであり，これにより，さらなる受信信号強度をもたらすことができる．ES システムにデジタル受信機があれば，その帯域幅を最大感度にふさわしい帯域幅に最適化できることがある．脅威レーダに走査アンテナビームがあれば，そのビーム走査がこち

らの受信アンテナを通り過ぎるときに，その主ビームから必要とする情報を取得できるかもしれない．

　EA システムにアクティブ電子走査アレイ（AESA）があれば，J/S を高めるために妨害したい脅威レーダにビームを向けることができる．

4.6.3　コヒーレント・サイドローブキャンセリング

　再び，スタンドオフ妨害について考えよう．上述のように，SOJ は，被妨害脅威レーダのサイドローブに妨害をかけなければならない．そのレーダがコヒーレント・サイドローブキャンセレーション（CSLC）を行えば，そのサイドローブで受信した（標準的な FM 雑音のような）信号の狭帯域妨害電力を最大 30dB まで減少させることができる．これによって J/S がその分減少するので，同じ J/S を実現するには，妨害装置にさらに 30dB の電力が必要になるか，さらに 32 倍接近しなければならないか，それとも防護される航空機の RCS を 1,000 分の 1 まで低下させる必要がある．4.2.3 項を参照されたい．

　この解決法は，以下のとおりである．文献に述べられている技法の一つは，各パルスを FM 雑音妨害と混ぜ合わせることである．各パルスは，狭帯域妨害信号のように見える多くの CW 成分を発生させることができるので，コヒーレント・サイドローブキャンセリングチャンネルのすべてを妨害でき，したがって，妨害の有効性を増大させることになる．

4.6.4　サイドローブブランキング

　サイドローブブランキング機能を持つレーダは，そのサイドローブの方向に向けられた専用アンテナの出力において，主アンテナにおけるよりも強力なパルス信号を受信すると，ただちにこれらのサイドローブパルスが存在している 1〜数 $\mu\mathrm{sec}$ 間，そのレーダの主アンテナ出力を消去する．4.2.4 項を参照されたい．

　この解決法は，自分の妨害装置からのカバーパルスが脅威レーダ自身のパルスを覆うようにタイミングを調節することで，脅威レーダに実質的に自分自身を妨害させることである．

4.6.5　対交差偏波

対交差偏波とは，交差偏波妨害を弱めるレーダの機能として説明されている．それは，対交差偏波のあるレベル（dB 単位）で示される．これは，サイドローブを減らすためにエッジに利得傾斜のない平板フェーズドアレイアンテナを設けるか，あるいは，交差偏波妨害信号がレーダ受信機内に入らないようにする偏波フィルタを設けることにより実現できる．4.2.7 項を参照されたい．

この解決法は，極めて大きい J/S を発生できない限り，おそらくこのレーダに交差偏波妨害を適用できないことから，何らかの他の種類の妨害を利用することがその最良の答えとなる．

4.6.6　パルス圧縮

パルス圧縮（PC）機能を持つ脅威レーダを妨害していて，かつ，その妨害がレーダの圧縮波形（チャープまたはバーカコード）を含んでいない場合，J/S は圧縮分だけ減らされることになり，それは最大 30dB に達することがある．繰り返すが，J/S は最大 30dB まで減らされる可能性がある．4.2.10 項を参照されたい．

この解決法は，それが脅威レーダの主ローブ（main lobe）への送信かサイドローブへかにかかわらず，妨害信号に圧縮波形をセットすることである．その圧縮技法が線形チャープであれば，掃引発振器（sweeping oscillator），ダイレクト・デジタル・シンセサイザ（direct digital synthesizer; 直接合成発振器）など何種類かの方法でそれを再現することができる．しかし，それが非線形チャープ変調あるいはバーカコードパルス圧縮変調であれば，妨害装置にデジタル高周波メモリ（DRFM）を組み込むことが必要になる．これについては，第 8 章で詳細に取り上げる．

4.6.7　モノパルスレーダ

モノパルスレーダは，第 3 章で述べた一部の妨害技法によってはうまく妨害されない．それどころか，一部の技法は，モノパルス脅威レーダの角度追尾を強化することがある．4.2.6 項を参照されたい．

この解決法は，3.4.9 項から 3.4.15 項で述べた妨害技法がモノパルス妨害に有効であることから得られる．

4.6.8 パルスドップラ・レーダ

パルスドップラ・レーダは，そのチャネライズドフィルタのチャンネルの一つに入るコヒーレント信号を期待している．妨害信号が多数のチャンネルを塞いでいたり，あるいは強力なスプリアス成分を持っていたりすれば，レーダは妨害されていることがわかり，HOJ を開始することができる．

レーダ処理は，多数のチャンネルを塞いでいる雑音妨害信号によって達成された J/S を減少させることもできる．また，チャフからの反射信号を見分けることもできる．

レーダ処理は，また（例えば，距離ゲートプルオフ妨害などの）分離目標を探知し，受信したドップラ偏移周波数にふさわしい距離変化率を持つ信号を追尾することもできる．4.2.12 項，4.2.14 項，および 4.2.15 項を参照されたい．

この解決法は，コヒーレント信号で妨害する場合，その信号は単一のパルスドップラ処理フィルタに収まり，正当な信号として受け入れられるので，その妨害は有効となるということである．チャフ雲が強力な妨害信号に照射されると，脅威パルスドップラ・レーダは，そのチャフ雲を正当な反射信号を返しているデコイとして受け入れることになる．距離プルオフと周波数プルオフの両方の妨害を実行すれば，脅威パルスドップラ・レーダは，妨害信号を正当な反射信号として受け入れる．DRFM を使用してこれを実行するのが最良である．

昔の戦争では，レーダによる航空機の捕捉を阻むために，バルクチャフ（bulk chaff）が区域散布された．これは，パルスドップラ・レーダがチャフを判別できるようになる前は極めて有効であったが，現在では限られた効果しかない．

4.6.9 パルス前縁追尾

脅威レーダにパルス前縁追尾機能がある場合，そのレーダは遅延した RGPO パルスを決して検知することはないので，RGPO 妨害装置の遅延の効果はなく，レーダが有効な反射信号を追尾し続けることを許してしまう．

これに対するよく知られた解決法は，RGPI 妨害を利用することである．それ

とは別の解決策は，RGPO 処理の遅延を，パルス前縁追尾回路を捕捉するのに足りるほど短くすることである．これは，通常，極めて短い処理遅延を有する DRFM を使用して行われる．

4.6.10　ディッケ・フィックス

ディッケ・フィックスは，強力で低デューティサイクルの各パルスをクリップする広帯域チャンネルを含むので，これらのパルスは，後続の狭帯域チャンネルでレーダの自動利得制御（AGC）を引き付けることができない．4.2.12 項を参照されたい．

この解決法は，妨害信号がディッケ・フィックスを通り抜けることを可能にする特別の波形 [1] が存在していることから得られる．

4.6.11　バーンスルーモード

バーンスルーモードは，バーンスルーレンジを拡大するために，レーダの実効放射電力（ERP）あるいはデューティサイクルを，実用範囲の最大にまで拡張させるモードである．

この解決法は，実効妨害電力をできるだけ増大させることである．

4.6.12　周波数アジリティ

レーダの信号が，パルスごとの擬似ランダム周波数ホッピング信号であると，次のパルスの周波数がいくらになるかわからない．したがって，妨害装置はレーダの各周波数をそれぞれ妨害するか，あるいはその妨害電力をホッピング範囲全体に拡散する必要がある．これによって，達成される J/S を数 dB 減少させることができる．4.2.21 項を参照されたい．

この解決法として，DRFM は再び救いの手を差し伸べることができる．DRFM とその関連処理装置でパルスの最初の約 50nsec を測定すれば，DRFM はその周波数を妨害装置に迅速に設定することができる．最新のレーダのパルス長は，一般に数 μsec であるので，妨害エネルギーはこのパルスのごく一部分を失っても，ごくわずかしか低下しない．これについては，第 8 章で説明する．

4.6.13　PRFジッタ

脅威レーダが，ジッタパルス繰り返し周波数（jittered PRF）と呼ばれる擬似ランダムパルス繰り返し間隔（PRI）を持っていると，いつ次のパルスが現れるか，その時間を予測することは不可能である．このことがRGPI妨害技法の実行を不可能にする．同様に，各パルスのタイミングを予測する必要があるカバーパルスも，効果的に発生させることはできない．これについては4.2.22項を参照されたい．

この解決法は，ジッタPRFを持つ脅威レーダに対してカバーパルスを用いようとするなら，レーダのPRIのジッタ範囲全体をカバーするために，幅を広げたカバーパルスを使うことである．

4.6.14　HOJ能力

本章で列挙した個々のミサイルシステムのどれについても，妨害源追尾（HOJ）能力を持っているかどうかは公開文献で確認できないが，それを現在あるいは近未来の脅威が持つことは疑う余地がない．

HOJとは，妨害を検知できるレーダ（パルスドップラ・レーダは明らかに含まれる）が，誘導中のミサイルに対して妨害信号に向かって進むように指令できることを意味する．つまり，ミサイルは自己防御用妨害（SPJ）を実行中のどの航空機へも直接向かえるということである．

同様に，スタンドオフ妨害実行中の妨害機について考えてみよう．この航空機は，高価値，少数保有アセットであり，このことが脅威ミサイルの有効射程外に展開される理由である．HOJ機能を備えたミサイルは，その射程を最大化して，誘導レーダの実効探知距離外に伸ばすため，高く打ち上げられる．その結果，そのミサイルは上方からSOJ機に向かって進むことができる．ミサイルに空力操舵機能があれば，その燃料で許容される航続距離を超えて攻撃することさえ可能である．4.2.23項を参照されたい．

明らかに，HOJに対する自己防御用妨害に適する答えは，それを行わないことである．自分に向かってくるミサイルに誤認させるようにデコイを用いて自己を防護しよう．第10章で，ミサイルに自分を誤認させることを可能にする多種のレーダデコイについて述べる．第8章で，デコイを極めて高性能化するのに使用

できるデジタル RF メモリ（DRFM）の役割について説明する．また，どこからでも妨害しうる使い捨て型妨害装置（expendable jammer; 投棄型ジャマ，射出型 ECM 装置）についても考察しよう．それらのうちの一つが，超小型空中発射デコイ－妨害機（miniature air launched decoy-jammer; MALD-J）である．これは，HOJ ミサイルを誘引する遠隔妨害装置である．

4.6.15 改良型 MANPADS

MANPADS 武器の改良によって，その射程と有効高度が伸びてきている．このことは，ヘリコプタやその他の低空飛行の航空機にとって大きな脅威となっている．

これに対する解決法は，以前は，MANPADS を回避するのにかろうじて足りる高度で飛行していたが，これからは，例えば第 9 章で述べるような，最新の IR 妨害装置（IR jammer）などを考慮する必要がある．

4.6.16 改良型 AAA

ベトナム戦争中は，ZSU-23 の最大天頂覆域である地上高 1,500m より上空を飛行していれば，いかなる自動高射機関砲の存在報告も無視することができた．現在は，AAA の能力向上により，最高 10,000m までの天頂攻撃覆域を持つ熱線追尾ミサイルや，ZSU-23 搭載 23mm 機関砲の射程が 2 倍の 30mm 機関砲が加わっている．

より最近の能力向上は，単純な熱線追尾ミサイルからレーダ誘導ミサイルへと移っている．これらの武器は，相当危険を伴うようになってきている．

これらの最新の AAA を克服するには，防護のために，IR とレーダの双方の妨害装置に頼る必要がある．高く飛ぶだけで十分な防御になった時代は，遠い昔になってしまった．

参考文献

[1] Schleher, D. C., *Electronic Warfare in the Information Age*, Artech House, 1999.

[2] Griffiths, H. D., Baker, C. J., and Adamy, D., *Stimson's Introduction to Airborne Radar*, 3rd ed., SciTech, 2014.

[3] Van Brunt, L. B., *Applied ECM*, Vol. 1–3, EW Engineering, Inc., 1978, 1982, 1995.

第5章

デジタル通信

5.1　はじめに

　現代の軍事通信は，ほぼ例外なくデジタル式になっている．最新の戦術無線は，送信に先だって音声をデジタル化する．そして，非常に重要な軍の指揮・統制通信は，ある部隊から他の部隊へのデジタル情報の移動を伴う．現代の統合防空網は，あらゆる組織がデジタルデータ回線で結合されている．本章では，デジタル通信理論の多くの側面，すなわち，その利点と弱点，デジタル回線の仕様，ならびに電子戦（EW）運用にとって大切な伝搬上の考慮事項などについて説明する．

　本章は，他の章，特に第2章，6章，7章の参考になる予備知識と考えるべきである．これらの章では，本章のテーマを詳細ではないが，種々の重要な背景のもとで説明している．

5.2　伝送ビットストリーム

　図5.1に示すように，伝送されるデジタル信号には，デジタル化データ以外のものが必ず含まれる．図にデータフレームの一例を示す．

- 通常は，フレーム同期（frame synchronization）を規定するビット区画がある．
- 例えば無人航空機（UAV）に対する指令回線など，多くのシステムでは，

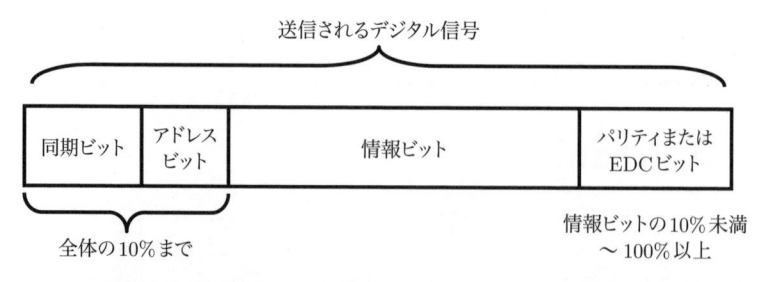

図 5.1　送信されるデジタル信号は，同期，アドレス，情報ならびにパリ
ティまたは EDC ビットを含む.

情報ビットは，受信機位置にある数か所の送り先の一つに送信される必要
がある．その送り先は，UAV においては，UAV の航法システムや，いく
つかのペイロードの一つなどになる．したがって，アドレスビット区画が
必要になる.

- 情報ビットは，実際に送信される情報を伝達する.
- 送信されるデータは，環境内の雑音，干渉あるいは妨害によって破損さ
  れることがあるので，受信機が不良データブロックを検出し拒否するか,
  あるいは受信信号内の誤りのあるビットそのものを訂正することを考慮
  に入れた専用ビットが付加される．パリティや各ビットの誤り検出・訂正
  （EDC）区画がこの働きをサポートする.

5.2.1　伝送ビットレートと情報ビットレート

伝送ビットレートは，受信機位置でフレーム内の情報が必要とする速度で全信
号フレームを送るのに十分な速度でなければならない．このことは，伝送データ
レートは，所要情報データレートよりかなり速くなることもあることを意味して
いる．回線の帯域幅は，この速いビットレートに合わせるのに十分広くなければ
ならない.

5.2.2　同期

同期には二つの見方がある．すなわち，ビット同期（bit synchronization）とフ
レーム同期である．デジタル信号は，1 または 0 のビットに対して異なった状態

を持つ変調 RF 信号として受信機に到来する．このとき，信号は送信機から受信機までの（光速での）伝搬時間の分だけ遅れるため，受信機はこの信号を復調してビットを再現した後，送信機の符号クロックと位置合わせした符号クロック信号を出力するタイミング回路（ビットシンクロナイザと呼ばれる）に設定をする必要がある．ビットシンクロナイザは，復調された受信信号から決定された 1 と 0 を含むきれいなデジタルビットストリームを作り出す．この時点では，そのビットの一部は，受信 RF 信号の劣化のために誤っている（ビットエラー）ことがあるが，その出力はデジタル回路内で処理できる一連のビットである．図 5.2 に示すように，ビットシンクロナイザは，符号クロックを生成するのに加え，受信ビットが 1 か 0 かを決定するため，その RF 信号が抽出される時期を決定する．

　情報がデジタル形式で伝送される場合，その送信機は一般的に，受信機が各ビットの機能を確定できない限り，無意味となる途切れることなく次から次に続く（1 と 0 の）ビットを送信する．その情報は多数ビットのフレームとして構成されているので，受信機は，各フレームの先頭を見つけ出すことができるはずである．その結果，フレーム内の各ビットの位置から役割が識別される．この処理は同期と呼ばれている．一部のデータ伝送システムには，データフレームの開始位置に同期パルス（synchronization pulse）用の独立した変調値がある．一方，通常，デジタルビットストリーム内には，受信機がフレームの先頭を識別するために，保存されているビット列と対照して比較できる，固有の一連のビットがある．

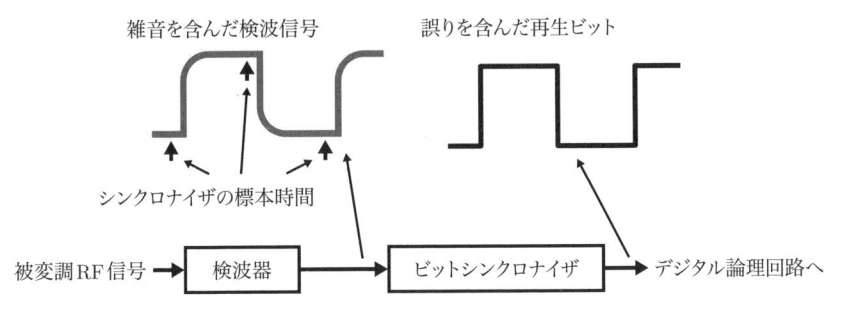

図 5.2　ビットシンクロナイザ回路は，受信機の弁別器の復調出力からバイナリビットを作り出す．

　図5.3は，一続きのビットの画鋲相関（thumb-tack correlation）を示している．デジタル信号はおおむね同数の1と0を有し，それらはほぼランダムに分布している．この二つの信号の相関値は，それらの状態を比較することによって決定される．いかなる瞬間においても，二つの信号が等しければ（例えば，双方ともに1），その相関は1である．それらが等しくなければ（すなわち，1と0なら），その相関は0である．ビットはランダムに分布しているので，ビットのブロックを通して相関値を平均すると，相関値0.5を得ることになる．受信された符号を，（片方の信号をスライドさせるために，他の信号に対して符号クロックの周波数を（わずかに）変化させることによって）基準符号と逆の方向へ時間的に移動させると，二つの信号の相関は，受信符号が基準符号の1ビット以内になるとすぐに増え始め，二つのビットストリームが正確に整列されると，相関値1（100%の相関）を持つことになる．受信機は，同期ブロック中で一意のランダムな一続きの1と0を（基準符号として）記憶することができる（図5.1を参照）．これが，同期ブロックと同じ長さの一連のビット全体で相関を平均するとともに，その平均相関が100%に上がると受信符号の遅延を停止する．その結果，受信機は，フレーム内の符号位置から各受信ビットの働きを確認することができる．

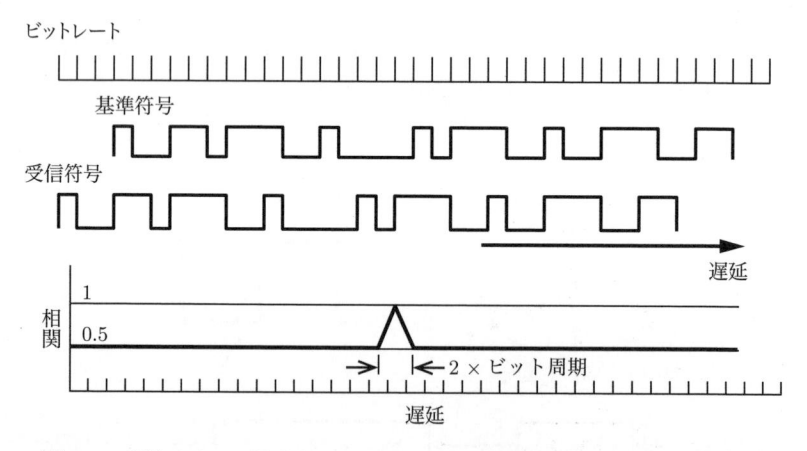

図5.3　受信デジタル信号は，そのビット内の情報を再生できるように，同期される必要がある．

　ここで留意すべきなのは，同期ビットはフレームの先頭に隣接しているグループ内になければならない理由はない，ということである．それらは敵の受信機や妨害装置がフレームを再生したり，フレーム同期を妨げたりすることをより困難にするため，フレームの至るところに，擬似ランダム的に一番良く分配することができる．同期を妨げることはデジタル通信妨害の極めて有効な方法であるので，重要な通信回線は極めて頑強な同期方式を持つことが求められる．

5.2.3　所要帯域幅

　図5.3の画鋲形の同期のグラフは，2ビット時間幅の極めて鋭い相関三角形を表している．これにはそれらのビットが方形である必要があり，しかも，それには，無限大の帯域幅を必要とする．回線の帯域幅が狭められるほど，各ビットは丸みを帯びるようになり，図5.4に示すように相関が鈍くなる．Dixonは，伝送されたデジタル信号を復調するためには，デジタル信号の周波数スペクトルのメインローブのうちの3dB帯域幅で十分であると述べている [1]（図5.5参照）．

　また，[1] において，ほとんどのデジタル RF 変調では，この3dB帯域幅は $0.88 \times$ 伝送ビットレートであるとも述べられているが，最小偏移変調（minimum shift keying; MSK; 最小シフトキーイング）においては，$0.66 \times$ 伝送ビットレートでしかない．MSK は，この削減された帯域幅対ビットレートが受信感度を改善するという理由から，デジタル回線に広く用いられている高効率変調方式である．5.4節では，多くの変調方式とそれらの意義について詳細に説明する．

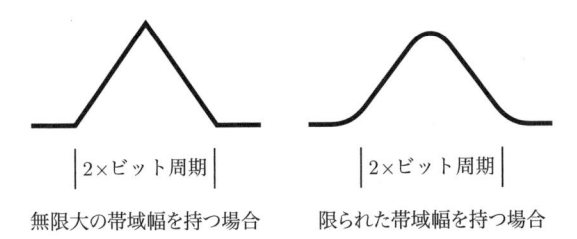

|2×ビット周期|　　　　　　　|2×ビット周期|

無限大の帯域幅を持つ場合　　　　限られた帯域幅を持つ場合

図5.4　相関曲線の形状は，デジタル信号が伝達される回線の帯域幅によって決まる．

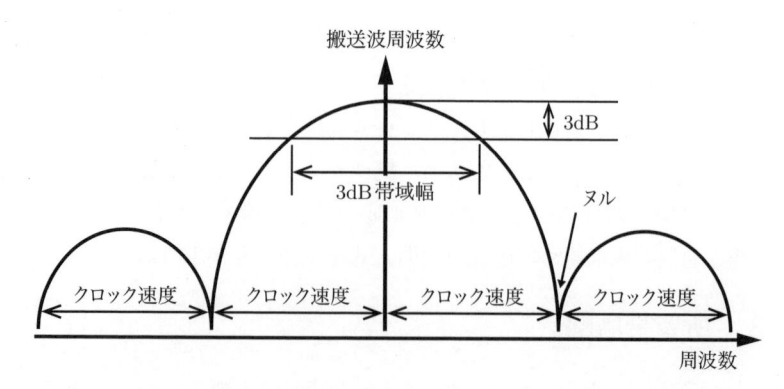

図5.5　デジタル信号のスペクトルには，メインローブと搬送波の周波数からのクロック速度の倍数の間隔を置いた明確なヌルを持つサイドローブが含まれる.

5.2.4　パリティとEDC

図5.1のフレーム内のビットからなる最終ブロックは，ビットエラーの検出や訂正によって，情報の忠実度を維持するためのものである．まさに敵対環境で運用することを意図されているシステムにおいては，これらのビット，あるいは忠実度維持のための他の技法は，所要時間内に所定のデータ量を渡すのに必要な帯域幅を著しく増加させる可能性がある.

5.3　　内容の忠実度の保護

ネットワーク利用における極めて重要な要件の一つは，情報が離れた場所に正確に届くことである．ほとんどの情報がデジタル形式で送られるので，このことは，ビットエラーレートは，ネットワーク化された活動の正常な機能をもたらすのに十分なほど低くなければならないことを意味している.

5.3.1　忠実度の基本的な保証技法

伝送回線によって送られる情報の忠実度を保証するやり方がいくつかある．読者は，それぞれの技法で，データレート，遅延，忠実度保証のレベル，システムの複雑度の間のトレードオフが行われることがわかるだろう.

多数決符号化を利用できるが，それには図 5.6 に示すように，データを多数回送信することが必要になる．各データブロックが 3 回送信されると仮定しよう．受信機では，受信データブロックが比較される．三つすべてが一致すれば，そのデータは出力レジスタに移される．三つのうち二つが一致すると，それらのデータのバージョンが出力レジスタに移される．どれも一致しなければ，そのデータは廃棄されるか，あるいは何らかの判断に基づいて値が決定されることもある．忠実度は改善されるが，スループットデータレートは 3 分の 1 に削減され，その出力データは，データブロックの持続時間の 3 倍遅らされる．過酷な環境下でより多く送信を反復することは，忠実度を増大させるが，スループット率を一層低下させるとともに，遅延を増大させることになる．

同様に，データブロックも多数回送信することが可能であるが，その場合は図 5.7 に示すように，各ブロックに多数のパリティビット（parity bit）を付加す

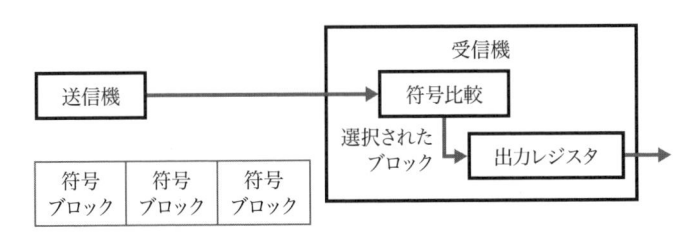

図 5.6 多数決符号化は，符号のブロックを多数回送信する必要がある．受信機は，同じものが最も多数回受信されたブロックを出力用に選択する．

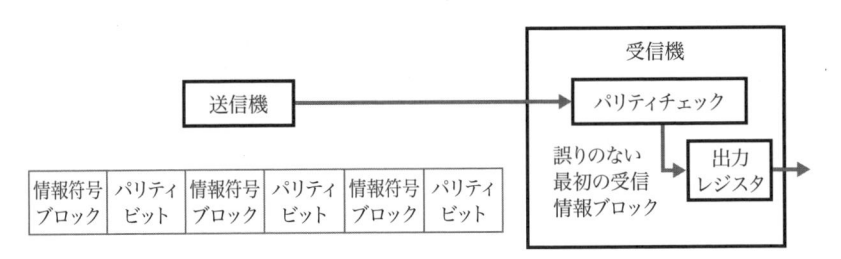

図 5.7 多数のパリティビットを用いた反復送信では，一つひとつの情報符号ブロックに，誤りのあるブロックを確実に探知しうるに足るパリティビットを付けて送信する必要がある．受信機は，パリティチェックに合格しないブロックはすべて棄却し，誤りのない最初の受信情報ブロックを出力する．

る．次項で説明するように，各データブロックのパリティビットをチェックできるので，ビットエラーを含むブロックはどれも排除される．エラーなく受信された最初のデータブロックは，出力レジスタに渡される．この場合は，データのスループット率は低下し，遅延はブロック当たりのパリティビットの割合と反復送信されたブロック数の両方によって増大する．例えば，各ブロックが 5 回送信され，各ブロックに 10% のパリティビットがある場合，そのスループットデータレートは 1/5.5 に低下するとともに，データブロック時間の 5.5 倍の遅延が発生することになる．しかしながら，このやり方はデータの忠実度を向上させる．

　図 5.8 に示すように，受信データを元の送信機に送り返すと，送信機では，返されたデータを 1 ビットずつチェックして一つでもエラーがあれば，そのデータブロックを再送することができる．正しいデータブロックだけが出力レジスタにセットされ，送信機は次のデータブロックを送信することが許可される．データブロックにエラーがあった場合は，そのブロックはエラーのないブロックが受信されるまで再送される．この方法は，すべてのデータブロックが（いずれは）正確に送信されることを保証する．しかしながら，戻りの伝送回線の複雑度が加わる．遠隔センサから制御局までの広帯域データ回線について検討してみよう．一般的に，制御局から遠隔センサへの指令回線には，データ回線よりずっと狭い帯域幅しかない．それどころか，指令回線ですら必須でないことが

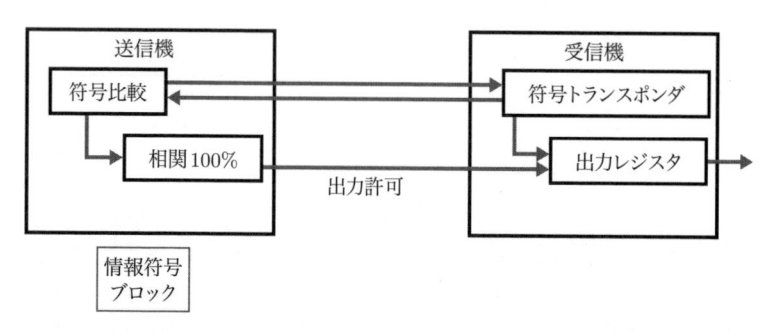

図 5.8　再送データの検証では，各情報符号ブロックが送信機へ再送信され，そこで最初の送信データと比較される必要がある．それが合っていれば，受信機に出力レジスタへの符号ブロック入力を許可する認証信号が送られる．

ある．この忠実度保護方策が用いられる場合，制御局から遠隔センサまでの回線が必要であり，それはデータ回線と同程度に広い帯域でなければならない．後ほど，回線の帯域幅のネットワーク運用に対する影響について検討する．その環境に著しい干渉がなければ，この方策を用いることによるデータスループット率の低下や遅延はほんの少しであろう．著しい干渉や妨害が存在する場合，多数のビットエラーが起こる可能性があり，その結果，さらに多くのデータブロックを再送することになるので，その状況における敵対関係の度合いに応じて，データのスループット率を低下させられたり遅延を増大させられたりするようになる．

図 5.9 に示すように，各データブロックに誤り検出・訂正（EDC）符号を付加することができる．データブロック内にエラーがある場合，EDC はこれらのエラーを訂正する．この方法は，順方向誤り訂正（FEC）と呼ばれている．これは，訂正可能なある最大ビットエラーレート以下のエラーのないデータ伝送をもたらす．戻りの回線は必要とされず，またスループット率と遅延は，その状況における敵対関係の度合いが変わっても変化しない．スループット率の低下量と遅延の増加量は，EDC 符号のために設けられたそれぞれのデータブロックの割合によって決まる．すなわち，符号ビットの割合が高いほど訂正可能なビットエラーの数は多くなる．

最後の方法は，より高い信号対雑音比（SNR）や希望信号対干渉比で信号を受信できるように，単に送信電力を増やすことである．また，削減される受信帯域幅を見越して送信ビットレートを減らすことによって，同じ効果を得ることがで

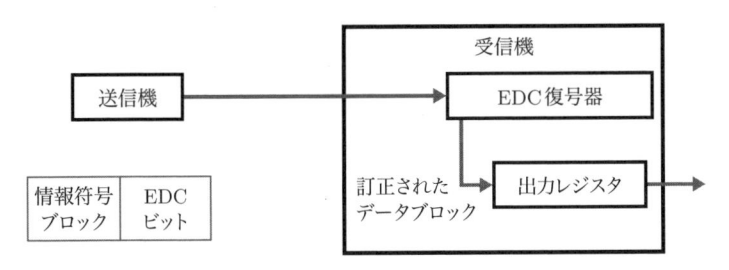

図 5.9 順方向誤り訂正には，それぞれの符号ブロックに誤り検出・訂正符号を付加する必要がある．この EDC 符号は，ビットエラーを訂正するため復号され，その訂正済みの符号が出力される．

きる．これらの方策のどちらもビットエラーレートを低下させ，情報の忠実度を改善することができる．送信電力の増加はシステムの複雑度を大幅に増加させる可能性があり，またデータレートの低下はデータのスループット率を低下させることになる．

5.3.2　パリティビット

上記の追加ビットは，情報の忠実度を保護するため送信されるデジタルデータに付加される．このことは，妨害などの干渉が存在する敵性環境においては特に重要である．これらの追加ビットは，パリティビット，誤り検出・訂正符号のいずれでもありうる．パリティビットは，正確な情報が受信されていることをチェックする．パリティビットが多く備えられているほど，その信頼はさらに高まり，すべてのパリティビットが正しく受信されているなら，受信されたデータブロック内にはエラーがなかったことになる．

5.3.3　EDC

一方，EDC 符号は順方向誤り訂正（FEC）を備えている．こうした符号は，あるビット（またはバイト）エラーレート以下の受信データストリームの不良ビット（またはバイト）を検出し，それらを訂正することができる．その符号の検出力は，データブロックに付加される追加ビット数またはバイト数の増加とともに高まる．

EDC 符号には2種類がある．畳み込み符号は，ランダムに分散したビットエラーに対して最も有効である．これは個々のビットを訂正するものである．畳み込み符号の検出力は (n/k) の形で表示されるが，これは k 個の情報ビットに対して合計 n 個の出力符号ビットがあることを示している．つまり，k 個の情報ビットのそれぞれに対して，$n-k$ 個の EDC 符号が付加されているということである．

EDC 符号の二つ目の種類にはブロック符号が含まれる．ブロック符号は，データバイト全体を訂正するものであり，概して，ビットエラーが群発する場合により有効である．そのような事例の一つが，（デジタル形式でなければならないことがわかる）周波数ホッピング信号である．送信機が，強力な干渉信号が存在し

ている周波数にホップする場合，その周波数で送信されたすべてのビットが誤っている可能性がある．実際にはたぶん，ほぼ 50% のビットエラーが存在するであろう．それゆえに，数個の隣接バイトに多くのエラーがあることになる．

ホッピングスロットの（すべてではなく）一部を妨害する技法であるパーシャルバンド妨害（partial-band jamming）は，周波数ホッピング通信システムを妨害するのにしばしば用いられる技法である．これに遭遇すると，ホッパ（hopper; FH 送信機）が被妨害チャンネルの一つにホップしたときと同じような誤りのあるバイト群を引き起こす．

ブロック符号の検出力は，それぞれ k 個の情報シンボルに対して n バイト（またはシンボル）が送信される意味で，(n, k) と記載される．したがって，送信される n 個の情報シンボルに対してそれぞれ $n - k$ 個の追加バイトが付加される．

ブロック符号の一例は，航空機，艦船，および地上軍用アセット間でリアルタイム相互連接を提供するリンク 16 に用いられている $(31, 15)$ リードソロモン符号である（この符号は，圧縮テレビジョン信号の衛星放送でも使用されていることに注目しよう）．この仕様の符号は，送信されたそれぞれ n 個のシンボルのうち，$(n - k)/2$ 個の不良シンボルを訂正することが可能である．これはまた，1 個少ないシンボルも訂正可能であり，残りの部分に訂正されていないエラーが存在しているかどうかについて，約 10^{-3} の精度までの目安を与えることができる．この符号は，15 個の情報バイトごとに合計 31 バイトを送るので，デジタルビットの伝送速度は，情報ビットの送信速度の 2 倍以上となる．このことは概して，どの速度で情報を送る場合でも 2 倍以上の帯域幅が必要であることを意味している．この符号の長所は，エラーを含むバイト数が 31 バイト中 8 バイト以下であれば，受信バイトのすべてが訂正されることである．

5.3.4 インターリービング

周波数ホッピング回線を保護するのにブロック符号を使用する場合，単一ホップ中に複数バイトからなるブロック全体（つまり，31, 15 符号の場合，31 バイト）を送信するのが普通である．被占有ホップ（つまり，干渉中の信号周波数）では，受信ビットのすべてを不良にすることがあることを思い出そう．この問題を乗り越える方法は，（この場合は）一つの周波数で 31 バイト中最高で 8 バイトま

で送信できるように，送信バイトを交互配置すること（インターリービング）である．2番目の8バイトは次のホップに，その次はその次のホップに，というように，後ろにずらして入力する線形インターリービング方式（linear interleaving scheme）を，図5.10に示す．したがって，この方式では，一つの被占有ホップの期間に，わずか8個の隣接バイトが失われるに過ぎない．やや長い一続きのバイトに対しては，擬似ランダムインターリービングが一般的であることに注目しよう．どのインターリービング方策であっても，どうしても多少は遅延を増大させるものである．

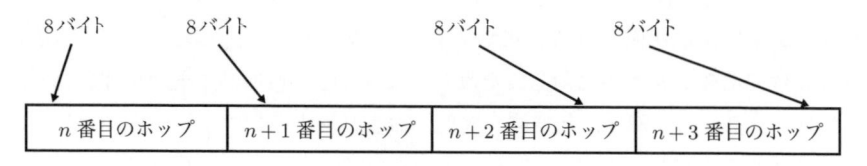

図5.10　インターリービングでは，体系的な干渉や妨害から保護するために，信号ストリームの他の部分に隣接してデータを収納する．

5.3.5　内容の忠実度の保護

ネットワーク利用における極めて重要な要件の一つは，情報が離れた場所に正確に届くことである．このことは，ほとんどの情報がデジタル形式で送られるので，ビットエラーレートはネットワーク化された活動の正常な機能発揮を可能にするに足りるほど低くなければならないことを意味している．

5.4　　デジタル信号の変調

5.4.1　ボーごとの単一ビット変調

デジタル波形は，そのまま送信することはできない．すなわち，いくつかある変調法の一つを使って RF 搬送波を変調する必要がある．変調法によって，1伝送ボー（baud）当たり1ビットを伝達するものもあれば，ボー当たり多数ビットを伝達するものもある．変調法の選択は，情報の秒当たりの所定ビット数を伝達するのに必要な帯域幅や，伝送回線内の SNR に起因するビットエラーレートに

影響を与える．これを説明するには2か月はかかるだろう．

図5.11に，1ボーで1ビットを伝達する三つの波形を示す．これらは，パルス振幅変調（pulse amplitude modulation; PAM），周波数シフトキーイング（frequency shift keying; FSK; 周波数偏移変調），およびオン/オフキーイング（on/off keying; OOK; 断続キーイング）である．PAMは1に対して一つの変調振幅を，0に対してもう一つの変調振幅を生成する．FSKは一つの周波数で1を，もう一つの周波数で0を伝達する．OOKは1で信号が存在している状態を，0で信号が存在していない状態を示す．また，これらは逆にすることができる．一般に，これらの符号の一つを送信するのに要する帯域幅は，$0.88 \times$ ビットレートである．これは，図5.5の曲線のピークから3dB低下した位置における変調信号の周波数スペクトルの幅に相当する．

図5.12に，搬送波を位相変調することによってデジタル情報を伝達する二つの波形を示す．2位相偏移変調（BPSK）は，1が伝達されるときは0°の位相偏移で，0が伝達されるときは180°の位相偏移で示される．これらは反転することができる．直角位相シフトキーイング（quadrature phase shift keying; QPSK; 直角位相偏移変調）は，90°離れた定義済みの四つの位相を持っている．これらの位相状態のそれぞれが情報の2ビットを規定する．図に示すように，0°の位相偏移は "0,0" のデジタル信号，90°の位相偏移は "0,1" のデジタル信号，などと表示する．もちろん，どの二つの2進値も四つの位相状態のいずれかに割り当

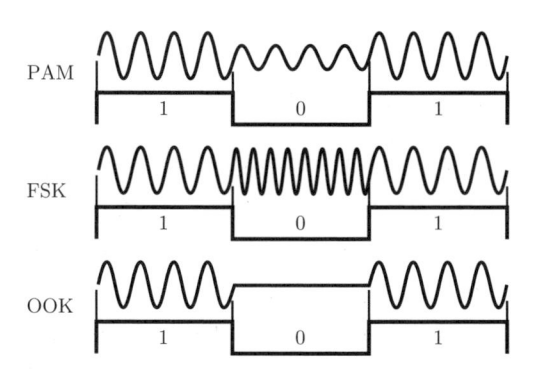

図5.11 デジタル情報は，パルス振幅変調（PAM），周波数シフトキーイング（FSK），オン/オフキーイング（OOK）など，多くの変調法で伝達することができる．1と0のそれぞれ固有の変調状態がある．

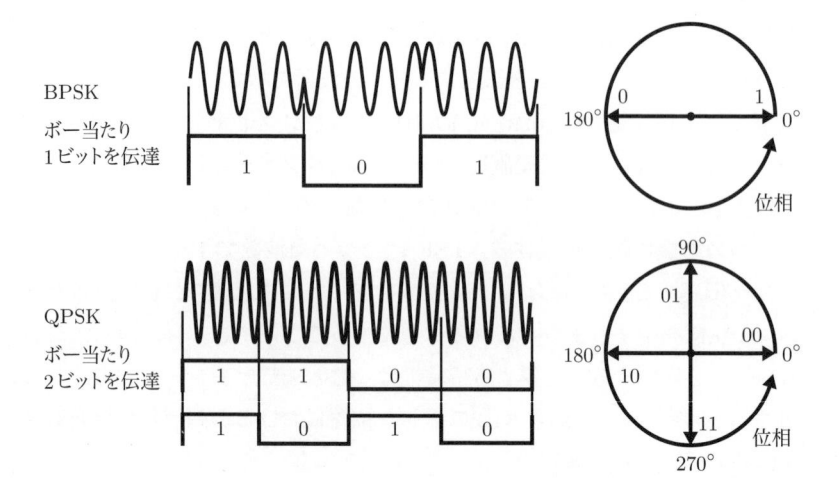

図 5.12　二つの一般的なデジタル変調は，送信信号の位相で情報を伝達する．2 位相シフトキーイング（BPSK）は，二つの位相位置と伝送ボー当たり 1 ビットを持つ．直角位相シフトキーイング（QPSK）は，四つの位相位置と伝送ボー当たり 2 ビットを持つ．

てることが可能である．同様に，この図に示されているのは，これらの変調それぞれに対する信号ベクトル図である．信号ベクトル図では，矢の長さが信号の振幅を意味し，矢の角度がその位相を意味している．その矢は，送信信号のそれぞれの RF 周期の間に反時計方向に 360° 回転する．この場合は，表示された位相は基準信号に対する位相である．

5.4.2　ビットエラーレート

　図 5.13 は，雑音を含む信号を示している．雑音ベクトルは，統計的に定義された何らかの振幅と位相のパターンを持っている．受信信号は，送信信号ベクトルと雑音ベクトルとのベクトル和となる．つまり，図中の網掛けの円は，信号ベクトルと雑音ベクトルの先端の軌跡である．

　図 5.14 に，雑音を含む信号が受信された場合の受信機内における決定の仕組みを示す．このグラフの横軸は，変調値の次元である．縦軸は，（雑音を含む）受信信号がそれぞれの変調値となる確率である．変調値の次元は，FSK 変調では周波数，PAM 変調では振幅，PSK 変調では位相である．雑音がガウス分布

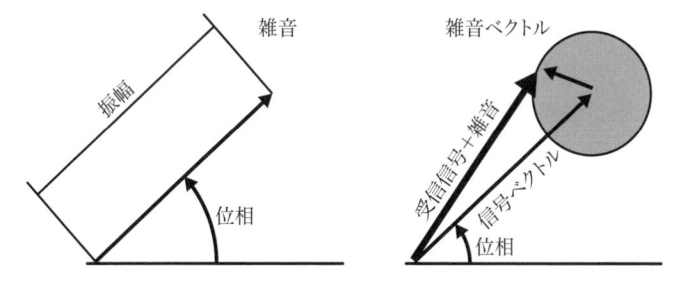

図5.13 受信信号＋雑音は，信号ベクトルの先端に統計的に分布した雑音のベクトルを持つ．受信信号は，送信信号ベクトルと雑音ベクトルとのベクトル和である．

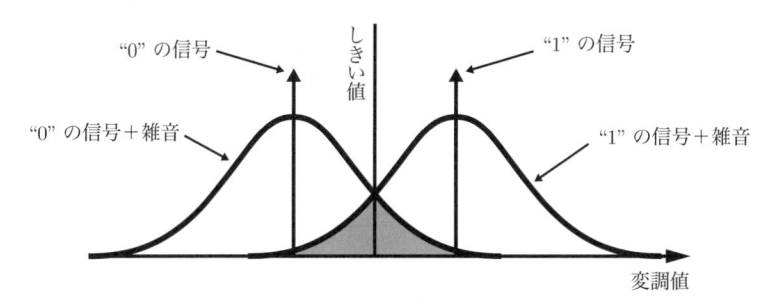

図5.14 受信機は，雑音を含む受信信号が "1" であるか "0" であるかを決定する変調値（振幅，周波数，または位相）のしきい値を持っている．

（Gaussian）に従っている場合，（例えば0の）受信信号の変調値は，0に対して送信された値を中心とするガウス分布曲線になるであろう．1が送信される場合も同様に，受信信号が何らかの変調レベルを持つ確率は，値1を中心とするガウス分布曲線によって定義される．0が受信されているか，1が受信されているかを決定するしきい値が存在する．受信信号がしきい値の左側にあれば0が出力される．それが右側にあれば，1が出力される．両方のガウス分布曲線の下側の網掛けの領域は，不正確に受信されたビットを意味する．検波前 SNR が大きいほど，このガウス分布曲線は狭くなる．ビットエラーレートは，不正確に受信されたビット数を全受信ビット数で除算したものである．これは検波前 SNR に反比例する．ガウス分布曲線は，雑音がない1や0の周囲で狭まるので，検波前 SNRが大きくなるほど二つの曲線の下側のビットエラーの領域は小さくなると考え

よう.

　ビットエラーレート対 E_b/N_o のグラフを図 5.15 に示す. ここで留意すべきなのは, E_b/N_o が帯域幅〔Hz〕とビットレート〔bps〕の比で補正された検波前 SNR だということである. このグラフは, 変調の種類ごとに異なる曲線を持っている. 波形がコヒーレントであるほど, その曲線はもっと左側へ移動する. この変調の場合, E_b/N_o 値が 11dB で, 10^{-3} のビットエラーレートを生じさせることになる (つまり, 受信された 1,000 ビット当たり 1 ビットが誤っている).

　図 5.14 は, 受信信号が与えられた変調値のいずれかになる確率を示している. 受信信号が 0 と 1 のしきい値の誤った側になるように雑音が働くと, ビットエラーが発生する. 図 5.16 の実線の曲線は図 5.14 と同じである. ここで, SNR が増加するとグラフがどうなるかを見てみよう. グラフは, 破線の曲線で表されるように変化する. 破線の確率曲線は送信された変調値の方向へずっと狭まり, また (雑音を含む) 受信信号がしきい値の誤りの側にある場合, 二つの曲線の下側の領域は著しく狭くなることに注意しよう. したがって, ビットエラーレートが低下する.

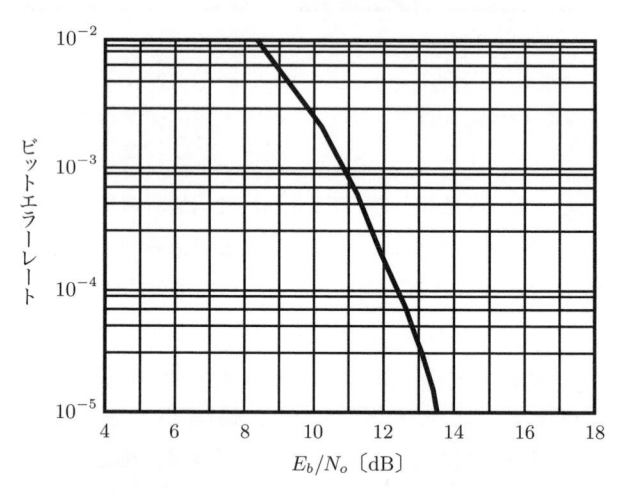

図 5.15　受信信号のビットエラーレートは, E_b/N_o の逆関数である.

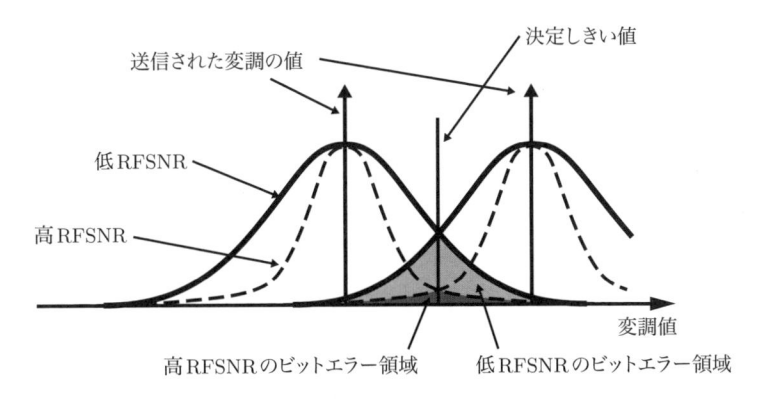

図5.16 受信デジタル信号の信号対雑音比が増加するにつれて，ビットエラーレートが低下する．

5.4.3 m値PSK

図5.17に，伝送ボーにつきさらに多くのビットを伝達するデジタル波形を示す．これは m 値位相偏移（m-ary phase shift-keyed signal; m-ary PSK）信号と呼ばれている．この場合は，16 の定義済みの位相があるので，$m = 16$ である．図の放射状のベクトルはそれぞれ，送信される（雑音を含まない）位相ベクトルを表す．図に表されているように，各ボーの送信位相を表現した4ビッ

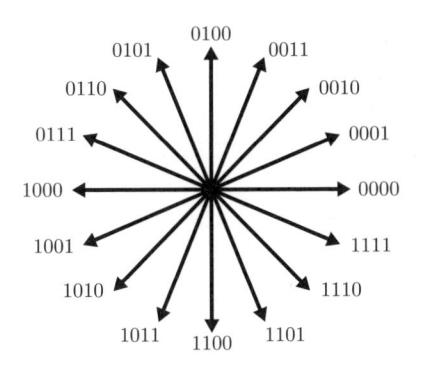

図5.17 m 値位相偏移変調には m 個の位相位置がある．この図では 16 個の位相位置があり，それぞれの位相値が4ビットの情報で明示されている．

トがある．それぞれのボーで 4 ビットが送られるので，これは高効率変調法である．したがって，その伝送帯域幅は，5.3.1 項で説明した変調法の一つを用いることで，どのデータビットレート伝送にも必要とされる帯域幅のわずか 4 分の 1 で済む．示されたこの 16 値 PSK に対して，BPSK で達成されるものと同じビットエラーレートをもたらすには，約 7.5dB 大きい検波前 SNR が必要である．これは，受信信号上の位相雑音が，図 5.13 の信号ベクトルと雑音ベクトルのそれぞれを，それらが送信された位相から遠ざけるからである．割り当てられた位相角同士が近いほど，雑音に対する脆弱性は増大する．したがって，どのビットエラーレートの要求水準に対しても，より大きな SNR が要求される．

5.4.4 I&Q 変調

図 5.18 は，I&Q 変調を示している．I&Q とは，同相−直交位相（in-phase and quadrature）のことであり，各伝送ボーに対応する（I&Q 空間中の）信号ベクトルの先端の位置で変調群が特定されるので，それを表すのに使用される．この図に表されている 16 か所のそれぞれは，搬送波の位相と振幅によって定義される送信信号の状態である．16 の位置があるので，それぞれが 4 桁のバイナリビッ

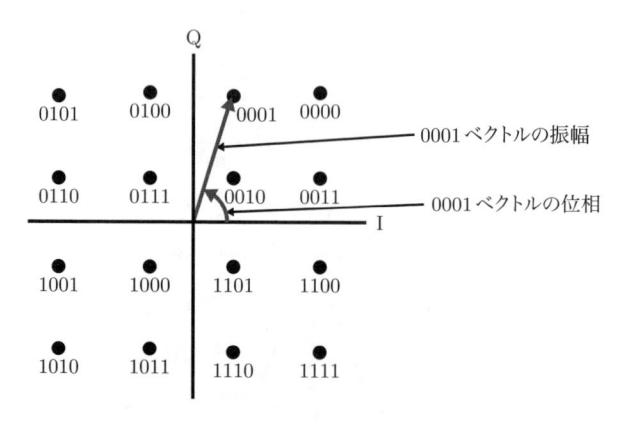

図 5.18 この I&Q 変調には 16 個の振幅と位相の状態があるので，各状態は 4 ビットの情報で明示されている．

トを表す. m 相 PSK を上回る I&Q 変調の利点は，諸元空間内でその位置をさらに広く分離でき，ひいては受信信号上の雑音に起因するビットエラーの影響を緩和できることにある.

5.4.5 各種の変調における BER と E_b/N_o

図 5.19 は，3 種類の変調法におけるビットエラーレートと E_b/N_o を直接比較したものである. 左側の曲線（BPSK）は，1 伝送ボーで 1 ビットのデータを伝達する変調群に使われる曲線である. 中央の曲線（MAMSK; multi-amplitude minimum shift keyed; 多値振幅最小偏移変調）は，変調値の 1 と 0 の間で移動する特に効率的な波形用であり，右側の曲線（16 値 PSK）は，伝送ボー当たり多数ビットを伝達する変調法に対するものである. 三つの曲線の形状は同じであるが，水平方向にずれていることに注意しよう. これらの各変調法を用いて情報を伝達するのに要する帯域幅も同様に変わることにも，注意してほしい. 左側の曲線は周波数効率が最小であり，右側の曲線は周波数効率が最も良い.

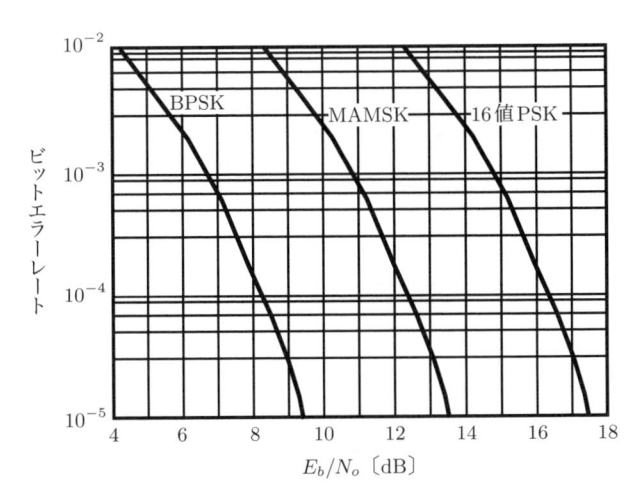

図 5.19 受信信号のビットエラーレートは，E_b/N_o の逆関数である.

5.4.6　高効率ビット遷移変調法

　図 5.20 は，二つの高効率周波数変調方式を示す．上の曲線は，1 と 0 の間を正弦曲線の経路に沿って遷移する正弦波変位変調である．下の曲線は，最小偏移変調（MSK）である．後者の変調は，波形が 0 と 1 の位置間を最もエネルギー効率が良い経路で移動するので，極めて高効率である．表 5.1 は，最小偏移変調と周波数効率が低い波形における，それらのヌルからヌルまでの帯域幅と 3dB 帯域幅を対比している．3dB 帯域幅は一般に所要伝送帯域幅とされているので，MSK 信号はその帯域幅の 4 分の 3 しか必要としない．

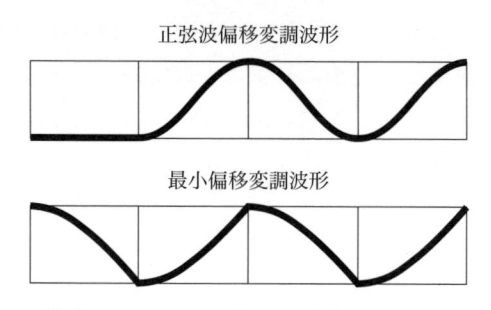

図 5.20　成形された波形は，0 と 1 との間で伝送帯域幅が狭くなるように移動する．

表 5.1　デジタル信号の波形と帯域幅

波形	ヌルからヌルまでの帯域幅	3dB 帯域幅
BPSK, QPSK, PAM	2 × 符号クロック	0.88 × 符号クロック
MSK	1.5 × 符号クロック	0.66 × 符号クロック

5.5　　デジタル回線の仕様

　ある地点から他の地点へデータを渡すためには，デジタルデータ回線に十分な回線マージン（link margin; 回線余裕）が必要である．このマージンには，回線距離，システム利得，システム損失のように，はっきりと測定できるいくつかの要素がある．また，（気象のような）統計的な要素もいくつかある．回線稼働率（link availability）は回線マージンに関係している．マージンが大きいほど，

どんなときでも回線が最高仕様の性能を発揮できる可能性が高くなる.

これまで説明していないいくつかの要素を含めて, ここで扱う回線を図 5.21 に示す.

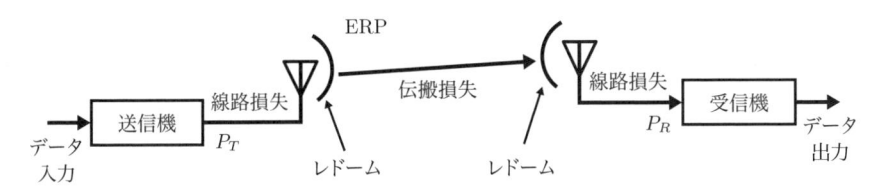

図 5.21　データ回線用の受信機の受信電力は, 送信機と受信機の間のすべての利得と損失の関数である.

5.5.1　回線仕様

表 5.2 に, 一般的なデジタル回線における代表的な仕様を示す.

表 5.2　代表的な回線仕様

仕　様	定　義
最大距離	回線の最大稼働距離
データレート	送信データのビットレートあるいは送信シンボルの伝送速度
ビットエラーレート	誤って受信されたビットの割合
角度追随速度	最大の角度追随速度と送信または受信アンテナの角加速度
気象条件	回線がその他の仕様を満足できるという条件下の降雨の状態
対妨害能力	回線が仕様を完全に満足できるという条件下の妨害信号対受信信号比
対送信欺まん能力	敵による偽データの挿入を防止するシステムの認証手段

5.5.2　回線マージン

回線マージンとは, 受信信号電力が受信感度を上回る量のことで,

$$M = P_R - S$$

で与えられる. ここで, M は回線マージン〔dB〕, P_R は受信システム入力部に

おける信号強度〔dBm〕，S はアンテナからのすべてのケーブル損失の影響を含めた受信アンテナ出力部における受信システムの感度〔dBm〕である．

　受信信号電力は，ERP，伝搬損失，および受信アンテナ利得の関数で，

$$P_R = \mathrm{ERP} - L + G_R$$

で与えられる．ここで，ERP は送信アンテナの指向誤差による利得減少の修正やレドーム損失を含む送信アンテナの実効放射電力〔dBm〕，L は送信アンテナと受信アンテナ間の見通し線伝搬損失（propagation loss），平面大地伝搬損失（two-ray propagation loss; 2 波伝搬損失），回折損失（diffraction loss），大気損失（atmospheric loss），降雨損失（rain loss）などの伝搬損失（すべて dB 単位），G_R はレドーム損失やアンテナ損失および指向誤差に起因する利得減少を含む受信アンテナ利得である．

　動的状況でシステムの全般的な将来性能を予測するのに使用される三つの重要な伝搬損失モデルについては，第 6 章で説明する．

　図 5.22 に，送信アンテナにおけるアンテナ指向誤差を示す．これと同じ位置関係は，送信機に完璧に指向されていない受信アンテナにも適用される．傍受や妨害位置と関わり合いを持つ電波伝搬についての前著 [3]（第 3 章）の議論では，受信機方向の送信アンテナ利得や送信機方向の受信アンテナ利得について説明した．この利得は，妨害や傍受計算式に用いられている．その説明においては，レーダのサイドローブではなく主ビームに対する妨害や傍受を主に話題にしていた．今回は，われわれはほとんどの場合，回線のアンテナの主ビームの中に位置しているが，アンテナのボアサイトからはわずかな角度だけ離れている．ボアサイトに対する利得低下は妥当な精度で計算できるが，通常は，アンテナの利得パ

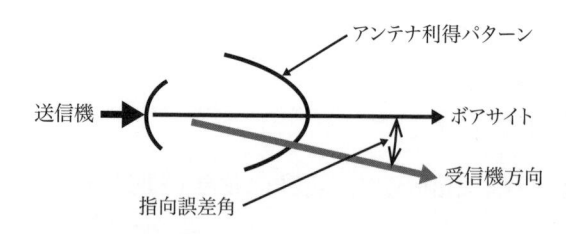

図 5.22　受信機方向の送信アンテナ利得は，ボアサイト利得よりオフセット角で決定される係数だけ低減される．

ターンをメーカから入手して，仕様書にある最大アンテナ指向誤差に相当するボアサイトからの角度における利得低下を算出するほうがより実用的である．

5.5.3　感度

受信機の感度は，第 6 章に説明しているように，次式で計算できる．

$$\text{Sens}\,[\text{dBm}] = \text{kTB}\,[\text{dBm}] + \text{NF}\,[\text{dB}] + \text{RFSNR}\,[\text{dB}]$$

ここで，kTB は受信機の内部雑音であり，受信機入力に関係する．

大気中では，kTB の一般式は $-114\text{dBm} + 10\log(\text{帯域幅}/1\text{MHz})$ である．これは受信機では 290K を前提としている．

システムの雑音指数（noise figure）NF は，受信システムによって前記の kTB に加えられる雑音量であり，元の受信機入力に関係する．

RFSNR は検波前 SNR である．これを出力 SNR と区別するために，一部の文献では CNR（carrier-to-noise ratio; 搬送波対雑音比）と呼ばれている．ここで留意すべき点は，計算に用いられる信号電力は，単なる搬送波電力ではなく検波前信号電力の総量であることであり，これが，EW101 シリーズで RFSNR を使用している理由である．

デジタル回線では，RFSNR は，図 5.23 に示す E_b/N_o と呼ばれる比の関数とし

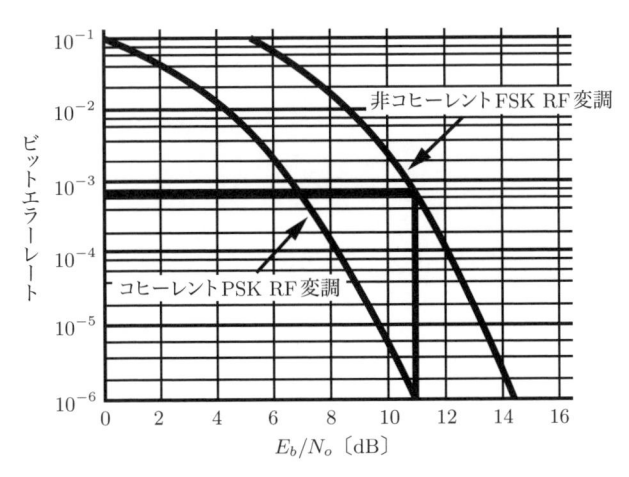

図 5.23　復調されたデジタル信号のビットエラーレートは，E_b/N_o の関数である．

てビットエラーレートと関わり合いを持っている．この図には二つの代表的な曲線が表されている．しかしながら，個別の回線に使われる実際の曲線は，データ伝達に用いられるデジタル変調法によって決まる．

5.5.4　E_b/N_o vs. RFSNR

E_b/N_o は，ビット当たりのエネルギー（すなわち，等価雑音帯域幅（equivalent noise bandwidth）の 1Hz 当たりの雑音）を雑音密度で割ったものである．まず，分子は，

$$E_b = \frac{S}{R_b}$$

である．ここで，S は受信信号電力（図 5.21 の P_R），R_b はビットレート〔bps〕である．これは，送信されたすべてのビットではなくデータビットのことを言っている（言い換えれば，同期ビットや誤り訂正ビットではない）ことに注意しよう．次に分母は，

$$N_o = \frac{N}{B}$$

である．ここで，N は受信機内の雑音（すなわち，kTB ＋雑音指数）であり，B はシンボルレート（symbol rate; シンボル伝送速度）に等しいと近似できる等価雑音帯域幅である．

したがって，E_b/N_o は次式で RFSNR と結び付けられる．

$$E_b/N_o = \frac{SB}{NR_b}$$

この式は，デシベル形式では，

$$E_b/N_o〔dB〕 = \text{RFSNR}〔dB〕 + \frac{B}{R_b}〔dB〕$$

となる．

5.5.5　最大距離

最大距離とは，受信信号が感度＋規定された動作マージンと等しくなる距離のことである．ここで留意すべき点は，マージンと最大距離との間にトレードオフ

が存在していることと，今のところ本書では気象に関係する損失はどれも無視している。ことである．最大距離を求めるために，5.5.2 項の受信電力式から始めよう．その後，損失項 (L) を使用する伝搬モデルに拡張しよう．ほとんどの回線では，これは以下の受信電力式を構成する見通し線モデルとなる．

$$P_R = \mathrm{ERP} - 32 - 20\log(d) - 20\log(F) + G_R$$

ここで，P_R は回線の受信機に入力される信号の強度〔dBm〕，d は回線距離〔km〕，F は使用周波数〔MHz〕，G_R は受信アンテナの利得〔dB〕である．

ERP 値と G_R 値はどちらも，使用するアンテナの指向誤差によって低減される．次に，P_R を感度 S〔dBm〕＋ 所要回線マージン M〔dB〕と置く．

すると，上式は次のとおりとなる．

$$S + M = \mathrm{ERP} - 32 - 20\log(d) - 20\log(F) + G_R$$

これを距離項について解くと，

$$20\log(d) = \mathrm{ERP} - 32 - 20\log(F) + G_R - S - M$$

となる．

次に，$20\log(d)$ 項を距離について解くと，これが最大距離〔km〕となる．

$$d = \mathrm{antilog}\left(\frac{20\log(d)}{20}\right) \text{ または } 10^{\frac{20\log(d)}{20}}$$

5.5.6　最小回線距離

最小回線距離についても考察する必要がある．これは，回線の受信システムのダイナミックレンジと角度追随速度（angular tracking rate）によって左右される．ダイナミックレンジとは，受信機が飽和せずに正確に動作できる受信電力の範囲のことである．第 6 章で，ダイナミックレンジを EW と偵察システムに適用する場合について説明する．これらのシステムは，強力な干渉信号が存在している中で弱い信号の受信を可能にするため，広い瞬時ダイナミックレンジを持つ必要があり，また，一般的に自動利得制御（AGC）を含めることはできない．しかしながら，データ回線用受信機は，それが対象とするデータ信号のみを受信する

ように作られているので，AGC を使用して極めて広い範囲の受信信号強度レベルで動作することができる．回線の角度追随速度については，5.5.9 項で説明している．

5.5.7　データレート

　データレートとは，その回線で伝達可能な毎秒のデータビット数のことである．図 5.24 に示すように，同期，アドレス，およびパリティあるいは誤り訂正（EDC）用のビットなどがありうるので，データレートは毎秒送信されるすべてのビット数ではないことに注意しよう．これは帯域幅と関わりがある．一般に，伝送帯域幅とは，図 5.25 に示すようなデジタルスペクトルの 3dB 帯域幅のこと

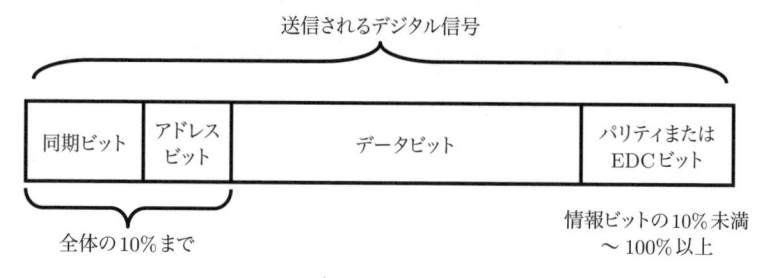

図 5.24　送信されるデジタル信号には，データビットに加え，同期，アドレス，およびパリティまたは EDC ビットが含まれる．

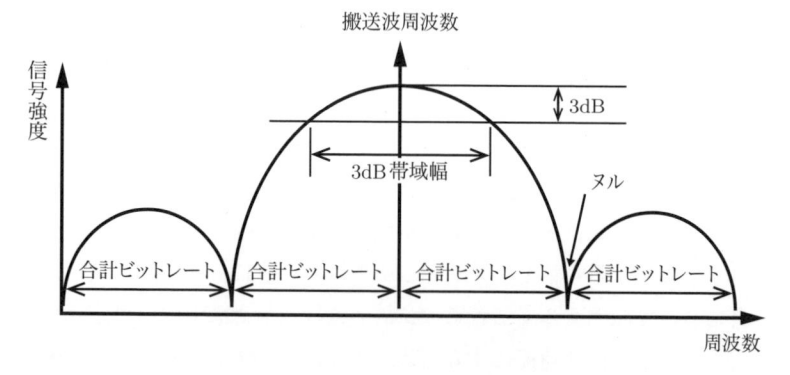

図 5.25　デジタル信号における一般的な伝送帯域幅とは，全デジタル信号のデジタル信号スペクトルの 3dB 帯域幅のことである．

である。これを 5.5.3 項の感度の説明に関して言えば，この帯域幅は kTB の "B" である．

5.5.8 ビットエラーレート

ビットエラーレートとは，不正確に受信されたビット数と送信された全ビット数の比率のことである．5.5.4 項で E_b/N_o の定義を取り上げたが，この説明で明確にした検波前 SNR（RFSNR）は感度計算の一部である．

5.5.9 角度追随速度

回線の角度追随速度仕様は，回線利用のための位置関係に関連している．図 5.26 に示すように，回線の端末の一方または両方が移動プラットフォームに搭載されており，かつそれらのアンテナが狭ビームアンテナであれば，そのようなアンテナの搭載架台は，最小指定距離において，もう一方の回線端末を最大クロスレンジ（cross range）速度で追随できなければならない．この図は，固定式の回線用送信機（link transmitter）と移動中の回線用受信機（link receiver）を説明したものである．これは，固定受信機と移動送信機との間，あるいはその両要素ともに移動していても同様に使用できる．

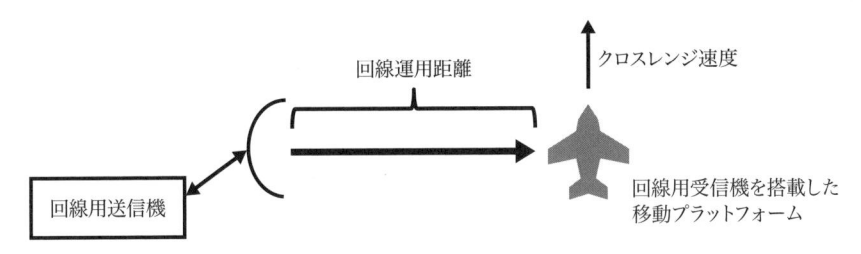

図 5.26 回線の所要角度追随速度は，対向する回線端末の最大クロスレンジ速度と最小行動半径の関数である．

5.5.10 追随速度 vs. 回線帯域幅とアンテナの種類

移動プラットフォームと連接する回線の選択における重要な要素の一つが，狭ビームアンテナに関する必要条件である．伝送データレートが所要伝送帯域幅を決定し，受信感度は帯域幅に反比例して変化するので，広帯域回線が適正な回線

性能を達成するには，送信端末または受信端末（あるいはその両方）にかなりの
アンテナ利得が必要となることがある．アンテナ利得の増加にはアンテナのビー
ム幅の縮小が伴い，これによってアンテナの指向精度の緊要度が強まる．

　一般に，低データレート回線では，移動プラットフォームには単純なダイポー
ルアンテナ，またはそれと類似したアンテナが，また固定回線の端末には比較的
広ビームのアンテナが実装されうる．これによってアンテナの照準問題が最小限
に抑えられる．一方，広帯域回線では両端末に指向性アンテナが必要になること
がある．この場合，アンテナの指向要件は重要な課題となりうる．

5.5.11　気象条件

　最初に，大気減衰（atmospheric attenuation）について考えてみよう．図 5.27
は，周波数に応じた 1km ごとの大気減衰を示している．この図には大気減衰曲
線が 2 本あることに注目しよう．一つは標準大気状態におけるものである．この
曲線は，大気 $1m^3$ 当たり 7.5 グラムの水分を保持する湿度レベルを想定したもの
である．もう一つは，乾燥大気状態（すなわち，$1m^3$ 当たり 0 グラムの水分）の
場合の曲線である．極度の乾燥大気内では，高域周波数における損失が標準大気
におけるものよりかなり低くなることに注意しよう．どちらの曲線を使用するに
も，周波数の目盛りから使用する線まで上方にたどり，次に km 当たりの損失の

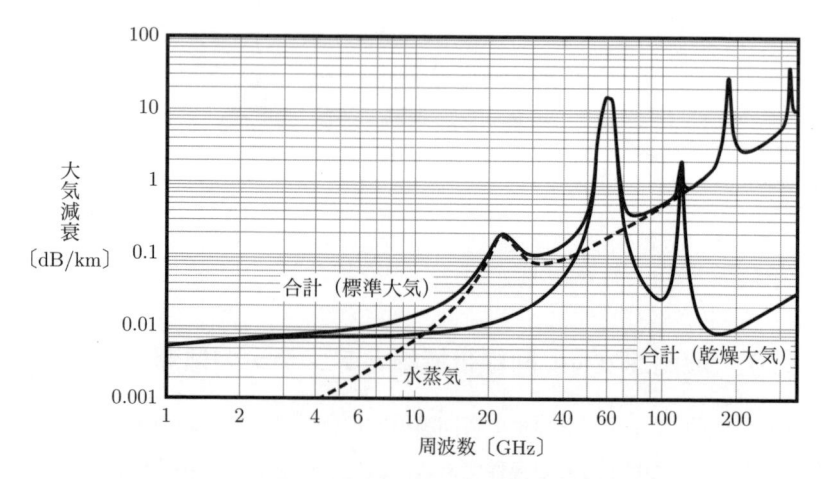

図 5.27　大気減衰は周波数と湿度に応じて変化する．

目盛りまで左へ進む．大気内の回線損失（link loss）は，この数値に規定の回線の最大稼働距離を乗じたものとなる．

　回線が地上あるいは地表面に近いプラットフォームから衛星までの場合は，図 5.28 を適用する．これは，衛星の仰角に応じて全大気を通過する際の損失である．

　これから，降雨について見てみよう．図 5.29 は，さまざまな降雨率（rain rate）における km 当たりの損失を示している．この場合もやはり，周波数の目盛りから使用する曲線まで上がり，次に，回線がその降雨率の雨域を通過する際の km 当たりの損失を示す左の目盛りへ進む．

　ある回線の降雨損失マージンを規定する際は，降雨率をどの程度に見積もるべきかという問題も存在する．一般的なやり方では，回線の稼働率の仕様から始める．例えば，この回線を時間稼働率 99.9%，すなわち不稼働率 0.1%（1 日当たり 1.44 分）となるように仕様を決めることがある．地上のおおむねどの地域でも，

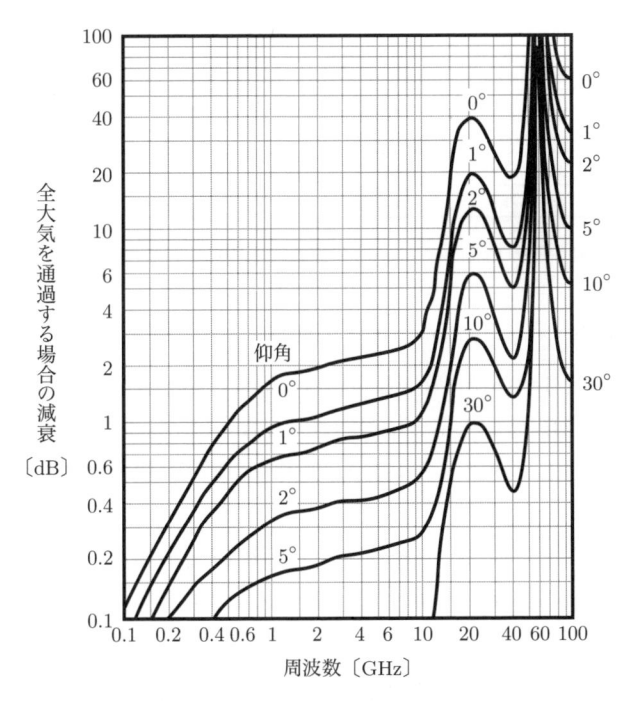

図 5.28　衛星から地上への回線の大気損失は，周波数と衛星の仰角に応じて変化する．

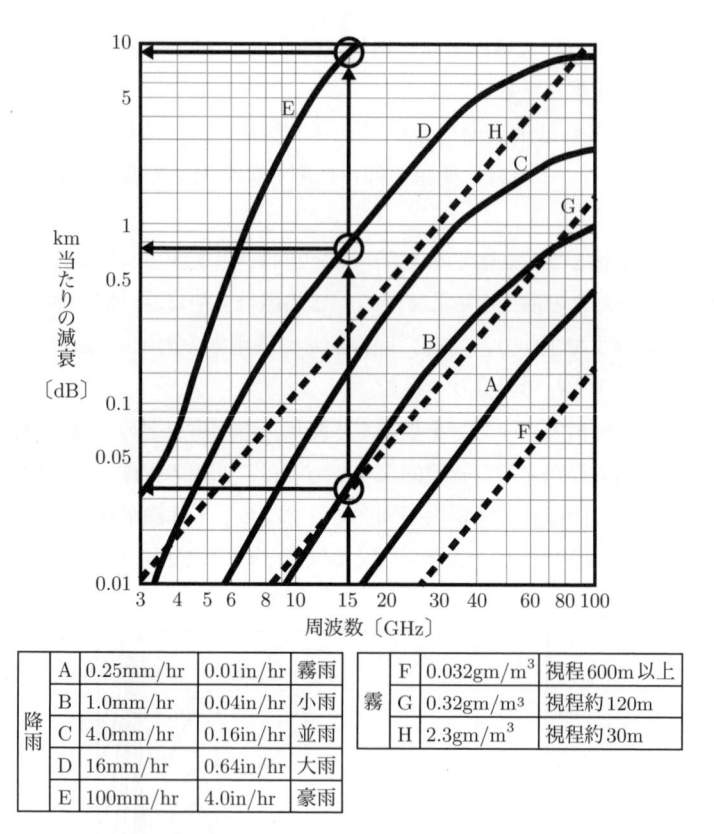

図 5.29　降雨損失は，周波数と降雨率に応じて変化する．

降雨	A	0.25mm/hr	0.01in/hr	霧雨		F	0.032gm/m^3	視程600m以上
	B	1.0mm/hr	0.04in/hr	小雨	霧	G	0.32gm/m^3	視程約120m
	C	4.0mm/hr	0.16in/hr	並雨		H	2.3gm/m^3	視程約30m
	D	16mm/hr	0.64in/hr	大雨				
	E	100mm/hr	4.0in/hr	豪雨				

特定の降雨率が起こりうる時間率を示す豊富なオンラインデータが存在する．時間の 0.1% に対するかなり一般的な数値は，およそ 20mm/hr である．この値が，読者の使用する回線の地上部分に適用されるならば，図 5.29 の線 D（あるいは曲線 D の少し上）を使用し，次に，km 当たりの損失に最大回線距離を掛けるとよい．

　回線が衛星に達する場合，地上あるいは地表面に近い端末から，温度が 0°C になると推定される高度までの経路長を計算する必要がある．この高度の表とグラフは，オンラインで見つかる．稼働率 99.9% の場合，0°C 等温線（isotherm）は，25° より低い緯度では約 5km の高さ，緯度 70° では 1km まで下がってくる．降雨域内の経路長は，次式で計算される．

$$D_{\text{RAIN}} = \frac{\Delta El}{\sin(E)}$$

ここで，D_{RAIN} は降雨による減衰が適用される経路長，ΔEl は低位置のプラットフォームと 0° 等温線との間の高度差，E は低位置のプラットフォームから衛星までの仰角である．

D_{RAIN} が計算されたら，図 5.29 から決定される km 当たりの降雨減衰量にこの距離を掛ければよい．

5.5.12 対送信欺まん防護

敵が偽の情報を渡すために我がデータ回線に侵入できないようにすることは，極めて大切なことである．この問題への一般的な対処法は，認証を求めることである．最も簡素な音声回線ですら，ユーザがネットワークに情報の入力をするためには，あらかじめパスワードが要求される．このことは，同様にデジタル回線への手動入力にも適用される．多数ユーザの高デューティサイクルのデジタルネットワークに対しても，これと同じやり方が利用できる．しかしながら，敵にパスワードを見つけ出す能力があれば，情報漏洩の重大な危険性にさらされる．

非常に一般的かつ極めて有効な認証の形式は，暗号化である．高水準の暗号化がなされていれば，敵が仮にも通信網に侵入することはできそうにない．このやり方はまた，通信文の保全にも重要な役割を果たす．

5.6 対妨害マージン

データ回線の妨害に対する防護には，以下を含めていろいろな方法を用いることができる．

- 送信機の ERP の最大化
- 狭ビームアンテナの活用
- 回線の送信機以外の方向から受信される信号のヌル化
- スペクトル拡散変調の使用
- 誤り訂正符号の採用

妨害効果は，妨害対信号比（J/S）の観点で評価される．J/S（一般に dB 単位

で記載される）が高いほど，妨害が勝る．ERP を最大化するには，"S" を増加さ
せることによって，J/S を低下させる．狭ビームアンテナはおそらく被妨害回線
の送信機に指向されているだろうから，妨害信号を，主ビームよりはるかに低い
利得しか持たないアンテナのサイドローブを通して受信機に入り込ませざるを得
なくなる（すなわち，"J" が低下する）確率が増加する．

　図 5.30 に示すように，サイドローブキャンセラ（SLC）は，サイドローブの方
向に利得を持つアンテナを持っている．この専用アンテナで通常の回線用アンテ
ナより強力に受信された信号はどれも，受信した回線の信号に加える目的で位相
を反転させた複製を作り，それによって妨害信号を相殺（cancellation; キャンセ
ル）（あるいは，大幅に低下）させる．受信した妨害信号の削減は，選択方向に
多数のヌルを作り出すことができるフェーズドアレイアンテナにも実装されるこ
とがある．

　スペクトル拡散信号について第 2 章で，またその詳細について第 7 章で説明し
ている．説明している三つの技法（周波数ホッピング，チャープ，直接スペクト
ル拡散）のそれぞれは，回線の情報の伝達に必要とされるよりはるかに広い周波
数範囲にわたって，（擬似ランダム的に）送信信号を拡散する．受信機は，受信
した回線信号の擬似ランダム拡散を元に戻し，ひいては処理利得をもたらす．こ
の利得は受信した回線信号を強めるが，妨害信号は，我が回線の送信信号に加
えられている擬似ランダム関数を有しないので，妨害信号を強めることはない．

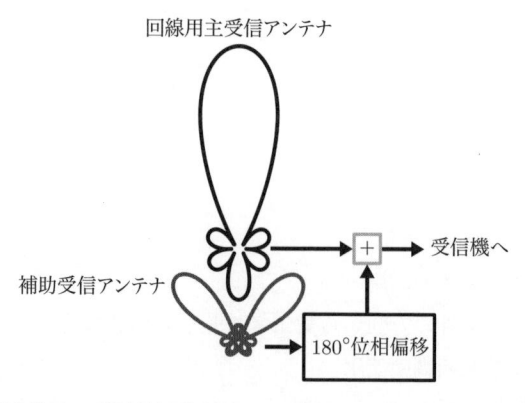

図 5.30　妨害信号の受信信号電力は，サイドローブキャンセラで低減できる．

妨害信号は大幅に減衰して逆拡散装置（despreader）を出ていくので，この処理は J/S を減少させることになる．処理利得によってもたらされる妨害マージン（jamming margin）を求める公式は，

$$M_J = G_P - L_{\text{SYS}} - \text{SNR}_{\text{RQD}}$$

である．ここで，M_J は妨害マージン〔dB〕，G_P は処理利得〔dB〕，L_{SYS} はシステム損失〔dB〕であり，これらはしばしば 0 に設定される．また，SNR_{RQD} は回線の正常な稼働に必要な（すなわち，妨害を上回る）SNR〔dB〕である．

5.7 回線マージンの仕様

回線マージンとは，本来の回線の適切な連接性にふさわしい受信機の最小信号レベルと，その回線構成で実際に受信される信号レベルの差のことである．

表 5.3 に，回線マージンを計算する際に考慮すべき事項を示す．この表は，参

表 5.3 回線損失配分

回線マージン入力項目	回線マージン小計	RSP と RSS	正味のマージン
＋送信電力 －送信機損失 ＋送信アンテナの利得 －送信機のレドーム損失	実効放射電力（ERP）：左欄の各項目値の合計	受信信号電力（RSP）：左欄の各項目値の合計	正味の回線マージン（NLM）：RSP－RSS
－経路損失 －送信アンテナの指向誤差 －降雨損失（0.999） －マルチパス損失 －大気損失	全経路損失（TPL）：左欄の各項目値の合計		
－受信レドーム損失 ＋受信アンテナ利得 －受信偏波損失 －受信機損失 －受信アンテナの指向誤差	合計受信利得（TRG）：左欄の各項目値の合計		
＋受信機の雑音指数 ＋kTB ＋検波前信号対雑音比	受信システムの感度（RSS）：左欄の各項目値の合計	左欄の値（RSS）	

考文献 [2] にある類似の表を作り替えたものである.

　本表の小計項目は,以下の二つの数式から得られる.

$$RSP = ERP - TPL + TRG$$

ここで,RSP は受信信号電力(received signal power),ERP は実効放射電力,
TPL は全経路損失(total path loss),TRG は合計受信利得(total receiver gain)
である.次に,NLM は次式から得られる.

$$NLM = RSP - RSS$$

ここで,NLM は正味の回線マージン(net link margin),RSP は受信信号電力,
RSS は受信システムの感度(receiver system sensitivity)である.

5.8　　アンテナ照準損失

　アンテナの照準ずれに対して回線損失配分量を決定する最も正確な方法は,
メーカからアンテナの利得パターンを入手し,照準精度仕様値に相当するボアサ
イトからの角度の利得における,ボアサイト利得に対する相対的な利得の損失量
を読み取ることである.これはこれで良い考えではあるが,理想的なパラボラア
ンテナの指向誤差に対比して損失を求める公式があると便利である.次式は,波
長とアンテナ直径に応じた 3dB 帯域幅を求める公式である.

$$\alpha = \frac{70\lambda}{D}$$

ここで,α は 3dB 帯域幅〔°〕,λ は波長〔m〕,D はアンテナの直径〔m〕である.
　波長より使用周波数を入力するほうが便利な場合,この式は次のようになる.

$$\alpha = \frac{21{,}000}{DF}$$

ここで,α は 3dB 帯域幅〔°〕,F は使用周波数〔MHz〕,D はアンテナの直径〔m〕
である.
　誤差角と 3dB 帯域幅の関数として(比較的小さなオフセット角に対する)利得
減少量を求める式は,

$$\Delta G = 12 \left(\frac{\theta}{\alpha} \right)^2$$

である．ここで，ΔG はアンテナの照準ずれによる利得減少量〔dB〕，α は 3dB 帯域幅〔°〕，θ はアンテナ指向精度〔°〕である．

周波数，アンテナの直径，およびアンテナ指向精度の関数として利得減少量を求めるための使いやすい dB 計算式は，

$$\Delta G = -0.565 + 20 \log(F) + 20 \log(D) + \theta^2$$

である．ここで，ΔG はアンテナの照準ずれによる利得減少量〔dB〕，θ はアンテナ指向精度〔°〕，F は使用周波数〔MHz〕，D はアンテナの直径〔m〕である．

5.9 画像のデジタル化

ネット中心の戦いにおける重要な問題の一つは，画像による情報にアクセスする必要があるオペレータや意思決定者の位置へ，情報発生地点から画像データを伝送する方法である．画像には，電磁スペクトル，すなわち可視光（visible light），赤外線（IR），紫外線（UV）の広い範囲が含まれる．

画像の記録には，二つの基礎的アプローチがある．一つの方法は，図 5.31 に示すように，ラスタスキャン（raster scan; ラスタ走査）によって，一つの領域をスキャンすることである．この技法では，（IR，UV，または可視光の）単一センサ（あるいはセンサ一式）が対象角度領域に指向される．ラスタ内の走査線は，画像の垂直方向の所望解像度を与えるのに十分な線間距離を持つ．その水平解像度

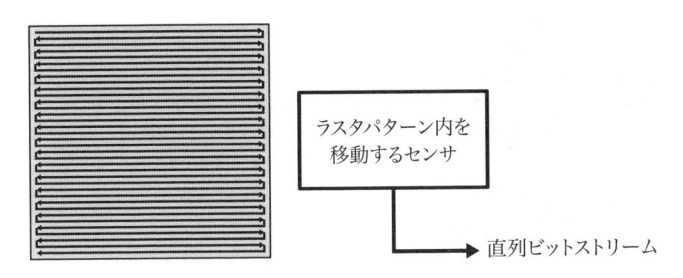

ラスタパターン内を
移動するセンサ

→ 直列ビットストリーム

図 5.31 ラスタスキャンを用いて画像が感知されると，それぞれのピクセル内の各色の輝度は，直列ビットストリームにデジタル化される．

は，センサが提供するデータの標本間の角運動によって決まる．

アナログビデオでは，この抽出データは，記録される各像の開始位置にフレーム同期パルスを持ち，また，ラスタパターンの各ラインの開始位置に水平同期パルスを持つ．民間テレビジョン（米国内）においては，ラスタ内に 575 本のラインがあり，ラインごとに 575 のサンプルが取り込まれる．1 ラインおきに（交互に）毎秒 60 回送られる．これによって毎秒 30 枚の全体像が記録される．欧州では，625 本のラスタラインとライン当たり 625 のサンプルが存在する．1 ラインおきに毎秒 50 回送られ，全体像が毎秒 25 枚得られる．人間の眼は新しい画像をせいぜい毎秒 24 枚しか見られないので，どちらのデータもフルモーションビデオに見える．このアナログビデオ信号は，フルカラーで 4MHz 弱の帯域幅を必要とする．スキャンしたセンサ出力をデジタル化することによって，デジタルビデオ信号が作り出される．

図 5.32 に，画像データを記録する別の方法を示す．この場合は，一つのアレイ内に多数の画像センサが存在する．各センサは画像の 1 ピクセルを記録する．これらのセンサ出力は逐次抽出され，デジタル化されて，伝送に適した直列のデジタル信号を作る．

このデジタル信号のビットレートは，次式によって決定される．

$$\text{ビットレート} = \text{毎秒フレーム数} \times \text{フレーム当たりのピクセル数}$$
$$\times \text{ピクセル当たりのビット数}$$

標準の最大解像度のデジタルビデオ信号は，各ピクセルにつき 16 ビットを用い，画像当たり 720×486 のピクセルを持つ．これは画像当たり $720 \times 486 \times 16$ ビットとなる．

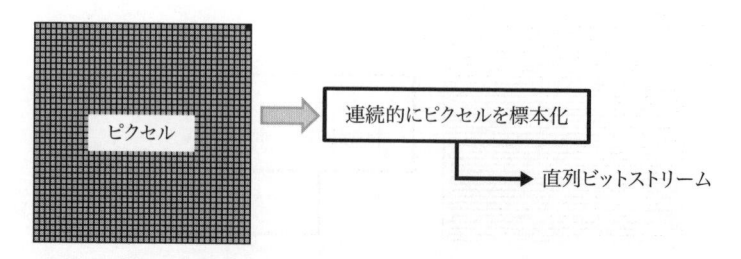

図 5.32　画像センサにセンサアレイがある場合は，各色の輝度はピクセルごとにデジタル化され，直列のビットストリームとして出力される．

米国では毎秒 30 フレームを使っているので，167,961,600bps のビットレートが必要になる．欧州では毎秒 25 フレームを使っているので，139,968,000bps が必要になる．

このデジタルデータを伝達する変調方式は，かなり多くの回線帯域幅を必要とする場合がある．このデータレートを低下させるさまざまな方法について考察しよう．

5.9.1 ビデオ圧縮

所要帯域幅を減らすことができる基本的な方法がいくつかある．その一つの方法は，アナログビデオを送信することである．残念ながら，この選択肢には，アナログ信号を安全に暗号化することが極めて難しく，また，多重伝送が必要な長距離伝送を行う場合にその品質が大幅に低下するという欠点がある．デジタルビデオが使用される場合は，所要データレート（したがって，帯域幅）は，以下のようないくつかの技法を用いて減らすことができる．

- フレームレートを減らすこと．
- データ密度（data density）を減らすこと（つまり，解像度を落とすこと）．
- 覆域の角度範囲を（同じ解像度のままで）狭めること．
- 眼はクロミナンス（chrominance; 色）の 2 倍の解像度でルミナンス（luminance; 輝度）を感知するという事実をうまく利用すること．これによって，色当たり 8 ビットの解像度のフルカラーを，ピクセル当たりわずか 16 ビットで記録することが可能になる．
- デジタルデータ圧縮用のソフトウェアを使用すること．

基本的なデジタル圧縮技法には，以下の三つがある．

- 直接コサイン変換（direct cosine transform; DCT; 直接余弦変換）圧縮：デジタルワード 1 語を書き込んで，記録される画像の 8 × 8 区画を表す．これは極めて成熟した技法である．受信デジタル信号の SNR が悪化するにつれて，その画像は割れて四角ブロックになる．たった一つのビットエラーが 64 ピクセルを壊し，ある状況下では画像全体を壊してしまうので，再同期のために複数フレームが必要になることがある．したがって，DCT

圧縮を用いるシステムには，通常，順方向誤り訂正を組み込む必要がある.

- ウェーブレット圧縮（wavelet compression）：一続きの 1 を単一の 1 に置き換えるやり方で，画像に一連の高域フィルタ操作を行うものである．この操作を 10 回ないし 12 回繰り返すと，画像全体の圧縮されたデジタル画像が生成される．このやり方では，一つひとつのビットエラーは画像全体を少しぼやけさせる作用を持つ．これは，一般に，順方向誤り訂正が必ずしも好都合とはならないことを意味している.

- フラクタル圧縮（fractal compression）：画像を幾何学的図形に分けて，各図形の密度，色および配置を表すデジタルビットストリームを生成する．この技法には，多量のメモリと処理能力が必要である．この圧縮技法の性能は，DCT やウェーブレット圧縮と変わらないが，画像の相当な引き伸ばしを可能にするという利点がある.

これらの技法のそれぞれは伝送に必要なデータレートを低減するので，所要回線帯域幅を減らすことになる．これら三つの技法はすべて，ビデオの各フレームを圧縮し，そのことがデジタルデータから情報を再生するために効率的な編集や分析を可能にする．圧縮比（compression ratio）は，再生されるビデオの要求品質にもよるが，通常 30〜50 の比率とされる.

時間的圧縮（temporal compression）には，フレームとフレームの間の冗長データの除去が伴う.

この圧縮手法を使って，極めて高い圧縮比を達成することができる．欠点はデジタル編集が非常に難しくなることである.

5.9.2　順方向誤り訂正

伝送されるデジタル信号を追加ビットと一緒に符号化することによって，ある限度までのビットエラーを検出したり，それらのビットエラーを受信機で訂正したりすることが可能となる．追加ビットが多く組み込まれるほど，より多くのビットエラーを訂正することが可能になる．これらの付加ビットは，伝送ビットレート，ひいてはその所要回線帯域幅を増やすことになる.

5.10 各種符号

以下の各種の符号は，最新の通信や EW に広く用いられている．すなわち，

- 暗号化
- 周波数ホッピングシーケンス
- チャープ信号の擬似ランダム同期
- ダイレクトシーケンスチップ生成

などである．

これらを利用する際，符号はランダムに生成されているように見える．それら は以下の特性を持つ最大周期 2 値系列（maximal length binary sequence）を含ん でいる．

- 繰り返し前は $2^n - 1$ ビットである．ここで，n は符号生成に要するシフト レジスタの数である．
- 同期する場合は，一致するビットの数は符号内のビット数に等しい．
- 同期しない場合は，一致するビット数から一致しないビット数を差し引く と -1 である．

表 5.4 に，いくつかのシフトレジスタの段数に対する繰り返し前の符号長を示 す．符号の安全性は，符号長に関係していることに注意しよう．軍用システムや 軍用アプリケーションにおけるだいたいの目安は，安全性が重要な場合，通常の 運用において一つの符号を次に使用するまで 2 年は間を空けることである．

表5.4 シフトレジスタ段数に対する符号長

段	符号長
3	7
4	15
5	31
6	63
7	127
31	2,147,483,647

　図 5.33 は，線形で 7 桁のバーカコード 1110100 を生成するシフトレジスタの構成を示す．ここには 3 段のシフトレジスタとモジュロ 2（modulo 2）加算器が付いた一つのフィードバックループがあることに注意しよう．任意の所望仕様に応じて，より多くのフィードバックループがありうる．すべてのフィードバックループに 2 進加算器を使用することは線形符号の特徴であるが，これは必ずしも安全性が問題にならない場合に使用される．

　非線形符号においては，フィードバックループはデジタルの AND ゲート，OR ゲートなどの回路を用いる．これらは安全性が重要な場合に使用される．

　演算が開始される際，図 5.33 のすべてのシフトレジスタは 1 の状態にある．図 5.34 は，各クロックサイクルとシフトレジスタ段それぞれの状態を各クロック

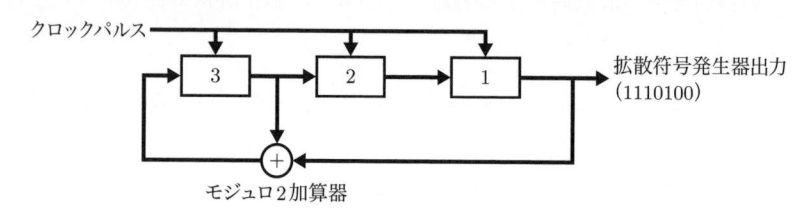

図 5.33　3 段のシフトレジスタ生成器は，7 ビット符号系列を生成する．

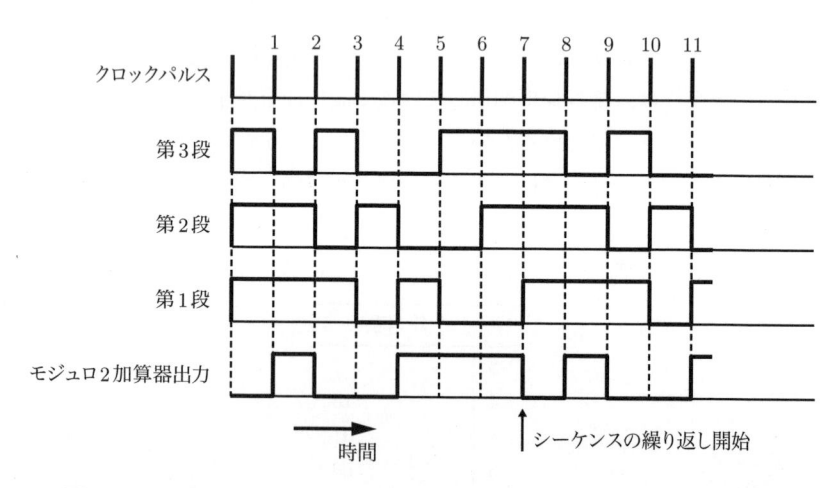

図 5.34　3 段のシフトレジスタ生成器では，クロックパルスのタイミングでそのサイクルごとに，各段とモジュロ 2 加算器の状態が次の段に移される．

サイクルとともに示している．符号は7サイクル後にそれ自体を繰り返す．各クロックサイクルの後に，第3段の状態は第2段にシフトされ，第1段と第3段の2進和は第3段に入力される．この処理では繰り上げはない．つまり，$1 + 1 = 0$ となり，1は次のレジスタ段に繰り上がることはない．

さて，3段の各状態を示す図5.35と表5.5について考える．これらの3ビットで，2進化8進数を形成している．表の周波数ステップの列において，（第1段の出力で，ここで挙げた1110100符号を生成する）最初の7クロックサイクルは，1〜7のランダムな数列を生成する8進数であることに注意しよう．この一続き

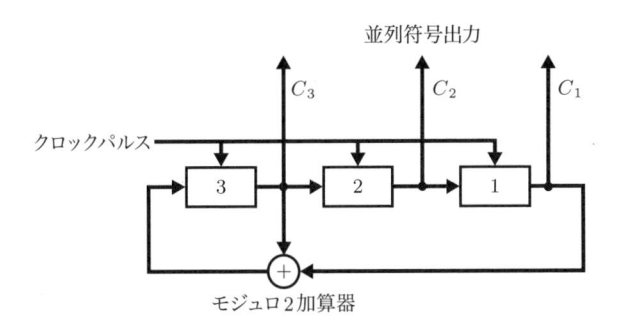

図 5.35　3段の各状態は，クロックサイクルごとに，擬似ランダムに選択された一連の数字を表す一つの8進ワードを形成する．

表 5.5　3段のシフトレジスタ生成器の状態遷移．この表の右欄は，中央の欄の8進符号で形成される1〜7の間の擬似ランダム系列となる．

ホップ時間	2進符号			周波数ステップ
	C_3	C_2	C_1	
1	1	1	1	7
2	0	1	1	3
3	1	0	1	5
4	0	1	0	2
5	0	0	1	1
6	1	0	0	4
7	1	1	0	6
8	1	1	1	7
⋮	符号の繰り返し			⋮

の8進符号は，周波数ホッピング無線機のシンセサイザに，カウントダウン値を
設定するのに使用される．これが，ホッピング周波数の擬似ランダム選択をもた
らす．

参考文献

[1] Dixon, R., *Spread Spectrum Systems with Commercial Applications*, Wiley-Interscience, 1994.

[2] Seybold, J., *Introduction to RF Propagation*, Wiley, 1958.

[3] Adamy, D., *EW101: A First Course in Electronic Warfare*, Artech House, 2001.
【邦訳】河東晴子, 小林正明, 阪上廣治, 徳丸義博 訳, 『電子戦の技術 基礎編』, 東京電機大学出版局, 2013.

第6章

在来型の通信脅威

6.1　はじめに

　本章の主要な焦点は，電波伝搬の基礎，および，それをどのように通信電子戦（communications electronic warfare; 通信 EW）に適用するかにある．この題材は本書の他の多くの個所に引用されている．

　それ以外の本章の題材は，通常の通信信号の傍受，電波源の位置決定，および妨害に関連している．その EW は，主として低被傍受/探知確率信号など，第7章で取り上げるさらに複雑な信号に対しても同様に働く．

6.2　通信電子戦

　電子戦とは，我が部隊における電磁スペクトルの利益を確保しつつ，敵にそれらの利益を与えないようにする術および学である．これは全スペクトルについて言えることである．本シリーズでは，戦術通信（tactical communication）に最もよく利用されるスペクトル部分に焦点を合わせている．本書では，軍用の固定無線通信（point-to-point radio communication）だけではなく，基地局と遠隔の軍用アセットとの間の指令回線やデータ回線，多数の受信機への放送伝達，武器の遠隔起爆なども戦術通信としている．

　超短波（VHF），極超短波（UHF）や低域マイクロ波帯における電波伝搬の簡単な復習から始め，その後，それらの帯域での電子戦支援（ES），電子攻撃（EA）および電子防護（EP）のいくつかの原則と実例を取り上げる．

6.3　　片方向回線

レーダに対する電子戦と通信に対する電子戦との最も印象的な差異は，レーダが一般に双方向回線を利用していることにある．すなわち，（必ずしもそうとは限らないが）ほとんどの場合，送信信号は目標から反射されてくるので，信号を相手にする送信機と受信機が同じ位置に存在するということである．通信では，送信機と受信機は異なった場所にある．あらゆる種類の通信システムの目的は，ある場所から別の場所へ情報を搬送することにある．したがって，図6.1に示すように，通信は片方向通信回線（one-way communication link）を用いる．

　片方向通信回線には，送信機，受信機，送・受信アンテナ，および，それらの二つのアンテナ間の信号に起こるすべての事象が含まれる．図6.2は，この片方向回線方程式を説明するレベル線図である．この図の横軸は縮尺どおりではな

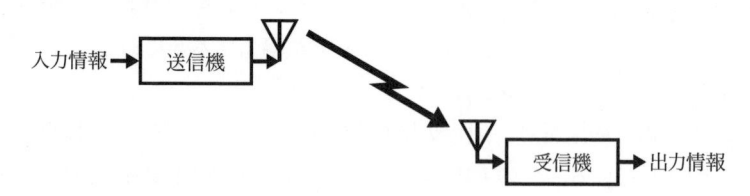

図6.1　片方向通信回線には，送信機，受信機，二つのアンテナ，およびそれらのアンテナ間で発生するあらゆる事象が含まれる．

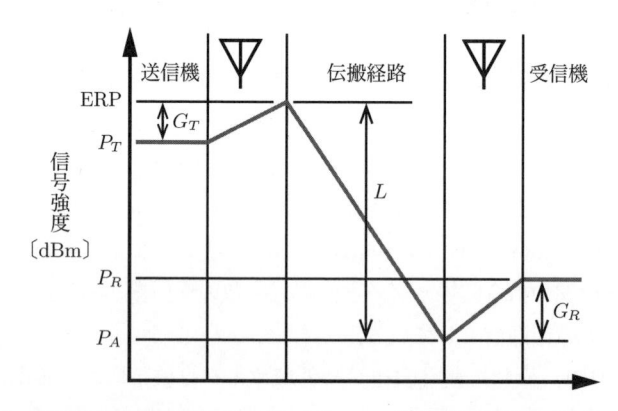

図6.2　片方向回線方程式では，他のすべての回線構成要素に応じて受信電力を計算する．

い．つまり，信号が回線を通過する際に信号のレベルがどうなるかを単に示しているだけである．縦軸の目盛りは，回線内の各時点における信号強度〔dBm〕である．送信電力とは送信アンテナへ入力される電力である．アンテナ利得は正数で示されているが，実際にはどのアンテナも正または負の利得〔dB〕を持ちうる．大事なことを付言すると，ここに示す利得は，受信アンテナ方向のアンテナ利得である．送信アンテナの出力は実効放射電力（ERP）と呼ばれ，dBm 単位で表される．dBm 単位を使用することは，厳密には正しくないことに注意しよう．つまり，この点における信号は電力密度のことであり，正しくはメートル当たりのマイクロボルト〔μV/m〕で表される．しかしながら，（近接場問題（near field issue）を無視して）送信アンテナに隣接して，理論上理想的な等方性アンテナを置いたとすると，そのアンテナの出力は信号強度〔dBm〕となる．仮定した理想的なアンテナにこの技巧を使えば，単位を変換することなく回線全体を通して信号強度を dBm 単位で述べることが可能になることから，これは一般に是認された慣行になっている．信号強度〔dBm〕と電界密度〔μV/m〕との間を相互変換する公式は，次式で表される．

$$P = -77 + 20\log(E) - 20\log(F)$$

ここで，P はアンテナに到来する信号の強度〔dBm〕，E は到来電界密度〔μV/m〕，F は周波数〔MHz〕である．

逆に，到来信号の強度は，次式で電界密度に変換することができる．

$$E = 10^{\frac{P+77+20\log(F)}{20}}$$

ここで，E は電界密度〔μV/m〕，P は信号強度〔dBm〕，F は周波数〔MHz〕である．

信号は，送信アンテナと受信アンテナとの間で伝搬損失による減衰を受ける．各種の伝搬損失については，詳細に説明する．受信アンテナに到来する信号によく使われる記号はないが，後々のいくつかの議論の便宜上，これを P_A と呼ぶことにしよう．P_A はアンテナの外部にあるので，本当は μV/m 単位であるべきであるが，理想的なアンテナと同じ技巧を用いて，dBm の単位を使用する．受信アンテナ利得は正数で表されているが，実際のシステムでは，（dB 単位の）正数または負数のどちらにもなりうる．ここに示されている受信アンテナ利得は，送

信機方向の利得である.

　受信アンテナの出力は，受信システムへの入力〔dBm〕である．これを受信電力（P_R）と呼ぶ．片方向回線方程式では，P_R は残りの回線成分で与えられる．dB 単位では，

$$P_R = P_T + G_T - L + G_R$$

となる．ここで，P_R は受信信号電力〔dBm〕，P_T は送信出力電力〔dBm〕，G_T は送信アンテナ利得〔dB〕，L は総回線損失〔dB〕，G_R は受信アンテナ利得〔dB〕である.

　文献によっては，回線損失は利得として扱われているが，もちろんこれは負数〔dB〕である．この表記法が用いられる場合，伝搬利得は式中で減算ではなく加算される．本書では，一貫して損失を正数〔dB〕として扱うことにする．したがって，回線方程式では損失を減算することになる.

　すなわち，線形（つまり非 dB）単位では，本式は，

$$P_R = \frac{P_T G_T G_R}{L}$$

となる.

　電力項の単位には W や kW などがあるが，同じ単位で揃えなければならない．利得や損失は，（単位のない）単なる比である．回線損失は分母にあるので，この比は 1 より大きくなる．以後の説明においては，dB 形式と線形形式のいずれの損失式においても，損失は正数として考えることとする.

　図 6.3 と図 6.4 に，電子戦における片方向回線の重要な使用例を示す．図 6.3 には，通信回線と，送信機から傍受受信機への第 2 の回線を示す．希望受信機方向と傍受受信機方向の送信アンテナ利得は，異なる場合があることに注意しよう．図 6.4 には，通信回線と，妨害装置から受信機までのもう一つの回線を示す．この場合，受信アンテナは，希望送信機方向と妨害装置方向とで異なる利得を持つ可能性がある．両図ともに，それぞれの回線は図 6.2 の線図に示した成分を持っている.

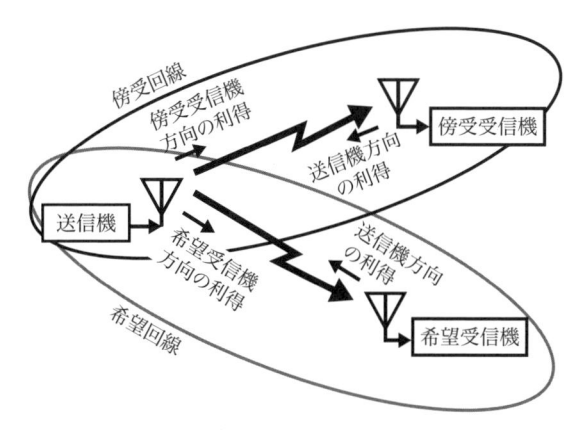

図 6.3　通信信号を傍受する場合，二つの回線を検討する．すなわち，送信機から傍受受信機までの回線と，送信機から希望受信機までの回線である．

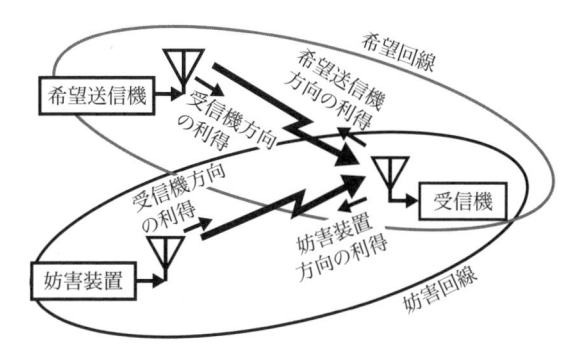

図 6.4　通信回線が妨害される場合，希望送信機から受信機までの回線と，妨害装置から受信機までの回線が存在する．

6.4　　伝搬損失モデル

　回線の説明では，回線損失と送信アンテナや受信アンテナの利得を明確に切り離してきた．これは，回線損失が二つの単位利得（unity gain）アンテナの間に存在することを意味している．定義上，等方性アンテナは単位利得，すなわち利得0dB を持つ．本節の回線伝搬損失についての説明は，すべて等方性アンテナ間の伝送におけるものとして行う．

屋外伝搬（outdoor propagation）用の奥村-秦モデル（Okumura and Hata model），屋内伝搬（indoor propagation）用の Saleh モデル（Saleh model）や SIRCIM モデル（simulation of indoor radio channel impulse response model）など，広く利用されている伝搬モデルが数多くある．また，小規模フェージング（small-scale fading）もある．これはマルチパス（multipath; 多重伝搬路）に起因する短期変動（short-term fluctuation）である．

これらのモデルは，参考文献 [1] で説明されている．伝搬環境における各反射経路の解析を支援するために，これらの伝搬モデルのすべてに，それぞれの環境のコンピュータモデルが必要になる．

電子戦は生来動的なものであるので，これらの詳細なコンピュータ解析は使用しないのが普通であるが，実際のアプリケーションでは，ふさわしい伝搬損失モデルを決定する三つの重要な近似がよく使用される．これらの三つのモデルとは，見通し線（LOS）伝搬モデル，平面大地（2波）伝搬モデル，およびナイフエッジ回折（knife-edge diffraction; KED; 刃形回折）モデルのことである．

参考文献 [1] でも，これら三つの伝搬モデルはある程度説明されている．表6.1に，これらのモデルが使用される条件を要約する．

表6.1　適正な伝搬損失の選定条件

地形障害のない伝搬経路	低域周波数，広ビーム幅，大地に近接している回線	フレネルゾーン距離より長距離の回線	平面大地（2波）モデルを使用
		フレネルゾーン距離より短距離の回線	見通し線モデルを使用
	高域周波数，狭ビーム幅，大地から遠く離れている回線		
地形障害のある伝搬経路	ナイフエッジ回折による付加損失を計算		

6.4.1　見通し線伝搬

見通し線（LOS）伝搬損失は，自由空間損失（free space loss）や拡散損失（spreading loss）とも呼ばれる．これは宇宙空間において当てはまり，また，送

信機と受信機の間に大きな反射体（reflector）がまったく存在せず，信号の波長と比べて大地から遠く離れている他のあらゆる環境にも当てはまる（図 6.5 を参照）．

LOS 損失の公式は光学に由来しており，その損失は，送信機を原点とする単位球面上に送信開口部と受信開口部を投射することによって計算される．これは二つの等方性アンテナのジオメトリを考慮して無線周波数の伝搬に換算される．図 6.6 に示すように，等方性送信アンテナは，球の表面上に信号の全エネルギーを拡散させて，その信号を球状に伝搬させる．この球は，その表面が受信アンテナに接するまで光の速度で拡大する．球の表面積は，

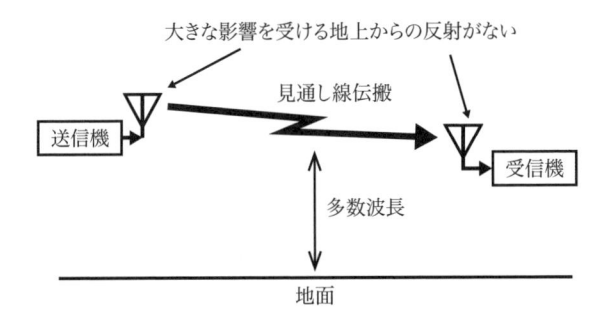

図 6.5　送信機と受信機がともに地面から多数波長を超えて上方に位置している場合，あるいは，アンテナビームが地面との間のエネルギーの影響を大幅に遮断するほど十分狭い場合，見通し線伝搬モデルが妥当である．

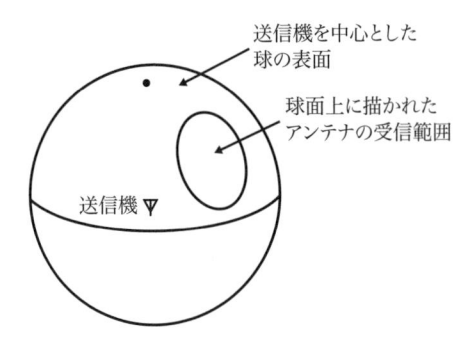

図 6.6　見通し線損失は，送信機を中心として，半径が伝送距離に等しい球の表面積と受信アンテナの有効面積との比となる．

$$4\pi R^2$$

である．この場合は，R は送信機から受信機までの距離である．

等方性（すなわち，単位利得の）受信アンテナの有効面積は，

$$\frac{\lambda^2}{4\pi}$$

となる．ここで，λ は送信信号の波長である．

損失を1より大きい数値にしたいので，受信電力を得るには送信電力を損失で割ればよい．したがって，球形の表面積を受信アンテナの開口面積で割ることにより損失比を決定する．すなわち，

$$損失 = \frac{(4\pi)^2 R^2}{\lambda^2}$$

となる．ここで，半径および波長の双方ともに同じ単位（一般的にはメートル）である．

送信信号を掛け合わせて伝搬利得を記述している文献もあることに注意しよう．これは，上式の右辺の逆数をとったものである．

波長を周波数に変換すると，損失式は次のようになる．

$$損失 = \frac{(4\pi)^2 R^2 F^2}{c^2}$$

ここで，R は伝送距離〔m〕，F は送信周波数〔Hz〕，c は光の速度（$3 \times 10^8 \mathrm{m/s}$）である．

距離を km，周波数を MHz の単位で入力するには，換算係数項が必要である．各項を結合して dB 形式に変換すると，損失 L は次式で与えられる．

$$L〔\mathrm{dB}〕 = 32.44 + 20\log_{10} R + 20\log_{10} F$$

ここで，R は回線距離〔km〕，F は送信周波数〔MHz〕である．32.44 の項は，dB に変換した変換係数と，c と π の項を結合したものである．この定数を使用すると，回線諸元を最も適当な単位で入力することができる．

上式で距離の単位を変える際は，定数項を，距離が陸上マイルの場合は 36.52 に，海里（NM）の場合は 37.74 とする．この式は 1dB 単位の精度のアプリケー

ションで使用される場合が多く，その場合，定数項はそれぞれ 32，37，38 に簡略化される．

　距離と周波数に応じた自由空間損失〔dB〕を与えるノモグラフが広く使われている．これを図 6.7 に示す．これを使用するには，周波数〔MHz〕と伝送距離〔km〕との間に直線を引く．その線が中央の軸と交差した位置が，自由空間（LOS）損失値〔dB〕を示す．この図では，1,000MHz（すなわち 1GHz）で 10km における損失は 113dB 弱であることがわかる．上式による計算値が 112.44dB となることに注意しよう．

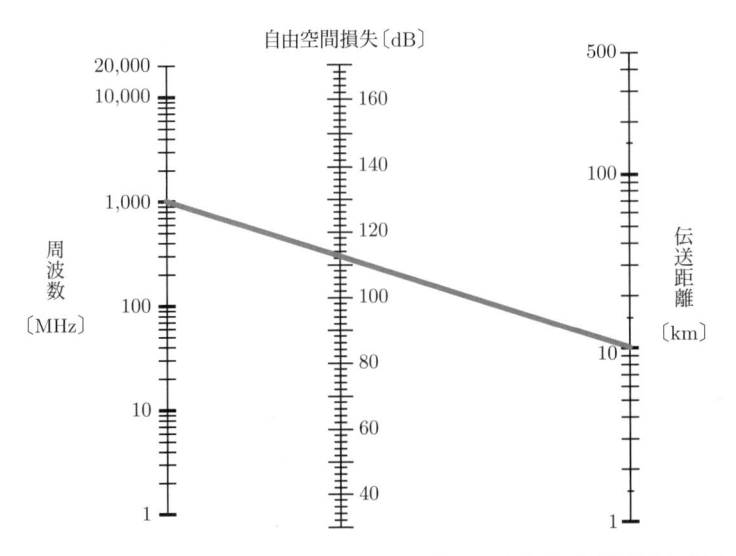

図 6.7　周波数の値から伝送距離の値まで引いた線は，自由空間損失値を通過する．

6.4.2　平面大地（2 波）伝搬

　送信アンテナと受信アンテナが一つの主要な反射面（すなわち，地面または水面）に近接しており，アンテナパターンがその平面からかなり大きな反射の影響を受けるほど十分広い場合，平面大地（2 波）伝搬モデルを考慮しなければならない．あとでわかるように，送信周波数と実際のアンテナ高によって，2 波伝搬モデルと LOS 伝搬モデルのどちらを適用するかが決まる．

　損失が回線距離の 4 乗で変化することから，平面大地伝搬は「$40\log(d)$ 減衰」

や「d^4 減衰」とも呼ばれている．平面大地伝搬における主要な損失は，図 6.8 に示すように，地面または水面で反射した信号による直接波の位相打ち消し（phase cancellation）である．その減衰量は，回線距離と，地面または水面からの送信アンテナと受信アンテナの高さによって決まる．平面大地損失の式には，（見通し線減衰とは異なり）周波数項がないことに注意しよう．非対数形式では平面大地損失 L は，

$$L = \frac{d^4}{h_T^2 \times h_R^2}$$

となる．ここで，d は回線距離，h_T は送信アンテナ高，h_R は受信アンテナ高である．

回線距離と各アンテナ高はすべて同じ単位をとる．

平面大地損失 L の dB 公式は，次式で表される．

$$L = 120 + 40\log(d) - 20\log(h_T) - 20\log(h_R)$$

ここで，d は回線距離〔km〕，h_T は送信アンテナ高〔m〕，および h_R は受信アンテナ高〔m〕である．

図 6.9 は，平面大地損失を計算するためのノモグラフである．このノモグラフを使用するには，まず，送信アンテナ高と受信アンテナ高の間に直線を引く．次に，それらの軸の間にある指標線と直線とが交わった点から，伝送距離を通って，伝搬損失の線まで直線を引く．この例では，アンテナ高 10m の二つのアンテナが 30km 離れており，この場合の減衰は 140dB より若干少ないことがノモグラフから読み取れる．上記のどちらかの式で損失を計算すれば，実際の値が 139dB であることがわかるだろう．

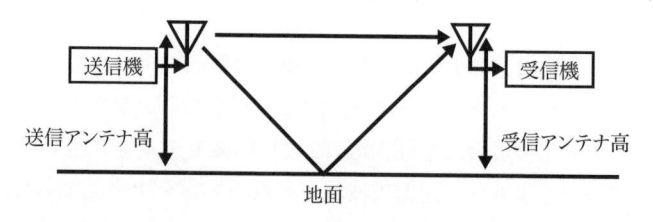

図 6.8　平面大地伝搬における損失の主要な影響は，直接信号と反射信号の間の位相打ち消しである．

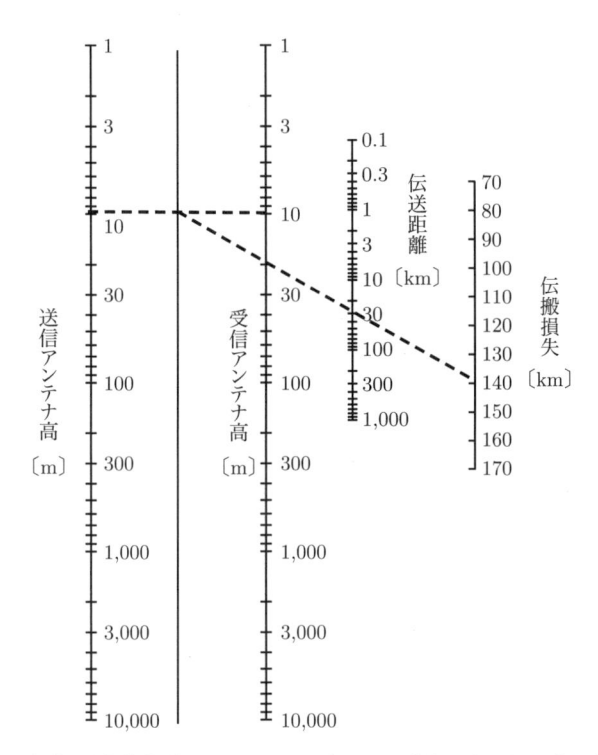

図 6.9　平面大地伝搬損失は，このノモグラフに示すようにして求められる．

6.4.3　平面大地伝搬における最小アンテナ高

　図 6.10 は，平面大地伝搬計算における送信周波数に対する最小アンテナ高 (minimum antenna height; アンテナ最低地上高) を示したものである．グラフには 5 本の線があり，それらは順に，

- 海水面上の伝送
- 高電導大地の垂直偏波伝送
- 低電導大地の垂直偏波伝送
- 低電導大地の水平偏波伝送
- 高電導大地の水平偏波伝送

に対応する．

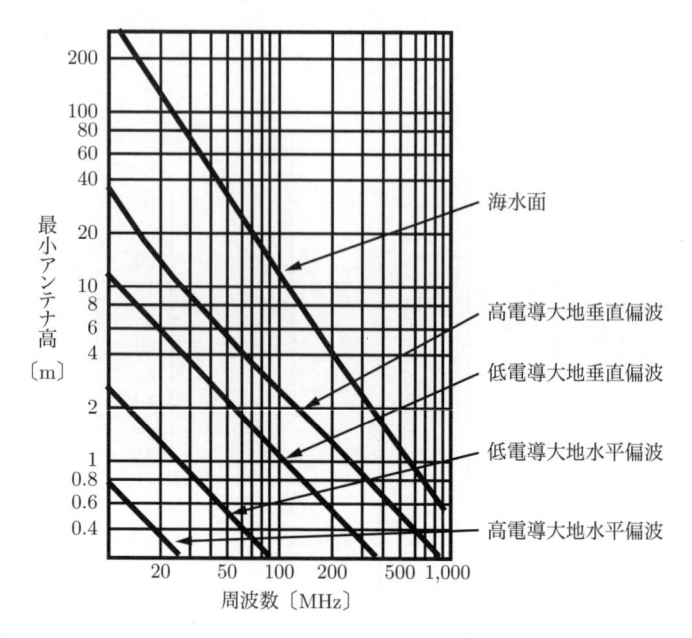

図 6.10　アンテナがこのグラフに示す最小高より低い場合，平面大地伝搬
損失計算では表示された最小高を使用する．

高電導大地は，良好なグランドプレーン（ground plane; 接地板）になる．どち
らかのアンテナ高がこのグラフの相応する線で示される最小値より小さい場合，
実際のアンテナ高の代わりに，この最小アンテナ高を用いて平面大地伝搬の減衰
量を計算しなければならない．アンテナの一つが実際に地上に設置されている
と，このグラフは正しい値を示さないことに注意してほしい．

6.4.4　地上高が極めて低いアンテナについての注意

通信理論の文献においては，地上高が極めて低いアンテナに関する議論はど
れも，その地上高が少なくとも半波長のアンテナに限定されているように見え
る．完全とはとても言えないが，最近著者が実施した試験から，それより低い
アンテナの動作性能について，ある程度洞察を得ている．周波数が 400MHz で，
垂直偏波，高さ 1m の送信機と，それと整合させた受信機を用意し，送信機を
移動させながら受信機の高さを 1m から地上まで下降させた．平面の乾燥した

平地で，受信アンテナを地面に置くと，受信電力は 24dB に低下した．伝送経路（受信機の近傍）を横切る 1m の深さの溝においては，この損失は 9dB まで低下した．

6.4.5 フレネルゾーン

前述したように，地面あるいは水面近傍を伝搬する信号は，アンテナ高や送信周波数によって見通し線伝搬損失か平面大地伝搬損失のいずれかを被る可能性がある．フレネルゾーン距離（Fresnel zone distance）とは，位相打ち消しが拡散損失よりも優勢となる送信機からの距離のことである．図 6.11 に示すように，受信機が送信機からフレネルゾーン距離に満たない位置にあれば，見通し線伝搬が起こる．受信機が送信機からフレネルゾーン距離よりもっと遠くに位置していれば，平面大地伝搬が適用される．どちらの場合であっても，当てはまる伝搬が回線距離全体を通して適用される．

フレネルゾーン距離は，次式から計算される．

$$\mathrm{FZ} = \frac{4\pi \times h_T \times h_R}{\lambda}$$

ここで，FZ はフレネルゾーン距離〔m〕，h_T は送信アンテナ高〔m〕，h_R は受信アンテナ高〔m〕，λ は送信波長〔m〕である．

文献によって，いくつか異なるフレネルゾーン（Fresnel zone）の公式があることに注意しよう．本書で選んだ上式は，自由空間損失と平面大地（2 波）損失が

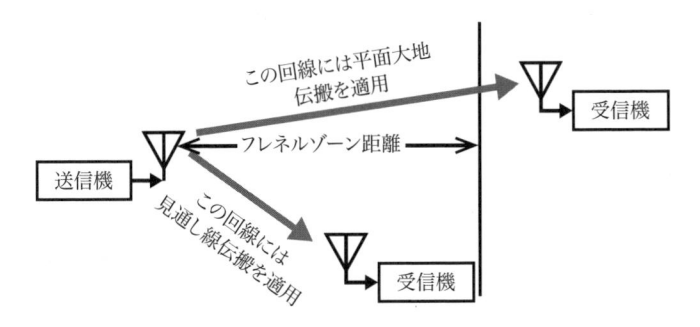

図 6.11　回線がフレネルゾーン距離より短い場合，見通し線伝搬を使用する．フレネルゾーン距離より長い場合は，平面大地（2 波）伝搬を使用する．

等しくなる距離を導くものである．この式のより使いやすい形が次式である．

$$\mathrm{FZ} = \frac{h_T \times h_R \times F}{24{,}000}$$

ここで，FZ はフレネルゾーン距離〔km〕，h_T は送信アンテナ高〔m〕，h_R は受信アンテナ高〔m〕，F は送信周波数〔MHz〕である．

6.4.6　複雑な反射環境

　極めて複雑な反射がある場所，例えば図 6.12 に示すように，峡谷沿いに送信する場合，平面大地伝搬モデルより LOS（自由空間）伝搬損失モデルのほうが正確な解を与えることがあるとする文献がある．

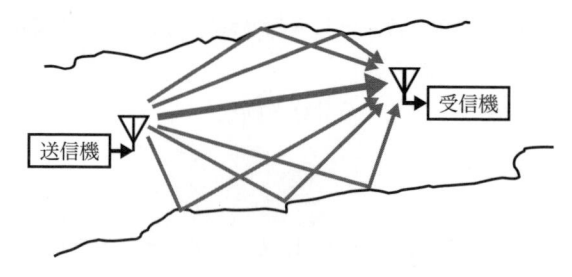

図 6.12　峡谷沿いの伝送のような極めて複雑な反射環境においては，実際の伝搬損失は，平面大地損失より自由空間損失に近いことが予測される．

6.4.7　ナイフエッジ回折

　山岳または稜線越えの見通し線外（non-line of sight; NLOS）伝搬は，通常，ナイフエッジ（knife edge; 刃形）越えの伝搬であるかのように見積もられる．これは非常によく行われていることであり，多くの EW 専門家は，地形で経験する実際の損失は，等価ナイフエッジ回折見積もりによって試算された値に極めて近いと報告している．

　このナイフエッジ回折（KED）による減衰量は，ナイフエッジが存在しないとした場合の自由空間（見通し線）損失に加算される．ここで留意すべきなのは，ナイフエッジ（あるいはそれと同等の障害）が存在している場合は，平面大地損失よりも自由空間損失が当てはまることである（図 6.13 を参照）．

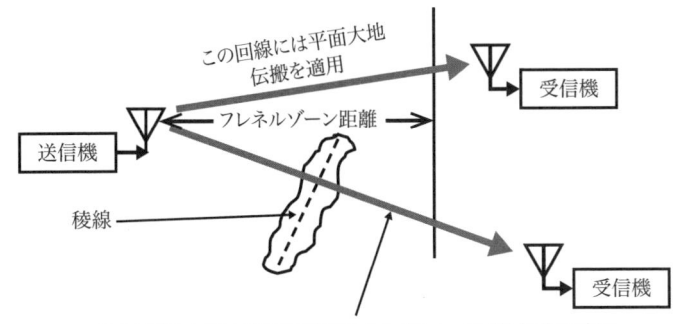

図6.13 回線距離がフレネルゾーン距離より大きくても，稜線を挟む場合は，見通し線伝搬を適用する．

ナイフエッジ越えの回線の位置関係を図6.14に示す．Hは，ナイフエッジの頂点から，ナイフエッジが存在しないとした場合の見通し線までの距離である．送信機からナイフエッジまでの距離をd_1とし，ナイフエッジから受信機までの距離をd_2とする．ナイフエッジ回折（KED）が起こるには，d_2は少なくともd_1に等しくなければならない．受信機が送信機よりもナイフエッジに近接している場合，受信機は不感地帯（blind zone）に位置しており，そこでは（大きな損失を持つ）対流圏散乱（tropospheric scattering）による回線接続しか得られない．

ナイフエッジは，図6.15の下段に示すように，見通し線が頂点より上方を通っていても，見通し線経路がそれより数波長上方を通らない限り，損失をもたらす．したがって，高さの値Hはナイフエッジより上側あるいは下側のどちらかの距離になる．

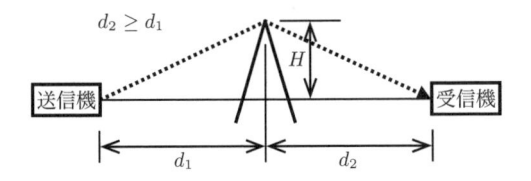

図6.14 ナイフエッジ回折の位置関係は，ナイフエッジまでの距離，ナイフエッジを越えた後の距離，およびナイフエッジが存在しないものとした場合の見通し線経路に対するナイフエッジの高さで規定される．

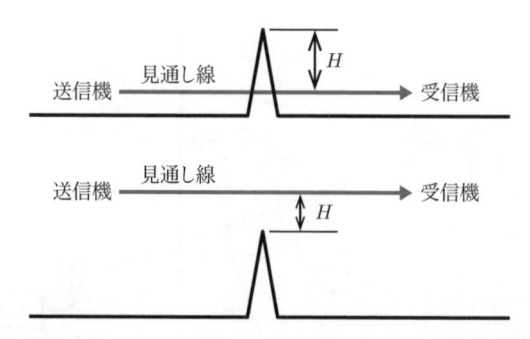

図 6.15　見通し線経路は，ナイフエッジの上側または下側を通過すること
がある．それが極端に上側でない限り，まだナイフエッジ回折損失が発生
する可能性がある．

図 6.16 は，KED 計算のノモグラフである．左側の目盛りは，次式で計算され
る距離の値 d である．

$$d = \frac{\sqrt{2}}{1 + d_1/d_2} d_1$$

表 6.2 に，d のいくつかの計算値を示す．

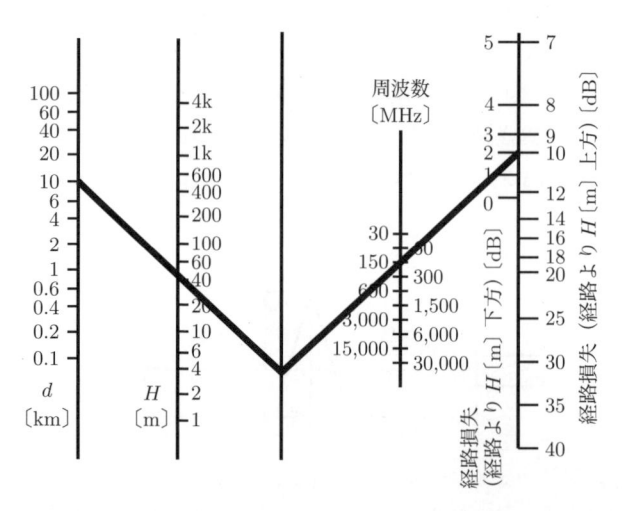

図 6.16　ナイフエッジ回折は，d および H，ならびに周波数の値から，グ
ラフを使って決定できる．

表6.2 dの値

	d
$d_2 = d_1$	$0.707d_1$
$d_2 = 2d_1$	$0.943d_1$
$d_2 = 2.41d_1$	d_1
$d_2 = 5d_1$	$1.178d_1$
$d_2 \gg d_1$	$1.414d_1$

このステップを省いて，単に $d = d_1$ と置いても，KED 損失見積もりの精度は約 1.5dB 低下するだけである．

図 6.16 に戻ろう．d〔km〕の値から H〔m〕の値を通り，ノモグラフ中央の指標線に至る直線を引く．この時点では，H がナイフエッジより上側の間隔であろうと下側の間隔であろうと気にすることはない．

上記の直線と中央の指標線の交点から，送信周波数〔MHz〕の値を経て経路損失の目盛りまで直線を引く．この目盛りが KED による減衰量を与える．この時点で，H がナイフエッジより上側になったか下側になったかを確認する．H がナイフエッジより下方の距離であれば，KED による減衰量は左側の目盛りから読み取れる．H がナイフエッジより上方の距離であれば，KED による減衰量は右側の目盛りから読み取れる．

ここで，（ノモグラフに描かれた）例について検討しよう．d_1 は 10km，d_2 は 24.1km であり，見通し線経路はナイフエッジの下側 45m を通過している．d は（表 6.2 から）10km で，H は 45m となる．周波数は 150MHz である．LOS 経路がナイフエッジの上側 45m にあれば，KED による減衰量は 2dB となる．しかし，この見通し線経路はナイフエッジより下側にあるので，KED による減衰量は 10dB となる．

全回線損失は，ナイフエッジがない場合の LOS 損失に KED による減衰量を足したものになる．そこで，

$$\text{LOS 損失} = 32.44 + 20\log(d_1 + d_2) + 20\log(\text{周波数〔MHz〕})$$
$$= 32.44 + 20\log(34.1) + 20\log(150) = 32.44 + 30.66 + 43.52$$
$$\approx 106.6 \text{〔dB〕}$$

となる.

したがって, 全回線損失は, $106.6 + 10 = 116.6$dB となる.

6.4.8　KED計算

KED の数値計算は極めて複雑であるので, 参考文献 [1] では区分的近似を提案している.

まず, 次式により中間値 v を計算する必要がある. すなわち,

$$v = H\sqrt{\frac{2\left(d_1 + d_2\right)}{\lambda d_1 d_2}}$$

である. ここで, d_1, d_2, H は図 6.14 と同じであり, λ は送信波長である.

次に, 表 6.3 は変数 v の関数として KED 利得を与える. KED 損失〔dB〕は, 利得〔dB〕の負数であることに注意しよう.

この区分解は, Excel や Mathcad ファイル, あるいは類似のソフトウェアで求めることができるが, 手動計算であれば図 6.16 のノモグラフの利用を勧める.

表6.3　v に対する KED 利得

v	G〔dB〕
$v < 1$	0
$0 < v < 1$	$20\log_{10}(0.5 + 0.62v)$
$-1 < v < 0$	$20\log_{10}(0.5\exp(0.4 - 0.95v))$
$-2.4 < v < -1$	$20\log_{10}\left(0.4 - \sqrt{0.1184 - (0.1v + 0.38)^2}\right)$
$v < -2.4$	$20\log_{10}(0.225/v)$

6.5　　敵の通信信号の傍受

6.5.1　指向送信の傍受

図 6.17 は, 敵の受信機がデータリンクを傍受する状況を示している. 送信機は希望受信機方向を指す指向性アンテナを有し, 敵の受信機は送信アンテナパターンの主ローブ内には位置していない. 送信機と受信機はともに地上高所に設置さ

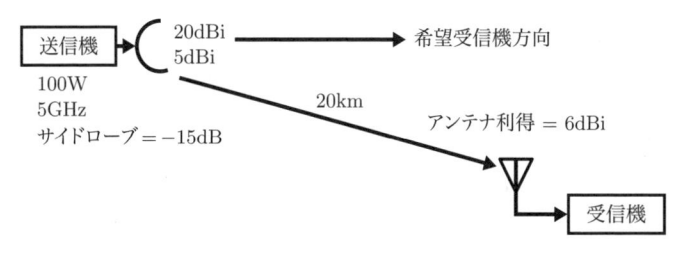

図 6.17 敵の送信機から傍受している受信機までの傍受回線の分析によって，傍受の質を決定できる．

れているので，局所地形からの顕著な反射を受けない．このことは，伝搬損失が 6.4.1 項で説明した LOS モデルから決定されることを意味している．

　傍受受信機内の受信電力には，送信機電力，傍受受信機方向の送信アンテナ利得によって増大する電力，伝搬損失によって減少する電力，および送信機方向の受信アンテナ利得によって増大する電力が存在する．したがって，その受信電力は次式で計算される．

$$P_R = P_T + G_T - (32.44 + 20\log(d) + 20\log(f)) + G_R$$

ここで，P_R は受信電力〔dBm〕，P_T は送信機電力〔dBm〕，G_T は（受信機方向の）送信アンテナ利得〔dBi〕，d は回線距離〔km〕，f は送信周波数〔MHz〕，G_R は（送信機方向の）受信アンテナ利得〔dBi〕である．

　この回線の送信機は，自身のアンテナに周波数 5GHz で 100W（すなわち，50dBm）を出力する．送信アンテナはボアサイト利得が 20dBi であり，受信機は 20km 離れて，−15dB のサイドローブ内（すなわち，利得が主ビームのピークより 15dB 低い）に設置されおり，傍受回線方向の送信アンテナ利得は 5dBi である．受信アンテナは送信機に向いており，利得 6dBi を持つ．傍受受信機の受信電力は，次のように計算される．

$$P_R = +50\text{dBm} + 5\text{dBi} - (32.44 + 26 + 74)\text{dB} + 6\text{dBi} = -71.44 \,〔\text{dBm}〕$$

6.5.2　無指向送信の傍受

　図 6.18 に示す傍受状況においては，送信機と受信機はともに地面に近く，また広角度覆域アンテナを持っていることから，その伝搬は見通し線伝搬あるいは平

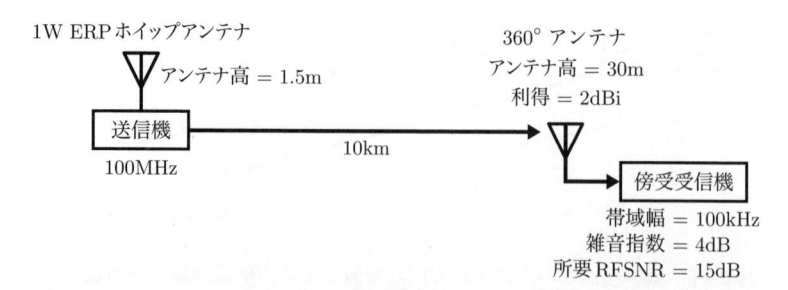

図 6.18　地上の送信機から地上設置傍受システムへの信号は，回線の位置関係により，見通し線伝搬あるいは平面大地（2 波）伝搬のいずれかに従う．

面大地（2 波）伝搬のいずれかに従う．相応の伝搬モードは，6.4.5 項のフレネルゾーン距離計算式で決定される．すなわち，

$$\text{FZ} = \frac{h_T \times h_R \times f}{24,000}$$

である．ここで，FZ はフレネルゾーン距離〔km〕，h_T は送信アンテナ高〔m〕，h_R は受信アンテナ高〔m〕，f は送信周波数〔MHz〕である．

　送信機から受信機までの経路長がフレネルゾーン距離より短い場合は，LOS 伝搬が適用される．経路長がフレネルゾーン距離より長い場合は，平面大地（2 波）伝搬が適用される．

　ここでの目標電波源は，地上高 1.5m のホイップアンテナを持つ携帯型プッシュ・トゥ・トーク（push-to-talk）方式とする．ホイップアンテナの実効高は，ホイップの基部の高さであることに注意しよう．受信アンテナ利得を 2dBi とする．目標電波源の実効放射電力は，周波数 100MHz で 1W（30dBm）とする．このフレネルゾーン距離は，

$$\frac{1.5 \times 30 \times 100}{24,000} = 188 \ \text{〔m〕}$$

となる．

　フレネルゾーン距離は，経路長 10km よりはるかに短いので，平面大地（2 波）伝搬が当てはまる．

　6.4.2 項の公式から，伝搬損失は，

$$120 + 40\log(d) - 20\log(h_T) - 20\log(h_R)$$

である．

したがって，傍受受信機位置における受信電力は，次のとおり計算される．

$$P_R = \mathrm{ERP} - (120 + 40\log(d) - 20\log(h_T) - 20\log(h_R)) + G_R$$

図 6.18 の各値を代入すると，

$$P_R = 30\mathrm{dBm} - (120 + 40 - 3.5 - 29.5)\mathrm{dB} + 2\mathrm{dBi} = -95 \ (\mathrm{dBm})$$

が得られる．

この傍受問題には，傍受受信機が比較的広い帯域幅を持っているという別のやっかいな問題がある．送信機の帯域幅が標準的な 25kHz である場合，より迅速な周波数捜索（frequency search）を考慮に入れると，受信機の帯域幅は 4 倍になる．

この信号が首尾良く傍受されるかどうかを判定するには，次式を用いて受信感度を計算する必要がある．

$$\mathrm{Sens} = \mathrm{kTB} + \mathrm{NF} + 所要\ \mathrm{RFSNR}$$

ここで，Sens は受信感度〔dBm〕，kTB は受信機の内部雑音，NF は受信機の雑音指数〔dB〕，所要 RFSNR は所要検波前信号対雑音比〔dB〕である．

感度は，受信機が受信でき，なおかつその機能を果たせる最小の信号強度であることを思い出そう．ここで，

$$\mathrm{kTB} = -114\mathrm{dBm} + 10\log\left(\frac{帯域幅}{1\mathrm{MHz}}\right) = -124 \ (\mathrm{dBm})$$

である．

受信システムの雑音指数を 4dB とし，所要 RFSNR を 15dB とすると，受信感度は，

$$\mathrm{Sens} = -124 + 4 + 15 = -105 \ (\mathrm{dBm})$$

となる．

信号は受信システムの感度レベルより 10dB 高いレベルで受信されるので，この傍受受信機は 10dB の性能余裕を達成している．

6.5.3　航空機搭載傍受システム

図 6.19 の傍受システムは，敵の送信機から 50km にある局地高度 1,000m のヘリコプタに搭載されている．目標電波源は，周波数 400MHz，ERP 1W で送信している携帯用送信機である．そのホイップアンテナ基部は地上高 1.5m にある．

まず，前出の計算式を用いて，傍受回線のフレネルゾーン距離を計算する必要がある．

$$\text{FZ} = \frac{h_T \times h_R \times f}{24,000} = \frac{1.5 \times 1,000 \times 400}{24,000} = 25 \ [\text{km}]$$

伝送路長がフレネルゾーン距離より長いので，平面大地伝搬が存在する．そこで，

$$P_R = \text{ERP} - (120 + 40\log(d) - 20\log(h_T) - 20\log(h_R)) + G_R$$

に数値を代入すると，受信傍受信号強度は，

$$P_R = 30\text{dBm} - (120 + 68 - 3.5 - 60)\text{dB} + 2\text{dBi} = -92.5 \ [\text{dBm}]$$

となる．

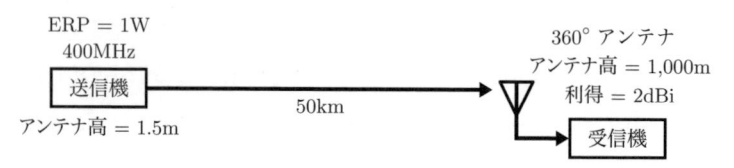

ERP = 1W
400MHz
送信機
アンテナ高 = 1.5m
50km
360° アンテナ
アンテナ高 = 1,000m
利得 = 2dBi
受信機

図 6.19　航空機搭載傍受システムは，伝搬損失に対する受信機高度の効果によりかなりの性能を発揮できる．

6.5.4　見通し線外における傍受

図 6.20 は，電波源から 11km にある稜線を越えて行う戦術通信電波源の傍受を示している．この問題においては，送信機から傍受受信機までの直線距離を 31km，送信アンテナ高を 1.5m，傍受用アンテナ高を 30m とする．送信信号の ERP は 150MHz で 1W とし，また，受信アンテナ利得 G_R を 12dBi とする．

6.4.7 項で述べたように，回線損失には，（地形障害を無視した）自由空間損失（LOS 損失）に，ナイフエッジ回折（KED）による損失因子が加わる．稜線が（平

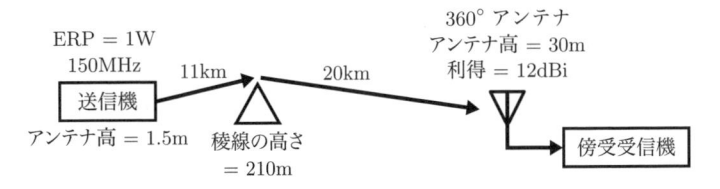

図 6.20 傍受システムが目標電波源から見て稜線の向こう側にあるが、稜線から目標送信機よりさらに遠くにある場合、伝搬損失は自由空間損失にナイフエッジ回折因子を加えたものになる.

面大地と仮定）局所地上高 210m にあるとすると、稜線は二つのアンテナ間の見通し線の 200m 上方にあることになる.

6.4.1 項の式を用いると、LOS 損失は、

$$32.4 + 20 \log D + 20 \log f$$

となる. ここで、D は全回線距離であり、大文字を用いているのは、KED 損失判定に使用される小文字の d との混同を避けるためである. LOS 損失は、

$$\text{LOS 損失} = 32.4 + 20 \log(31) + 20 \log(150) = 32.4 + 29.8 + 43.5 = 105.7 \,〔\text{dB}〕$$

となる.

ここでは、これを四捨五入して 106dB としよう.

KED 損失を確定するため、まず次式から d を計算しよう.

$$d = \frac{\sqrt{2}}{1 + d_1/d_2} d_1$$

ここで、d は KED 損失ノモグラフに使用する距離項、d_1 は送信機から稜線までの距離、d_2 は稜線から受信機までの距離である.

この問題では、$d = (\sqrt{2}/1.55) \times 11 = 10\text{km}$ となるが、若干精度の低い KED 判定においては、単に $d = d_1$ と置けることを覚えておこう.

図 6.21 は、6.4.7 項でナイフエッジ回折（KED）損失を求めるのに使ったノモグラフを、この問題の値を使って再描画したものである. この問題の値（$d = 10\text{km}$, $H = 200\text{m}$, $f = 150\text{MHz}$）から、KED 損失は 20dB となることがわかる. したがって、全回線損失は、

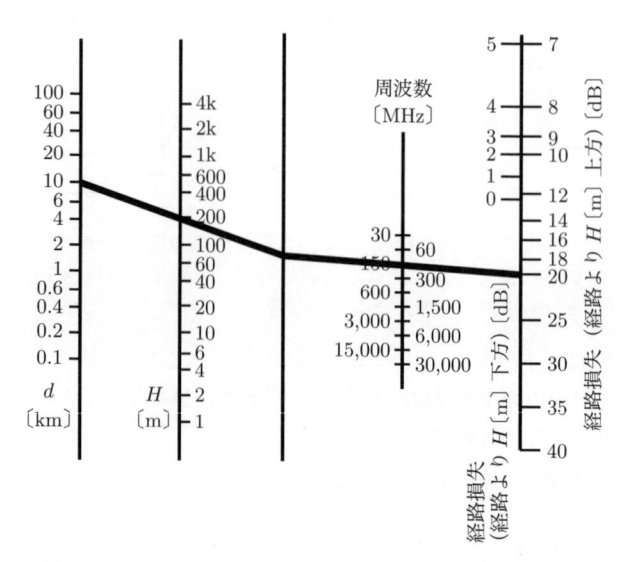

図 6.21　得られた d の値が 10km で，稜線が信号の直線経路より 200m 上にあり，信号周波数が 150MHz である場合のナイフエッジ回折損失は，20dB となる．

$$\text{LOS 損失} + \text{KED 損失} = 106\text{dB} + 20\text{dB} = 126 \,[\text{dB}]$$

となる．

　そこで，傍受受信機の受信電力は，

$$P_R = \text{ERP} - \text{全回線損失} + G_R = 30\text{dBm} - 126\text{dB} + 12\text{dBi} = -84 \,[\text{dBm}]$$

となる．

6.5.5　強力な信号が存在する環境での微弱信号の傍受

　図 6.22 は，傍受受信機システムのブロック図である．このシステムは，有効帯域幅が 25kHz，受信機の雑音指数は 8dB で，利得 20dB，雑音指数 3dB の前置増幅器（preamplifier）を有している．アンテナと前置増幅器との間の損失は 2dB であり，前置増幅器と受信機との間の回路損失は 10dB である．

　このシステムは，帯域内に強力な信号が多数存在する可能性がある中で，（検波前信号対雑音比（SNR）が 16dB との条件で）微弱信号を受信しなくてはならない．そこで，そのダイナミックレンジを決めることにする．

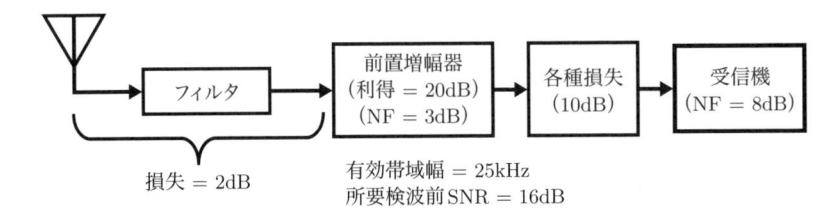

損失 = 2dB　　有効帯域幅 = 25kHz
所要検波前 SNR = 16dB

図 6.22　この傍受システムは，2 次スプリアス応答を抑えるためのフロントエンドフィルタを有している．前置増幅器のあとに，多数の受信機に給電するための信号分配網があるが，図では一つの受信機だけへの経路を示している．

まず，6.5.2 項で説明した技法を用いてそのシステムの感度を決定する必要がある．感度は，kTB，システムの雑音指数，および所要検波前 SNR の合計であることを思い出そう．

$$kTB = -114dBm + 10 \log \left(\frac{有効帯域幅}{1MHz} \right) = -130 \, [dBm]$$

このシステムの雑音指数は，図 6.23 のグラフから決定される．横軸の受信機雑音指数（8dB）から垂直線を引き，縦軸の

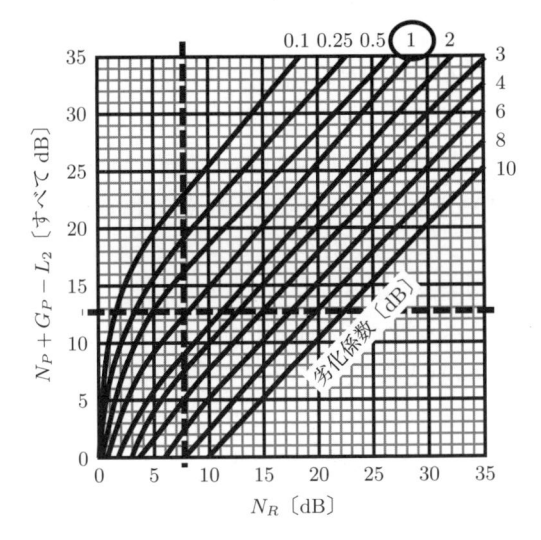

図 6.23　前置増幅器の雑音指数の劣化が 1dB であることがわかる．

前置増幅器の雑音指数 + 前置増幅器利得 − 受信機前の各種損失

の値（13dB）から水平線を引く．その2本の線は，劣化係数（degradation factor）
1dB で交わる．このシステムの雑音指数は，

前置増幅器より前の損失 + 前置増幅器の雑音指数 + 劣化係数

の合計であるので，

$$2dB + 3dB + 1dB = 6 〔dB〕$$

となる．

そこで，このシステム感度は，

$$-130dBm + 6dB + 16dB = -108 〔dBm〕$$

となる．

受信アンテナから −108dBm でシステムに入る信号は，（前置増幅器で +20dB
増幅されるまでに 2dB の損失があるので）前置増幅器の出力が −90dBm となる
ことに注意しよう．

システムは2次スプリアス応答がフィルタで除去されるように設計されるの
で，前置増幅器の3次応答がダイナミックレンジを決定する．選んだ前置増幅器
の3次インターセプトポイントは，+20dBm となる．

図6.24 は，受信システムのダイナミックレンジを決定するのに用いるグラフ
である．基本波前置増幅器出力線の +20dBm を経て傾斜が 3 : 1 の直線を引く．
次に，−90dBm（−108dBm − 2dB の前置増幅器前段の損失 + 20dB の前置増幅
利得）でグラフを横切る水平線を引く．これはアンテナから入力する信号の感度
レベルに対する前置増幅器の出力レベルである．3次スプリアス線と感度線との
交点から基本波出力レベル線までの垂直距離は 70dB である．受信システムのダ
イナミックレンジは 70dB となる．

これは，−38dBm の信号の存在下で，このシステムが −108dBm の信号を傍受
することができるということを意味している．

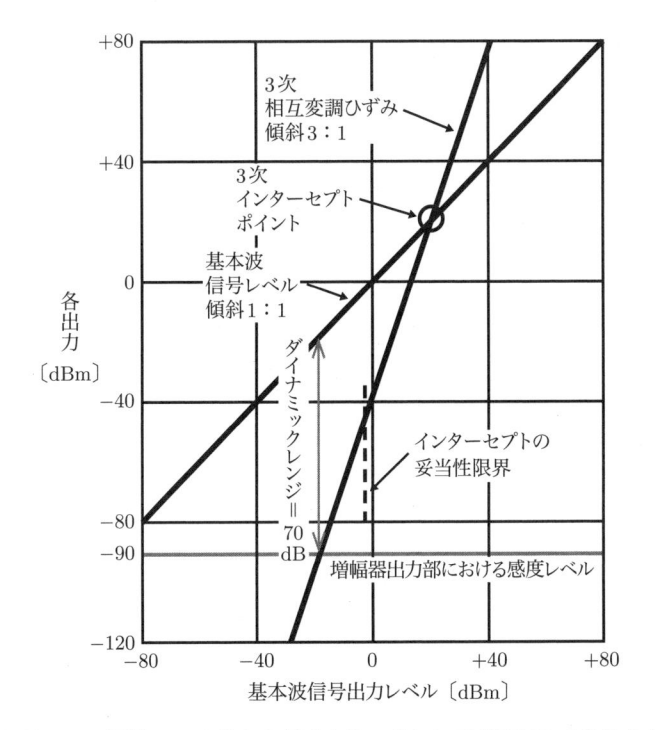

図 6.24 この図は，システムのダイナミックレンジが 70dB であることを
示している（2007 年 3 月号の EW101 記事から）.

6.5.6 通信電波源の捜索

　軍事組織は，自身が運用する周波数を公表することはなく，かつ，それらの周
波数が敵に知られないように骨を折る．そういった環境にあって我が各種の EW
活動を行うには，通例，まず敵が使用している周波数を知る必要がある．それゆ
え，周波数捜索は重要な EW 機能の一つである．そこで本節では，周波数捜索の
基本原則について説明することによって，実行すべき技術上のトレードオフ項目
を明らかにする．戦術的な周波数捜索で全周波数範囲を同時にカバーするやり方
は稀であるが，例えば広帯域受信機を使用する場合にあっても広域の周波数捜索
におけるものと同様のトレードオフを必要とする．

6.5.7　戦場の通信環境について

ほとんどすべての装備に多大な機動力を必要とする現代戦は，無線通信に高度に依存している．これには，音声およびデータ双方を伝送するための多数の回線が含まれる．戦術通信環境は，チャンネル占有（channel occupancy）が 10% であるとよく言われている．これは，どの瞬間においてもすべての利用可能な全 RF チャンネルの 10% が使用中であることが予期されることを言っており，少し誤解を招きやすい．仮に各チャンネルに数秒間でも居続けるとしたら，その占有率（occupancy rate; 利用率）は極めて高くなり，100% に近づくことになる．このことは，どんな個別の電波源の捜索であっても，対象外の電波源が密集している中でそれを探し出さなければならないことを意味している．

6.5.8　捜索に役立つツール

図 6.25 に，周波数捜索法の開発や評価に役立つ，よく使われるツールを示す．これは，目標信号の特性や時間と対比して 1 台あるいは複数台の受信機の周波数覆域を表記できる周波数対時間のグラフである．周波数目盛りは，対象周波数の全範囲（あるいは，その範囲のある部分）をカバーするものとし，時間目盛りは

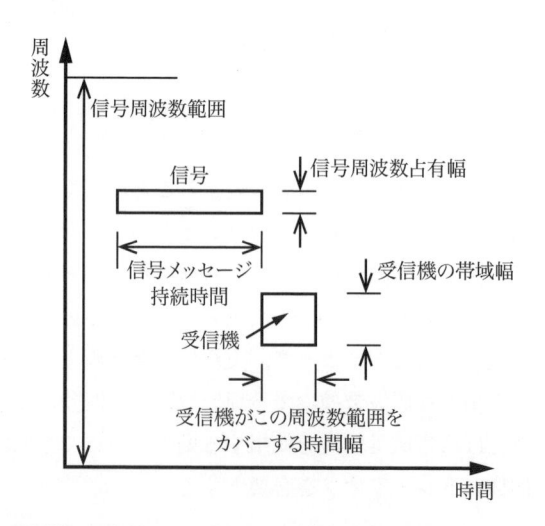

図 6.25　受信機と目標信号の両方を示す周波数対時間のグラフは，便利な捜索分析ツールとなる．

捜索法を明らかにするのに十分な長さとする．信号の描写（四角形）は，各信号帯域幅（signal bandwidth）と対比した信号の予想持続時間を示している．信号が周期的であったり，あるいは何らかの予測可能な方法で周波数を変化させたりする場合，これらの特性をグラフ上に表すことができる．受信機は，特定の周波数増分をカバーする間に，自身の帯域幅と時間で，特定の周波数に同調していることを示す．

　一般的な掃引受信機（sweeping receiver）を用いる方法を図 6.26 に示す．平行四辺形は掃引受信機の周波数に対する時間覆域を示している．受信機の帯域幅が任意の周波数における平行四辺形の高さであり，その傾きが受信機の同調速度（tuning rate）である．ここで留意すべき点は，信号 A は，（自身の全持続時間の始めから終わりまでに自身の全帯域幅が）最適に受信されていることである．信号 B はその帯域幅全体を調べなくてもよい場合に受信され，信号 C はその持続時間全体を調べなくてもよい場合に受信されている．読者は信号の種類と捜索目的に合わせてそのルールを設定することができる．

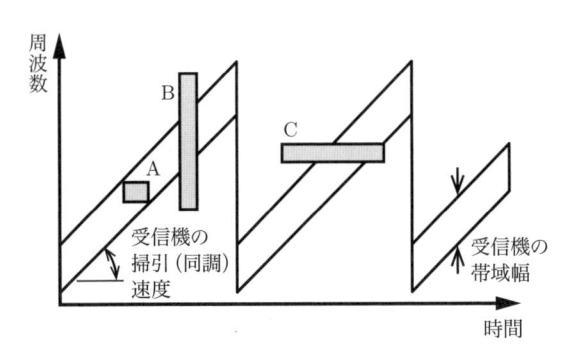

図 6.26　受信機の捜索プランと捜索対象目標の性質は，傍受確率の分析に役立つ．

6.5.9　技術的問題

　昔は，軍用の傍受受信機は機械的に同調されていたので，ほぼ直線状の単掃引内に，カバーする帯域全体にわたって手動同調あるいは自動同調で捜索する必要があった．この方法は，環境内のすべての信号を調べて，その後，対象信号ではないものを含む膨大な信号群の中から少数の対象信号を拾い出す必要があったため，俗にごみ収集と呼ばれていた．対象信号の識別は，熟練のオペレータによる

かなり複雑な解析を必要とした．50年前を思い出すと，コンピュータは真空管でいっぱいの大規模な強制空冷が必要な部屋であり，その能力は現代のコンピュータに比べて極めて低いものであった．

　デジタル同調受信機（digitally tuned receiver）と巨大メモリ，高速処理能力を持つ筐体一つ（そしてついにワンチップ）のコンピュータが使用できるようになって，より一層洗練された捜索法が実用化されてきた．今では既知の対象信号の周波数を蓄積し，新規の対象信号を捜索する前に，蓄積した各周波数をそれぞれ自動的にチェックすることができる．コンピュータによるスペクトル解析を可能にするため，捜索の対象となりうる信号に対してそれぞれ高速フーリエ変換（FFT）を実行することができる．対象/非対象の判定はスペクトル解析の結果によって可能であり，また，（システムに方探（direction finding; DF; 方位探知）や位置決定能力があれば）おそらく概略の電波源位置の迅速な調査によってさらに強化されるだろう．

6.5.10　デジタル同調受信機

　図6.27にデジタル同調スーパーヘテロダイン受信機（superheterodyne receiver）を示す．デジタル同調受信機は，シンセサイザの局部発振器と同調範囲内の任意の信号周波数を極めて高速に選択できる電子同調プリセレクタ（electronically tuned preselector）を有している．同調は，オペレータあるいはコンピュータ制御によって行える．

　図6.28にPLLシンセサイザのブロック図を示す．電圧制御（同調）発振器

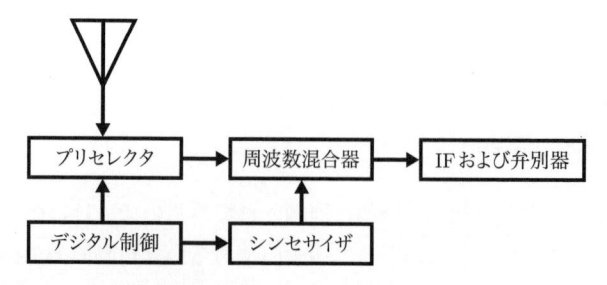

図6.27　デジタル同調受信機は，いつでも帯域の任意の部分に迅速に同調させることが可能である．

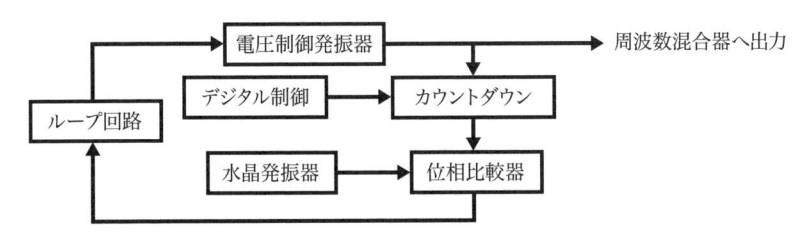

図 6.28 位相ロックループ (PLL) シンセサイザは，カウントダウン信号が
水晶発振器と同相になるような周波数に電圧制御発振器を同調させる．カ
ウントダウンの割合はデジタル処理で選定され，シンセサイザ出力周波数
が決定する．

(voltage-controlled (tuned) oscillator; VCO) は，正確で安定した水晶発振器の
周波数の倍数に位相ロックされていることに注意しよう．これは，デジタル同調
受信機の同調が正確であり再現可能であること，すなわち前述した捜索法に役立
つことを意味する．シンセサイザ内のフィードバックループ帯域幅は，低雑音の
信号出力（すなわち，狭ループ帯域幅）と高速な同調速度（すなわち，広ループ
帯域幅）との間の最適妥協点に設定されていることに注意しよう．捜索モードで
は，選択した瞬時受信帯域幅内のどの信号も，解析開始に先立ってシンセサイザ
を安定させるための時間を準備しなければならない．

　デジタル同調受信機を捜索モードで用いる場合，図 6.29 に示すように，受信
機は離散的な周波数配置に同調される．この捜索は，対象帯域全体を直線的に移
動させる必要はなく，所望する任意の順序で特定の周波数をチェックしたり，関

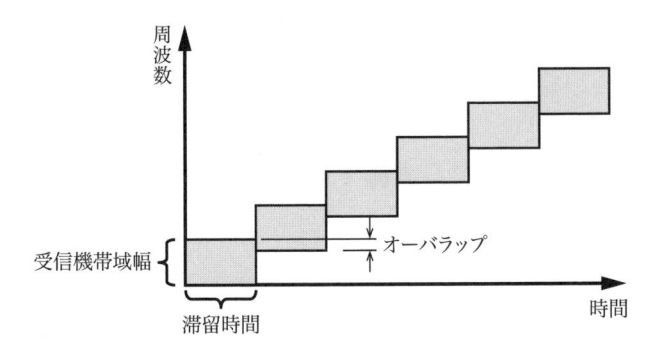

図 6.29 デジタル同調受信機は，離散的な周波数配置に移動する．

心の高い周波数サブバンドをスキャンしたりすることができる．受信機の同調ス
テップを 50% オーバラップさせることが，多くの場合望ましい．これによって，
対象信号の帯域端傍受（band-edge intercept）を防ぐことができる．一方で，50%
のオーバラップには，対象信号範囲をカバーする時間の 2 倍もの時間が必要とな
る．このオーバラップ量は，個別の状況にあわせて捜索を最も効果的に行うため
のトレードオフ事項である．

　図 6.30 に示すように，傍受システムでは，専用の捜索受信機（search receiver）
によって制御される多数の監視受信機（monitor receiver）を使用することがよく
ある．捜索受信機は信号に遭遇すると，その信号を迅速に解析して，それが対象
とする信号であり，かつ監視受信機の 1 台を割り当てるのに十分高い優先度を持
つ信号であるか否かを決定する．そのような信号だった場合は，1 台の監視受信
機がその信号の周波数に同調され，（例えば，復調モードなどの）運用諸元が適
切に設定される．各監視受信機の出力は，オペレータ位置や自動記録あるいは内
容分析場所に渡すことが可能となる．

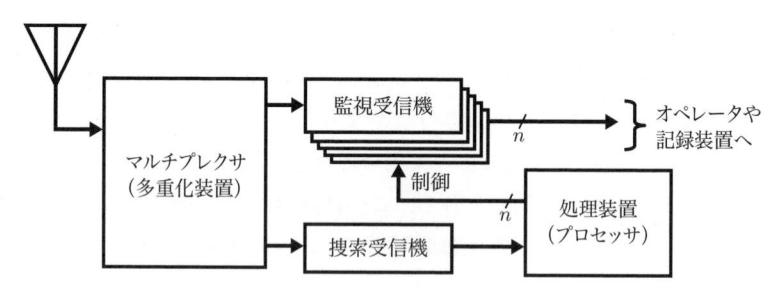

図 6.30　捜索受信機は，対象信号の周波数を決定し，監視受信機を最優先
信号に迅速に同調させるために使用される．捜索受信機には，広帯域型受
信機あるいは最適に掃引される狭帯域型受信機を使用できる．

6.5.11　捜索に影響する実施上の配慮事項

　理論上，受信機は，その帯域幅の逆数に等しい時間（例えば，帯域幅 1MHz で
$1\mu\mathrm{sec}$）は受信帯域幅内に信号が残存できる速度で掃引することが可能である．
一方，システムソフトウェアには信号が存在しているかを判定する時間が必要で
ある．これには $100\sim200\mu\mathrm{sec}$ 程度の時間を要するおそれがあり，帯域幅の逆数
に等しい時間を相当超過する可能性がある．

存在する一つひとつの信号の処理（例えば，変調解析（modulation analysis）や電波源位置決定など）を実行するには，その信号が対象信号であるかを確認するため，一般的に長時間を必要とする．このレベルの処理には，検出されたそれぞれの信号に対して 1msec 以上の時間を要する可能性がある．使用可能なチャンネルの 10% に信号が存在する可能性があることを思い出そう．例えば，30〜88MH 帯には 25kHz 幅のチャンネルが 2,320 あるので，全帯域捜索においては 232 の被占有チャンネルに出会うことが予期される．

6.5.12　狭帯域捜索の事例

以下に，狭帯域捜索の事例を示す．周波数帯域が 30〜88MHz の間で，帯域幅 25kHz の通信信号を探知したいとしよう．その信号は，0.5 秒間出現するものと想定する．この短期間の信号は，おそらく電鍵クリック（key click）によるものであり，かつては傍受システムが神経を使うべき最短の信号であったことに注目しよう．この例では，各時間は直近の msec 単位に四捨五入することにする．

受信アンテナは方位を 360° カバーし，搜索受信機の帯域幅は 25kHz である．受信機は，少なくとも帯域幅の逆数時間に相当する時間は各同調ステップに留まる必要がある．帯域端での傍受を避けるため，各同調ステップを 50% ずつオーバラップさせることにする．したがって，

$$\text{滞留時間} = \frac{1}{\text{帯域幅}} = \frac{1}{25\text{kHz}} = 40 \,(\mu\text{sec})$$

となる．

図 6.31 は，6.5.8 項で取り上げた捜索問題を線図で表示している．受信機の受信範囲をオーバラップさせるため，周波数は同調ステップごとに 12.5kHz しか変化させられないことに注意しよう．

対象信号の探知確率を 100% にするためには，受信機は 0.5sec 内に 58MHz の全帯域幅をカバーしなくてはならない．この信号の範囲をカバーするために必要な帯域幅数は，

$$\frac{58\text{MHz}}{25\text{kHz}} = 2,320$$

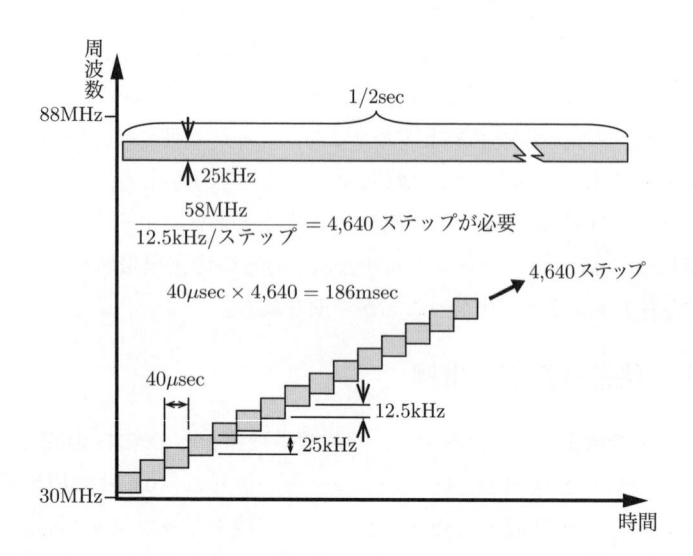

図 6.31　ステップごとに 50% オーバラップさせ，かつ 40μsec 滞留すると した場合，捜索帯域幅 25kHz では，58MHz を 186msec でカバーすることに なる．

となる．

50% オーバラップさせると，58MHz の周波数範囲には，4,640 の同調ステップ が必要となる．

各ステップに 40μsec 滞留すると，4,640 ステップで 186msec が必要になる．

このことは，受信機は想定した最小信号接続時間の半分未満で対象信号を探知 できるため，傍受確率 100% は容易に達成できるということを意味している．

しかしながら，これは最適条件で捜索を行い，かつその信号は捜索対象信号 であるとすぐに見分けられることを前提にしたものである．問題をさらに面白 くするため，信号の変調を 200μsec 以内に見分けられる処理装置があると仮定 してみよう．これは，周波数ごとに滞留時間の間は止まらなければならないの で，58MHz の探索範囲をカバーするのに 928msec かかることを意味する．すな わち，

$$200\mu\text{sec} \times 4{,}640 = 928 \, [\text{msec}]$$

である．

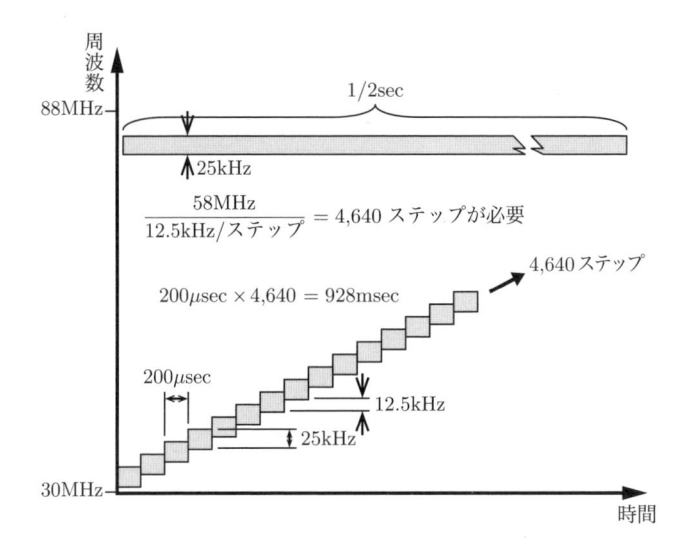

図 6.32　ステップごとに 50% オーバラップさせ，かつ 200 μsec 滞留する
とした場合，捜索帯域幅 25kHz では，58MHz を 928msec でカバーすること
になる．

図 6.32 に示すように，この捜索では，規定の 0.5sec 以内に信号を探知するこ
とはない．

6.5.13　受信機の帯域幅の増大

捜索受信機の帯域幅が（6 目標の信号チャンネルをカバーする）150kHz まで拡
大され，さらに帯域幅内での信号周波数測定に 200μsec の処理時間を配分するも
のとすれば，捜索は増進される（図 6.33 参照）．この場合は，対象信号の周波数
範囲をカバーするのに，773 ステップしかかからない．

$$\frac{4,640}{6} = 773$$

同調ステップ当たり 200μsec では，（50% のオーバラップで）2,320 チャンネル
をカバーするのに 155msec しかかからない．図 6.33 を参照されたい．

$$773 \times 200\mu\text{sec} = 155 \,[\text{msec}]$$

この帯域幅の増大により，受信機の感度がほぼ 8dB 低下することに注意しよ

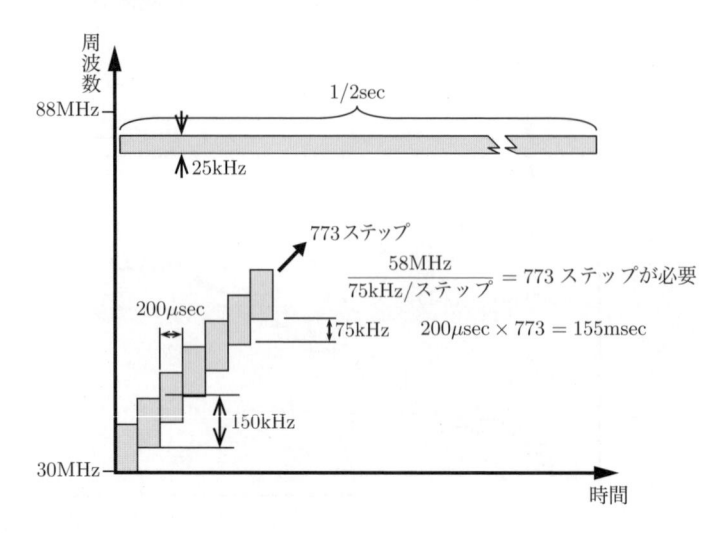

図 6.33　ステップごとに 50% オーバラップさせ，かつ 200 μsec 滞留する
とした場合，捜索帯域幅 150kHz では，58MHz を 155msec でカバーするこ
とになる．

う．受信機の帯域幅がこれよりずっと広くなると，帯域内に多数の信号が存在す
る確率が高まることが問題となる．

6.5.14　方探装置の付加

　問題を一層興味深くするため，受信機が方探（DF）システムの一部であり，対
象信号の電波到来方向（DOA）を測定しなければならないと仮定しよう．この方
探システムは DOA 測定に 1msec を要する．仮に他の信号が存在しない場合，こ
れによって捜索時間に 1msec だけが加わる．

　戦術通信環境の密度について説明するとともに，戦術システムの評価にしば
しば使用される数値としてチャンネル占有を 10% であると考えてきた．これは，
われわれの 58MHz の対象範囲には，

$$2{,}320 \times 0.1 = 232 \text{ 個の信号}$$

を含むことが予期されるという意味である．

　150kHz の捜索帯域と 50% のオーバラップした状態では，その受信機は，

139msec で 2,088 の空白チャンネルをカバーできる．すなわち，

$$\frac{2,088}{6} \times 2 \times 200 \mu sec = 139 \,\text{(msec)}$$

である．

ただし，232 の被占有チャンネルには，さらに 232msec が必要となる．したがって，ここでの捜索には 371（= 139 + 232）msec を要するが，この捜索方略は，目標信号に対する 100% の発見確率と DOA 決定確率を生み出す．

第 7 章で周波数ホッピング信号の捜索について考える際に，この問題を再度扱う．

6.5.15　デジタル受信機を使用した捜索

ここで，FFT チャネライザを使用して，（30〜88MHz にある）対象信号を見つけ出すことだけを考えてみよう．この受信機は，標準の仮想メモリ環境（virtual memory environment; VME）バス（bus; 母線）形式を使用するという制約を設けているが，これがデータレートを 40Mbps に収める．ナイキストサンプリング速度（Nyquist sampling rate; ナイキスト標本化速度）を条件とするために，上に述べたように，入力周波数帯域を 20MHz に限定する．

図 6.34 にデジタル受信機のブロック図を示す．FFT を使用することで，図 6.35 に示すように，3 段階で対象の全周波数捜索範囲をカバーすることができる．

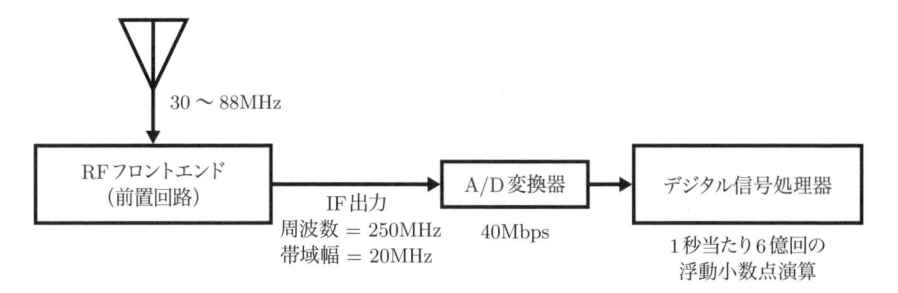

図 6.34　デジタル同調受信機は，いつでも任意の帯域部分に迅速に同調することができる．

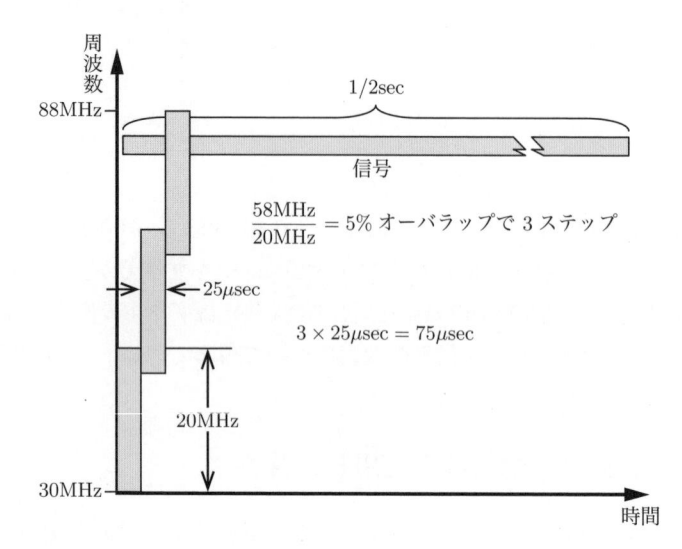

図 6.35　デジタル同調受信機は，離散的な周波数配置に移動する．

6.6　　通信電波源の位置決定

EW システムにおける最も重要な要件の一つは，脅威電波源の位置決定である．とりわけ通信電波源は，それらの比較的低い周波数に特有の課題をもたらす．低い周波数ほど波長は長く，ゆえにアンテナの開口部が大きい．一般に，通信電子戦支援（ES）システムは，360° の瞬時の覆域と遠方の電波源の位置決定に十分な感度を備える必要がある．これらは一般に，（第 7 章で説明する）低被傍受/探知確率（LPI）伝送に使われる変調法なども含めたすべての通信変調法に対応できなければならない．いかなる場合でも，通信 ES システムは非協調的な（すなわち，敵性の）電波源を相手にする．したがって，協調的なシステムの位置決定に使用できる技法は，当然利用できない．

本節では，その一般的な手法と最も重要な技法について説明する．まず，在来型の（すなわち非 LPI）電波源の位置決定技法についてここで説明し，次に，第 7 章で LPI 電波源の位置決定について取り上げる．すべてのシステムアプリケーションの議論において，現代の軍事環境で起こりうる高信号密度は重視すべき事項になるだろう．

6.6.1 三角測量

三角測量は，非協調的な電波源の位置決定のための最も一般的な方策である．図 6.36 に示すように，これには異なる位置にある二つ以上の受信システムを使用することが必要になる．こうしたシステムのそれぞれが目標信号の到来方向（DOA）を測定できなければならない．また，角度基準（angular reference）を規定するための何らかの方法（通常は真北（true north））がなければならない．以下の説明においては，便宜上これらのシステムを方探（DF）システムと呼ぶことにする．

地形障害または他の何らかの状況のために，（典型的な高信号密度環境において）二つの方探システムで異なる信号が見える可能性があるので，少なくとも三つの方探システムを使用して三角測量を行うのが一般的なやり方である．図 6.37 に示すように，三つの方探システムが提供する DOA ベクトルは，三角形を形成する．理想的には，3 本すべてが電波源位置で交差することになり，またその三角形が十分に小さい場合，報告される電波源位置を算出するには，三つの線の交点の平均値を求めることができる．

通常，これらの方探サイトは互いにかなり離隔しているので，DOA 情報が一つの分析所に通知されてからでなければ，電波源位置決定計算は行えない．これも同様に各方探サイトの位置が既知であることを意味する．

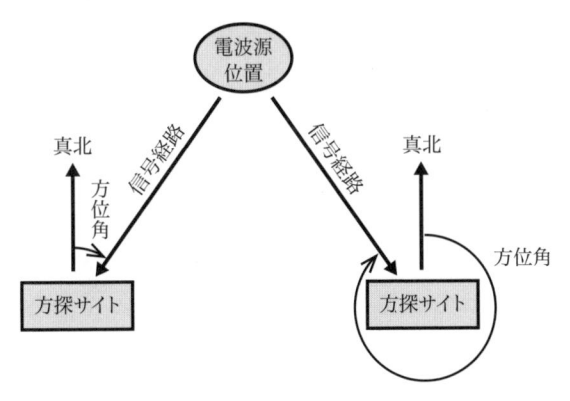

図 6.36 三角測量では，複数の既知のサイト位置に到来する信号の方位角を測定することによって，電波源の位置決定を行う．

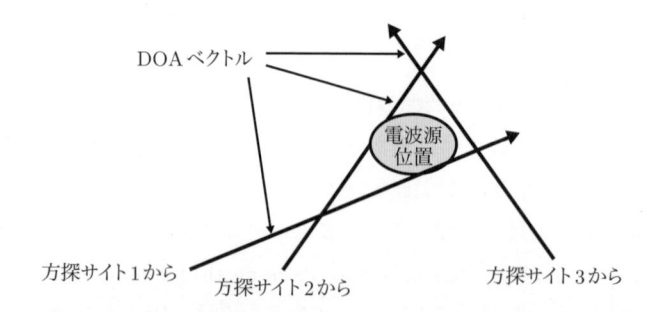

図 6.37　三角測量は，通常 3 本の DOA ベクトルが三角形を形成できるように三つのサイトによって遂行される．その三角形が小さいほど電波源位置決定の質は高まる．

　重要なことは，各方探サイトが目標信号を受信できることである．方探システムが飛行プラットフォームに搭載されている場合は，通常，目標電波源までの見通し線が確保されているはずである．地上設置システムは，地形的に見通し線が確保できている場合，より高い精度で位置決定をもたらすことが期待できるが，それはそれとして，ある程度の許容精度で見通し線外の電波源の位置を決定できなければならない．

　三角測量における配置は，電波源位置から見て，二つの方探サイト間の角度が90° をなすときに最適になることに注意しよう．

　図 6.38 に示すように，三角測量は単一の移動方探システムによっても実行することができる．これは通常，航空プラットフォームに対してのみ適用される．この場合の方位線（line of bearing; 方測線）も，やはり目標位置で 90° で交差しなければならない．したがって，方探システムを搭載したプラットフォームの速度および飛行経路と目標との距離が，正確な電波源位置決定に必要な時間を決める．

　例えば，DF プラットフォームが速度 100 ノットで，目標電波源から約 30km を通過する場合，最適位置関係を実現するのにだいたい 10 分を要する．これは静止目標に対してはかなり役立つかもしれないが，移動している電波源を追尾するには時間がかかりすぎることがある．この方法で許容精度を得るには，目標電波源の移動は，データ収集期間を通じて位置決定の要求精度を超えない範囲でなければならない．ここで留意すべき点は，最適配置（つまり，位置決定精度）に

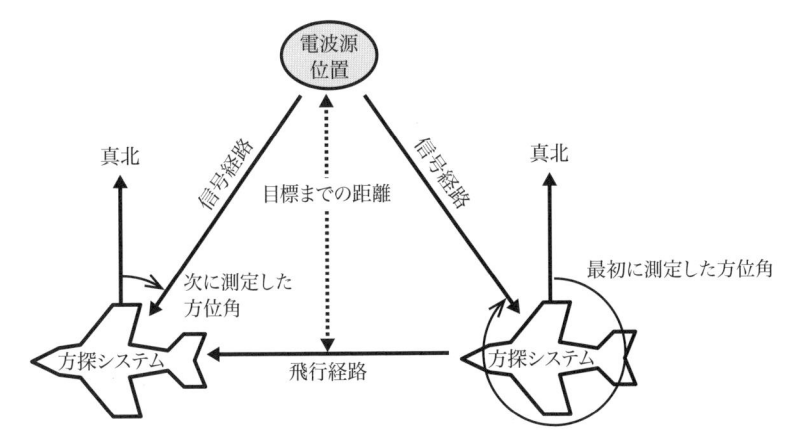

図 6.38 移動方探システムは，その飛行経路に沿って，時を異にして取り込まれた方位角を用いて三角測量を行うことができる.

満たないことを受け入れることが実用上の最良の性能をもたらす可能性があるということである.

6.6.2 単一局方向探知

　単一の電波源位置決定サイトからの方位と距離によって敵の送信機の位置を決定できる事例を二つ挙げよう. その一つは約 30MHz 以下の信号を処理する地上配備システムへの適用事例であり，もう一つは航空機搭載システムへの適用事例である.

　およそ 30MHz 以下の信号は，図 6.39 に示すような単一局方向探知（単局方探）装置（single-site locator; SSL）による位置決定が可能である. これらの信号は，電離層によって屈折される. 図 6.40 に示すように，それらは入射角と同じ角度で戻るので，電離層で反射されると言われている. 電波源位置決定サイトに到来した信号の方位角と仰角の両方を測定すると，送信機の位置を決定することができる. 距離は，電離層からの反射角が入射角と同じであることから，電離層の反射点の仰角と高度から計算される. この処理の最も困難な部分は，反射点における電離層の正確な特性解析である. 通常，距離計算は方位測定よりかなり精度が低いので，位置決定の確率域の形状は細長くなる.

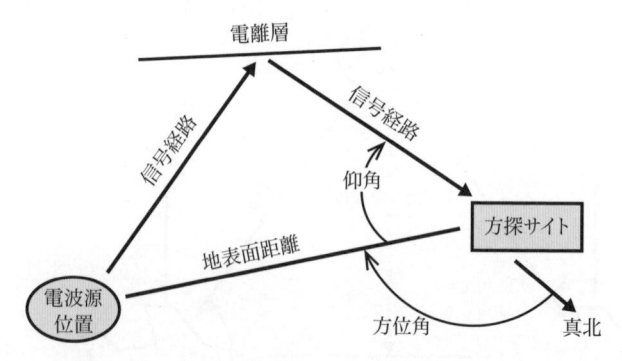

図 6.39　約 30MHz 以下の電波源位置は，単一 DF 局からの方位角と仰角を測定することによって決定できる．

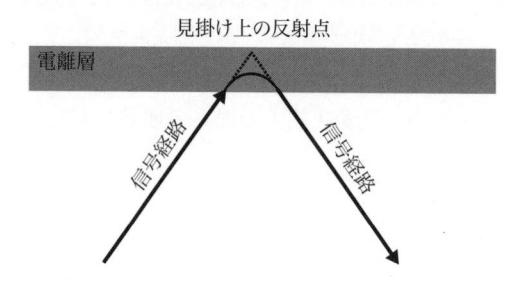

図 6.40　約 30MHz 以下の信号は，電離層で反射されるように見える．

　航空機搭載電波源位置決定システムで地上の非協調的電波源の方位角と俯角の双方を測定すれば，電波源位置は図 6.41 に示すように計算することができる．距離測定には，航空機は地上の自己位置と自己の高度がわかっている必要がある．局所地形のデジタル地図も持っていなければならない．電波源までの地表面距離は，機体直下点から信号経路ベクトルと地面との交点までの距離になる．

6.6.3　その他の位置決定方策

　後述する精密電波源位置決定（precision emitter location）技法では，図 6.42 に示すように，離れた 2 か所の方探サイトで受信した目標信号諸元を比較するこ

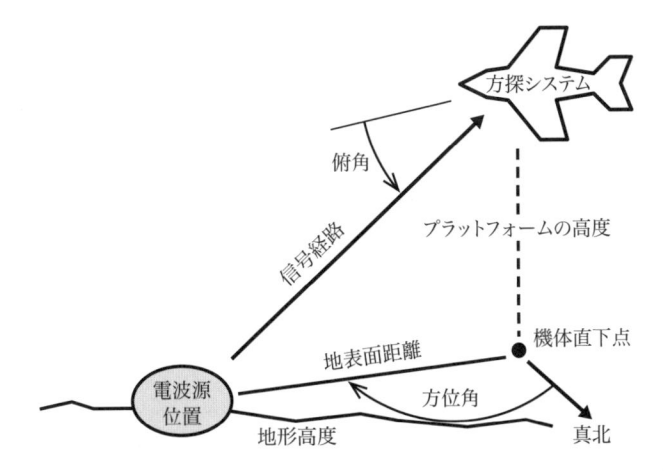

図 6.41 地表の電波源は，方位角と俯角を測定することによって，航空機搭載方探システムから位置決定することができる．

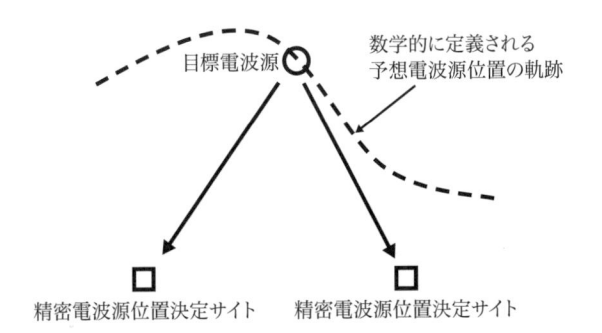

図 6.42 精密電波源位置決定技法では，互いに離隔した二つの精密電波源位置決定サイトで受信された同一信号を解析することにより予想される電波源位置の軌跡を数学的に定義する．

とで，数学的に生成される予想電波源位置の軌跡を計算する．使用される技法では，電波源はこの軌跡にかなり近いと判定できるが，この軌跡は概して何 km もの長さになる．3 番目の方探サイトを加えることにより，2 番目と 3 番目の軌跡曲線を計算することができる．これら 3 本の軌跡曲線は，電波源位置で交差する．

6.6.4 RMS 誤差

　一般に，電波到来方向（DOA）測定システムの精度は，RMS 誤差（root mean square error; 2 乗平均誤差）の観点から述べられる．この値は，方探システムの実効精度（effective accuracy）と見なされている．これは出現するかもしれないピーク誤差（peak error; 最大誤差）を明らかにするものではない．大きいピーク誤差がごく少数存在していても，システムの RMS 誤差は比較的小さいこともありうる．方探システムの RMS 誤差を定義する際，各種の誤差は，例えば雑音などのランダムな変動条件によって引き起こされることは当然と考えられる．システムによっては，その実装方法に起因することがわかっている大きなシステム誤差（systematic error; 定誤差）を持っている．これら少数の大きい誤差が，多数のより小さい誤差と一緒に平均されるとすれば，許容しうる RMS 誤差は一定の基準に収まるはずである．一方，RMS 誤差値の数倍もの誤差に悩まされる状況があれば，電波源位置の作戦上の信頼性を低下させることになる．この種の既知のピーク誤差を処理することで補正される場合は，適切な RMS 誤差基準が得られる．

　RMS 誤差を測定するには，かなり均一に分布した周波数と到来電波入射角（angle of arrival; AOA; 到来波入射角）において，膨大な量の DF 測定値を収集する．各データ収集ポイントにおいては，真の到来電波入射角がわかっていなければならない．これは，地上システムにおいては，方探装置（direction finder; DF）を載せた較正（calibration; 校正）済みのターンテーブルを使用することによって，あるいは，方探システムで規定されている精度よりはるかに高い精度（理想的には，1 桁以上）で試験用送信機の真の方位角を測定する独立した追尾装置を使用することによって，達成される．航空機搭載方探システム（airborne DF system）においては，真の到来電波入射角は，試験用送信機の既知の位置と，自身の慣性航法システム（inertial navigation system; INS）による航空機プラットフォームの位置と方向から計算される．

　方探システムで（このシステムの試験中に）DOA が測定されるたびに，真の到来電波入射角から DOA が差し引かれる．その後，この誤差測定値は 2 乗される．この 2 乗誤差は平均され，平方根がとられる．これがシステムの RMS 誤差である．この RMS 誤差は，次のように二つの成分に分けることができる．

$$(\text{RMS 誤差})^2 = (\text{標準偏差})^2 + (\text{平均誤差})^2$$

したがって，平均誤差（mean error）が数学的に取り除かれれば，RMS 誤差は，真の到来電波入射角からの標準偏差（standard deviation; SD）に等しくなる．誤差の原因が正規分布に従っていると考えられる場合，その標準偏差は 34% である．したがって，図 6.43 に示すように，±RMS 誤差線は，測定された到来電波入射角がすべて含まれる見込みが真の方位線を中心に 68% となる領域を表している．別な見方をすれば，これは，システムがある特定の角度を測定すると，示されたくさび形の範囲内に真の電波源位置が存在する可能性が 68% であることを意味する．このことは，測定された平均誤差はデータ処理の間に除去されていることを前提としている．

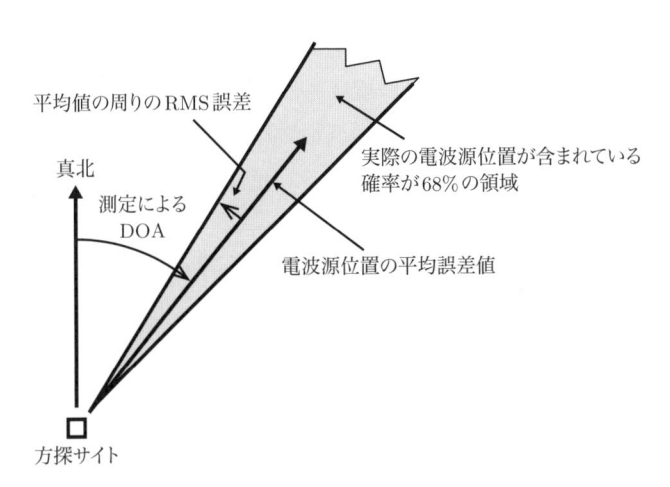

図 6.43　測定された DOA からの ±RMS 誤差と平均誤差値の間のくさび形の領域に実際の電波源位置が含まれる確率は，68% である．

6.6.5　較正

前述したように，較正は誤差データの収集を伴う．一方，この誤差データは較正テーブル（calibration table）を作成するためにも用いられる．コンピュータメモリ上の較正テーブルは，DOA や周波数の多数の実測された数値データの角度補正に適用できる．ある特定の周波数における電波到来方向（DOA）が測定されると，それは計算済みの角度誤差によって補正され，その補正済みの到来電波入

射角（AOA）が報告される．測定された DOA が（角度および周波数，またはそのどちらかの）二つの較正点の中間に位置している場合は，格納済みの最も近い二つの較正点の間で補間することによって，補正率（correction factor; 修正率）が決定される．一部の DF 技法においては，少し異なった較正体系のほうがより良い結果を生み出すことに注意しよう．これらについては，それぞれの DF 技法と一緒に説明する．

6.6.6　CEP

円形公算誤差 (circular error probable; CEP; 半数必中界) は, 1 本の標桿 (aiming stake) の周囲に爆弾や砲弾の半数が落達する円の半径を指す砲爆撃用語である．図 6.44 に示すように，この用語は，電波源位置決定システムの評価において，真の電波源位置が含まれる確率が 50% となる実測の電波源位置を囲む円の半径を表すのに用いられる．システムの精度はこの CEP が小さくなるほど高くなる．真の電波源位置を含む可能性が 90% の測定位置を囲む円を表す，90% CEP という用語も用いられている．図 6.45 は，二つの DF 装置から測定された電波源の位置に対する CEP と RMS 誤差を示している．これらの二つの装置は，目標に対して理想的な（つまり，目標から見て 90° をなす）位置関係にあることに注意しよう．

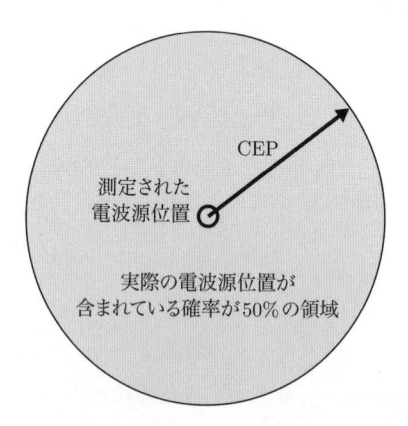

図 6.44　CEP とは，実際の電波源位置が含まれている確率が 50% の，実測された電波源位置を囲む円の半径のことである．

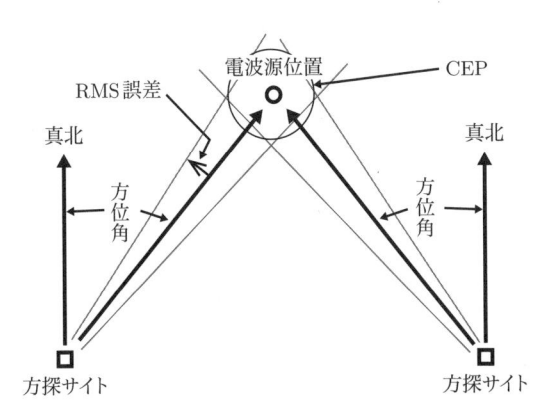

図 6.45　CEP は，目標電波源の実測位置を計算するため，三角測量を行う二つの方探サイトの RMS 誤差と関連している．

6.6.7　EEP

　楕円公算誤差（elliptical error probable; EEP）は，目標に対して理想的な配置にない二つの方探サイトによって位置を測定する際，実際の電波源位置を含む確率が 50% となる楕円形である．90%EEP もしばしば考察される．EEP 地図は，図 6.46 に示すように，測定された電波源の位置を表示するだけでなく，指揮官が位置測定における信頼度を評価できるように描かれることもある．

　CEP はまた，EEP から次式によって決定することもできる．

$$\mathrm{CEP} = 0.75\sqrt{a^2 + b^2}$$

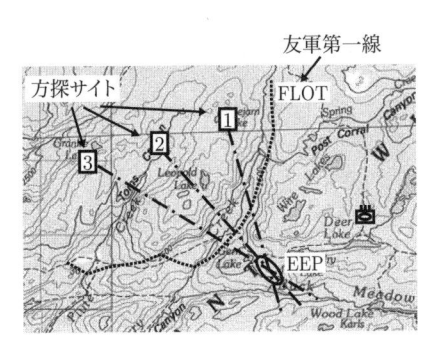

図 6.46　電波源位置の EEP は，実測された電波源位置精度の妥当な信頼水準を指揮官に提供するため，戦術用地図に重ね合わせることができる．

ここで，a, b は EEP 楕円形の長半径および短半径である.

　CEP と EEP は精密電波源位置決定技法においても定義される．これらについては後述する.

6.6.8　方探サイト位置と基準北

　三角測量や電波源の単局方探を実行するには，各方探サイトの位置がわかっており，それが処理に入力されなければならない．到来電波入射角（AOA）システムにおいては，（たいてい真北を基準とする）方位基準（directional reference）もなければならない．方探サイト位置は，前述の精密電波源位置決定技法にも必要である．図 6.47 に示すように，方探サイト位置や基準方位の誤差は，目標電波源に対して決定される AOA に誤差をもたらす．この図は誤差の影響について説明するために意図的に誇張されている．一般に方探サイト配置や基準方位の各誤差は，測定精度誤差の大きさとほぼ同じ程度である．後述する事例でわかるように，これらの誤差は通常ほんの数度である.

　図 6.48（これも意図的に誇張されている）に，測定誤差，方探サイト位置誤差（location error），および基準方位誤差によって引き起こされる位置決定誤差を示す．ある誤差の寄与が一定であるならば，その誤差は位置決定精度にそのまま加

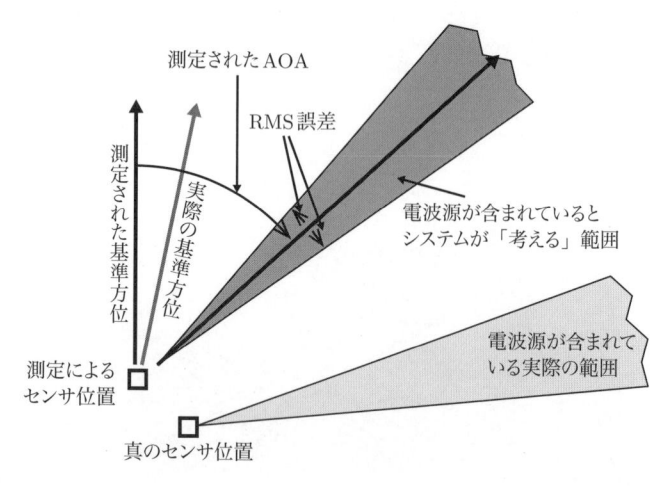

図 6.47　AOA システムでは，センサの位置誤差と基準方位誤差が報告される電波源位置に不正確さをもたらす.

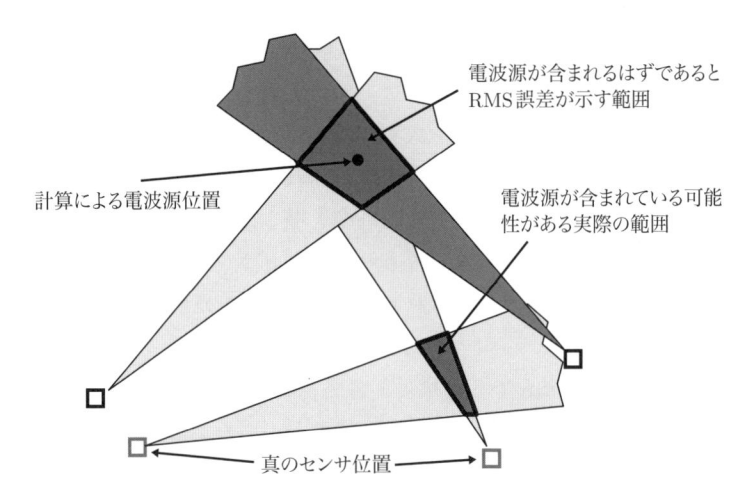

電波源が含まれるはずであると
RMS 誤差が示す範囲

計算による電波源位置

電波源が含まれている可能
性がある実際の範囲

真のセンサ位置

図 6.48　AOA システムによる敵電波源の位置決定精度は，測定誤差，セン
サ位置誤差，さらに基準方位誤差の関数である．

えられなければならない．通常，方探サイト位置誤差は一定であると考えられ
る．その一方で，誤差の原因がランダムかつ互いに無関係であれば，それらは一
緒に「2 乗平均化」される．すなわち，得られる RMS 誤差は，各種誤差の寄与
分の 2 乗平均の平方根となる．

　1980 年代半ば以前は，方探サイトの位置決定は極めて骨の折れるものであっ
た．地上設置の方探システムでは，方探サイト位置を測量技法によって決定し，
それをシステムに手作業で入力する必要があった．基準北は，DF アンテナアレ
イを特定の方向に向けて固定するか，あるいは，アンテナアレイの指向方向を自
動的に測定して入力する必要があった．移動方探サイトには，自動北検出機能が
特に重要であった．

　磁力計（magnetometer）は，局所磁場（local magnetic field）を感知し，電子的
に出力するために当時使われていた装置である．機能的には，これはデジタル読
み取り式の磁気コンパスである．地上設置システムのアンテナアレイの中に磁力
計を組み込むと，その（磁極の）基準北を，三角測量を実行中のコンピュータに
自動的に取り込むことができた．それぞれの方探サイトからの方位基準を計算す
るためには，局地偏角（local declination）（すなわち，磁北と真北との偏角）を手
動でシステムに入力しなければならなかった．磁力計の精度は通常，約 1.5° で

あった．図 6.49 に示すように，磁力計は AOA システムの DF（方探）アレイと一体化されることが多かった．これがアンテナアレイを磁北に向ける面倒な作業を回避して，システムの展開時間を大幅に減らした．

大型プラットフォーム搭載の艦載方探システム（shipboard DF system）は，艦艇の航法システムから自身の位置と方位基準を得ることができたが，これは何年にもわたって非常に正確であった．艦艇の慣性航法システム（INS）は，長期間にわたって位置と方位の精度が得られるように，熟練した航海士によって手動で補正することができる．

航空機搭載方探システムでも同様に，各方探システムの位置と方向がわかっていて，これらを三角測量計算に取り込む必要があった．これらは航空機の INS から提供されていたが，各機は飛行任務開始前に詳細な初期設定作業を必要とした．図 6.50 に示すように，INS は，（直交配向された）2 台の機械式回転型ジャイロスコープ（mechanically spinning gyroscope）から自身の基準北を，また 3 台の直交配向加速度計（orthogonally oriented accelerometer）から自身の水平位置基準（lateral location reference）を得ていた．各ジャイロスコープは，自身の回転軸に直交する角運動しか測定できないので，3 次元方向を決めるためには，2 台のジャイロスコープを必要とした．加速度計の各出力は，2 回にわたって積分され，その 1 回目は横方向の速度を与えるため，2 回目は（それぞれ 1 次元の）位置変化を与えるためである．ジャイロスコープと加速度計は，INS 内の機械的に制御されるプラットフォームに搭載され，航空機の移動時の方向を安定して維持

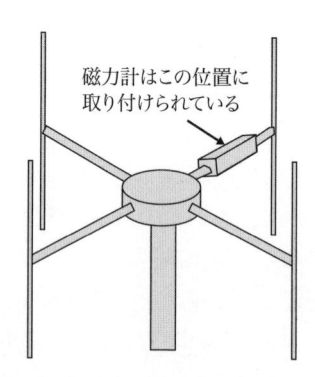

磁力計はこの位置に
取り付けられている

図 6.49　方探アレイ内に組み込まれた磁力計によって，磁北に対するアレイの方位を測定する．

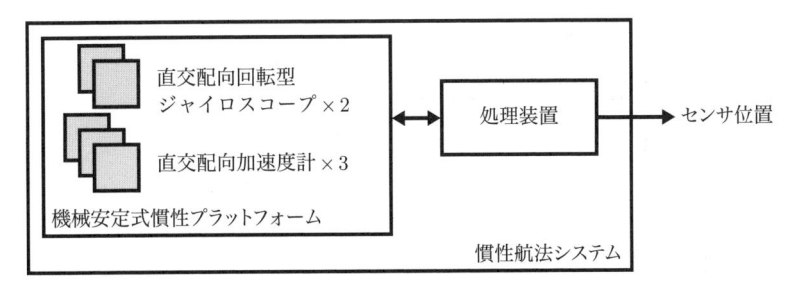

図 6.50　旧式の慣性航法システム（INS）には，二つの直交配向回転型ジャイロスコープにより方向付けを維持し，三つの直交配向加速度計により横移動を計測するための，機械安定式の慣性プラットフォームが必要であった．その位置と方向の精度は，システムの較正後の時間の経過とともに線形に低下していく．

した．航空機が飛行場のコンパス調整場（compass rose）から離れるか，空母から発進したあとは，ジャイロスコープのドリフト（drift; 定偏）と加速度計の累積誤差（accumulated error）のせいで，位置と方向の精度は時間とともに直線的に低下していく．したがって，航空プラットフォームが提供する電波源位置決定精度は，航続時間の関数であった．

また，実際の航空機搭載方探システムでは，（容積が約 2 立方フィートの）INS装置を収容できる大きさのプラットフォームにしか配置できなかった．

1980 年代末には，GPS（global positioning system; 全地球測位システム）衛星が軌道上に配置され，小型，安価で頑丈な GPS 受信機が利用できるようになった．GPS は，われわれの移動装備の位置特定手段に顕著な影響を及ぼした．現在では，小型機，地上車両，さらに徒歩兵士の位置さえも，電波源位置決定に十分役立つ精度で（電子的に）自動測定できるようになった．これによって，多くの低価格方探システムに極めて良好な位置決定精度を提供できるようになった．

GPS はまた，INS 装置を使用した作業にも大きな影響を与えた．いつでも絶対位置をすぐに測定できるので，INS による位置決定精度はもはや航続時間の関数ではなくなった．図 6.51 に示すように，慣性プラットフォームからの入力は，GPS 受信機からのデータを使用して更新される．位置は GPS によって直ちに測定され，角度の更新情報は複数の位置測定値から求められる．

新式の加速度計やジャイロスコープの開発と電子機器の超小型化によって，今

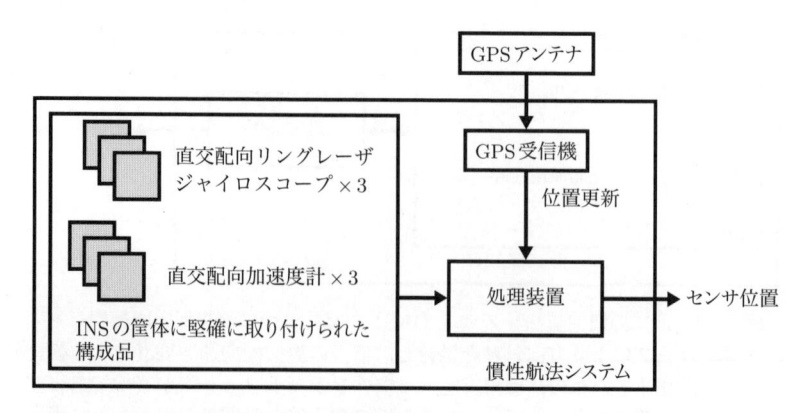

図 6.51　GPS で改善された慣性航法システムは，GPS 受信機からの位置入力を用いることで，長期間の位置決定精度を実現している．

では寸法・質量が極めて小さく，また可動部品のない INS システムが実現できるようになった．リングレーザジャイロスコープ（ring laser gyroscope）は，（3枚の精密な鏡を用いて）閉路の中でレーザパルスを反射させる．円経路を動き回る時間を測定することによって，角速度を確定する．その速度は方位角を測定するために積分される．三つのリングレーザジャイロスコープが，3軸方位測定に必要とされる．いまや旧式の荷重バネ型加速度計は，圧電型加速度計（piezoelectric accelerometer）に置き換えられた．また，角速度を測定する極めて小さい圧電型ジャイロスコープ（piezoelectric gyroscope）もある．

　GPS の副次的価値は，固定式や移動式の位置決定サイトに極めて正確な時計が提供されることである．この時計機能は，後述する精密位置決定技法に必須である．GPS 受信機/処理装置は，自身の時計を GPS 衛星の持つ原子時計（atomic clock）と同期させる．これは，1枚のプリント基板と一つのアンテナだけで仮想の原子時計を作り出せる作用を持つ（実際の原子時計の大きさは「大きめの弁当箱大」であることに注意）．こうして，GPS のおかげで小型のプラットフォームで精密電波源位置決定技法を使用できるようになった．

6.6.9　中程度の精度技法

　中程度の精度を有するシステムとは言っても，方探装置であることには変わりがないので，その精度は RMS 角度精度の観点から規定するのが最も都合が良

い．中程度の精度に値する誤差角として，2.5° RMS はまずまず良い数値である．これは，ほとんどの DF 技法において較正なしで実現しうる精度である．較正については後ほどさらに論ずるが，さしあたり，較正とは，送信信号の AOA 測定における計測と誤差の補正を系統的に行うことを意味している．

使われているシステムには中程度の精度を有するものが多数あり，これらは電子戦力組成（electronic order of battle; EOB）情報の作成に十分な精度を提供するものと考えられる．すなわち，存在する部隊組織の種類，物理的近接度，およびそれらの活動を分析するのに十分な精度で，敵の送信機の位置を決定できるということである．この情報は，専門の分析要員が，敵の戦力組成（order of battle; OB）を究明したり，敵の戦術的企図を予測したりするのに用いられる．

これらのシステムは比較的小型，軽量かつ安価でもある．一般的に，システムの精度が高いほど，より正確なサイト位置とサイト基準が求められる．このことは，小規模（低価格）のシステムにとっては大きな問題であった．しかしながら，これは小型・低価格の慣性計測ユニット（inertial measurement unit; IMU）が入手しやすくなったのに伴い，かなり容易になってきた．IMU は，GPS の位置基準と組み合わせることによって，中程度の精度の方探システムに対して位置と角度の適正な基準を提供することができる．

通信電波源の位置決定に使用される代表的な中程度の精度技法には，ワトソン−ワット（Watson-Watt）方探とドップラ（Doppler）方探の二つがある．

6.6.10 ワトソン−ワット方探技法

図 6.52 に示すように，ワトソン−ワット方探（Watson-Watt DF）システムは，基準アンテナを中心にして，偶数（4 本以上）のアンテナを環状に配列し，これらに 3 台の受信機を接続したものである．この円形アレイの直径は，約 1/4 波長である．

外側のアンテナの（アレイ中で互いに向かい合っている）ペアは，受信機 2 と受信機 3 に切り替えられるようになっており，中心の基準アンテナは受信機 1 に接続される．処理中に，外側のペアのアンテナの信号間の振幅差は，中心の基準アンテナの振幅と照合（すなわち除算）される．この信号の組み合わせにより，3 本のアンテナの周囲に図 6.53 に示すような，（利得対電波到来方向の）カージオイド利得パターン（cardioid gain pattern）が生成される．向かい合ったアンテナ

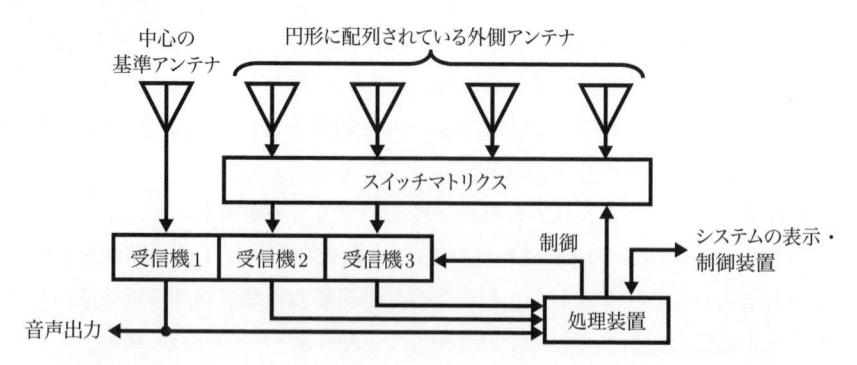

図 6.52　ワトソン–ワット方探システムは，基準アンテナを中心にして，その周りに複数のアンテナを配置したアレイを使用している．向かい合った外側のアンテナのペアは，受信機 2 と受信機 3 に切り替えられる．

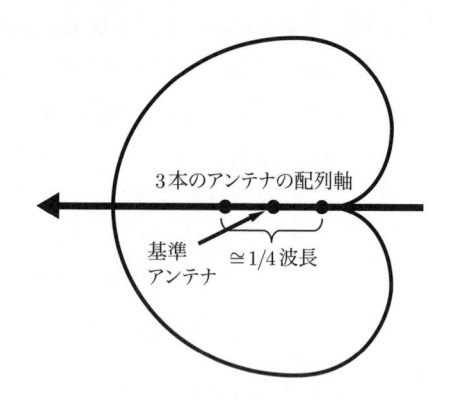

図 6.53　ワトソン–ワットアレイにおいては，2 本の向かい合った外側のアンテナ間の信号の利得差が中心のアンテナに対して正規化されると，その結果はアンテナアレイの利得対到来電波入射角のカージオイドパターンとなる．

の別のペアがそれぞれ受信機 2 と受信機 3 に切り替えられて接続されることで，2 番目のカージオイドパターンが形成される．その結果，切り替えの瞬間にカージオイド上に 2 点を得る．向かい合ったアンテナのペアのすべてが順次何回か切り替えられた後，信号の DOA を計算できるようになる．

　ワトソン–ワット技法は，あらゆるタイプの信号の変調方式に対して働き，較正することなく約 2.5° の RMS 誤差を達成することができる．

6.6.11 ドップラ方探技法

図 6.54 に示すように，一つの移動アンテナ（A）がもう一つの固定アンテナ（B）の周囲を回転しているとき，A は B と異なる周波数の送信信号を受信する．回転アンテナが送信機方向に近づくにつれ，ドップラ偏移により受信周波数が増加する．遠ざかるにつれ周波数は減少する．この周波数の変動は正弦曲線（sinusoidal）状になり，送信信号の到来方位の決定に利用することができる．電波源は，この図で生ずる正弦波形が下降して横軸とゼロ交差する方向に存在することに注意しよう．

実際には，図 6.55 に示すように，受信機 A は円形に配列された複数のアンテナに接続され，これらの接続が順次切り替えられる．もう 1 台の受信機 B は，アレイの中心にあるアンテナに接続される．システムが外側のアンテナの一つを受信機 A に切り替えるたびに，受信信号の位相変化が測定される．数回の回転後，システムは位相変化データから（アンテナ B に対するアンテナ A の）周波数の正弦変化を作成でき，その結果，送信信号の到来方位を決定することができる．

ドップラ技法は，民間のアプリケーションで広く用いられている．最小限の構成では，三つの外側のアンテナと中心の基準アンテナだけで済む．これによって，一般的に約 2.5° の RMS 誤差の精度が得られる．しかし，周波数変調信号に対しては，外側のアンテナの順次切り替えによる見掛け上のドップラ偏移と変調とを明確に分離できない限り困難が伴う．

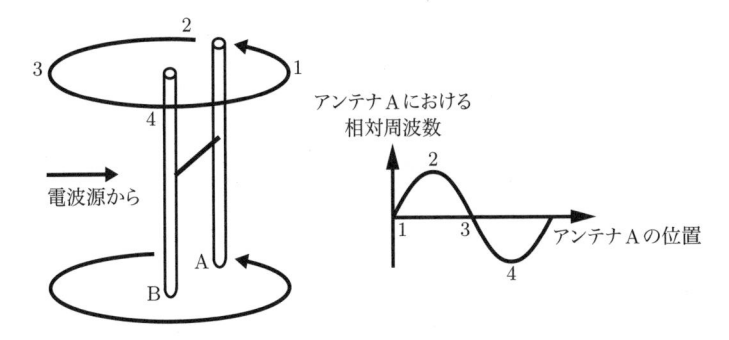

図 6.54 アンテナ A が固定アンテナ B の周りで回転すると，送信される信号の受信周波数は，電波源方向との相対的な回転角とともに正弦波状に変化する．

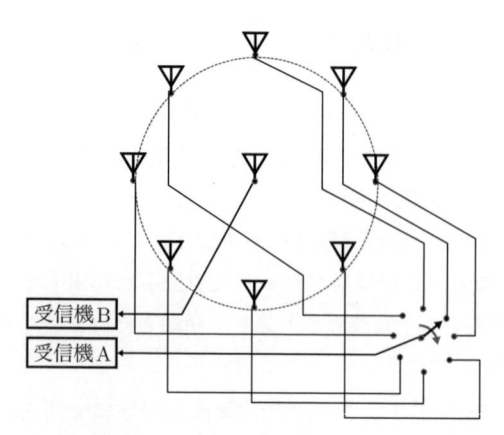

図 6.55　ドップラ方探システムでは，外側のアンテナが連続的に 1 台の受信機（A）に切り替えられ，中心のアンテナはもう 1 台の受信機（B）に接続される．

6.6.12　位置決定精度

図 6.56 に示すように，敵電波源の位置における線形誤差（Δ）は，角度誤差と電波源までの距離の関数となる．その数式は，以下のとおりである．

$$\text{線形誤差} = \tan(\text{角度誤差}) \times \text{距離}$$

指示された方位線（方測線）からの角度誤差が 2.5° の場合，距離 20km で，873m の線形誤差を生ずる．

電波源位置決定システムの戦術的実用性を決定するやり方は，それが提供可能な CEP による．中程度の精度の方探システムの有効位置決定精度を評価するために，それぞれが目標電波源から 20km 離れた位置にある 2.5° RMS 誤差を持つ 2 か所の方探システムが与える CEP を計算してみよう．理想的な戦術配置，すなわち電波源から見て 2 か所のサイトが 90° をなす事例を取り上げることにする．

この状況における CEP を計算するために，まず図 6.57 に示すように，2 か所の DF サイトから RMS 誤差角の範囲内に収まる領域に含まれる面積を確定する．厳密な数学者でなければ，この範囲を 1 辺が 2Δ の正方形の面積に近似することを許してくれるだろう．RMS 誤差から方探システムの平均誤差が取り除かれると，残りが標準偏差（σ）となることを，6.6.4 項から思い出してもらい，この問

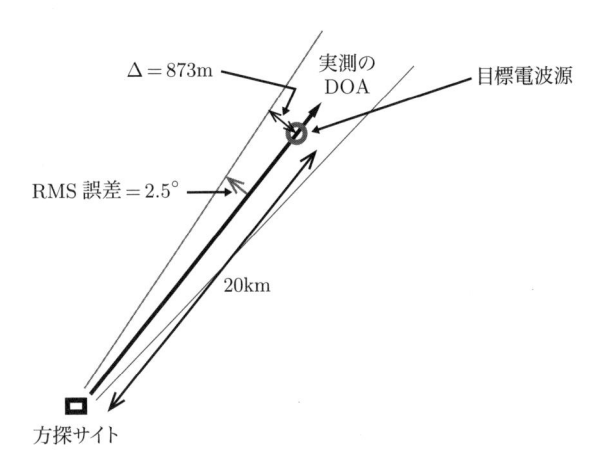

図 6.56 20km の距離で 2.5° の角度誤差によって生ずる線形誤差は，873m になる．

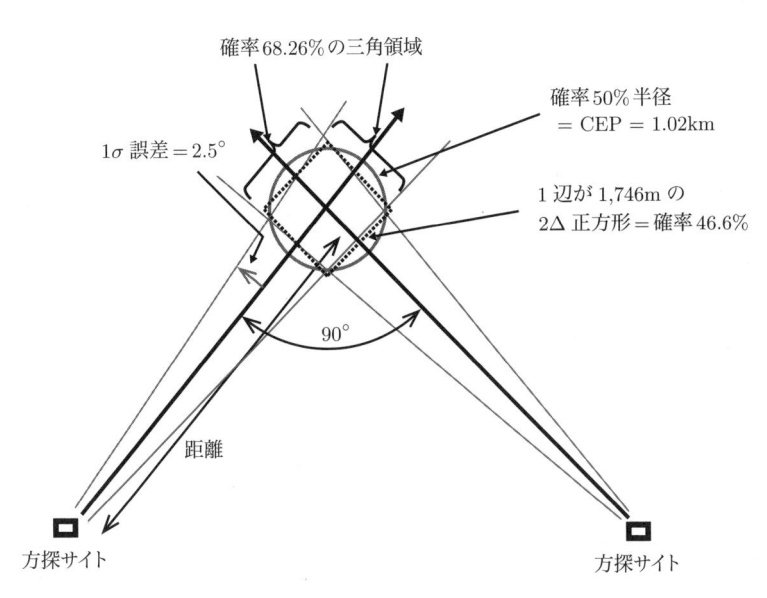

図 6.57 2 か所の理想的に配置された DF サイトからの ±1σ の線で囲まれた領域が実際の電波源位置を含む確率は，46.6% となる．

題については終わっているものとしよう．表示された電波到来方向（DOA）と1標準偏差（1σ）の線の間の角度がなすくさび形の領域が真の AOA を含んでいる確率は，34.13% となる．

2本の 1σ 線の間の正方形の領域は，長さが 2Δ の辺を持つ．上で提示された計算によって，この正方形が実際の電波源位置を含む確率は 46.6% となる．敵電波源位置に対する CEP は，その位置が含まれている可能性が 50% となる円の半径である．これは，次式で計算できる．

$$\mathrm{CEP} = \sqrt{\frac{4\Delta^2 \times 1.073}{\pi}}$$

1.073 の項は，半径 CEP の円において，その正方形が電波源を含む確率 46.6% を所望の 50% まで増やすためのものであることに留意しよう．

ここで，この式に線形誤差値を代入すると，CEP は 1.02km となる．

6.6.13　高精度技法

高精度位置決定技法について話すときは，通常，インターフェロメータ（interferometer; 干渉計）方探を話題にする．一般にインターフェロメータでは，およそ $1°$ の RMS 誤差を与えるよう較正できる．受信機の配置によっては，これより良い精度を与える場合もあるが，精度の低いものも一部にある．インターフェロメータは信号の AOA のみを測定する方探装置の一種である．電波源位置は，前に説明した（三角測量などの）技法の一つから決定される．

まず，単一基線インターフェロメータ（single baseline interferometer）を説明し，その後，複数基線精密インターフェロメータ（multiple baseline precision interferometer）と相関形インターフェロメータ（correlative interferometer）を取り上げる．

6.6.14　単一基線インターフェロメータ

ほとんどのインターフェロメータシステムが複数基線を使用してはいるが，単一基線インターフェロメータでは，1回に1本の基線を用いている．基線が複数存在することには，アンビギュイティを解消できるという効果がある．このことはまたマルチパスやその他の装置に由来する誤差発生源の影響を軽減するため

に，多数の，独立した測定値を平均することを可能にしている．

　図 6.58 は，インターフェロメータを用いた方探システムの基本的なブロック図である．二つのアンテナからの信号は位相が比較され，実測された位相差から信号の DOA が決定される．送信信号は光の速度で伝搬する正弦波であると述べたことを思い出してほしい．伝搬する正弦波の 1 周期（360° 位相）を波長と呼ぶ．送信信号の周波数とその波長との関係は，次式で定義される．

$$c = \lambda f$$

ここで，c は光の速度（3×10^8m/sec），λ は波長〔m〕，f は 1sec 当たりの周波数（単位は 1/sec）である．

　インターフェロメータの原理は，図 6.59 に示す干渉三角形（interferometric

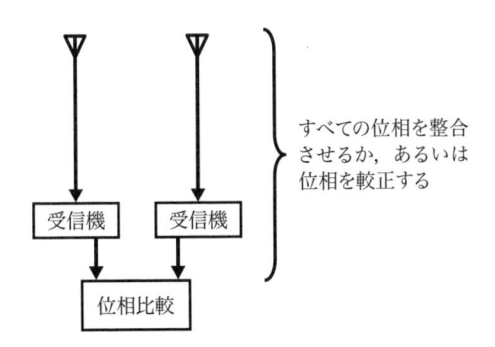

図 6.58　インターフェロメータは，二つのアンテナにおける信号の位相差を用いて，到来電波入射角を計算する．

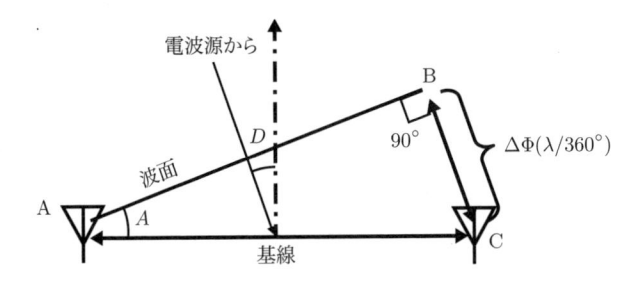

図 6.59　インターフェロメータの作用は，干渉三角形を考察することで最も良く理解できる．

triangle）の考え方によって最も良く説明できる．図 6.58 の二つのアンテナが 1
本の基線を形成している．二つのアンテナ間の距離と正確な位置は正確にわかっ
ているものとする．波面とは，DF サイトに到来する信号の方向と直交する線の
ことである．これは到来信号に対して定位相の線である．信号は送信アンテナか
ら球状に広がるので，実際には波面は弓形となる．しかしながら，基線は送信機
からの距離よりもずっと短いと見なせるので，この図で波面を直線で描くことは
まさに理にかなっている．受信サイトの正確な位置を基線の中央にとる．信号は
波面に沿って同じ位相を持つことから，点 A と点 B の位相は同じである．した
がって，二つのアンテナ（つまり，点 A と点 C）間の信号の位相差は，点 B と点
C の信号間の位相差に等しい．

　線分 BC の長さは次式で得られる．

$$\mathrm{BC} = \Delta\Phi\left(\frac{\lambda}{360°}\right)$$

ここで，$\Delta\Phi$ は位相差，λ は信号の波長である．

　この図の点 B の角度は定義から 90° であるので，点 A の角（角 A と呼ぶ）は，
次のように規定される．

$$A = \arcsin\left(\frac{\mathrm{BC}}{\mathrm{AC}}\right)$$

ここで，AC は基線の長さである．

　信号の AOA は，基線の中央点において基線に垂直な線に対する角度として報
告される．これは，インターフェロメータが，この角度において最高の精度を与
えるからである．位相と方向の角度との比が，ここで最大になることに注意しよ
う．構造的に，角 D は角 A に等しいことがわかる．

　インターフェロメータには，だいたいどの種類のアンテナも使用することが可
能である．図 6.60 に，航空機外板や艦艇の船体表面といった，金属表面に装着
される一般的なインターフェロメータアレイを示す．図に示すような水平アレイ
は到来方位角を測定するのに対し，垂直アレイは到来仰（俯）角を測定する．こ
れらのアンテナは，キャビティバックスパイラルアンテナであり，高フロント・
バック比（front-to-back ratio; 前後電界比）であるために，180° の角度覆域しか
備えていない．このアレイのアンテナ間隔が，精度とアンビギュイティを決定す

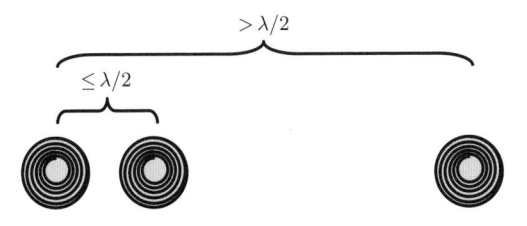

図 6.60 航空機や艦船搭載型のインターフェロメータ方探には，三つの
キャビティバックスパイラルアンテナがよく用いられる．

る．両端のアンテナ間隔が極めて大きいため，優れた精度を備えている．一方，
それらの位相応答（phase response）は，図 6.61 に示すようになる．（二つのアン
テナの信号間の）同じ位相差が，さまざまな異なる到来電波入射角を示すことが
あることに注意しよう．このアンビギュイティは，間隔を半波長以下に離すこと
でアンビギュイティをなくした左側の二つのアンテナによって解消される．

　地上設置型のシステムでは，図 6.62 に示すような垂直ダイポール（vertical
dipole）のアレイをよく用いる．図 6.61 に示すアンビギュイティを回避するに
は，アンテナ間隔を半波長未満にしなければならない．一方，アンテナが波長の
10 分の 1 未満しか離れていない場合，そのインターフェロメータの精度は不十
分と見なされる．したがって，単一のアレイでの方探は，5 : 1 の周波数範囲でし
かできなくなる．システムによっては，多数のダイポールアレイを垂直に積み重
ねていることもある．各アレイは，さまざまな間隔で，長さが異なるダイポール
（高い周波数範囲にわたって用いられる，より小さく間隔も狭いダイポール）を
有している．図 6.63 に示すように，四つのアンテナは 6 本の基線を形成するこ
とに注意しよう．

図 6.61 半波長よりもっと間隔を置いて設置された二つのアンテナにおけ
る位相差対到来電波入射角は，極めて不明確となる．

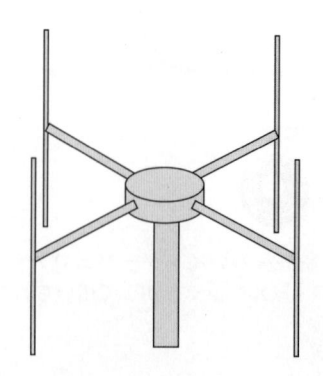

図 6.62　地上設置のインターフェロメータは，360° 覆域を得るために，よく垂直ダイポールアンテナ配列を用いる.

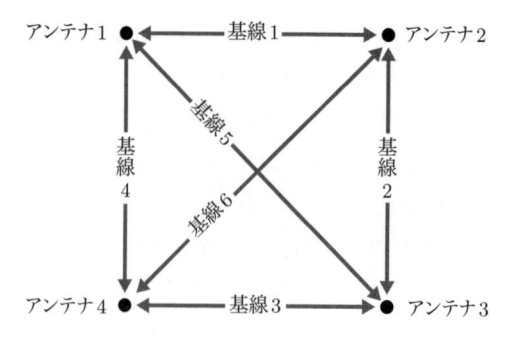

図 6.63　四つのアンテナ配置には，6 本のインターフェロメータ用の基線がある.

　これらのダイポールアレイは 360° 方位をカバーするので，このインターフェロメータは，図 6.64 に示すような前後方向のアンビギュイティを持つ. これは図に示しているように，二つの方向からのいずれの信号の到来に対しても，同じ位相差が生じるからである. この問題は，図 6.65 に示すように，別のアンテナ対を使用して 2 回目の測定を行うことによって解消される. 正しい AOA は，二つの測定値間に相関性があるのに対し，アンビギュイティを持つ AOA では相関性がない.

　図 6.66 に，代表的なインターフェロメータ方探システム（interferometer DF system）を示す. 各アンテナは，位相比較に二つ同時に切り替えられ，到来方位が測定される. 四つのアンテナがある場合は，6 本の基線が順次用いられる. 多

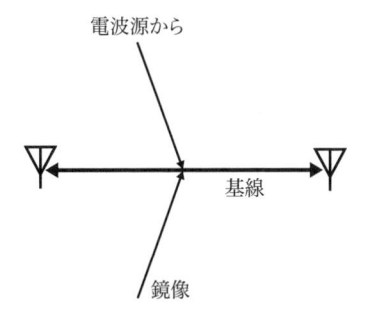

図 6.64 360° 覆域の二つのアンテナの信号の位相差は，電波源方向からの信号と鏡像方向からの信号のそれと同じである．

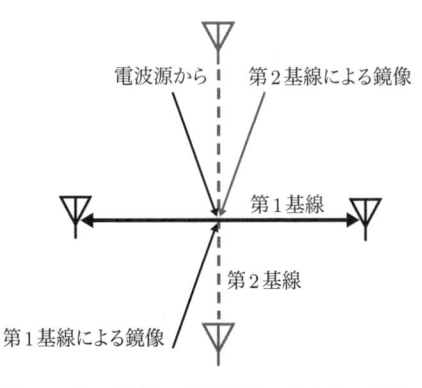

図 6.65 第 2 基線は，第 1 基線の到来電波入射角とは異なる入射角におけるその前/後アンビギュイティを持つ．

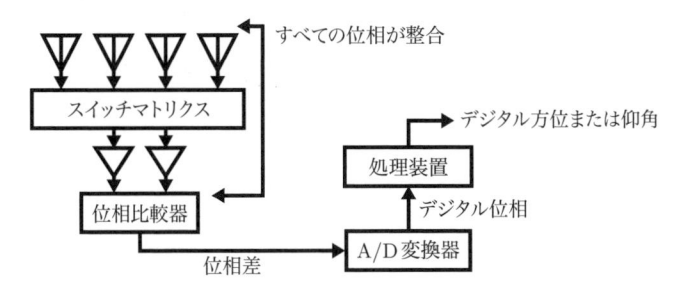

図 6.66 インターフェロメータシステムは，自身のアンテナのペアを順次位相測定用受信機に切り替えることで，各基線に対する到来電波入射角を順々に計算する．

く の場合，各基線につき，アンテナのペアを 2 回ずつ測定して基線を切り替えていくことで，信号伝搬経路長のどんなにわずかな差異をも相殺する．その後，12 の AOA の測定結果が平均され，DOA が報告される．

6.6.15　複数基線精密インターフェロメータ

複数基線精密インターフェロメータは，主にマイクロ波帯にしか利用されていないが，アンテナアレイの長さを合わせることが可能ならば，どの周波数範囲においても利用できる．図 6.67 に示すように，複数の基線が存在しており，そのすべてが 1/2 波長を超えている．この図では，基線長は 5 半波長，14 半波長，および 15 半波長である．

AOA を決定し，かつすべてのアンビギュイティを解消するために，モジュロ演算（modulo arithmetic）を用いて，1 回の計算に 3 本すべての基線が提供する位相測定値が使用される．この種のインターフェロメータの利点は，単一基線インターフェロメータの最大 10 倍もの精度を生み出せることである．低域周波数における欠点は，アレイが極めて長大になることである．

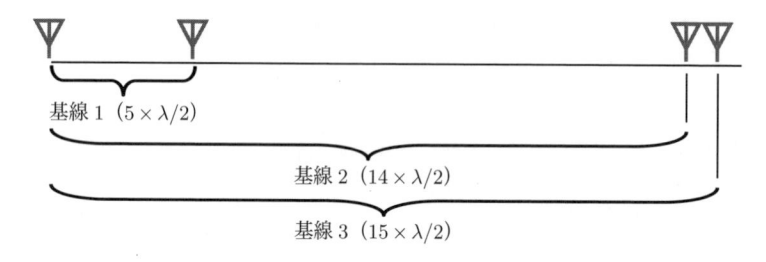

図 6.67　複数基線精密インターフェロメータは，複数の極めて長い基線内の各位相差から，高精度で到来電波入射角を計算する．

6.6.16　相関形インターフェロメータ

相関形インターフェロメータシステムは，概して 5〜9 個の多数のアンテナを用いる．一対のアンテナそれぞれが基線を形成するので，基線が多数存在することになる．各アンテナは，半波長より長く離され，一般的には図 6.68 に示すように 1〜2 波長の間隔が空けられる．基線を用いた計算のすべてにアンビギュイ

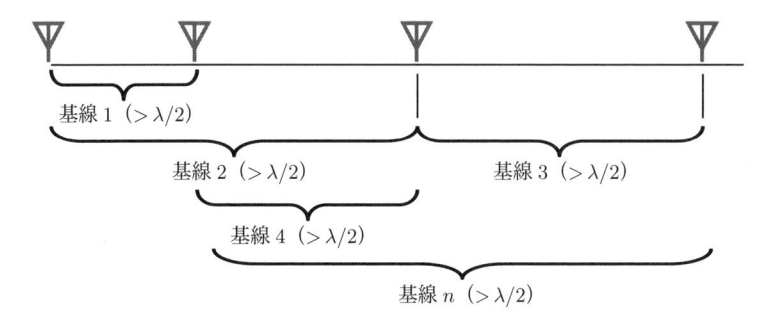

図 6.68　この相関形インターフェロメータは，多数の基線を使用しており，そのすべてが半波長より長い.

ティは存在する．しかしながら，DOA 測定値が多数あるため，相関データのロバストな数学的解析が可能になる．正確な AOA はより大きな相関値を持つことができ，ひいてはその到来電波入射角が報告されることになる.

6.6.17　精密電波源位置決定技法

　一般に，これらの技法は，ターゲティング（targeting; 目標捕捉; 目標指向）に十分使える精度を持つ電波源位置を提供する．このことは，火器の（数十メートルの）炸裂半径（burst radius）に相当する位置決定精度が見込まれることを意味している．一方，例えば，二つの電波源が同一位置に存在しているかどうかを特定するなど，極めて正確な位置決定は，他の用途にも有用である.

　以下では到着時間差法（time difference of arrival; TDOA）と到来周波数偏差法（frequency difference of arrival; FDOA）という二つの精密技法，それから，それらの二つの技法の組み合わせについて説明する．また，関連する他の技法についても説明する．TDOA と FDOA のいずれにも，それぞれの受信サイトには極めて正確な基準発振器が必要になる．以前はそれぞれの位置に原子時計が必要だったが，現在は GPS が，極めて軽量・小型で同等の精度を提供している.

6.6.17.1　TDOA

　TDOA は，信号は光の速度で伝搬するという事実に依存しており，それゆえ，図 6.69 に示すように，同一の信号が距離に比例した時間差で 2 か所の受信サイトに到着することになる．信号が送信機を離れた正確な時刻と，その信号がそれ

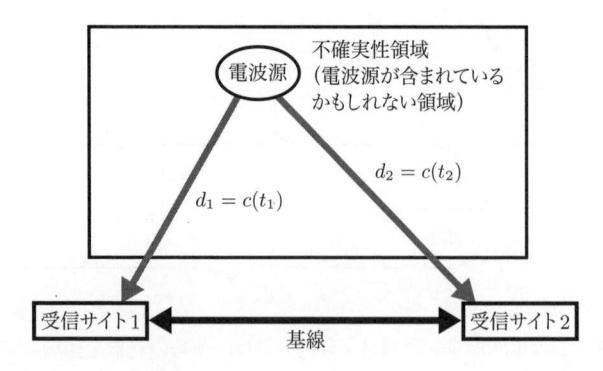

図 6.69　信号は光速で伝わるので，電波到来時刻差は，2 か所の受信サイトまでの距離の差に比例する.

ぞれの受信機に到着した時刻がわかれば，それぞれの受信サイトから送信機までの距離を計算することが可能となり，ひいては正確な電波源位置を知ることができるであろう．このことは，信号が送信された時刻についての情報をその送信信号が伝達する GPS のような協調的なシステムでは行われている.

　しかしながら，敵の信号に対処する場合，われわれはその信号が送信機を離れる時刻を知る手段を持ち合わせていない．それゆえ，われわれは 2 か所の電波到来時刻差を測定することしかできない．通信信号は連続的であるので，この電波到来時刻差を測定する唯一の方法は，二つの信号が提供する変調に相関関係が生じるまで，その電波源に最も近い受信機の受信信号のほうに遅延をかけることである（図 6.70 参照）．そのためには，それぞれの受信機が可変遅延機能を持っている必要がある（いずれの受信機も電波源に最も近い可能性がある）．実際には，電波源位置が存在する可能性がある領域すべてについて，全範囲の相対遅延を捜索する.

　実際のところ，受信された変調は，相対遅延が変更されるたびに各受信機でデジタル化されるので，結果として生じるデジタル信号は，単一個所で相互に関連付けられるのである．この相関の（数十ナノ秒の）正確さを得るためには，受信信号が極めて高速にサンプリングされ，かつデジタル化されることが必要になる.

　それには，2 か所の受信サイトと相関処理が行われる位置との間に，かなりの回線帯域幅が必要である.

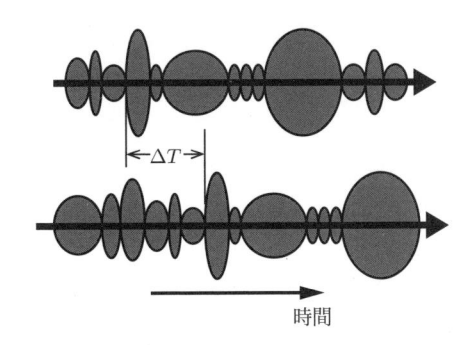

時間

図 6.70 離隔した 2 か所の局で受信された同一のアナログ信号は，同じ変調を有しているが，距離の差によって時間的にずれる．

図 6.71 に示すように，これら二つのデジタル化信号の相関値の曲線は，2 か所の受信機における信号の電波到来時刻差と遅延が等しい場合，なだらかなピークを示す．

目標の電波源が一つのデジタル信号を送信し，2 か所の受信サイトが受信信号を復調してデジタルデータを再現することができれば，2 台の受信機は（相互の伝搬遅延によって，時間的にずれた）同じデジタル信号を出力するので，その相関はおそらくさらに明確になるはずである．デジタル信号の自動相関は，相対遅延変化として画鋲相関と呼ばれるものを形成する．二つのデジタル信号が同期していない場合，その相関は約 50% となる．最も近い受信機からの信号を，（1 ビット以内の）電波到来時刻差だけ遅延させた場合，その相関は 50% 超に上昇する．

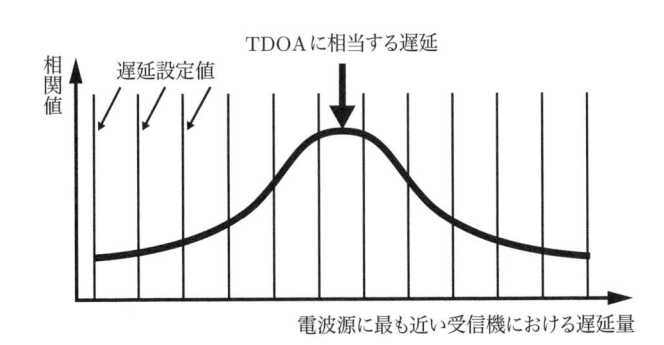

図 6.71 受信された二つのアナログ信号の一つを遅らせたとき，その遅れが電波到来時刻差に等しい場合，滑らかな相関ピークが生じる．

その遅延が二つの信号からデータを同期させるのに適合している場合，相関は約 100% になる．これが画鋲相関と呼ばれ，図 6.72 に示されているものである．そのためには，遅延の増分を送信ビット周期より小さくする必要があるので，実際的ではないかもしれないことに注意しよう．不確実性領域（area of uncertainty）が（図 6.69 のように）大きければ，相関処理を行う時間が非常に長くなるか，あるいは回線の帯域幅が非実用的なものになるか，もしくはその両方になる可能性がある．

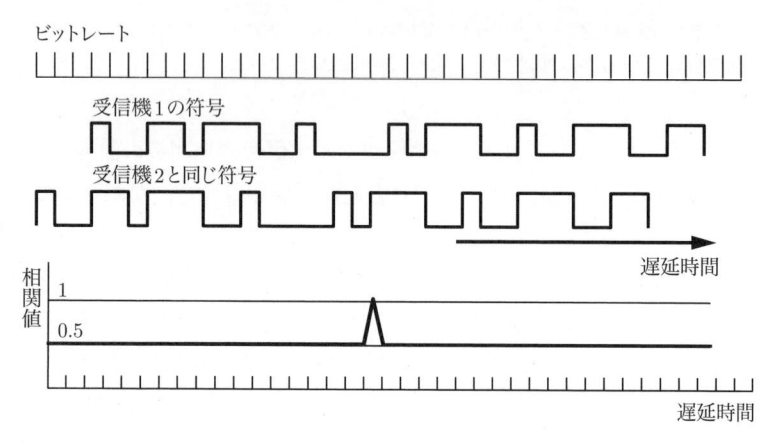

図 6.72　二つのデジタル信号が同じものである場合，一方を他方に対して時間的にずらすことで，それらの信号が同期すると，鋭い相関ピークが生じる．

6.6.17.2　等時線

　時刻差がわかった時点で距離の差がわかる．一定の距離差が空間の双曲面の輪郭を示す．この曲面は，（平面地球であるとして）双曲線状の等高線で大地と交わる．これを等時線（isochrone）と称する．この電波源は，この双曲線に沿って位置していることがすぐにわかる．その時間差が極めて正確に測定されれば，その電波源は，この線に（数十メートルで）ぴったりと寄り添って位置していることになる．ただし，この線の長さは無限大である．図 6.73 は一群の等時線を示しており，それぞれは異なる TDOA に対するものである．

　信号の実際の位置は，図 6.74 に示すように，3 番目の受信局の使用によって決

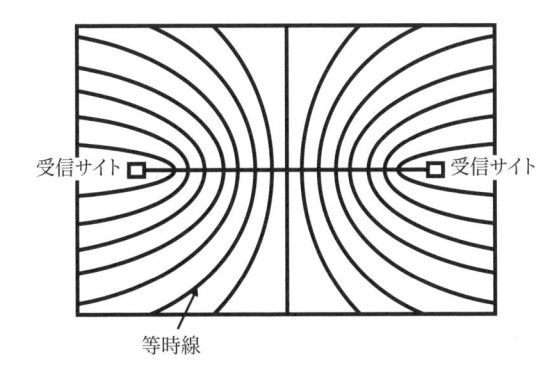

図 6.73 時間差の各値は，等時線と呼ばれる，予想位置の双曲線状の軌跡を作り出す．

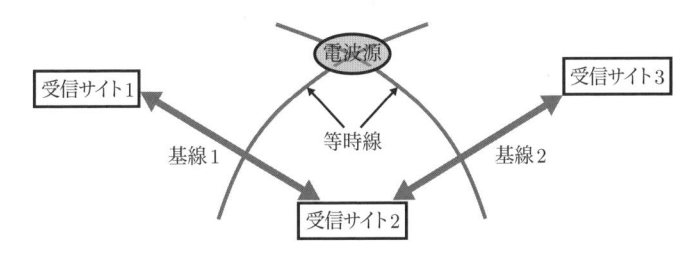

図 6.74 目標の電波源は，2本の基線が提供する等時線の交点に位置している．

定される．それぞれ一対の受信局が1本の基線を形成する．基線のそれぞれが1本の等時線を規定する．図に示す2本の基線が提供する等時線は，電波源位置で交差する．実際には，電波源位置において，それ以外にこの2本と交わる第3の等時線を規定する（受信機1と受信機3で形成される）3番目の基線が存在している．

6.6.17.3 FDOA

この技法は，移動プラットフォームを必要とし，主として地表の固定した電波源に対して有効である．

送信機と受信機のどちらか一方が移動している場合，受信信号は送信周波数とは異なる周波数で受信されることになる．ここで固定送信機と移動中の受信機があるとしよう．ドップラ偏移で生じた周波数差は，次式で求められる．すな

わち,

$$\Delta F = \frac{F \times V \times \cos(\theta)}{c}$$

である. ここで, ΔF は送信周波数からドップラ偏移を差し引いた周波数に対する受信信号の変化量, F は送信周波数, V は移動中の受信機の速度の大きさ, θ は受信機の速度ベクトルと信号の DOA の間の真の球面角, c は光の速度である.

　図 6.75 は, それぞれ同一の信号を受信中の二つの移動受信機を示す. 各受信機は, その速度ベクトルと目標信号の電波到来方向 (DOA) によって決まる周波数でその信号を受信する. この二つの移動受信機は 1 本の基線を形成する. それぞれの受信機で受信される周波数は, その送信周波数に当該ドップラ偏移を加えたもの ($F + \Delta F$) となる. 到来周波数偏差法 (FDOA) とは, この二つの受信周波数の差を測定するものである.

　どの到来周波数の差にも, 規則的な周波数偏差を作り出すすべての電波源位置の軌跡が複合した曲面が存在する. 目標電波源が地表面にある場合, 湾曲した軌跡面は, 可能な電波源位置の軌跡を含む地表面の曲線を規定する.

　この二つの受信機は, 任意の速度ベクトルを (すなわち, 任意の方向に任意の速度を) 持ちうるので, この曲面は非常に多様な形状になりうる. 図 6.76 に, 二つの受信機が同一速度で同一方向に移動しているという特別な場合を示す. これはわかりやすくするためであり, 実際には一方が他方に追随する必要はない. こ

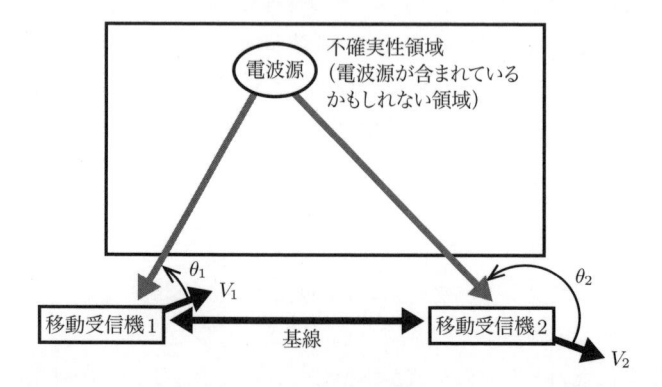

図 6.75　二つの移動プラットフォームに搭載されている受信機は, 各プラットフォームの速度ベクトルによっては, 一つの電波源からの信号を異なる周波数で受信する可能性がある.

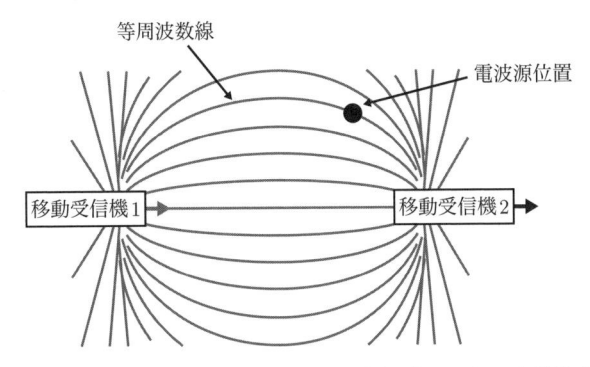

図 6.76 到来する各周波数差が，電波源の位置を含むであろう軌跡を決める．

の図は，等周波数線（isofreq）と呼ばれる差周波数値の曲線群を示している．また，これらは等ドップラ偏移線（isoDopps）と呼ばれることもある．それぞれの等周波数線は，特定の FDOA において考えられる電波源位置の中心軌跡である．電波源位置がこの図に示すようなものであれば，このシステムが知ることができるのは，受信機 1 と受信機 2 で形成される基線による FDOA が示す等周波数線沿いのどこかに電波源が存在しているということだけである．

　実在する電波源位置を見つけ出すためには，図 6.77 に示すように，3 番目の移動受信機を加える必要がある．今度は受信機 2 と受信機 3 によって 2 番目の基線が形成されるので，第 2 の等周波数線を計算することができる．この第 2 の等周波数線は，電波源位置で第 1 の等周波数線と交差することになる．TDOA の手法と同様に，実は受信機 1 と受信機 3 によって形成される 3 番目の基線が存在し，これが電波源位置を通過する第 3 の等周波数線を作り出す．

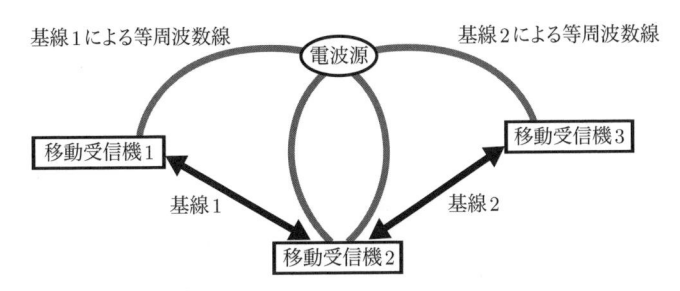

図 6.77 電波源の位置は，2 本の基線が提供する等周波数線の交点から求められる．

6.6.17.4   周波数差測定

FDOAシステムは，各受信機位置で受信される信号の周波数を測定するだけである．これには極めて正確な周波数基準が必要であり，従来はセシウムビーム時計が必須であった．しかし，現在はGPS受信機からの周波数基準出力を利用できる．TDOAとは異なり，これには時間のかかる相関処理は必ずしも必要とされない．すなわち，それぞれの位置では単に周波数が計測され，その数値が差し引かれるだけである．これは，かなり狭い帯域のデータ回線を用いて，FDOA計算が行われる位置まで受信機3台を連接することで達成できる．

しかしながら，電波源が移動している場合，3台の受信機の移動によって引き起こされるものと同じような大きさのドップラ偏移が作り出される．したがって，正確な等周波数線軌跡を確定することが困難になる．多数の（それぞれが受信周波数を測定する）移動受信機があっても，極めて強力な処理能力がない限り，移動している目標電波源に対してFDOAを実行することは実際的でないかもしれない．

6.6.17.5   TDOAとFDOA

FDOA受信機における決定的要素は，TDOA受信機と同様，極めて正確な時間や周波数の基準が存在していることである．GPSが広く利用できるようになって，それを小型の移動プラットフォームに実装することが可能になっている．このことは，受信機がヘリコプタや固定翼機に搭載されている場合にも，一般的にTDOAとFDOAの両方が実行できることを意味している．図6.78に示すように，各基線によって等時線と等周波数線の軌跡の両方を計算できる．このことは，それぞれの基線が，1本の等時線と1本の等周波数線の交点にある電波源位置を特定できることを意味している．

通常は三つの受信機プラットフォームが存在することで，基線が3本存在し，ひいては電波源位置を通過する（3本の等時線と3本の等周波数線の）6本の確定した軌跡が存在することになる．この追加の測定パラメータにより，位置決定精度は，TDOAあるいはFDOA処理のみによって得られるものより向上する．

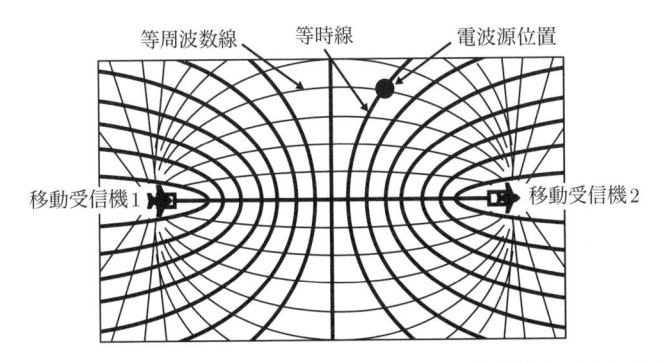

図 6.78 二つの移動プラットフォームにおいて，到着時間差と周波数差の両方が決定されれば，等時線と等周波数線の両方が明確になる．

6.6.17.6 TDOA および FDOA 電波源位置決定システムにおける CEP の計算

精密電波源位置決定システムにおける楕円公算誤差（EEP）は，計算された電波源位置を中心として地図上に描かれる．これは，計算された電波源位置だけでなく，その位置の正確さに対する信頼度も表している．この EEP は，すべての電波源位置決定法において見られるように，実際の電波源位置が含まれている確率が 50% の楕円形をなす．90%EEP では 90% の確率である．しかしながら，さまざまな電波源位置決定法の比較にあたっての重要な諸元は，CEP あるいは 90%CEP である．前に述べたように，CEP は次式によって EEP と関連付けられる．

$$\mathrm{CEP} = 0.75\sqrt{a^2 + b^2}$$

ここで，a, b はそれぞれ EEP 楕円形の長径と短径である．

6.6.17.7 TDOA および FDOA の精度に対して閉形式公式を与える参考文献

参考文献 [2] は，さまざまな誤差源に関して，TDOA 電波源位置決定システムによって作り出される等時線，および FDOA 電波源位置決定システムによって作り出される等周波数線の 1 標準偏差（1σ）幅に対する閉形式公式を与える．

図 6.79 に示す $\pm 1\sigma$ 線は，等時線または等周波数線の幅，すなわち実際の線の経路における不確実性を明確にする．正規分布関数（すなわち，誤差量）において，1σ とは解が正確な値に近い確率が 34.13% であることを意味している．

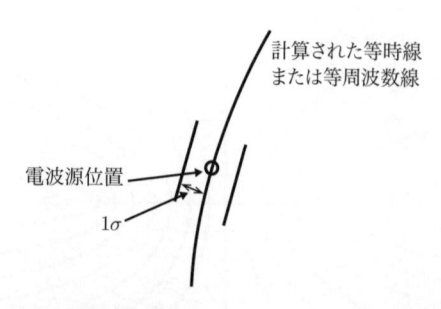

図 6.79　等時線または等周波数線の「幅」は，計算された曲線からの ±1σ の離隔距離としてしばしば定義される．

したがって，±1σ の線の間に実際の電波源が位置している確率は，68.26% となる．図 6.80 の 2 本の基線が描く等時線あるいは等周波数線は，計算された電波源位置で交差する．2 本の基線による ±1σ 線は，（誤差関数がガウス分布であると仮定すれば）実際の電波源位置を含む確率が 46.59% となる平行四辺形を形成する．

この平行四辺形に方向を合わせて楕円形を描けば，図 6.81 に示すように，まさに実際の電波源位置を含む確率が 50% となる領域を特徴付け，これが EEP となる．

幾何学的誤差源だけを用いた CEP の公式は参考文献 [3] で説明されている．この文献は，傍受配置による平行四辺形を定義する方法も示している．

EEP 楕円形と CEP の面積の関係については，参考文献 [4] が出典である．

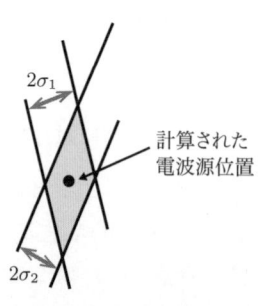

図 6.80　2 本の基線による ±1σ の誤差線は，平行四辺形を形成する．

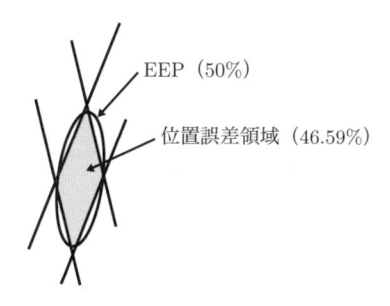

図 6.81　平行四辺形の面積の 1.073 倍の面積を持ち，その方向が一致する楕円形が EEP である．

6.6.17.8　散布図

　TDOA や FDOA 電波源位置決定システムにおける EEP と CEP を明確にする，さらに正確なやり方は，コンピュータで傍受の位置関係が提供する位置決定計算を何度も（できれば 1,000 回）実行することである．各計算の間，各変数の値はその確率分布（例えば，ある定められた標準偏差を持つガウス分布）に従ってランダムに選定される．計算ごとに，正確な電波源位置に対する相対位置としてプロットされる．その結果，実際の電波源位置を中心として，計算された電波源位置の 50%（または 90%）を含む楕円形が形成される．図 6.82 にそのような EEP を示す．

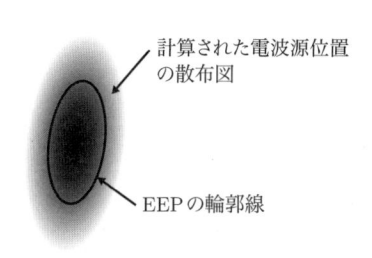

図 6.82　正規分布に従う誤差値を使って模擬された TDOA や FDOA が提供する表示位置は，楕円形分布を形成する．これらの解の 50% を含む楕円形が EEP である．

6.6.17.9　LPI 電波源の精密位置決定

　低被傍受確率（LPI）電波源の精密位置決定に付きものである重要な問題がある．これについては，7.8 節で取り上げる．

6.7　　通信妨害

　通信の目的は，ある位置から別の位置へ情報を搬送することにある．すると，通信妨害の目的は，敵の情報を所望の位置に到達させないようにするということになる．図 6.83 に，通信妨害の状況を示す．これには，送信機から受信機までの希望信号回線，および妨害装置から受信機までの妨害回線が存在している．希望信号の送信電力（P_S）は，受信機方向の希望信号アンテナ利得（G_S）とともに，希望信号の実効放射電力（ERP_S）を形成する．希望信号送信機から受信機までの距離（d_S）は，伝搬損失の計算に使用される．$P_J, G_J, \text{ERP}_J, d_J$ は，妨害回線に対応した値である．他のどの妨害でも同様だが，通信妨害は，受信機が希望信号を正確に受信できないような方法で，受信機に不要信号を受信させる．図の回線のそれぞれは，前に述べたような通信回線である．希望信号回線から受信される電力 S は，次式で決定される．

$$S = \text{ERP}_S - L_S + G_R$$

ここで，S は受信機で受信される希望信号の電力〔dBm〕，ERP_S は受信機方向の希望信号送信機の実効放射電力〔dBm〕，L_S は希望信号送信機と受信機との間の回線損失〔dB〕，G_R は希望信号送信機方向の受信アンテナ利得〔dB〕である．
　妨害装置から受信される電力 J は次式で決定される．

$$J = \text{ERP}_J - L_J + G_{RJ}$$

ここで，J は受信機で受信される妨害信号の電力〔dBm〕，ERP_J は受信機方向

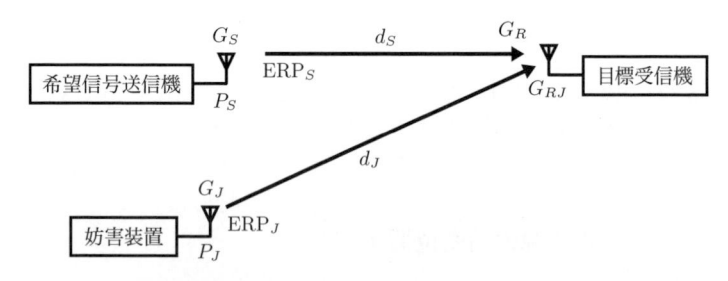

図 6.83　この通信妨害の設定には，希望信号送信機から受信機までの希望信号回線と妨害装置から受信機への妨害回線が含まれている．

の妨害装置の実効放射電力〔dBm〕，L_J は妨害装置と受信機との間の回線損失〔dB〕，G_{RJ} は妨害装置方向の受信アンテナ利得〔dB〕である．

これらのそれぞれの回線損失は，6.4 節と第 5 章で説明した以下の要素のすべてを含む．

- LOS または平面大地（2 波）伝搬損失
- 大気損失
- 降雨損失
- KED

これらの損失は，必要に応じてそれぞれの回線に適用される．この二つの回線は，同一の伝搬モデルである必要はない．

6.7.1 受信機の妨害

妨害はいつも受信機に対して行うものであり，送信機に対するものではない．このことは疑う余地がないように思えるが，複雑な状況では混乱しやすい．この事態の混乱のほかならぬ原因は，レーダ妨害に由来している．レーダは一般に，その送信機と受信機が同じ位置にある（さらに，通常，同一のアンテナを使用する）ので，レーダの妨害では逆方向，すなわち，送信信号の出所である位置に対して，妨害信号を送信することが妥当である．通信信号では，送信機と受信機は必ず異なった場所にあるので，読者は，（送信機ではなく）受信機を妨害するということを覚えておく必要がある．例えば，図 6.84 に示すように，UAV のデータ回線を妨害する場合，そのデータ回線は情報を UAV から地上局へ伝送してい

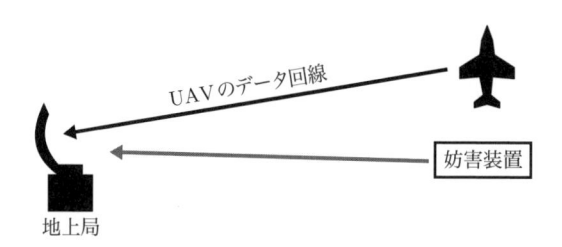

図 6.84　UAV のデータ回線は UAV から地上局へ情報を伝達するので，この回線を妨害するには，妨害装置は地上局に対して送信する必要がある．

るので，妨害信号は地上に指向されていなければならない．UAV のデータ回線
は，情報を UAV から地上局へ伝送するので，UAV に指向された妨害はそのデー
タ回線には影響を及ぼさない．

6.7.2　通信網の妨害

　図 6.85 に示すように，敵の通信網を妨害している場合，敵の通信所のすべて
は十中八九それぞれが送信機能と受信機能の両方を備えているトランシーバであ
る．プッシュ・トゥ・トーク網では，一つの通信所が送信していると，（その通
信手が送信スイッチを押しているので）網内のそれ以外の通信所は受信状態にな
る．妨害信号がその網の区域内に送信される場合には，受信モードにあるすべて
の通信所でその信号が受信されることになる．妨害装置からそれぞれの受信機へ
の信号の流れは，片方向回線である．これらの回線のそれぞれを定義することは
可能である．しかしながら，通常は網内の受信中の通信所のすべてに対して一つ
の平均的な妨害回線を規定することが実際的である．本書で具体的な技法につい
て議論する際は，一つの送信機，一つの妨害装置，および一つの受信機を表す図
面を用いるが，実際には，受信機は，受信モードにある敵の網に属するどれかの
メンバーのはずである．したがって，この代表の受信機を妨害することが，網全
体を妨害することになる．しかしながら，図 6.86 に示すように，妨害装置から網

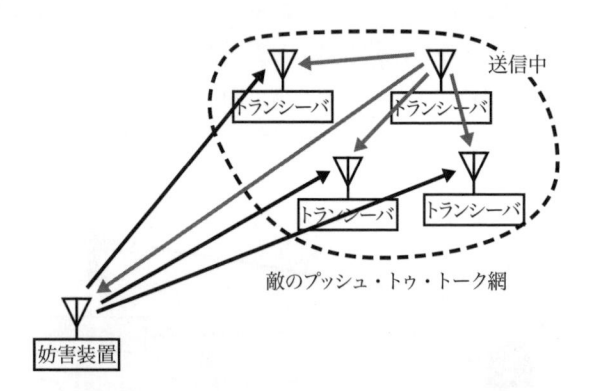

図 6.85　妨害装置が敵のプッシュ・トゥ・トーク網を妨害する場合，現在
受信モードにある網内のトランシーバに対して送信する．妨害位置にある
受信機も同様に，送信中の通信所の信号を受信することが可能である．

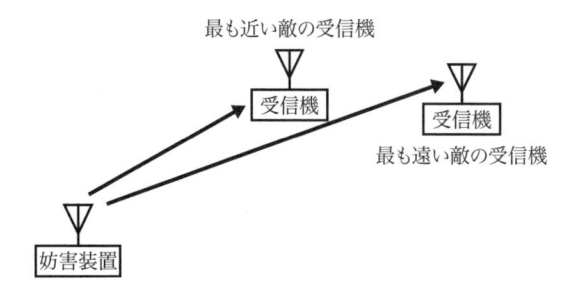

図 6.86　敵の通信網を妨害する際，網内の最も離れた受信中のメンバーまでの回線距離を考慮することが重要である．

内で受信中の受信機までの距離は，どの受信機かによってかなりの差異があるはずである．通信網に対する適切な通信妨害諸元を計算する際には，このことを考慮しなければならない．

　この図で言っておくべきもう一つの点は，その送信所は，妨害装置に併設される受信機でも同様に受信できるということである．これは傍受回線のことであり，第 7 章で説明する，ある種の複雑な妨害技法における重要な考慮事項になる．

6.7.3　妨害対信号比

　受信される妨害信号電力と受信される希望信号電力の比率は，妨害対信号比（J/S）と呼ばれている．これは dB 単位で表される．受信電力値はともに dBm（すなわち，対数）であるので，J/S は，J から S を減算したものであることがわかる．J と S は上記の式で定義されるので，J/S はさらに次式でも定義することができる．

$$\mathrm{J/S} = J - S = \mathrm{ERP}_J - \mathrm{ERP}_S - L_J + L_S + G_{RJ} - G_R$$

各項の定義はすべて上述したとおりである．

　通信用トランシーバは，ホイップアンテナを持つことが多いので，事実上，均等に 360° 方向へ送受信する．このことは，受信アンテナの利得は，希望信号方向と妨害送信機方向とで変わらないことを意味する．二つのアンテナ利得が同じであるとすると，J/S 式は次のように簡略化できる．

$$\mathrm{J/S} = J - S = \mathrm{ERP}_J - \mathrm{ERP}_S - L_J + L_S$$

6.7.4　伝搬モデル

6.4 節において，通常，戦術通信回線の動作を特徴付ける三つの伝搬モデルについて説明した．6.7.3 項では，希望信号回線，傍受回線，および妨害回線について解説した．これらはどれも戦術通信回線である．それぞれが任意の伝搬モデルを持ちうることを明確に理解することが大切である．これが，J/S 式の損失項を共通項として除外して式の簡略化を図ることをせず，損失として残した理由である．

どの回線も任意の損失モデルを適用できるので，通信妨害問題に着手する際は，まず，影響を与える回線それぞれに対して妥当な損失モデルを決定する必要がある．この作業には配置の検討が含まれ，また，回線ごとのフレネルゾーン距離の計算もしばしば含まれる．希望信号の送信機，受信機，および妨害装置のすべてが地上から遠くにある空対空の状況では，希望信号回線と妨害回線がともにLOS 伝搬となる．これは，マイクロ波帯の周波数で被妨害通信が行われたり，狭帯域の指向性アンテナが使用されたりする場合にも，普通に当てはまることである．一方，問題が VH 帯や UHF 帯での地対地または空対地の妨害を含む場合は，所要の伝搬モデルを決定する唯一の方法は，回線ごとにフレネルゾーン距離を計算することである．

6.7.5　地上通信妨害

最も複雑な状況，すなわち，図 6.87 に示すように，目標となる通信回線と妨害装置がすべて地上配備されている状況を，まず考えよう．この問題では，目標の回線において，1W の送信機が距離 5km，周波数 250MHz で運用されている．送信アンテナと受信アンテナのどちらも，地上高 2m に取り付けられた利得 2dBi のホイップアンテナである．妨害装置は，500W の送信機と，地上高 30m のマストに設置された利得 12dBi の対数周期アンテナ（log periodic antenna; LP アンテナ）を備えているものとする．目標受信機からの距離は 50km とする．3 か所の位置はどれも互いに LOS 内にある．ここでは，得られる J/S を決定したい．

この問題を解くための第 1 段階は，希望回線と妨害回線におけるフレネルゾーン距離の計算である．フレネルゾーン距離の方程式は（6.4.5 項から）次式で与えられる．

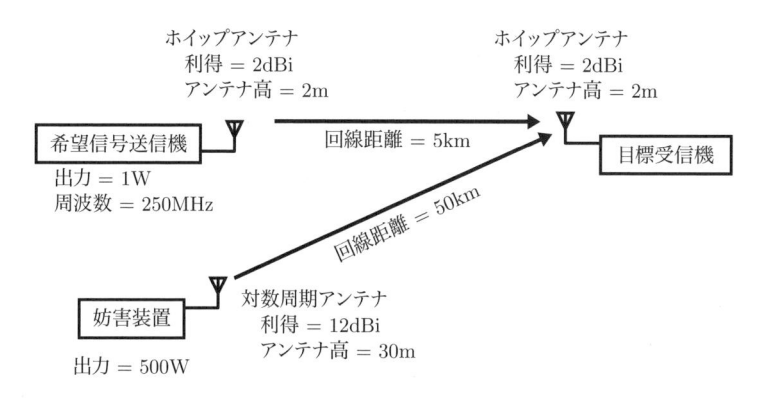

図 6.87　地上設置の妨害装置で得られる J/S は，妨害配置によって決まる.

$$\mathrm{FZ}\ [\mathrm{km}] = \frac{h_T\,[\mathrm{m}] \times h_R\,[\mathrm{m}] \times F\ [\mathrm{MHz}]}{24{,}000}$$

希望信号回線における FZ は，

$$\frac{2 \times 2 \times 250}{24{,}000} = 0.0417\mathrm{km} = 41.7\ [\mathrm{m}]$$

となり，妨害回線における FZ は，

$$\frac{30 \times 2 \times 250}{24{,}000} = 0.625\mathrm{km} = 625\ [\mathrm{m}]$$

となる.

　いずれの場合にも，回線距離はフレネルゾーン距離よりはるかに大きいので，図 6.88 に示すように，平面大地（2 波）伝搬が当てはまる.

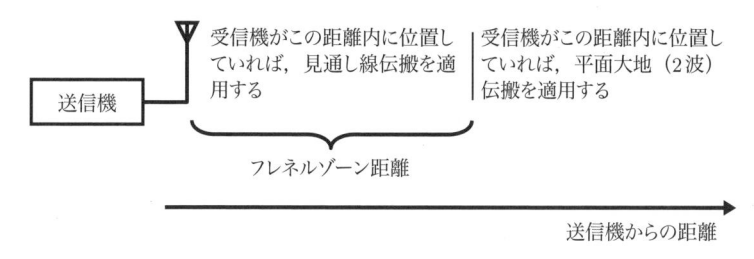

図 6.88　適用可能な伝搬モデルは，回線距離とフレネルゾーン距離の関係で決まる.

　受信アンテナはホイップアンテナであるので，妨害装置方向と希望信号の送信機方向の利得は変わらない．したがって，J/S式は次のようになる．

$$\mathrm{J/S}\,(\mathrm{dB}) = \mathrm{ERP}_J\,(\mathrm{dBm}) - \mathrm{ERP}_S\,(\mathrm{dBm}) - \mathrm{Loss}_J\,(\mathrm{dB}) + \mathrm{Loss}_S\,(\mathrm{dB})$$

　妨害装置のERPは，

$$\begin{aligned}\mathrm{ERP}_J\,(\mathrm{dBm}) &= P_T\,(\mathrm{dBm}) + G_T\,(\mathrm{dB})\\ &= 10\log(500{,}000\mathrm{mW}) + 12\mathrm{dB} = 57 + 12 = 69\,(\mathrm{dBm})\end{aligned}$$

となり，希望信号送信機のERPは，

$$\mathrm{ERP}_S\,(\mathrm{dBm}) = 10\log(1{,}000\mathrm{mW}) + 2\mathrm{dB} = 32\,(\mathrm{dBm})$$

となる．

　どちらの平面大地損失も（6.4.2項から）

$$\mathrm{Loss}\,(\mathrm{dB}) = 120 + 40\log d\,(\mathrm{km}) - 20\log h_T\,(\mathrm{m}) - 20\log h_R\,(\mathrm{m})$$

となる．

　妨害回線における損失は，

$$120 + 68 - 29.5 - 6 = 152.5\,(\mathrm{dB})$$

となり，希望信号回線における損失は，

$$120 + 28 - 6 - 6 = 136\,(\mathrm{dB})$$

となる．したがって，J/Sは，

$$\mathrm{J/S}\,(\mathrm{dB}) = 69\mathrm{dBm} - 32\mathrm{dBm} - 152.5\mathrm{dB} + 136\mathrm{dB} = 20.5\,(\mathrm{dB})$$

となる．

6.7.6　式の単純化

　希望回線と妨害回線の双方ともに平面大地（2波）伝搬であることがわかっている一連の問題の計算を行う場合は，単純化されたJ/Sの公式を使用することができる．すなわち，

$$J/S〔dB〕 = ERP_J〔dBm〕 - ERP_S〔dBm〕 - Loss_J〔dB〕 + Loss_S〔dB〕$$

$$= ERP_J〔dBm〕 - ERP_S〔dBm〕$$

$$- (120 + 40 \log d_J - 20 \log h_J - 20 \log h_R)$$

$$+ (120 + 40 \log d_S - 20 \log h_T - 20 \log h_R)$$

である．ここで，d_J は妨害装置から目標受信機までの距離〔km〕，d_S は希望信号送信機から目標受信機までの距離〔km〕，h_J は妨害装置のアンテナ高〔m〕，h_R は目標受信機のアンテナ高〔m〕である．

受信アンテナは両方の回線ともに同じであるので，この式は次式のように単純化される．

$$J/S = ERP_J - ERP_S - 40 \log d_J + 20 \log h_J + 40 \log d_S - 20 \log h_T$$

6.7.7 機上通信妨害

さて，図 6.89 に示す事例について検討しよう．妨害する通信網は 6.7.5 項と同じだが，ここでは妨害装置が高度 500m でホバリングしているヘリコプタに搭載されている．この妨害装置は，目標受信機から 50km の位置で動かない．妨害送信機の出力は 200W であり，妨害アンテナはここではヘリコプタの下部貨物室に搭載された折り返しダイポールアンテナ（folded dipole antenna）で，利得は 2dBi とする．この場合の J/S は，どれほどであろうか？

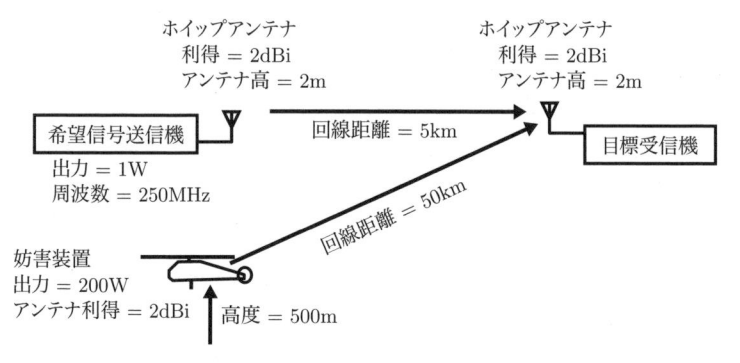

図 6.89 航空機搭載妨害装置により得られる J/S は，一般に妨害装置の高度のためにかなり増大する．

まず，妨害回線におけるフレネルゾーン距離を決定する必要がある.

$$\text{FZ} \, [\text{km}] = \frac{h_J \times h_R \times F}{24{,}000} = \frac{500 \times 2 \times 250}{24{,}000} = 10.4 \, [\text{km}]$$

妨害装置は，受信機から 10.4km 以上の位置にあるので，妨害回線の伝搬は平面大地（2波）となる.

したがって，妨害回線の損失は，

$$\text{Loss}_J = 120 + 40 \log d - 20 \log h_J - 20 \log h_R = 120 + 68 - 54 - 6 = 128 \, [\text{dB}]$$

となる.

そこで，妨害 ERP は，

$$\text{ERP}_J = 10 \log(200{,}000\text{mW}) + 2\text{dBi} = 53\text{dBm} + 2\text{dBi} = 55 \, [\text{dBm}]$$

となる.

その結果，J/S は，

$$\begin{aligned} \text{J/S} \, [\text{dB}] &= \text{ERP}_J - \text{ERP}_S - \text{Loss}_J + \text{Loss}_S \\ &= 55\text{dBm} - 32\text{dBm} - 128\text{dB} + 136\text{dB} = 31 \, [\text{dB}] \end{aligned}$$

となる.

妨害装置は高い位置にあるので，妨害装置の ERP が 14dB 低下しているにもかかわらず，その J/S はほぼ 10dB も増加している.

6.7.8　高高度通信妨害装置

図6.90 に示す妨害状況について検討してみよう. 再び先ほどと同じ通信網（5km 離れた通信所を使用する 250MHz の通信網）を，固定翼機が 3,000m の高度を飛行しながら妨害している. 目標の通信網内のすべての通信所は，地上高 2m のホイップアンテナ（利得が 2dB）を持つトランシーバとする. それぞれのトランシーバの送信機からの出力電力は，1W である. この妨害航空機は，目標の通信網が使用されている区域全体から 50km に位置している. この妨害装置の出力 100W は，利得 3dBi のアンテナに入力される. この場合に得られる J/S は，どれほどであろうか?

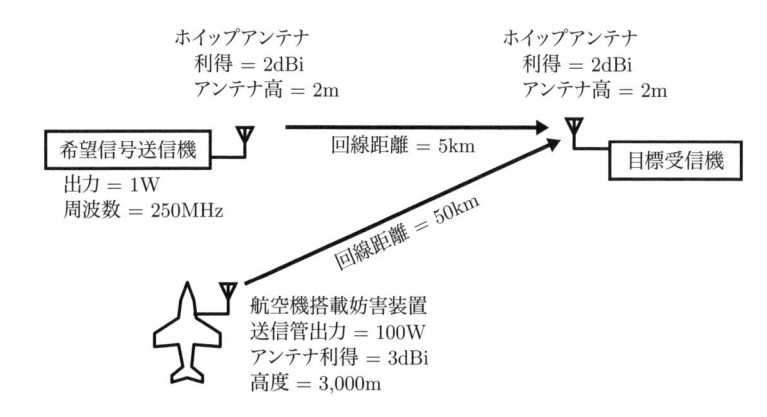

図 6.90 高高度航空機搭載妨害装置からは，かなり大きい J/S を得ることができる．

まず，回線ごとに適切な伝搬モデルを決める必要がある．この目標の回線のフレネルゾーン距離は，

$$\mathrm{FZ} = \frac{2 \times 2 \times 250}{24,000} = 0.0417 \mathrm{km} = 41.7 \,[\mathrm{m}]$$

となる．

これは 5km の伝送経路よりはるかに短いので，目標の回線には平面大地（2波）伝搬がふさわしい．したがって，目標の回線損失は，

$$\begin{aligned}
\mathrm{Loss}_S &= 120 + 40 \log(距離) - 20 \log(h_T) - 20 \log(h_R) \\
&= 120 + 40 \log(5) - 20 \log(2) - 20 \log(2) \\
&= 120 + 28 - 6 - 6 = 136 \,[\mathrm{dB}]
\end{aligned}$$

となる．

妨害回線のフレネルゾーン距離は，

$$\mathrm{FZ} = \frac{3,000 \times 2 \times 250}{24,000} = 62.5 \,[\mathrm{km}]$$

となる．

フレネルゾーン距離は妨害回線の伝送距離より大きいので，見通し線伝搬を適用する．妨害回線の損失は，

$$\mathrm{Loss}_J = 32.4 + 20 \log(距離) + 20 \log(周波数)$$

$$= 32.4 + 20\log(50) + 20\log(250)$$
$$= 32.4 + 34 + 48 = 114.4 \,[\mathrm{dB}]$$

となる.

　目標回線の送信機の ERP は，30dBm（1W）＋ 2dBi ＝ 32dBm となる.

　妨害装置が 50dBm（すなわち，100W）であれば，これに 3dB を加えて，ERP は 53dBm となる.

　J/S は，

$$\mathrm{J/S} = \mathrm{ERP}_J - \mathrm{ERP}_S - \mathrm{Loss}_J + \mathrm{Loss}_S = 53 - 32 - 114.4 + 136 = 42.6 \,[\mathrm{dB}]$$

となる.

　航空機搭載妨害装置の回線損失は LOS 損失であるので，平面大地（2 波）損失を持つ目標通信網に対しては極めて高い J/S を作り出すことが可能になる.

6.7.9　スタンドイン妨害

　これまでと同じ目標通信網に対して運用されるスタンドイン妨害装置について考察しよう.これは，受信機に極めて近接した低出力の妨害装置であり，目標通信網の運用区域の至るところに配置された多数の低出力妨害装置を指すことになるだろう.各妨害装置は，地上高 0.5m のホイップアンテナを使用して 5W の ERP を有する.図 6.91 に，受信機から 500m に設置された上記の妨害装置を示す.これを代表的な妨害事例として検討しよう（すなわち，目標の通信網内の各トランシーバに対して，それぞれ約 500m 離れてスタンドイン妨害装置が存在し

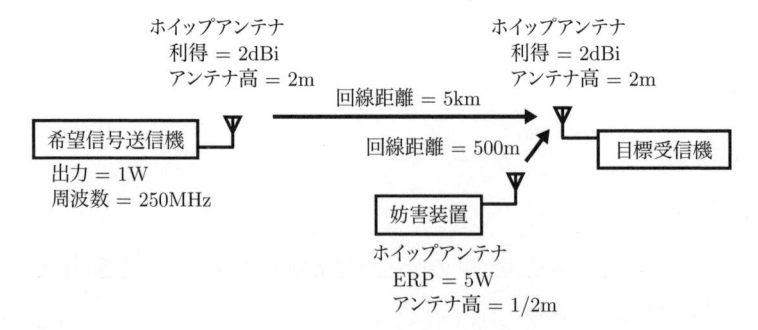

図 6.91　スタンドイン妨害では，低い妨害装置出力で高 J/S が得られる.

ていると見なす）．この場合に得られる J/S は，どれほどであろうか？

　希望信号回線は，前述の平面大地（2 波）伝搬で運用されている．その ERP は 32dBm で，回線損失は 136dB である．

　ここで，妨害回線の FZ を計算する．

$$\text{FZ}\,(\text{km}) = \frac{h_J \times h_R \times 周波数}{24{,}000} = \frac{0.5 \times 2 \times 250}{24{,}000} = 0.01\text{km} = 10\,(\text{m})$$

これは，500m の妨害回線距離より短いので，平面大地（2 波）伝搬を適用する．妨害装置の ERP は，37dBm（5W）である．

　そこで，妨害回線損失は，

$$\begin{aligned}
\text{Loss}_J &= 120 + 40\log(距離) - 20\log(h_J) - 20\log(h_R) \\
&= 120 + 40\log(0.5) - 20\log(0.5) - 20\log(2) \\
&= 120 - 12 + 6 - 6 = 108\,(\text{dB})
\end{aligned}$$

となる．

　J/S は，

$$\text{J/S} = \text{ERP}_J - \text{ERP}_S - \text{Loss}_J + \text{Loss}_S = 37 - 32 - 108 + 136 = 33\,(\text{dB})$$

となる．

　妨害装置が目標受信機に極めて近接しているので，低出力妨害装置によって高い J/S が得られる．

6.7.10　マイクロ波 UAV 回線の妨害

　次に，地上から UAV 回線を妨害する場合を検討しよう．UAV は，統制局からの指令回線（アップリンク）と，もとの指令局へのデータ回線（ダウンリンク（downlink））が欠かせない．ここでは，それぞれの回線の妨害を取り上げる．両方の回線はおよそ 5GHz で運用される．

　図 6.92 に，UAV の指令回線を示す．この統制局は，利得 20dBi とサイドローブアイソレーション 15dB を持つ利得 20dBi のパラボラアンテナを有している．換言すれば，平均サイドローブは，（UAV 方向の利得である）主ビームのボアサイト利得より 15dB 低いということである．このアップリンク用送信機は，1W の送信電力を有する．UAV は地上局から 20km に位置しており，利得 3dBi のホ

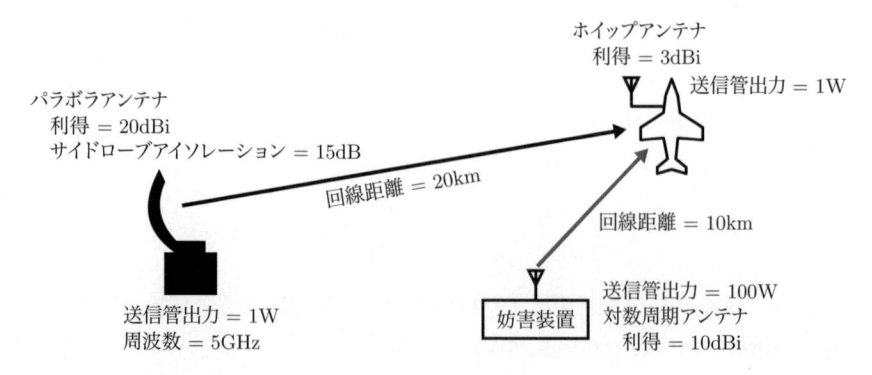

図 6.92　UAV のアップリンクを妨害するには，UAV に対して送信する必要がある.

イップアンテナを有している. ダウンリンク用送信機（UAV 搭載）は，自身の
アンテナに 1W を出力する. 妨害装置は利得 10dBi の対数周期アンテナと 100W
の妨害電力を自身のアンテナに出力する.

　双方の回線はともにマイクロ波帯で運用されるので，LOS 伝搬を適用する.

6.7.10.1　指令回線

　まず，図 6.92 のように，UAV に向けられた妨害装置のアンテナを使用して指
令回線を妨害することを考えよう. この場合に得られる J/S は，どれほどであろ
うか？

　この希望信号の ERP は，30dBm（1W）+ 20dB = 50dBm となる. この妨害装
置の ERP は，50dBm（100W）+ 10dB = 60dBm である.

　指令局は UAV から 20km に位置しているので，この指令回線の損失は，

$$\text{Loss}_S = 32.4 + 20\log(距離) + 20\log(周波数)$$
$$= 32.4 + 20\log(20) + 20\log(5{,}000)$$
$$= 32.4 + 26 + 74 = 132.4 \text{〔dB〕}$$

となる.

　妨害装置は UAV から 10km に位置しているので，この妨害回線の損失は，

$$\text{Loss}_J = 32.4 + 20\log(距離) + 20\log(周波数)$$
$$= 32.4 + 20\log(10) + 20\log(5{,}000)$$
$$= 32.4 + 20 + 74 = 126.4 \text{〔dB〕}$$

となる.

UAV に搭載されている受信アンテナはホイップアンテナであるので，地上局と妨害装置方向の利得は同一となる．したがって，J/S は次式で与えられる.

$$J/S = ERP_J - ERP_S - Loss_J + Loss_S = 60 - 50 - 126.4 + 132.4 = 16 \,(dB)$$

6.7.10.2　データ回線

図 6.93 に示すように，データ回線を妨害することを考えよう．妨害装置は指令局から 20km の位置にあり，そのアンテナは指令局のアンテナのサイドローブに指向されている．この場合に得られる J/S は，どれほどであろうか？

このデータ回線の送信機は，送信機出力 1W と利得 3dBi のアンテナを有している．この希望信号の ERP は，30dBm（1W）＋3dBi = 33dBm となる．この希望信号回線の損失は，指令回線において計算されたものと同じ，132.4dB である.

上で計算されたように，妨害装置の ERP は 60dBm である．妨害装置は指令局から 20km に位置しているので，この妨害回線の損失は，希望信号損失（132.4dB）と同じである.

指令局のアンテナは指向性を持つ．UAV 方向の利得（G_R）は 20dBi であるが，妨害装置（のサイドローブ）方向の利得（G_{RJ}）は 15dB 少ない 5dBi である．したがって，J/S は次式で与えられる.

$$J/S = ERP_J - ERP_S - Loss_J + Loss_S + G_{RJ} - G_R$$
$$= 60 - 33 - 132.4 + 132.4 + 5 - 20 = 12 \,(dB)$$

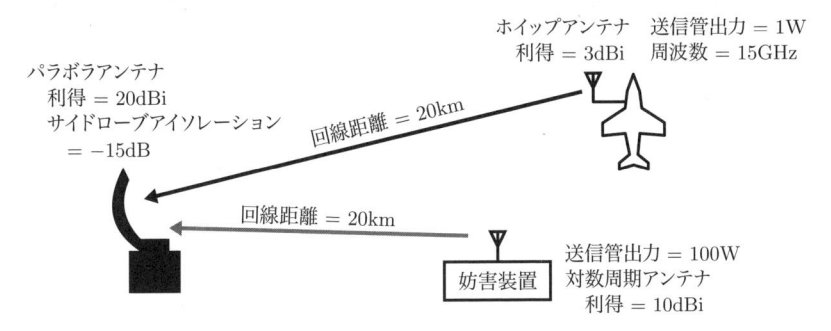

図 6.93　UAV のダウンリンクを妨害するには，地上局位置への送信が必要である.

参考文献

[1] Gibson, J. D. (ed.), *Communications Handbook*, Ch. 84, CRC Press, 1997.

[2] Chestnut, P., "Emitter Location Accuracy Using TDOA and Differential Doppler", *IEEE Transmission on Aerospace and Electronic Systems*, Vol. 18, March 1982.

[3] Adamy, D., *EW102: A Second Course in Electronic Warfare*, Artech House, 2004.
【邦訳】河東晴子, 小林正明, 阪上廣治, 徳丸義博 訳, 『電子戦の技術 拡充編』, 東京電機大学出版局, 2014.

[4] Wegner, L. H., "On the Accuracy Analysis of Airborne Techniques for Passively Locating Electromagnetic Emitters", Rand Report, R-722-PR, June 1971.

第7章

最新の通信脅威

7.1　はじめに

　通信脅威は，重大かつ厄介な方向に向かいつつある．低被傍受/探知確率（LPI）通信の利用増大が電子戦（EW）通信回線に対して重要な課題になってきた．いまや，相互連接データ回線を相当利用する防空ミサイルや関連レーダも存在している．各種無人航空機（UAV）が普及するとともに，それらの偵察，EW，および武器運搬手段への利用が増大している．これらは，指令回線やデータ回線を用いた地上局との相互連接に大いに依存している．最後に，携帯電話は，非対称戦状況における指揮・統制機能目的に広く利用されるのみならず，手製爆弾（IED）の起爆にも利用される．

　第4章において新しいレーダ脅威について述べたように，これらの最新の通信脅威は総称的に表現されている．これは，秘密情報を扱うことなく EW 技法を説明することを考慮に入れたものである．後に，実在する状況において読者が EW に生かす際に秘密の情報源から得た諸元を入力することができる．

7.2　LPI 通信信号

　LPI 通信に使われる信号は，通常の受信機では探知が困難となるよう考案された特有の変調を持つ．敵の受信機は本来，そのような信号が存在していることを見つけ出すことすらできないだろう．これは，LPI 信号が送信される周波数範囲

を拡散することで成し遂げられる．それゆえ，これらはスペクトル拡散信号とも呼ばれている．図7.1に示すように，この種の信号にはそのスペクトルを拡散するため，特有の2次変調が加えられる．これには以下の3種類の拡散変調法が使用されている．

- 周波数ホッピング：送信機は，擬似ランダム的に選定される周波数に周期的にホップする．そのホッピング範囲は，伝達されるべき情報を搬送する信号の帯域幅（すなわち，情報帯域幅（information bandwidth））よりはるかに大きい．
- チャープ：送信機は，情報帯域幅よりかなり広い周波数範囲の全域で迅速に同調される．
- 直接スペクトル拡散（DSSS）：信号は，情報を運ぶのに必要とされる速度よりもはるかに高速にデジタル化され，それによって，信号のエネルギーが広い帯域幅にわたって拡散する．

また，上記の二つ以上の拡散技法を用いたLPI信号も存在する．

図7.1の（受信機の）拡散復調器は，拡散変調を元に戻すため，（送信機の）拡散変調器（spreading modulator）と同期させる必要がある（図7.2参照）．これは，その信号を拡散前に持っていた同一の帯域幅に戻す操作である．この帯域

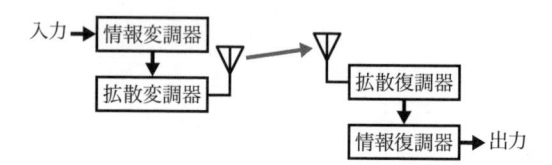

図7.1　LPI通信システムは，伝送保全のために特有の周波数拡散変調を加えている．

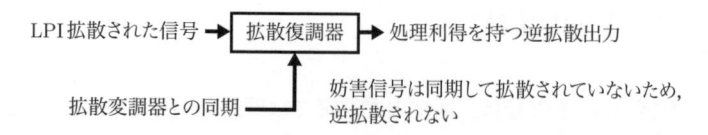

図7.2　拡散変調器を用いた同期では，対象とする受信信号から拡散変調を除去することが可能になるが，妨害信号からは除去できない．

幅を情報帯域幅と呼んでいる．この同期では，変調器，復調器のいずれも，デジタル符号数列に基づく同一の擬似ランダム関数によって制御される必要がある．加えて，受信機の符号は，送信機の符号と同位相でなければならない．そのためには，システムの立ち上げ時や，受信機や送信機が長期間通信していないときも常に同期処理が必要である．この同期要件を別にすれば，この拡散/逆拡散処理は，送信位置から受信位置まで情報を渡す人やコンピュータから見えないものである．状況次第では，同期には送信に先だって遅延時間が必要となる．

　また，それらの妨害に用いられる技法について説明している各節でも，周波数拡散技法のそれぞれについて触れることにする．なお，各符号の生成と使用については，2.4 節で説明している．

7.2.1　処理利得

　LPI 信号から拡散変調を除去するのは，処理利得を作り出すためであると言われている．これは，通常の受信機で受信されるときの拡散信号は，極めて低い信号対雑音比（SNR）を持っているという事実を述べている．逆拡散後は，その受信信号の SNR は著しく高くなる．しかしながら，正確な拡散変調が精密に行われていない信号は逆拡散されず，それゆえ，その信号は処理利得の影響を受けない．さらにまた，拡散復調器は，実質的に狭帯域信号を拡散することになるので，図 7.3 に示すように，出力チャンネルの信号強度を低下させる．

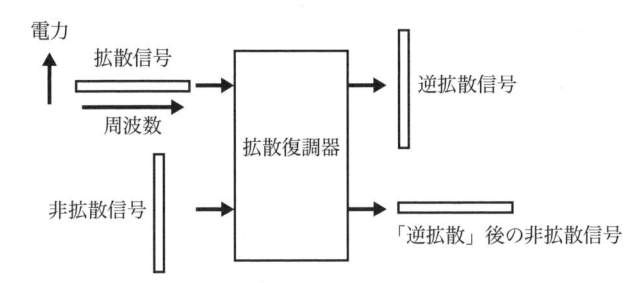

図 7.3　この拡散復調器は，対応する LPI 信号をその情報帯域幅内に圧縮する．また，狭帯域信号を拡散させる．

7.2.2　対妨害優位性

　図 7.4 は，LPI 通信システムの対妨害優位性を示す．対妨害優位性とは，非拡散システムの受信機の帯域幅内にその全妨害信号電力が存在するとした場合に達成されるであろうレベルと変わらない妨害対信号比（J/S）を与える LPI システムの受信機位置で受信されるはずの信号電力量の比である．これは，LPI 信号の情報帯域幅と伝送帯域幅との比である．これは，妨害信号が LPI 信号の全スペクトル拡散周波数範囲の全域に拡散されていることが前提になっている．後に述べるように，一部の例では，この優位性をある程度乗り越える高機能の妨害技法が存在する．

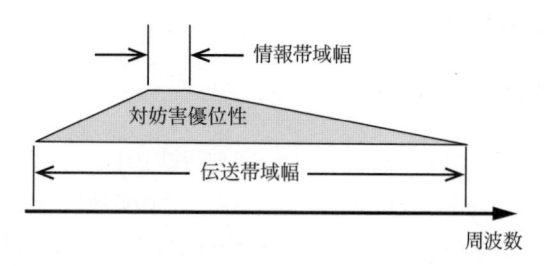

図 7.4　LPI 通信の対妨害優位性とは，伝送帯域幅の情報帯域幅に対する比である．

7.2.3　LPI 信号のデジタル要件

　本章でわかるように，それぞれのスペクトル拡散技法は入力信号がデジタル形式である必要がある．デジタル化によって，一部の拡散機構に必要な送信間隙で信号を時間圧縮し，送信できるようになる．これは変調方式の種類によって必要とされるものでもある．この要件は，拡散技法に特有のものであるので，この問題については以降の該当する節において説明する．第 5 章では，本章よりさらに詳細にデジタル通信を取り上げている．

　どうやらスペクトル拡散信号の妨害を成功させる J/S はわずか 0dB でよく，その上，デューティサイクルは 100% よりはるかに小さくてよさそうである．デジタル信号の妨害では，その信号にビットエラーを発生させることが効果的である．ビットエラーレートは，誤って受信されたビット数を総受信ビット数で割ったものである．図 7.5 に示すように，J/S に関係なく，ビットエラーレートは決

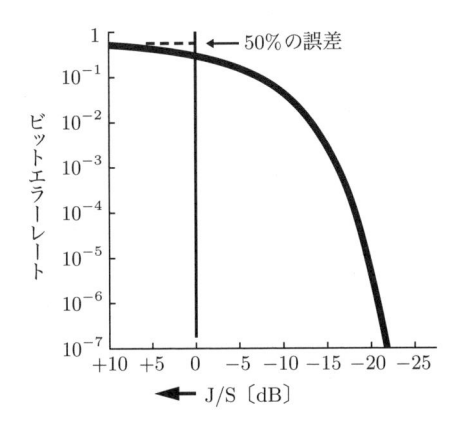

図 7.5 デジタル信号受信機のビットエラーレートは，50% を超えられない．J/S 0dB でその誤りのレベルに近くなる．

して 50% を超えることはない．J/S 0dB におけるビットエラーレートは，ほぼ 50% である．妨害電力をこの点を超えて増やしても，エラーが増えることはほとんどない．広く受け入れられている，経験に基づく仮定は，ビットエラーレートが数ミリ秒間少なくとも 33% であれば，被妨害信号から情報を再生できないというものである（20% 程度と低い値を掲載している文献もある）．

　これ以降の節にあるとおり，LPI 信号のデジタル特性は，いくつかの巧妙な妨害技法の使用を可能にする．

7.3　周波数ホッピング信号

　周波数ホッパは，広く使用されているという理由と，極めて広い周波数拡散が可能であるという理由から，ほぼ間違いなく最も重要な LPI 信号と言える．

　周波数ホッピング信号の周波数と時間を対比させて描画したものを図 7.6 に示す．この信号は，短期間一つの周波数で一時停止した後，ランダムに選択された別の周波数に移動する．一つの周波数に滞留している時間をホップ持続時間（hop duration; ホップ期間）と呼ぶ．ホップレート（hop rate; ホップ速度）とは，毎秒のホップ数のことである．ホッピング領域とは，送信周波数を選択可能な全周波数範囲のことである．その信号帯域幅全体が，各ホップに割り当

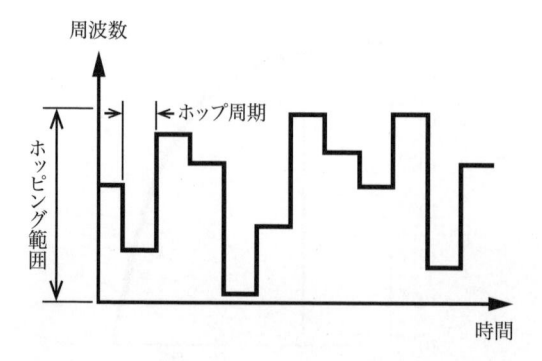

図 7.6　周波数ホッピング信号は，一つのメッセージの間に何回もその送信周波数を変化させる.

てられた周波数に移動する．代表的な例がジャガー VHF 帯周波数ホッピング無線機（Jaguar VHF frequency-hopping radio; ジャガー無線機）である．この信号帯域幅は 25kHz で，ホップ範囲は 30〜88MHz 幅（すなわち，ホッピング領域が 58MHz）となる.

図 7.7 に周波数ホッピング送信機のブロック図を示す．デジタル変調信号は，擬似ランダム的に選択された周波数に同調されたシンセサイザを用いて，ホップ周波数（hop frequency）に変換される．周波数ホッピング受信機のフロントエンドには，送信機のシンセサイザと同じ周波数に同調されるシンセサイザがある．これには，送信機と受信機に共通している同期方式が必要である．受信機が最初に作動するときは，長時間にわたる同期処理を経る必要があり，新しい信号を受信するたびに，受信機は特別な同期処理を行う必要がある．この同期期間を見越して音声送信の開始を遅らせるため，送信キーが押される際に，周波数ホッピン

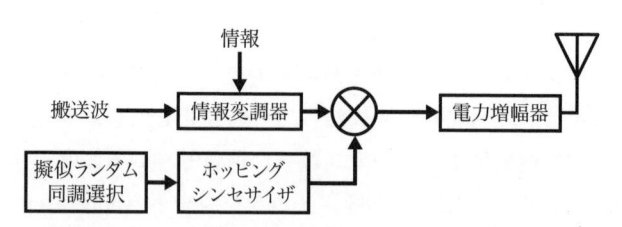

図 7.7　周波数ホッピング送信機は，擬似ランダムに同調するシンセサイザを使って，送信信号を広い周波数範囲にわたって迅速にホップさせる.

グ送受信機の受話器に短い発信音を挿入してもよい．デジタルデータ送信時は，この遅延は自動的に挿入できる．

7.3.1 低速ホッパと高速ホッパ

周波数ホッピングシステムは，低速ホッパまたは高速ホッパのどちらかである．（例えば上記のジャガーなどの）低速ホッパは，ホップごとに多数ビットを伝送する．高速ホッパは，各データビットの間に多数のホップ周波数に変わる．これら二つの波形を図7.8に示す．

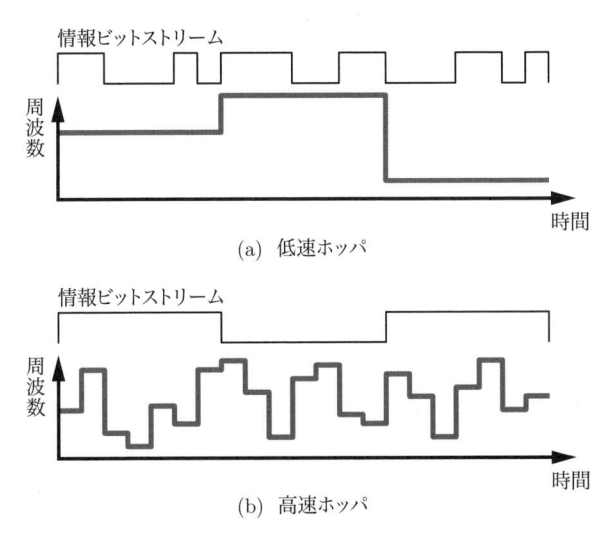

(a) 低速ホッパ

(b) 高速ホッパ

図7.8　低速ホッパは，ホップごとに多数ビットを伝送するのに対し，高速ホッパは，ビットごとに多数回ホップする．

7.3.2 低速ホッパ

低速ホッパは，図7.9に示すような，位相ロックループ（PLL）式のシンセサイザを使用する．このシンセサイザは，極めて広い周波数範囲をカバーして，多数のホップ周波数をサポートするように作ることができる．例えば，ジャガー無線機は25kHzの帯域幅を有し，58MHzにわたってホップ可能である．これは最大2,320のホップ周波数を備えている．このシステムはまた，（周波数範囲の高

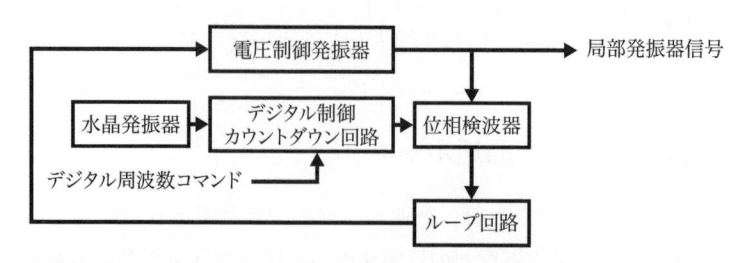

図 7.9　低速ホッパは，一般に，整定時間対信号品質を最適化したループ帯域幅を用いた位相ロックループ式のシンセサイザを使用している.

占有状態を避けるため，58MHz 内で 256 ホップと 512 ホップを選択できる）より狭いホッピング領域を持っていることにも注目しよう.

　全信号電力が複数ビットを送信するのに十分長い期間，同一送信周波数に留まるので，受信機が低速ホッパを探知することは比較的容易である. しかしながら，絶えず変化し予測不可能な周波数は，例えば電波源位置決定や妨害といった重要な EW 機能を果たすことを困難にする.

　PLL シンセサイザ内のフィードバックループの帯域幅は，その性能を最適化するよう設計されている. 帯域幅が広いほど，シンセサイザはより迅速に新しい周波数を発生できる. 帯域幅が狭いほど，信号品質が高まることになる. 周波数ホッピングシステムに使用される代表的なシンセサイザは，ホップ周期（hop period）のおおむね 15% に等しい時間で，その最終ホップ周波数に近くなる. したがって，毎秒 100 ホップでは，各ホップの始まりでシンセサイザを整定させるまでに 1.5msec を費やすことになる. 図 7.10 に示すように，このシステムは，この整定時間の後初めてその情報を送信できる. このデータ（あるいは音声）の 15% の脱落で，システムが使用できなくなることもある.

　音声信号を聴取して理解するには，連続信号を必要とする. したがって，送信機に入力する信号をデジタル化し，先入れ先出し（first-in-first-out; FIFO; ファーストイン・ファーストアウト）装置に格納する必要がある. この信号を，例えば 16kbps としよう. その後，この信号はシンセサイザの整定期間の合間の時間に約 20kbps で FIFO のクロックに同期して出力される. 受信機では，この処理は逆になる. この 20kbps データは FIFO に入力され，16kbps の連続信号としてクロックに同期して出力される.

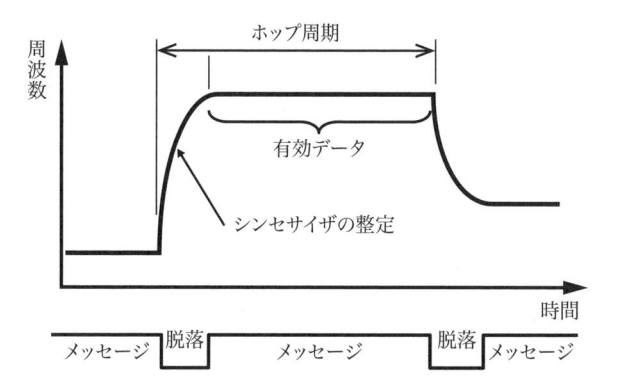

図 7.10 低速ホッパは，シンセサイザがそれぞれの新しいホップ周波数に
整定されるまで，その送信を遅らせる必要がある．

　送信機と受信機でホップ時間と周波数が同期しており，整定時間の脱落が除去
される場合には，基本的にユーザは，この周波数ホッピング処理を意識しなくて
よい．上の説明は音声信号を考察したものであるが，同じ結果は当然，デジタル
データの伝送にも当てはまる．

7.3.3 高速ホッパ

　高速ホッピング信号は，極めて迅速に周波数を変化させるので，敵の受信機に
対してかなり大きな難題を与える．受信帯域幅内の信号の滞留時間と必要受信帯
域幅には反比例の関係がある．滞留時間は帯域幅の逆数でなければならない（す
なわち，滞留時間 $1\mu sec$ に対して帯域幅 1MHz が必要）という，よく用いられる
経験則がある．システムで伝送される情報帯域幅はこれよりずっと狭いので，受
信感度が大きい犠牲を迫られる．
　同期された受信機はホッピングを除去できるので，受信機はずっと伝送情報信
号の帯域幅で作動することができる．敵の受信機はホッピングを除去できないの
で，より広い帯域幅で作動しなければならない．このことが信号の存在の探知を
困難にし，さらに高い伝送保全を備えることになる．
　高速ホッパについての問題の一つは，それらがより複雑なシンセサイザを必要
とすることである．図 7.11 に，直接シンセサイザ（direct synthesizer）のブロッ

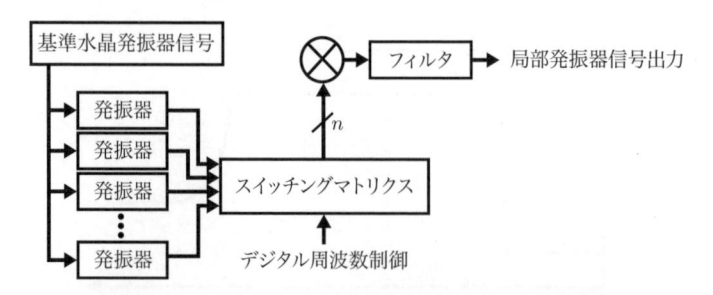

図 7.11   高速ホッパは，直接シンセサイザを使用することが期待される．
そのより一層の複雑さが，ホッピング周波数の数を制限する可能性がある．

ク図を示す．これは多数の発振器を持っており，一つ以上の合成/フィルタリン
グ回路網に迅速に切り替えて，単一の信号出力周波数を生成する．この処理は，
位相ロックループを同調するよりずっと高速なので，この直接シンセサイザは，
各データビットの間に多数回，周波数を切り替えることが可能である．直接シン
セサイザの複雑さは出力可能な信号数に比例するため，高速ホッピングシステム
のホップ周波数は，低速ホップ（すなわち，位相ロックループ）システムより少
なくなることが見込まれる．

7.3.4   対妨害優位性

　低速ホップと高速ホップのいずれにおいても，周波数ホッピングシステムの対
妨害優位性は，ホッピング領域と受信帯域幅の比である．固定周波数システムで
達成されるものと同じ J/S をもたらすには，ホッピング領域全体に拡散する受信
妨害信号の合計電力をこの比率まで増やさなければならない．VHF 帯ジャガー
無線機の例では，58MHz/25kHz = 2,320，すなわち 33.7dB となる．
　周波数ホッパの効果的妨害に付随する重要な問題は，被妨害システムは一度に
一つしか（ランダムに選択した）チャンネルを使用しないのに対し，妨害装置は，
目標送信機が選択できるチャンネルすべてに対処する必要があることである．
　周波数ホッパを妨害する一般的方法には，バラージ妨害，パーシャルバンド妨
害，追随妨害（follower jamming）の三つがある．

7.3.5 バラージ妨害

バラージ妨害装置は，図 7.12 に示すように，目標のシステムがホップする全周波数範囲をカバーする．したがって，目標とする送信機/受信機が選択するどのチャンネルも妨害されることになる．この方法には，妨害装置はホッピング信号を受信する必要がないという優れた長所がある．したがって，妨害装置にはルックスルーは不必要である．遠隔妨害装置では，ルックスルーの実行が困難であるので，バラージ妨害は理想的な方法かもしれない．

バラージ妨害には二つの大きな不利点がある．一つは同士討ち（友軍相撃）である．バラージ妨害は，同じ地域で運用されている（固定周波数やホッピングの）味方の通信をどれも同様に妨害してしまう．もう一つの不利点は，よく知られているように，バラージ妨害の非効率性である．考えられるすべてのチャンネルを妨害する必要があるので，チャンネル当たりの電力を決定する式は，次式となる．

$$\text{チャンネル当たりの電力} = \frac{\text{合計妨害電力}}{\text{利用可能なホッピングチャンネル数}}$$

これら両方の問題の解決法は，敵の受信機の近傍に妨害装置を配置することである．J/S は，両方ともに目標となる受信機における受信希望信号強度に対する受信妨害信号強度の比であることに注意しよう．この信号強度は，送信機から受信機までの距離の 2 乗あるいは 4 乗分の 1 で低減される（周波数と位置関係による．第 6 章参照）．それゆえ，目標受信機までの距離が減少するにつれて，その J/S は増大する．目標受信機までの距離が味方の受信機までの距離より著しく短ければ，同士討ちはかなり少なくなる．

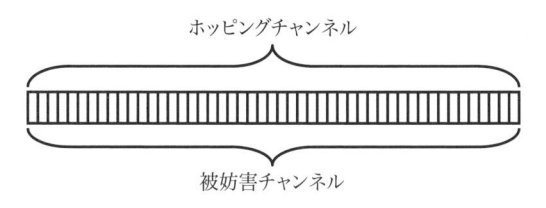

図 7.12 バラージ妨害装置は，その電力をすべてのホッピングチャンネルに分割する．

　敵の受信機がどこに位置しているかわかれば，問題はない．普通の戦術環境で，位置決定システムがどこに敵の受信機があるかを教えてくれることはないが，他の検討結果からその位置を決定できることがある．例えば，敵の通信系がトランシーバを使用していれば，受信機は送信機とともに位置決定できる．次の極めて重要な事例は，無線起動式手製爆弾（radio frequency improvised explosive device; RFIED）の受信機である．これは，おそらくその標的の近傍の武器に設置されている．3 番目の事例は，携帯電話の基地局へのアップリンクを妨害することである．当然，その受信機は基地局に位置している．実際の問題として，敵の近傍にバラージ妨害装置を置くほうがずっとよい．そこであれば，最大の J/S をもたらし，味方の通信に対しては同士討ちを最小化できる．この意見は，パーシャルバンド妨害にも同様に当てはまる．

　図 7.13 に一例を示す．ERP 1W の VHF 帯送信機が，その対象とする受信機から 10km に位置している．送信機と受信機の両方とも地上高 2m のホイップアンテナを持つ．その信号は，1,000 チャンネル一面にホップする．ERP 1W のバラージ妨害装置は，目標受信機から 1km で，地上高 2m に位置している．両方の回線における伝搬モードは，平面大地（2 波）である．6.7.9 項および前述のチャンネル当たりの電力比の公式を使用すると，（一度に 1 チャンネルのみを占有する）受信希望信号電力と全妨害電力との比は，40dB となる．妨害電力を1,000 チャンネルのホッピングチャンネル数で割ると，チャンネル当たりの電力は，1,000 倍（すなわち 30dB）低下する．したがって，目標の受信機の実効 J/S は 10dB となる（7.2.3 項から，効果的妨害はわずか 0dB で済むことを思い出そう）．（同様に 10km の回線を通して運用されている）味方の受信機が妨害装置か

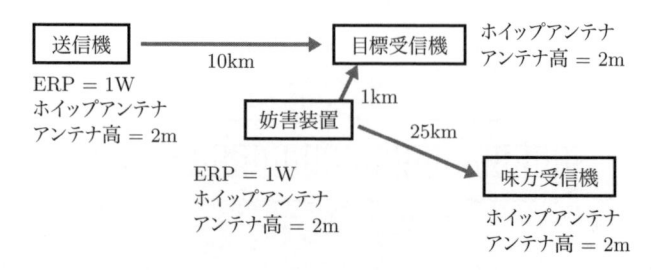

図 7.13　目標受信機から 1km，味方受信機から 25km にあるバラージ妨害装置は，同士討ちを回避しながら優れた J/S をもたらす．

ら 25km に位置している場合，−16dB の J/S で妨害されることになる．これが 1,000 チャンネル一面にホップする場合，その実効 J/S は，−46dB まで低減されることになる．

7.3.6　パーシャルバンド妨害

図 7.14 に示すように，パーシャルバンド妨害は，ホッピング領域の一部しか対象にしない．この妨害装置でカバーされる周波数範囲の総計は，以下の手順によって決められる．

1. 全体の J/S 値〔dB〕を決定する．すなわち，受信妨害電力の合計を希望信号の受信電力で除算する．
2. その J/S 値〔dB〕を線形形式に変換する（例えば，30dB は 1,000 倍，など）．
3. 次式で決定される帯域全体に妨害周波数を広げる．

$$J/S \text{ の非デシベル値} \times \text{ホッピングチャンネルの帯域幅}$$

図 7.13 の例では，信号を 1,000 チャンネルに分割することで，J/S を 30dB 低下させ，妨害の対象となるホッピングチャンネルそれぞれに J/S 0dB を生じさせる．

目標となる信号は，そのホッピング領域一面にランダムにホップするので，その妨害デューティサイクルは，被妨害チャンネル数をホッピング領域内の全チャンネル数で割ることで計算される．

デジタル音声においては，所要デューティサイクルは 33% であると一般に認められているが，一部の EW 著述者は，20% あるいはそれよりずっと少なくても種々の条件下で効果がありうると，説得力をもって主張している．

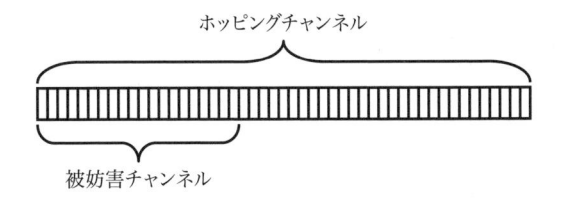

図 7.14　パーシャルバンド妨害では，チャンネルごとに J/S 0dB にさらされやすくなるように，チャンネル数のすべてに妨害を分配する．

　パーシャルバンド妨害の一例を以下に挙げる．ある周波数ホッパがチャンネル帯域幅 25kHz で 58MHz 一面にホップするとしよう．妨害装置が，合計 J/S 29dB を与えることができるとすれば，794 チャンネル（19.9MHz）の全体にわたってチャンネル当たり 0dB で拡散することになる．全ホッピングチャンネル数は，

$$\frac{58\text{MHz}}{25\text{kHz}} = 2{,}320$$

となり，妨害デューティサイクルは，

$$\frac{794}{2{,}320} = 34.2 〔\%〕$$

となる．

　パーシャルバンド妨害について，少しだけ要点を挙げよう．

- 0dB 妨害とデューティサイクル 33% によって有効な妨害を引き起こせるので，これは妨害装置の最も有効な利用（すなわち，妨害装置の利用可能な ERP の総量に対する最大妨害効果）となる．
- 所要妨害デューティサイクルは，伝送のたびに変化させなければならない．そうでなければ，役立つ情報を通過させてしまう可能性がある．
- 被妨害帯域は，ホッピング領域のあちこちに移動させる必要がある．そうでなければ，目標となるシステムは，被妨害チャンネルを避けるために，そのホッピング領域を縮小する可能性がある．
- 目標となるシステムに誤り訂正符号が用いられている場合は，効果的妨害をもたらすには，その妨害デューティサイクルを増大させる必要がある．

7.3.7　掃引スポット妨害

　掃引スポット妨害装置は，ホッピング領域の一部を妨害対象にしているが，図 7.15 に示すように，全ホッピング領域にわたってその小さな領域を掃引する．これは，パーシャルバンド妨害の特殊利用であり，遠隔妨害装置の中では極めて効果的である．

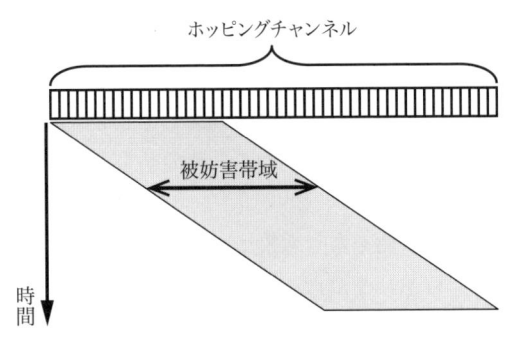

図 7.15 掃引スポット妨害は，100% に満たないデューティサイクルでホッピングチャンネルのすべてをカバーする.

7.3.8 追随妨害装置

追随妨害装置（follower jammer）は，ホップ周期のごくわずかな時間に，周波数ホッパを同調させる周波数を決定する．次に，そのホップの残り部分で妨害する周波数に妨害装置を合わせる．広帯域デジタル受信機は，高速フーリエ変換（FFT）処理を使って，信号周波数を迅速に測定することができる．一方，高密度の戦術信号環境は，システムに追加必要条件を課す．図 7.16 は，極めて低密度の環境における周波数と電波源位置を示している．図の各点は，送信の際の信号周波数と電波源位置を表す．周波数ホッパには同一地点に多数の周波数が表示される．実際の環境では，いかなる瞬間においても，使用可能チャンネルの最大

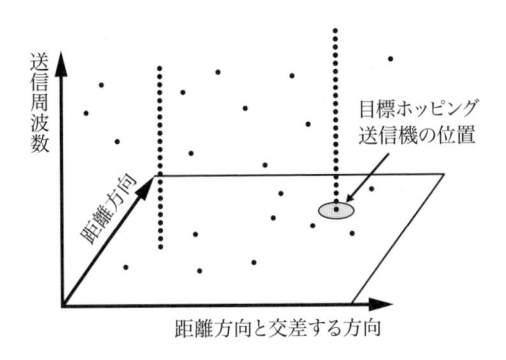

図 7.16 追随妨害装置は，目標位置の電波源の周波数に妨害を加える必要がある.

10% が占有されている可能性がある．これは，30〜88MHz の VHF 帯を通して，（信号チャンネル当たり 25kHz として）約 232 個の信号に相当する．追随妨害装置は，これら 232 個の信号のそれぞれの周波数と位置を確定し，目標位置から放射されている周波数を測定する必要がある．その結果，追随妨害装置はその周波数に設定される．

　ここで重要な注釈を一つ加える．本書ではこれまで送信機ではなく受信機を妨害すると言ってきた．しかしながら，敵の通信系の送信周波数を測定することによって，その通信系内の受信機が同調している周波数がわかる．その送信周波数を妨害することが，その通信系内のすべての受信機を妨害することになる．

　追随妨害（follower jamming）は，妨害されているホッピングシステムで使用中のチャンネルに，その妨害電力のすべてを注入するという大きな強みを持っている．さらにまた，敵が（目下）使用中のチャンネルだけを妨害するという利点も有している．したがって，味方のホッピングシステムがその時点でその周波数を使用する確率が極めて低くなり，同士討ちが最小化される．

　図 7.17 は，追随妨害装置のタイミングを示す．ホップ周期の最初の部分で，ホッパはその新しい周波数に整定される．次に妨害装置は，存在しているすべての信号の周波数と位置を特定して妨害すべき周波数（すなわち，目標信号の位置から放射されている周波数）を選定しなくてはならない．その後，伝搬遅延による余裕時間が続く．これらすべての処理を完了した後にホップ周期に残っている

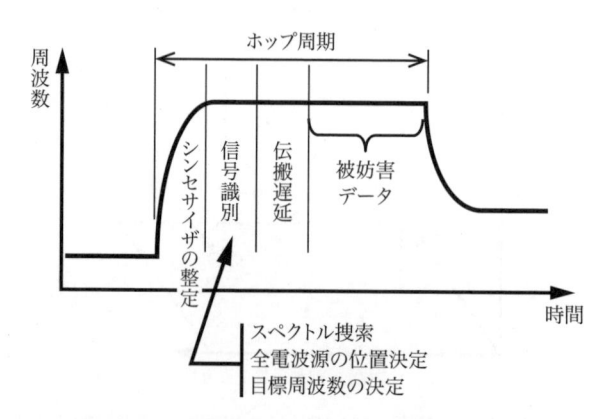

図 7.17　追随妨害には，整定，信号識別，伝搬遅延，および十分な妨害デューティサイクルの時間を見越して，十分高速な解析が必要となる．

時間が，妨害に使用できる．妨害期間がホップ周期の少なくとも3分の1あれ
ば，妨害効果を期待できる．

7.3.9　FFTタイミング

　追随妨害装置が正確な妨害周波数を決定できる速度は，受信機構成と処理装
置の速度によって決まる．一例として図7.18のシステム構成で考えてみよう．
この妨害装置には，各受信信号の到来方向を決定するために位相整合された，2
チャンネルインターフェロメータが組み込まれている．このRFフロントエンド
は，一部の対象周波数範囲をカバーするとともに，デジタイザ（digitizer）へ中
間周波数（intermediate frequency; IF; 中間周波）信号を出力する．このI&Qデ
ジタイザは，極めて高速なサンプリングレート（sampling rate; サンプリング速
度）でIF信号の振幅と位相の両方を取り込んで保存する．デジタル信号処理装
置（digital signal processor; DSP）は，FFTを施して，それが測定するすべての
信号チャンネルについて，そこに存在するあらゆる信号の位相を測定する．この
FFTによって，デジタル化されたIFデータを処理済みのサンプル数の半数に等
しい多数のチャンネルにチャンネル化する．例えば，FFT処理に2,000個のサン
プルが入力されると，その信号は1,000個のチャンネルにチャンネル化処理され
ることになる．実際には，各I&Qサンプルは独立しているので，1,000個のI&Q
サンプルを1,000チャンネルに変えた解析が可能であることに注意しよう．

　もう一つのデジタルインターフェロメータシステムが，存在するすべての信号
に関する同時電波到来方向情報を入力すると，その妨害装置を制御しているコン

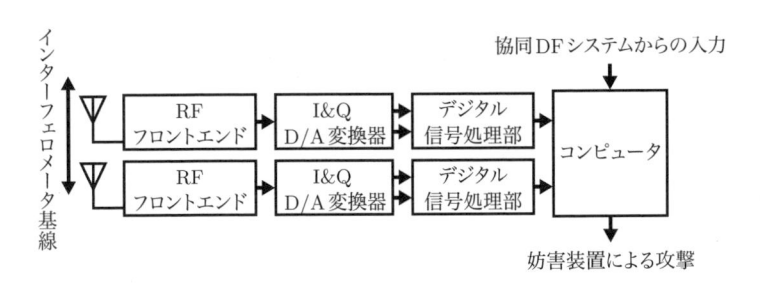

図7.18　追随妨害装置は，その周囲に存在するすべての信号の周波数と位
置を決定しなければならない．

ピュータは，それぞれの受信信号の位置を把握できており，目標位置における信号の瞬時周波数（すなわち，目標信号のホップ周波数）を妨害装置に設定することが可能になる．

　代表的なデジタルインターフェロメータ式方探装置については，参考文献 [1] に説明されている．その記事で明らかにされているシステムの制約条件によると，30〜88MHz の範囲に存在すると想定された 232 個の信号すべての周波数と到来方向は，1.464msec で測定される．そのような二つのシステムが協力して，この合計時間内にこれら 232 個すべての信号の電波源位置を決定することになる．

7.3.10　追随妨害における伝搬遅延

　無線信号は光の速度で伝搬する．送信機からの信号は，妨害サイトに到達するはずである．解析と周波数設定の終了後に，妨害装置の信号も受信機位置に到達する．図 7.19 に，説明のための妨害位置関係を示す．目標とするシステムの送信機と受信機は，5km 離れているので，そのシステムには 16.7μsec の伝搬余裕が組み込まれていなければならない．説明上，我が妨害装置を 50km 離れたところに置くことにしよう．すると，いずれの方向にも 167μsec の伝搬遅延がある．このことは，送信機が新しいホップに整定された後の 334μsec は，解析や妨害に使用できないことを意味している．

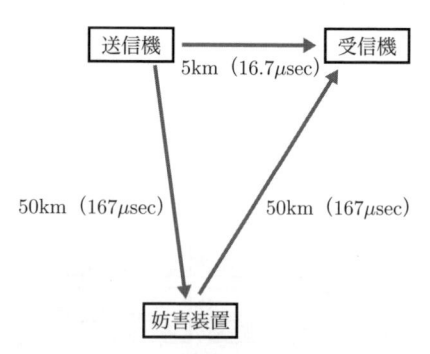

図 7.19　追随妨害装置の有効性は，伝搬遅延によって大きな影響を受けることがある．

7.3.11 妨害に利用できる時間

説明したシステムと展開位置関係における位置解析と伝搬遅延時間を合計すると，1.798msec は妨害に利用できない．周波数ホッパが毎秒 100 ホップするとすれば，一つひとつのホップを妨害するのに利用できる時間は，

$$10\text{msec} - 15\% \text{ の整定時間} - 1.798\text{msec}$$
$$= 10 - 1.5 - 1.798 = 6.702 \, [\text{msec}]$$

となる．

これは，目標となる送信機のデータ送信所要時間（10msec − 1.5msec − 0.017msec = 8.483msec）に対して，送信ビットの 80% を妨害していることになる．したがって，この妨害は有効と言えるだろう．

しかし，ここで毎秒 500 ホップの目標信号について検討してみよう．このホップ長はわずか 2msec なので，15% の整定時間後には，データ用として 1.7msec しか残されていない．ここでの解析時間と伝搬遅延時間（1.798msec）は，それより長いので，この展開位置関係にあるシステムでは，その信号を効果的に妨害することはできない．

図 7.20 に示すように，妨害に備えて，たまにホップの初期段階に信号データビットが配置されていることがある．これは，敵の受信機が目標電波源のホップ周波数測定に使用できる許容時間を縮小させる．

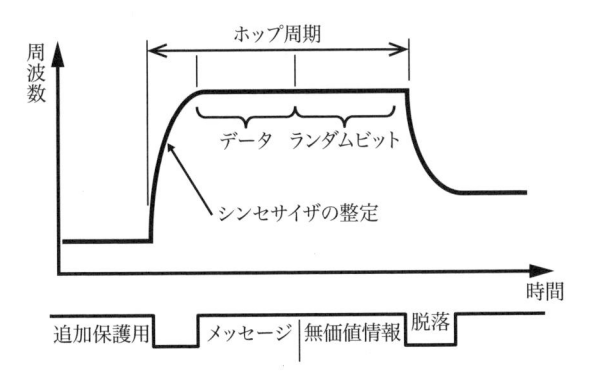

図 7.20　追加の対妨害機能を目的として，信号データをホップ周期内で前倒しすることがある．

　ここでの説明の要点は，追随妨害装置の有効性を予測するには，デジタル化諸元と配置についてよく考察する必要があるということである．毎秒 500 ホップの例では，デジタイザの高速化と妨害距離の短縮の両方またはいずれか一方が必要となることは明らかである．

7.3.12　低速ホップと高速ホップ

　これまでに説明した技法はすべて，低速ホッパに適するものであった．しかしながら，（ビットごとにホップする）高速ホッパは，追随妨害に対して強い．どんなに穏やかな戦況にあっても，伝搬遅延により解析や追跡が行えなくなることがある．それゆえ，高速ホッピングは，バラージ妨害や，あとで説明する直接スペクトル拡散（DSSS）信号に対する技法の一つを用いて妨害しなくてはならない．

7.4　　チャープ信号

　チャープは，ほとんどの場合，レーダの距離分解能の改善に使われるが，通信における対妨害防護（AJ 防護）の目的にも活用できる．ここでチャープと呼ばれている周波数変調法は，信号の探知や妨害をより困難にする処理利得を生み出す．

　チャープを実行に移すには二つの方法がある．一つは，自身の情報帯域幅よりはるかに広い周波数範囲の全域にわたってデジタル信号を線形に掃引するものである．もう一つは，デジタル信号のすべてのビットにチャープを加えるものである．両方とも，掃引範囲対信号の情報帯域幅に基づく処理利得を有している．一般に処理利得は，その量に相当する分，実効妨害対信号比（J/S）を低下させる．以下に説明するように，チャープ信号に対抗して実効 J/S を増加させる方法がある．

7.4.1　広帯域線形掃引

　図 7.21 に示す方法を使うことによって，デジタル変調された IF 信号は，信号で伝送される情報の帯域幅よりずっと広い周波数範囲の全域に掃引される．これが図 7.22 に示すような送信波形を発生させる．敵の受信機がそれらに同期する

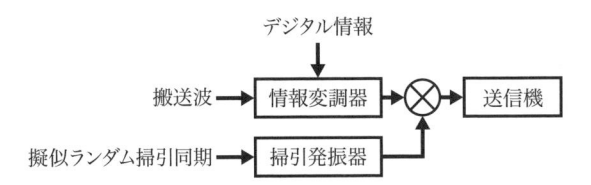

図 7.21 チャープは，対探知防護および対妨害防護を与えるため，デジタルデータストリームに付加することができる．

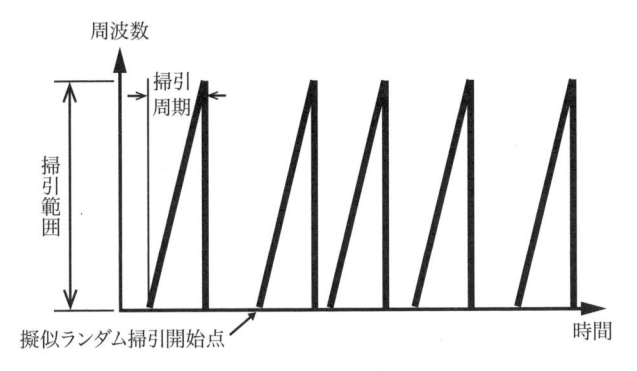

図 7.22 チャープ信号は，擬似ランダム的に選択されたその掃引周期の各開始時刻を使用して，広い周波数領域にわたって掃引される．これが敵の受信機がチャープ掃引に対して同期することを防ぐ．

のを防止するため，各掃引の開始時刻をランダムに変化させていることに注意しよう．所望の受信機には，送信機と同期する掃引発振器を持つ同様の回路がある．周波数ホッパに関して前に述べたように，情報は，掃引の直線部の間により高速のビットレートで送信され，受信機で一定のビットレートに戻すことができるように，デジタル形式で伝送されなければならない．そうしないと，大量の信号の脱落を起こし，通信を妨げる可能性が生じる．

　データはデジタルであることから，最適な妨害は受信信号に 33% のビットエラーレートをもたらすので，単純な妨害装置では，パーシャルバンド妨害が最良の実用的な妨害性能を提供できる．チャープ送信機が一定の掃引同期パターンを持っているか，あるいは（おそらく DRFM を使用して）妨害信号を遅延させることができれば，そのチャープパターンを解析して，それと追随妨害装置を一致させることが実用になるかもしれない．これが対象とする受信機の処理利得の優

位性に勝ることによって，相当良好な J/S をもたらす可能性がある．チャープは一定の掃引速度を持っていないかもしれず，どのような希望周波数に対する時間パターンにも追随できることに注意しよう．

7.4.2　各ビットへのチャープ処理

たいていの文献で説明されているチャープ通信技法は，図 7.23 に示すように，送信データビットそれぞれにチャープ変調を実施し，受信機でデジタルデータを再生している．このチャープ処理は，掃引発振器あるいは表面弾性波（surface acoustic wave; SAW）チャープ発生器のいずれかを使用することができる．受信機のチャープ解除フィルタは線形の遅延対周波数特性を持っているので，固有のチャープ特性を有する信号をインパルスに変換する．実際には，この信号はチャープ周期の終わりまで遅延されて，出力インパルスを作り出す．図では，アップチャープが加えられているので，チャープ解除フィルタは，周波数が高くなるにつれて，遅延量を減らしていかなければならない．このチャープ技法は，デジタルデータを二つの異なる方法で伝送することができる．一つは並列二元通信路（parallel binary channels）であり，もう一つはパルス位置ダイバーシティ（pulse position diversity）を用いた単一通信路である．

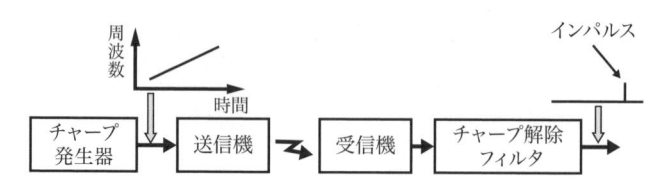

図 7.23　デジタル信号のビットに掃引 FM がかけられる場合は，チャープ解除整合フィルタによって加工して，インパルスを作り出すことができる．

7.4.3　並列二元通信路

一部のシステムでは，論理 "1" が片方向のチャープ（おそらく周波数が増える方向）を発生させるのに対し，論理 "0" はそれと反対方向のチャープ（この場合は，周波数が減る方向）を発生させる．この種のシステムを図 7.24 に示す．

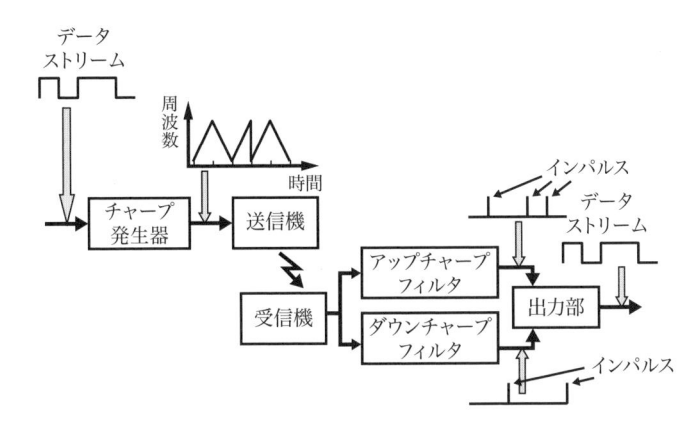

図 7.24　"1" および "0" に対し逆の掃引方向で，デジタル信号のビットそ
れぞれがチャープされていると，（一つがアップチャープに整合され，もう
一つはダウンチャープに整合されている）二つのチャープ解除フィルタは，
それぞれ 1 または 0 に対するインパルスを作り出す．これらのインパルス
が，送信されたデジタルデータを再生させる．

チャープの周波数傾斜は，一般に線形である．受信機では，受信ビットそれぞれ
が使用するチャープ解除フィルタからのインパルス出力をもたらす．この図で入
力されるデータストリームは，1, 0, 1, 1, 0 であることに注目しよう．したがっ
て，アップチャープフィルタ（up-chirp filter）は第 1，第 3，および第 4 番目の
ビットに対するインパルスを出力し，一方，ダウンチャープフィルタ（down-chirp
filter）は第 2 および第 5 番目のビットに対するインパルスを出力する．これら
のインパルスは，送信機へのデジタル入力を再生するために論理ビットに変換さ
れる．

　処理利得はチャープの周波数偏移とビット持続期間との積であり，これはまた
チャープ偏移のデータビットレートに対する比でもある．平均化スペクトルアナ
ライザで解析すると，送信波形は図 7.25 に示すようになる．これが未定のチャー
プ変調の終点を与える．雑音妨害がこの周波数範囲の全域に加えられると，その
J/S は，処理利得によって低下させられることになる．しかしながら，送信信号
はデジタルであるので，妨害効果を増大させるために，（妨害パルスが立ってい
る間はビットエラーをもたらすことで）パルス妨害が加えられることになるだ
ろう．

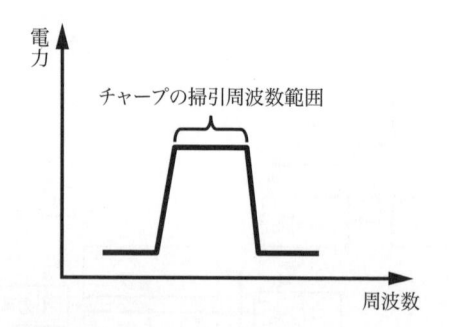

図 7.25　平均化スペクトルアナライザは，信号へのチャープによってカバーされている周波数範囲を見えるようにする.

　スペクトルアナライザを用いてチャープ傾斜と終点が決定されれば，直線チャープ化信号を妨害波形として使用することができる. 妨害チャープは，ランダムに正や負となる可能性がある. データ信号は，1 と 0 の個数がほぼ同数になることが予期されるので，ビットの半数が最大 J/S で妨害されることになる. ビットエラーレート 50% は，被妨害チャンネルによる情報の伝送を止めさせるには十二分である.

7.4.4　パルス位置ダイバーシティを使用する単一通信路

　図 7.26 に示すように，受信機のチャープ解除フィルタからのインパルスのタイミングは，送信機のチャープ発生器の開始周波数の関数である. したがって，論理 "1" がある周波数で始まり，論理 "0" が別の周波数で始まる場合，チャープ解除フィルタが提供するインパルスのタイミングにより，1 と 0 を時間ごとに区別することができる. この事例ではアップチャープが使用されており，0 へのチャープの始まりと終わりの周波数は 1 のそれよりも高い. これにより，論理 "0" からのインパルスは，論理 "1" からのインパルスよりも少ない遅延で出力されることが予想される. チャープ解除フィルタの出力では，入力データが論理 "0" の場合，インパルスはタイムスロットの左側部分にあり，入力データが論理 "1" の場合，インパルスはタイムスロットの右側部分にあることに注意しよう. なぜなら，この図は，入力データストリーム 1, 0, 1, 1, 0 を示しているので，第 1，第 3，第 4 番目のビットのインパルスは遅れており，第 2 および第 5 番目の

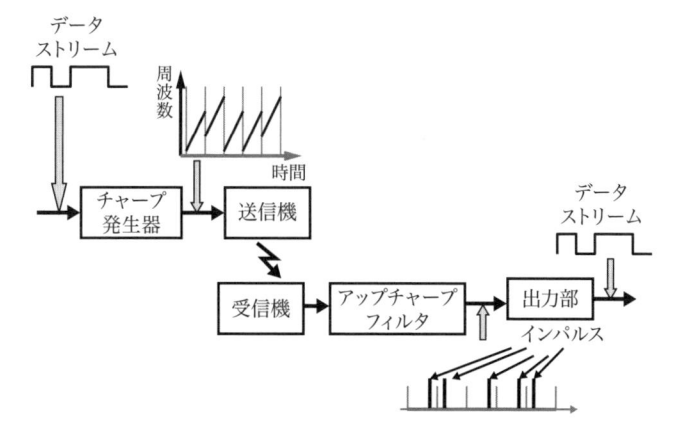

図 7.26 論理 "1" と論理 "0" に対するチャープ開始周波数が異なっている場合，整合されているチャープ解除フィルタのインパルス出力は，元のデータストリームの再生を可能にするさまざまな遅延を持つ．

ビットのインパルスは早くなっているのである．

　上記のような1と0の時間分離を用いるチャープ通信システムの特許が存在している以外に，保護用の擬似ランダム開始周波数を選択する機能を有している．これは，チャープ解除フィルタからの出力インパルスに，擬似ランダムタイムパターンをもたらす．所望の受信機は，この時間の不規則性を解消できるように送信機と同期される．

　チャープ範囲全域にわたる雑音妨害は，処理利得によって自身のJ/Sを低下させる．この場合も先と同様に，パルス妨害は妨害効果を増大するとともに，（ランダムな1と0を持つ）送信信号に整合させたチャープ波形を使用することにより，J/Sを大幅に改善できる．

7.5　DS スペクトル拡散信号

　DS スペクトル拡散（DSSS）信号は，2次デジタル変調によって周波数空間に拡散されたデジタル信号である．デジタル信号は，図 7.27 に示すように，その変調のビットレートの2倍に等しい独特のヌル間帯域幅のスペクトル特性を有する．図 7.28 (a) は，情報変調のみが存在する場合の信号スペクトルを示してい

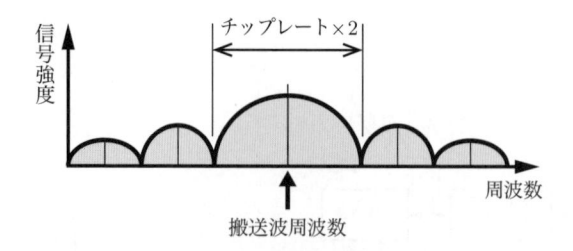

図 7.27　DSSS 信号は，どのデジタル信号とも同じように，ビットレートによって決まるスペクトル一面にエネルギーをばらまく．

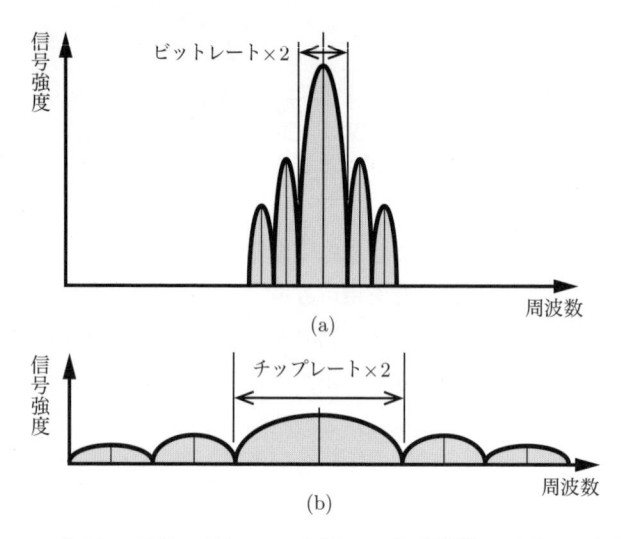

図 7.28　デジタル信号に対して，2 回目のより広帯域のデジタル変調を行うことによって，そのスペクトルを拡散し，信号強度の密度を低下させる．

る．図 7.28 (b) は，さらに高速なビットレートで拡散変調されている信号スペクトルを示す．拡散変調におけるビットをチップと呼ぶ．図では，拡散変調チップレートを情報変調速度の 5 倍で表しただけなので，ピンと来ないだろう．実際の拡散変調では，十分な処理利得をもたらすために，一般に情報ビットレートのほぼ 100〜1,000 倍程度となっている．

　図 7.29 に示すように，拡散変調を解除する際は，逆拡散変調が受信信号に適用される．こうして，信号を逆拡散し，信号強度対周波数をその拡散係数 (spreading

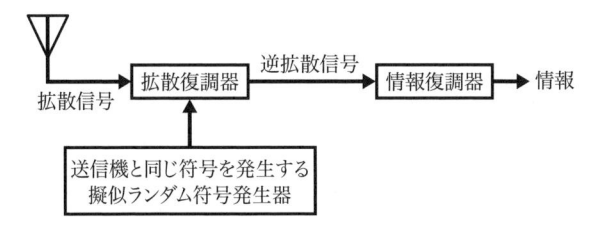

図 7.29　DSSS 受信機は，信号を拡散するのに用いられたものと同じ符号を加えることによって，拡散変調を解除する.

factor) の分増加させるのである．例えば，拡散変調のチップレートが情報ビットレートの 1,000 倍であれば 30dB となる．これが，受信機が受信するよう意図されている信号だけに働く処理利得である．

　拡散変調は，擬似ランダム符号である．図 7.30 に示す逆拡散器は，図 7.29 のブロック図における拡散復調器である．これが送信機で信号に加えられたものと同じ変調を加える．これには信号から拡散変調を除去する効果があり，したがって，元の情報信号が復元されることになる．受信機で適用された符号が送信機で加えられたものと異なっていれば，信号は逆拡散されないので，受信時の低い（すなわち，拡散された）信号強度のままとなる．逆拡散過程は拡散過程と同一であるので，受信機に入力された非拡散信号は拡散され，それゆえ，拡散係数の分低下することに注意しよう．これが DSSS LPI 技法の対妨害性能をもたらす．

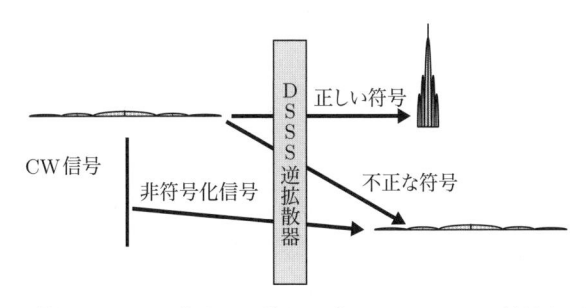

図 7.30　逆拡散処理は，整合した符号で変調されていない信号も同様に拡散し，弱める.

7.5.1　DSSS 受信機の妨害

民間のシステムにあるように拡散符号がわかっている場合，その妨害信号は適切に変調され，処理利得で強化された受信機を通過する可能性がある．しかしながら，軍事用途では，その符号が知られることはないので，J/S は拡散係数の分低下することが見込まれる．

7.3 節で説明したように，デジタル信号は，ビットエラーの生成によって最も良く妨害され，J/S 0dB は，ほぼ 50% のビットエラー（最大ビットエラーレート）を引き起こす．それ以上の妨害電力があっても，受信機への影響はほとんどない．DSSS 信号はデジタルなので，（受信機の処理後の）J/S 0dB で十分である．希望信号における処理利得を思い出そう．

どの受信妨害信号も同じ量だけ低下することになるので，DSSS 送信機の中心周波数に近い単純な連続波（CW）を使用することは理にかなっている．

7.5.2　バラージ妨害

バラージ妨害は DSSS 信号に対抗して使用できる．ただし，その J/S は受信機の処理利得によって，どうしても低下すること，さらに CW 信号も同様に有効（また，生成が非常に容易）であることを思い出そう．

バラージ妨害装置には，運用の簡素さという長所がある．これにはルックスルーが必要とされない．それゆえ，この種の妨害は，UAV 搭載，砲兵による布置，あるいは人力による布置といった，簡単な遠隔妨害装置と極めて適合性が高い．

7.5.3　パルス妨害

デジタル DSSS 信号は，ビットエラーレート 33%（または，ある状況下ではそれ以下）で理解不能にできるので，100% にはるかに満たないデューティサイクルでも妨害可能である．これによって通常，連続波妨害装置よりパルス妨害装置のほうがはるかに高いピーク電力を送ることが可能となる．

目標となる通信システムが，インターリービングを使った誤り訂正符号を用いている場合は，パルス妨害の使用は実用にならない可能性があることに注意しよう．

7.5.4 スタンドイン妨害

第 6 章の基本的な J/S 公式に話を戻すと，J/S は，妨害装置と目標受信機の距離に大きく影響されることがわかるだろう．見通し線伝搬を適用する場合，受信機に入る妨害電力（つまり，J/S）は，妨害装置から受信機までの距離の 2 乗で低下する．したがって，J/S は減少している距離の 2 乗で増加する．平面大地（2 波）伝搬を適用する場合は，その J/S は減少した距離の 4 乗で増加する．

スタンドイン妨害には，目標受信機の近傍に，指令または自動的タイミングによって起動できる遠隔妨害装置を設置することが必要である．これらはバラージ妨害装置であってもよいし，他の何らかの広いスペクトル妨害波形を使用してもよい．理想的には，スタンドイン妨害装置は，同士討ちを避けるために味方の通信から十分離す必要がある．

7.6 DSSS と周波数ホッピング

図 7.31 は，ホップ式 DSSS 送信機（hopped DSSS transmitter）のブロック図である．その情報信号はデジタルであり，その直接シーケンス（DS）変調器は，一般的に情報信号に高ビットレートのデジタル信号を加える．その結果は，高ビットレートのデジタル信号となる．

図 7.32 に，ホップ式 DSSS 信号のスペクトルを示す．スペクトル内のそれぞれのこぶは，図 7.27 のような一般的なデジタル波の中心の主ローブである．各ホップ周波数は一般に，デジタル波の主ローブをオーバラップさせるように選定される．例えば，その拡散チップレートを 5MHz とした場合，デジタル波のヌル間の

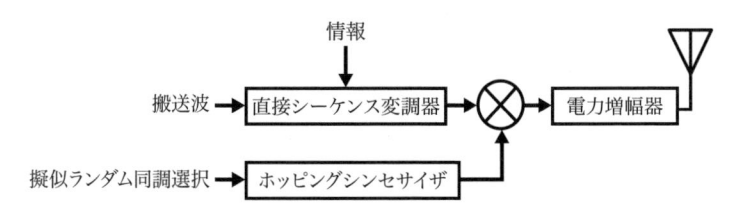

図 7.31 ホップ式 DSSS 送信機は，デジタル処理で拡散された信号に周波数ホッピング変調を加える．

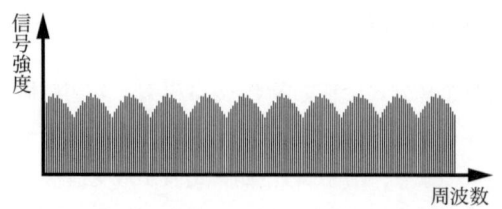

図 7.32　DSSS と周波数ホップの両方が一体となった信号は，ホップ周波数を中心とするオーバラップしたデジタルスペクトルを持つ.

帯域幅は，10MHz となる．その結果，そのホップ周波数は約 6MHz 離して選定されることになる.

　この種の信号を妨害するには，そのホップ周波数の近くに妨害信号をセットする必要がある．例えば，パルス妨害を用いる場合，各ホップ周波数に妨害を加えるか，それとも妨害装置が周波数を探知した後，アクティブなホップに妨害を加える必要がある.

7.7　同士討ち

　通信妨害が使用されるどんな状況でも，同士討ち，すなわち，味方通信に対する偶発的妨害が起こりうる．とりわけ広帯域（バラージ）妨害が使用される場合は，味方の指揮・統制通信，データ回線，および指令回線は，著しい劣化を被る可能性がある.

　妨害装置の有効距離はある特定の距離のことであるので，通信は，その距離を越えて影響を受けることはないと確信している人がいる．図 7.33 は，この誤解の危険性をドラマティックに図示しようとしたものである．妨害装置の有効距離と拳銃の有効射程の比喩は適切である．拳銃の有効射程とは，適切な訓練を受けた人物が使用する場合に，目標に命中して十分な損傷をもたらすことを期待しうる距離のことであり，当然ながら，その弾丸はその有効射程よりはるか遠方にまで飛ぶ．妨害装置の有効距離は，（ある程度の安全余裕を持って）有効な通信を阻害するため，敵の受信機に十分な J/S をもたらす距離のことであり，一般に，味方の回線が完全に機能するには，受信機の J/S をずっと低くする必要がある.

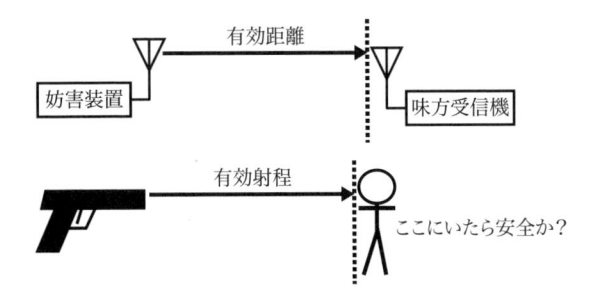

図 7.33　電子的な同士討ちは，どのような妨害装置の使用においても重要な考慮事項である．

7.7.1　同士討ちの関係にある回線

　図 7.34 に示すように，この解析では四つの回線を考える．望ましい妨害行動は，目標の受信機に対して，次式で定義される J/S をもたらす．

$$\text{J/S} = \text{ERP}_J - \text{ERP}_{ES} - \text{LOSS}_{JE} + \text{LOSS}_{ES}$$

ここで，ERP_J は妨害装置の ERP，ERP_{ES} は敵の送信機の ERP，LOSS_{JE} は妨害装置と目標受信機間の回線損失，LOSS_{ES} は敵の送信機と目標受信機間の回線損失である．

　同士討ちの関係にある回線について考えてみよう．それには，味方の受信機の

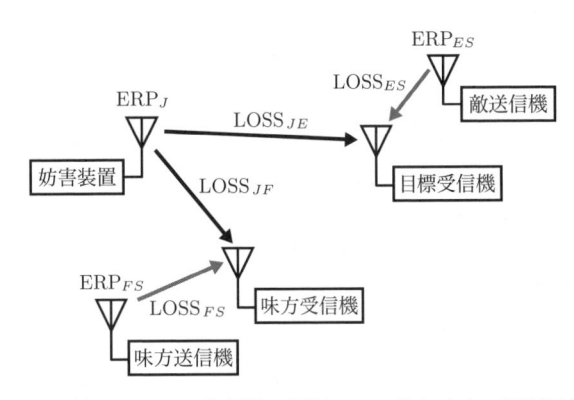

図 7.34　同士討ちにおける脆弱性の解析には，敵と味方の通信回線の両方に対する J/S 計算が必要である．

予期しない J/S に使われるものと同様の式で表現すると便利である.

$$\text{J/S (同士討ち)} = \text{ERP}_J - \text{ERP}_{FS} - \text{LOSS}_{JF} + \text{LOSS}_{FS}$$

ここで,ERP$_J$ は妨害装置の ERP,ERP$_{FS}$ は味方の送信機の ERP,LOSS$_{JF}$ は妨害装置と味方受信機間の回線損失,LOSS$_{FS}$ は味方の送信機と味方受信機間の回線損失である.

　残念ながら,同士討ちを見積もる魔法の経験則は存在しない.味方の通信に使用される周波数に妨害が実施される場合には,適切な伝搬損失モデル(すなわち,見通し線,平面大地(2 波),あるいはナイフエッジ回折),ERP$_S$,回線距離,および,(要すれば)アンテナ高や周波数を使用してこれら両方の式を解くことが必要である.実効 J/S (同士討ち)は,一般に,0dB を相当下回らなければならない(妥当な目標は −15dB).

7.7.2　同士討ちの最小化

　図 7.35 に,同士討ちを最小化する方法について要約している.それらはそれぞれ,味方受信機で受信される妨害電力を減らすか,あるいは実効 J/S を減ずるために希望信号を強めるかのいずれかとなる.

　妨害装置から目標受信機までの距離を最小化し,妨害装置から味方受信機までの距離を最大化する ――スタンドイン妨害には,妨害装置を極力敵に近接させる遠隔運用が伴う.これには,UAV 搭載式の妨害装置,砲兵布置式の妨害装

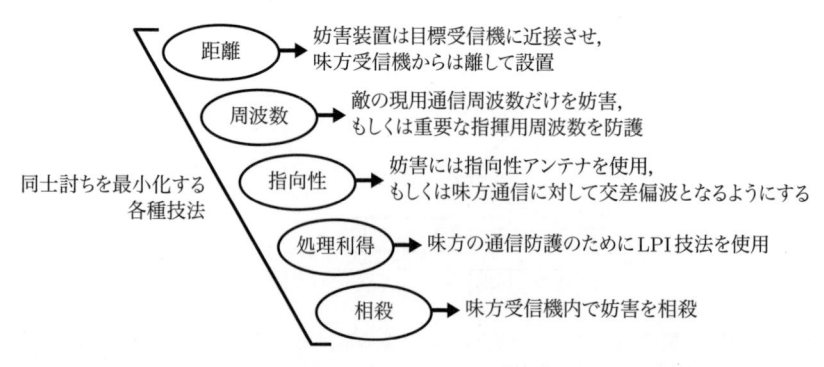

図 7.35　同士討ちを最小化するために,いくつかの技法が使用できる.

置，および人力布置式の妨害装置が挙げられる．遠隔妨害装置は，指令により起動するか，あるいは何らかの最適パターンでタイミングを合わせて作動させることが可能である．一般には，それらは操作要員が直接介在せずに敵の使用周波数を必ずカバーできるような，バラージ妨害装置もしくは掃引スポット妨害装置のいずれかとなる．図 7.36 に示すように，同士討ちの回避における強みは回線距離比によってもたらされる．この強みは，見通し線伝搬においては距離比の 2 乗，あるいは平面大地（2 波）伝搬においては距離比の 4 乗になるという点にある．

周波数ダイバーシティを利用すること —— 実用になるならいつでも使用中の敵の周波数のみを妨害することが最善策である．これは妨害効果を最大化するだけでなく，同士討ちの可能性を低下させる．それには，指揮・統制用の周波数が妨害の必要がないように選定されていることが前提となる．また，味方の周波数を防護するため広帯域妨害にフィルタをかけることも実用的な場合がある．

敵の周波数ホッパが追随妨害装置で妨害されている場合は，その妨害装置が味方の周波数を妨害することがほとんどないことから，味方の通信の悪化を最小限に抑えられることに注目しよう．

妨害用には指向性アンテナを使用する ——実際には，図 7.37 に示すように，指向性アンテナを使用することである．妨害アンテナが敵位置に向けられている場合，味方受信機は，妨害アンテナの低利得のサイドローブ内に位置している可能性が最も高い．これによって，妨害装置の味方受信機方向の実効 ERP を，そ

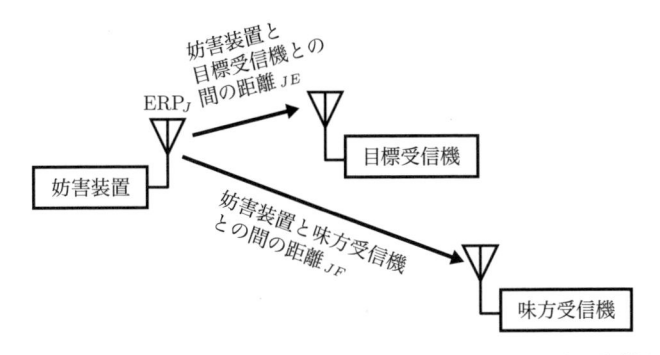

図 7.36 目標と味方の受信機までの相対距離は，同士討ちに強く影響する．

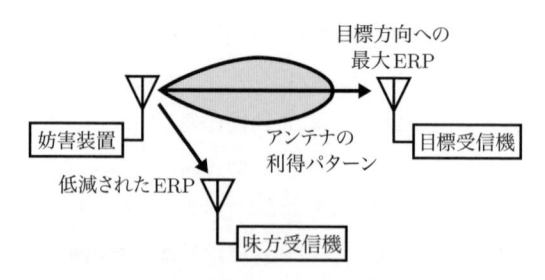

図 7.37　指向性妨害アンテナは，味方の受信機方向への ERP を低減させることができる．

のサイドローブのアイソレーション比（isolation ratio; 分離比）の分低下させることが可能になる．

　アンテナのもう一つの考慮事項は，偏波である．差し支えなければ，妨害アンテナの偏波を敵のアンテナのそれと一致させ，味方通信に対しては交差偏波アンテナを使用する．誰もがホイップアンテナで交信している場合は，彼我のアンテナはすべて垂直偏波となるので，この技法は適用できないことに注意しよう．

　味方の通信に対しては LPI 変調を使用する —— これが，味方受信機の希望信号に対して処理利得をもたらし，ひいては敵または味方妨害装置の実効 J/S を低下させることになる．

　信号の相殺技法 —— 妨害信号の有効性を減ずるため，信号の相殺技法が利用されることがある．図 7.38 に示すように，補助アンテナで妨害信号を受信すると，それは 180° 移相器（phase shifter）に渡される．この位相偏移された信号が，通常の通信アンテナからの信号に加えられると，妨害信号は，（かなりのデシベ

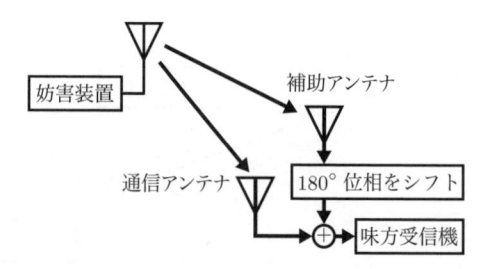

図 7.38　180° 位相偏移した妨害信号を注入することによって，妨害の影響を大幅に低減させる．

ル数が）相殺される．この補助アンテナは概して，妨害装置のほうへかなりの利得（ある事例では 10dB）を有していなければならないことに注意しよう．この相殺信号は，妨害装置の出力部に物理的に接続することも可能であるが，これは1 次信号を相殺するだけである．ほとんどすべての状況において，通信アンテナによって実際に受信される信号の形成に加わるマルチパス信号が存在する．この相殺処理の品質を向上させるため，補助アンテナは，少なくともこれらのマルチパス信号をいくつか捕捉しなくてはならない．

7.8　　LPI 送信機の精密電波源位置決定

　一般に，タイミングの問題が適切に処理されれば，第 6 章で述べた電波源位置決定技法はすべて LPI 送信機に適用することが可能である．しかしながら，LPI電波源の精密位置決定に付随する重要な問題が存在する．

　まず，周波数ホッパについて考えよう．到着時間差法（TDOA）による電波源の位置決定には，相関ピークを決定するため，相対遅延量を変化させながら多数のサンプルを得る必要がある．相関ピークをもたらす遅延量が電波到来時間差を示す．一般に，この処理には 1 秒近くを要するので，ホッパが一つの周波数に留まる短時間（すなわち，ホップ持続時間）に，その TDOA の測定に十分な時間を配分できる可能性は極めて低い．到来周波数偏差法（FDOA）においては，それぞれの受信機による周波数測定だけを必要とするので，その電波源が固定位置にあり，各受信機が航空機搭載で，かつ SNR が十分であれば，FDOA が実用になる可能性がある．

　次に，チャープ式スペクトル拡散信号について考えよう．TDOA においては，迅速に変化する周波数によって，相関ピークを確立することにはかなりの課題があり，また FDOA における正確な周波数測定も実行不可能である．

　最後に，DSSS 信号について考えよう．擬似ランダム拡散符号が（例えば，民間の通信システムのように）わかっている場合には，TDOA や FDOA のどちらの電波源位置決定にも実用になる可能性がある．しかしながら，その符号がわかっていない場合には，これらの信号の位置決定にはエネルギー探知法が必要となり，これは TDOA あるいは FDOA のどちらにも助けとなる適正な信号対雑音比は提供できない．この結論の一つの例外は，非常に短い符号を使用する極めて

強力な DSSS 信号に現れる可能性がある. このような条件下では, スペクトル線を1本分離して TDOA 解析または FDOA 解析を行うことが実用になるかもしれない.

7.9 携帯電話の妨害

本節では, 携帯電話回線の妨害について説明する. まず, 各種の携帯電話システムがどう動作するかを説明し, その後, いくつかの妨害の場面について考察する.

7.9.1 携帯電話システム

図 7.39 に, 代表的な携帯電話システムを示す. 多数の基地局がプロセス全体を制御する携帯電話交換局 (mobile switching center; MSC) に接続されている. この MSC は, 携帯電話を通常の有線電話に接続できるように, さらに公衆電話交換回線網 (public switched telephone network; PSTN; 公衆交換電話網) に接続されている.

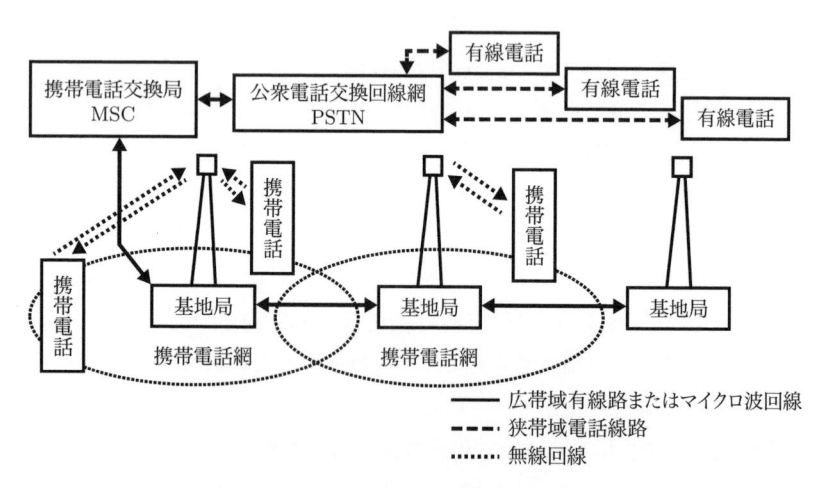

図 7.39　携帯電話システムは, 携帯電話交換局と, それに接続されている複数の携帯電話基地局および公衆電話交換回線網からなる.

　携帯電話システムは，アナログ式でもデジタル式でも可能である．これは，基地局と携帯電話との間の通信信号の渡し方を指している．アナログシステムでは，通信チャンネル（通信路）は（周波数変調の）アナログ式であるが，制御チャンネルもあり，これはデジタル式である．デジタルシステムは，制御用および通信用の両方にデジタル回線を用いている．デジタル携帯電話システムの周波数はそれぞれ多数の通信チャンネルを持つ．代表として，二つの重要なデジタルシステム（GSM と CDMA）について考察する．

7.9.2　アナログシステム

　アナログ携帯電話システムでは，各携帯電話に対して，基地局から携帯電話まで（ダウンリンク）と，携帯電話から基地局まで（アップリンク）の二つの RFチャンネルを割り当てることによって，複信方式（duplex operation）を提供する．一人のユーザが通話中に継続して二つの RF チャンネルを占有する．それぞれのチャンネルは，そのほとんどの時間において送信信号を伝達するが，デジタル制御データを送信するために短期間その信号を中断する．ただし，この制御データが音声信号上に変調されており，中断の必要がないシステムもある．図 7.40 に，標準的なシステムにおける，アナログ携帯電話チャンネル内の信号の伝送法を示す．RF チャンネルのいくつかは，接続および制御機能用のデジタル信号を伝送しており，これらが制御チャンネルである．

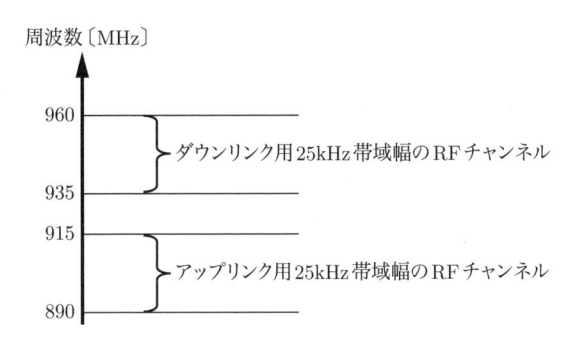

図 7.40　アナログ携帯電話システムは，RF チャンネル当たり 1 通話を伝送する．1 台の携帯電話のアップリンクチャンネルとダウンリンクチャンネルは，45MHz 離されている．

　携帯電話が起動されると，その装置は最も強力な（つまり，最も近傍にある）基地局の信号を探し出すために制御チャンネルを捜索する．携帯電話システムが，その携帯電話を認定ユーザとして認証すると，その携帯電話は待機モードに入り，制御チャンネルで着信を監視する．携帯電話が呼び出されると，その基地局は一対の RF チャンネルを割り当てる制御メッセージを送信する．携帯電話が呼び出しを開始すると，基地局は RF チャンネルを割り当てる制御メッセージを送信する．使用可能なチャンネルがない場合，システムはランダムな期間遅らせて，再試行する．ユーザが通話中でなければ，携帯電話の電池を長持ちさせるため，その携帯電話の送信機は停止される．音声チャンネル内のデジタル制御信号は，システムが RF チャンネル割り当てを変更することや，（電池をさらに長持ちさせたり，干渉を防止したりするため）携帯電話の送信電力を最小許容レベルまで低下させることを可能にする．

　一般にアナログ携帯電話システムは約 900MHz で運用され，基地局からの送信電力は，RF チャンネル当たり最大 50W を有している．携帯電話の最大送信電力は 0.6W〜15W であるが，基地局の指令によって最小所要電力まで下げられる．携帯電話の最小送信電力は，通常 6mW である．

7.9.3　GSM システム

　全地球移動通信システム（global system for mobile communication; GSM）は，200kHz 幅の RF 帯当たり 8 タイムスロットを有し，8 ユーザが同一 RF 帯を共有するようになっている．一つのシステムが多数の RF 帯を持つことになる．図 7.41 に示すように，各ユーザからのデジタル音声データは，フレーム当たり一つのデジタルデータブロックで伝送される．このフレームは，RF チャンネル当たり計 270kbps のビットレートで，毎秒 33,750 フレームで繰り返される．一部のシステムでは，各周波数帯を 16 ユーザで共有できるように，各ユーザが 1 フレームおきに割り当てられたスロットを占有するハーフレートモード（half-rate mode）で運用される．受信機では，1 タイムスロット内の各ビットは，送信機でデジタル化された信号を再現するため，D/A 変換器（digital-to-analog converter; DAC; デジタル/アナログ変換器）に通される．

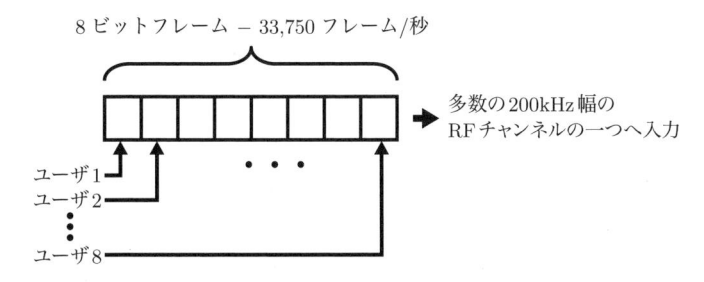

図 7.41 GSM 携帯電話はユーザのデジタルデータを，アップリンク用の一
つの RF チャンネルとダウンリンク用のもう一つの RF チャンネルで伝達
する．

　携帯電話システムのユーザのタイムスロットのいくつかは，ページング（paging;
呼び出し）や RF チャンネルおよびタイムスロットの割り当てのための制御チャ
ンネルで占有されている．

　動作は，アナログ携帯電話システムと極めてよく似ている．携帯電話が起動さ
れると，最も強力な基地局の信号を見つけ出すために制御チャンネルを捜索し，
認証後待機モードに入り，呼び出し着信用制御チャンネルを監視する．携帯電話
が呼び出されるか，呼び出しを開始すると，制御メッセージを送り，基地局は，
（一つはアップリンク用，もう一つはダウンリンク用の）一組の RF チャンネル
を割り当てる．また，GSM システムではさらに，それぞれ割り当てられた RF
チャンネルにタイムスロットを割り当てる．

　使用可能なチャンネルまたはタイムスロットがなかった場合，再試行前に無作
為に選ばれた期間だけ延期したり，電池を長持ちさせるために携帯電話の送信電
力を制御したりすることは，前述のアナログシステムと同じである．

　GSM システムは，900，1,800 および 1,900MHz で動作する．全二重動作用に，
それぞれの携帯電話に対してアップリンク用およびダウンリンク用の別々の RF
チャンネルが使用される．携帯電話が送信と受信を同時にしないように，アップ
リンクとダウンリンクに異なるタイムスロットが使用されていることに注意しよ
う．携帯電話や基地局からの送信電力は，アナログシステムにおけるものと同様
である．

7.9.4　CDMA システム

　符号分割多元接続（code division multiple access; CDMA）携帯電話システム
は，前著 [2] で述べたように DSSS 変調を用いている．各ユーザの音声入力信号
は，デジタル化される．擬似ランダム符号を伝送する高速デジタル変調が，送信
機内で各ユーザのデジタル化音声信号に加えられる．これが信号電力を広い周波
数スペクトル一面に拡散させ，その結果，その電力密度を低下させる．受信機で
これと同じ擬似ランダム符号が受信信号に加えられると，その信号は原形に戻さ
れる．DAC を通されると，対象とするユーザ宛の信号は，そのユーザによって理
解されることになる．受信信号に正しい符号が加えられなければ，その信号は，
聴取者が探知すらできないほどに弱いままである．最適の信号アイソレーショ
ン（isolation; 分離; 離隔）が得られるように選択されている 64 の異なる符号を
用いることによって，図 7.42 に示すように，異なる 64 のユーザの音声信号はそ
れぞれ，同じ 1.23MHz 幅の RF チャンネルで伝送することができる．CDMA 携
帯電話システムには，多数の RF チャンネルがある．システム内のアクセスチャ
ンネル（符号チャンネルと RF チャンネル）のいくつかは，制御機能目的に使用
される．

　動作は，先に述べた GSM 携帯電話システムと非常によく似ている．しかしな
がら，携帯電話に対する制御信号には，タイムスロットではなく拡散符号を割り
当てる．IS-95CDMA システムは，上記のアナログ携帯電話システムと同等の基
地局と携帯電話の送信電力を用いて，米国全体を通して 1,900MHz で運用されて
いる．

図 7.42　CDMA 携帯電話はそれぞれが異なる拡散符号を使用して，それぞ
れの RF チャンネルで，ユーザの最大 64 のデジタル信号を伝送する．

7.9.5 携帯電話の妨害

いくつかの携帯電話の妨害状況について考察しよう．ここでは，第6章で説明した，伝搬公式と妨害公式を使用することにする．

どの回線に対しても，任意の伝搬損失モデルを使用できるので，通信妨害問題に着手する際は，最初に，関与するそれぞれの回線に当てはまる損失モデルを決定する必要がある．各携帯電話と基地局は地面に近いので，アップリンク（携帯電話から基地局まで）とダウンリンク（基地局から携帯電話まで）は，距離，周波数，アンテナ高に応じて，見通し線または平面大地（2波）のどちらかになる．このことは，（その位置にかかわらず）妨害装置から携帯電話まで，あるいは基地局までの回線にも当てはまる．したがって，携帯電話妨害解析における第一歩は，携帯電話と妨害回線におけるフレネルゾーン距離を決定することである．その結果，そのJ/Sが計算できる．

ここでは四つの事例について検討する．すなわち，アップリンクとダウンリンクに対する地上からの妨害と空中からの妨害である．これらの事例のそれぞれにおいて，携帯電話システムは800MHzで運用されており，そのRFチャンネル全体を妨害する．携帯電話システムがアナログの場合，単一信号を妨害することになり，デジタルの場合，そのRFチャンネルを使用しているすべてのユーザを妨害することになる．デジタルシステム内のただ一つのユーザチャンネルを妨害するには，（GSMシステムの場合）妥当なタイムスロットへの妨害に限定するか，あるいは（CDMAシステムの場合）1ユーザの符号に加える必要がある．

7.9.6 地上から行うアップリンク妨害

図7.43に示すように，この携帯電話は地上高1mにあり，地上高30mの基地局から2kmに位置している．この携帯電話の最大ERPは1Wである．妨害装置は基地局から4kmで，地上高3mに位置しており，ERP 100Wを発生させる．

アップリンクは携帯電話から基地局へ向かう回線なので，基地局にある回線用受信機を妨害する必要がある．携帯電話の送信電力は，基地局の受信機に見合ったSNRに必要な電力量をもたらせばよいので，わずか6mWにまで減らすことができる．しかしながら，われわれが行う妨害は被妨害回線のSNRを極めて低くすることにあるので，妨害中この携帯電話はその最大電力のままとなる．

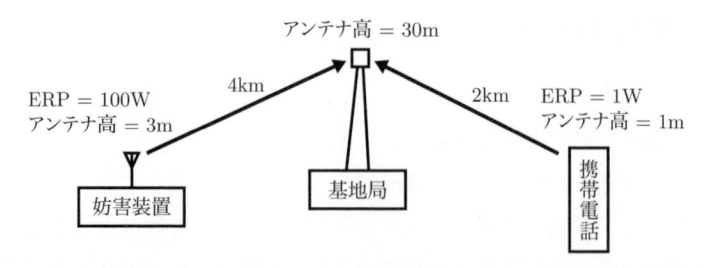

図 7.43　携帯電話のアップリンクを妨害するには，基地局に対して送信する必要がある．

　まず，次式を使って，携帯電話と妨害回線におけるフレネルゾーン距離を計算しよう．

$$\text{FZ} = \frac{h_T \times h_R \times F}{24,000}$$

ここで，FZ はフレネルゾーン距離〔km〕，h_T は送信機の地上高〔m〕，h_R は受信機の地上高〔m〕，F は回線の周波数〔MHz〕である．

　携帯電話から基地局までの回線におけるフレネルゾーン距離は，

$$\text{FZ} = \frac{1 \times 30 \times 800}{24,000} = 1 \ \text{〔km〕}$$

となる．

　携帯電話は基地局から 2km に位置しているが，この距離はフレネルゾーン距離より大きいので，この携帯電話回線には平面大地（2 波）伝搬を適用する．

　妨害回線においては，

$$\text{FZ} = \frac{3 \times 30 \times 800}{24,000} = 3 \ \text{〔km〕}$$

となる．

　この回線距離はフレネルゾーン距離より大きいので，この伝搬は平面大地（2 波）伝搬である．

　受信アンテナの利得が全方向でほぼ同じであるすべての通信妨害と同じように，その J/S は次式で計算される．

$$\text{J/S} = \text{ERP}_J - \text{ERP}_S - \text{LOSS}_J + \text{LOSS}_S$$

ここで，ERP_J は妨害装置の ERP 〔dBm〕，ERP_S は希望信号送信機の ERP 〔dBm〕，LOSS_J は妨害装置から受信機までの損失〔dB〕，LOSS_S は希望送信機から受信機までの損失〔dB〕である．

この二つの ERP 値を dBm に変換すると，$100\text{W} = 50\text{dBm}$ および $1\text{W} = 30\text{dBm}$ となる．妨害装置からの損失（平面大地（2 波）伝搬モデル）は，

$$\text{LOSS}_J = 120 + 40\log(4) - 20\log(3) - 20\log(30)$$
$$= 120 + 24 - 9.5 - 29.5 = 105\ \text{〔dB〕}$$

となる．

携帯電話から基地局までの損失（平面大地（2 波）伝搬モデル）は，

$$\text{LOSS}_S = 120 + 40\log(2) - 20\log(1) - 20\log(30)$$
$$= 120 + 12 - 0 - 29.5 = 102.5\ \text{〔dB〕}$$

となる．したがって，この J/S は，

$$\text{J/S} = 50\text{dBm} - 30\text{dBm} - 105\text{dB} + 102.5\text{dB} = 17.5\ \text{〔dB〕}$$

となる．

7.9.7　空中から行うアップリンク妨害

図 7.44 に示すように，ここでの携帯電話回線は先の場合と同じであるが，ここでは 100W の妨害装置は，基地局から 15km 離れて高度 2,000m で飛行中の航空機に搭載されている．

携帯電話の基地局回線も同じであるが，妨害装置から基地局までの回線におけるフレネルゾーン距離を計算する必要がある．

$$\text{FZ} = \frac{2,000 \times 30 \times 800}{24,000} = 2,000\ \text{〔km〕}$$

妨害装置から基地局までの回線は，FZ よりずっと短いので，この場合は当然，見通し線伝搬を用いる．その妨害回線の損失は，

$$\text{LOSS}_J = 32.4 + 20\log(d) + 20\log(F)$$

である．ここで，d は回線距離〔km〕，F は使用周波数〔MHz〕である．

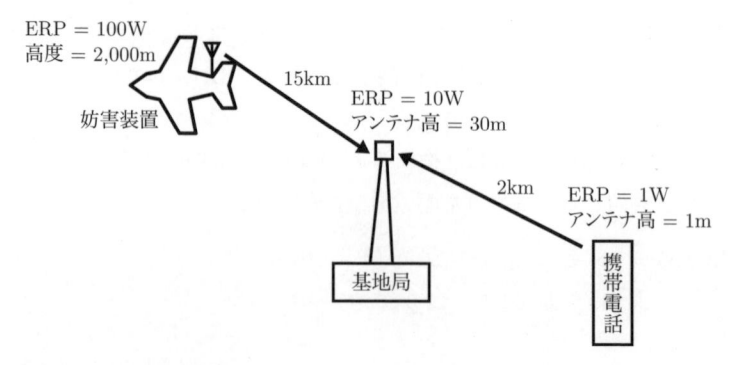

図 7.44　航空機搭載のアップリンク妨害装置は，長距離にあっても，その高度のために良好な J/S を達成できる.

$$\mathrm{LOSS}_J = 32.4 + 23.5 + 58.1 = 114 \,[\mathrm{dB}]$$

　他の回線値（ERPs, ERP$_J$, LOSS$_S$）は前と変わらないので，J/S は，次のように計算される.

$$\mathrm{J/S} = 50\mathrm{dBm} - 30\mathrm{dBm} - 114\mathrm{dB} + 102.5\mathrm{dB} = 8.5 \,[\mathrm{dB}]$$

興味深いのは，もし妨害装置が 2,000m にあるのではなく，地上 3m にあるとしたら，J/S は 14dB 低くなるということである.

　この場合，妨害装置の FZ は，

$$\mathrm{FZ} = \frac{3 \times 30 \times 800}{24{,}000} = 3 \,[\mathrm{km}]$$

となる. 妨害装置と基地局との距離は FZ より長いので，平面大地（2 波）伝搬を用いる. この妨害回線の損失および J/S は，

$$\mathrm{LOSS}_J = 120 + 40\log(15) - 20\log(3) - 20\log(30)$$
$$= 120 + 47.0 - 9.5 - 29.5 = 128 \,[\mathrm{dB}]$$
$$\mathrm{J/S} = 50 - 30 - 128 + 102.5 = -5.5 \,[\mathrm{dB}]$$

となり，妨害装置が 2,000m にある場合との差は

$$8.5 - (-5.5) = 14 \,[\mathrm{dB}]$$

となる.

7.9.8　地上から行うダウンリンク妨害

　興味深いことに，たとえ基地局の送信機の大きな ERP が作り出す可能性がある J/S を低下させるとしても，ダウンリンク妨害には運用上の優位性がある．その優位性は，アップリンクにおける基地局の選定法によってもたらされる．アップリンクを妨害（すなわち，基地局の受信機を妨害）すれば，その受信信号品質が低下し，そのシステムは別の基地局を選定することになる．

　このダウンリンク妨害についての問題は，図 7.45 に示すとおりである．地上高 30m の基地局の ERP は 10W で，基地局から 2km の位置に地上高 1m の携帯電話があり，その携帯電話から 1km に地上高 3m の妨害装置が位置しているものとする．

　われわれはダウンリンクを妨害するので，ここでの妨害回線は，妨害装置から携帯電話となる．ダウンリンクにおけるこの FZ 計算は，前記のアップリンクの例と同じ（1km）であるので，このダウンリンクは平面大地（2 波）伝搬を用いる．この妨害装置の FZ は，

$$\mathrm{FZ} = \frac{3 \times 1 \times 800}{24{,}000} = 100 \ \mathrm{[m]}$$

となる．

　この電話回線は，FZ より長いので，平面大地（2 波）伝搬を用いる．この妨害回線の損失は，

$$\mathrm{LOSS}_J = 120 + 40\log(1) - 20\log(3) - 20\log(1) = 120 + 0 - 9.5 - 0 = 110.5 \ \mathrm{[dB]}$$

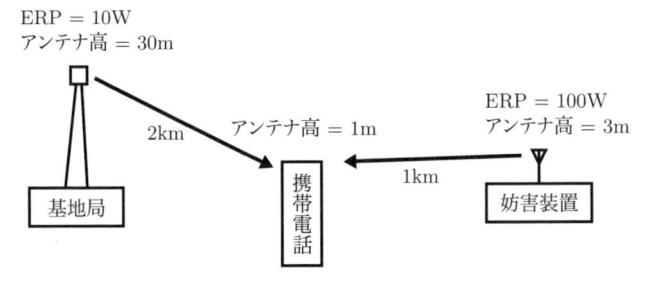

図 7.45　ダウンリンク妨害装置は，携帯電話に対して送信し，基地局の送信機の高電力に打ち勝つ必要がある．

となる．

　基地局からの ERP 10W は 40dBm である．他のパラメータ（ERP_J と LOSS_S）は地上からのアップリンク妨害の場合と同じであるので，その J/S は，

$$J/S = 50 - 40 - 110.5 + 102.5 = 2 \ [\text{dB}]$$

となる．

7.9.9　空中から行うダウンリンク妨害

　妨害装置は高度 2,000m で，受信機から 15km に位置している．妨害回線の FZ は，

$$FZ = \frac{2,000 \times 1 \times 800}{24,000} = 66 \ [\text{km}]$$

となるが，これは妨害回線の距離より大きいので，この妨害回線は見通し線であり，空中からのアップリンク妨害の場合と同じ損失を持つ．

　この携帯電話のダウンリンク ERP は 10W（40dBm）であるが，その他のパラメータ（ERP_J と LOSS_S）は，空中からのアップリンク妨害の場合と同じである．

　したがって，その J/S は，

$$J/S = 50 - 40 - 114 + 102.5 = -1.5 \ [\text{dB}]$$

となる．

　この場合もやはり，もし妨害装置が 2,000m にあるのではなく，地上 3m にあるとすると，J/S は 14dB 低くなる．

参考文献

[1] Adamy, D., "EW101", *Journal of Electronic Defense*, December 2006.

[2] Adamy, D., *EW103: Tactical Battlefield Communications Electronic Warfare*, Artech House, 2009.
　　【邦訳】河東晴子, 小林正明, 阪上廣治, 徳丸義博 訳, 『電子戦の技術 通信電子戦編』, 東京電機大学出版局, 2015.

第8章

デジタル RF メモリ

デジタル高周波メモリ (DRFM) は，電子対策 (electronic countermeasure; ECM; 対電子) を支援する重要な技術開発の一つである．これによって，複雑な受信波形の迅速な分析や妨害波形の生成が可能になる．また，複雑波形に対抗する妨害システムの有効性を何デシベルも増加させることができる．

8.1　DRFM のブロック図

図 8.1 に示すように，DRFM はデジタル化にあたって，受信信号を適切な中間周波 (IF) にダウンコンバート (downconvert) する．次いで，その IF 信号帯域をデジタル化する．デジタル化された信号は，コンピュータに転送するためにメモリ内に置かれる．使用する妨害技法に対応するため，コンピュータによって所要の分析と信号の変更がなされる．変更されたデジタル信号は，またアナログ RF に変換される．この信号は，最初の周波数変換で使用したものと同じ局部発

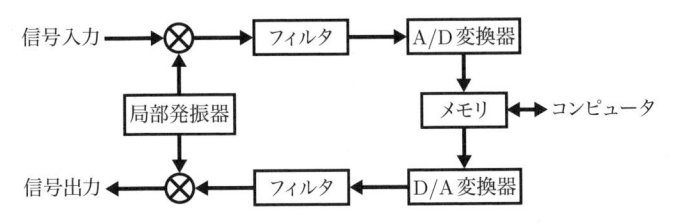

図 8.1　DRFM は，受信信号をデジタル化し，それを変更するためにコンピュータに渡し，変更された信号を再送信するためにコヒーレントに再生する．

振器（local oscillator; LO）を使用して周波数変換され，元の受信周波数へ戻される．単一の局部発振器を使用することにより，ダウンコンバージョンおよびアップコンバージョンの処理を通じて信号の位相コヒーレンスが保持される．

　DRFM の主要な構成要素は，A/D 変換器（analog-to-digital converter; ADC; アナログ/デジタル変換器）である．これは，デジタル化する周波数帯の 1Hz 当たり約 2.5 サンプルのデジタル化速度に対応していなければならず，また，I&Q デジタル信号を出力しなければならない．図 8.2 に示すように，I&Q デジタル化は，デジタル化 RF 信号の 1Hz 当たり位相が 90° 離れた二つのサンプルを持っている．これが，デジタル化信号の位相を保存する．1Hz 当たり 2.5 サンプルは，デジタル受信機で必要な 1Hz 当たり 2 サンプルのナイキスト速度より大きいことに注意しよう．

　このオーバサンプリングは，信号を再現するのに必要である．1 ビットのデジタル化や位相限定のデジタル化が用いられる場合もあるが，デジタル信号は，一般に，1 サンプル当たり数ビットを持っていなければならない．

　コンピュータは，捕捉した信号の変調特性やパラメータの決定などの分析を行う．コンピュータは，通常，システムが受信した最初のパルスを分析し，それと同一の，あるいは体系的に変化させた変調パラメータを使って後続パルスを生成することができる．

　RF 出力信号を生成する D/A 変換器（DAC）は，RF 信号の再現中に信号品質が劣化しないことを確実にするため，A/D 変換器よりもっと多くのビットを持っている．

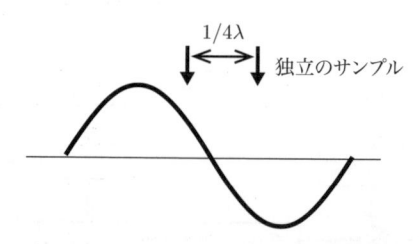

図 8.2　I&Q デジタイザは，信号の周波数と位相を保存するために，4 分の1 波長離れた 2 点で信号をデジタル化する．

8.2 広帯域 DRFM

広帯域 DRFM は，数個の信号が含まれている可能性のある広い IF 帯域をデジタル化する．妨害システムは，妨害すべき脅威信号の周波数範囲の全域にわたって同調し，DRFM が処理できる帯域幅の IF 信号を出力する．図 8.3 に示すように，位相コヒーレンスを保持するためにシステムの 1 個の局部発振器を使用して，周波数変換，および後段の受信周波数への再変換が行われる．DRFM の帯域幅は，その A/D 変換器のデジタル化速度によって制限される．帯域幅内には多数の信号が存在していると予測されるので，スプリアスのないかなり大きなダイナミックレンジが必要であり，そのため，A/D 変換器は実用可能最大限のデジタル化ビット数が必要である．

ダイナミックレンジについては，第 6 章で詳細に説明した．デジタル回路のダイナミックレンジは，$20 \log_{10}(2^n)$ である．ここで，n はデジタル化のビット数である．A/D 変換器の前段のアナログ回路は，デジタル回路と同程度のダイナミックレンジを持っていなければならないことを覚えておくことが大切である．アナログダイナミックレンジも，第 6 章で説明したとおりである．

広帯域 DRFM は，幅の広い周波数変調を持つ信号や周波数アジャイル脅威を扱えるので，非常に好ましい．周波数アジャイル（パルス毎周波数ホッピング）脅威の意味合いについては，本章の後のほうで詳細に述べる．

簡単に言うと，デジタイザの技術レベルが向上するにつれて，広帯域 DRFM は，さらに広帯域かつビットが豊富になっていくことが期待できる．提供される

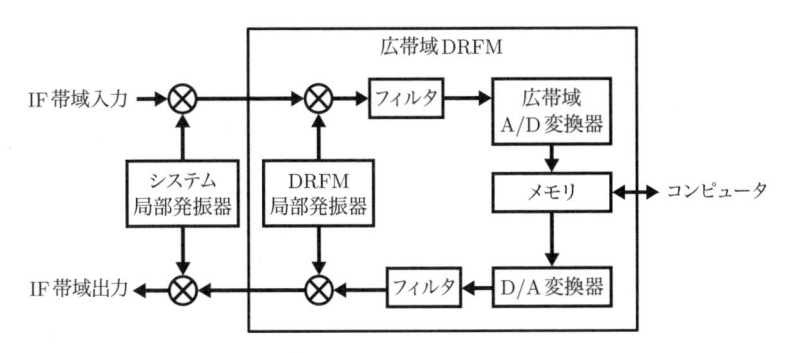

図 8.3 広帯域 DRFM は，多数の信号を含む周波数範囲を処理する．

デジタル化速度とビット数は，逆関係にある．しかし，将来のDRFMに求められる仕様は，サンプル当たりのビット数をより多くするとともに，秒当たりのサンプル数を多くすることである．

単一のADCによって生み出せるビット数より多くのビットを用いて，より高速のサンプリングを生み出せる手法が多数ある．以下にその代表的な二つの手法を列挙する．

- 数台の1ビットのデジタイザを異なる電圧レベルで使用する方法．これらのデジタイザはコンピュータを必要としないため，極めて高速化できる．それらの各出力は，結合されて非常に高速で多数ビットのデジタルワードを作り出す．
- 数台の数ビットのデジタイザをタップ付き遅延線の各出力に取り付ける方法．各タップ間の遅延時間により，これらの（低速の）デジタイザは，信号がデジタル化されている各期間中に時間間隔を空けてサンプリングすることが可能になる．各出力は結合されて，高速で多ビットのデジタル出力を形成する．

8.3　狭帯域DRFM

狭帯域DRFMには，妨害装置が処理しなければならない最も広帯域の信号を保存するに足る幅がありさえすればよい．これは，そこそこの水準のA/D変換器を用いて狭帯域DRFMを動作させうることを意味している．

図8.4に示すように，妨害システムは，対象の周波数範囲を多数の狭帯域DRFMによってカバーされる周波数範囲に変換する．DRFM入力信号の電力は，個々のDRFMに分配される．各DRFMは個々の信号に同調し，妨害運用を支援してその機能を果たす．次に，各DRFMからのアナログRF出力が結合され，（コヒーレントに）元の周波数範囲に変換される．

各狭帯域DRFM内では，それぞれが一つの信号を含んでいるだけであるので，スプリアス応答はそれほど問題にならないことに注目しよう．

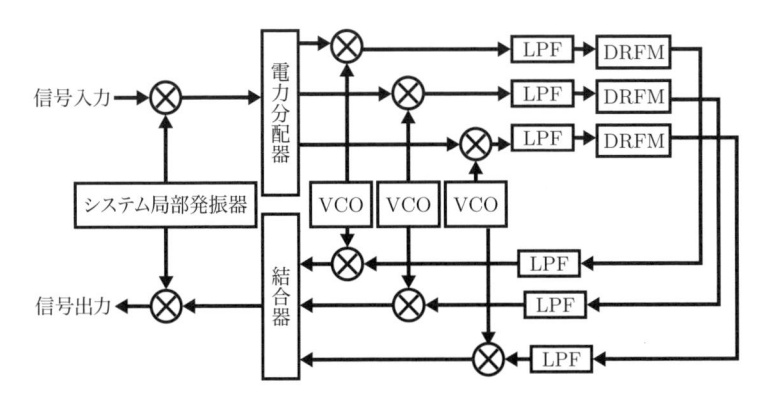

図 8.4 狭帯域 DRFM は，一つの信号だけを処理する．多信号環境に対処するには多数の狭帯域 DRFM が必要になる．図中，LPF は低域通過フィルタ（low-pass filter），VCO は電圧制御（同調）発振器を表す．

8.4 DRFM の機能

DRFM は，パルス圧縮レーダ（pulse compressed radar）の処理において，とりわけ役立つ．第 4 章で，パルス圧縮を通して距離分解能を改善するレーダについて述べた．読者がパルス圧縮についてよくわからなければ，本章にその理解に役立ついくつかの図がある．ここで説明する二つの技法は，チャープとバーカコードである．

- チャープでは，送信パルスのそれぞれに線形周波数変調を加える必要がある．レーダ受信機において，圧縮フィルタは，FM 掃引幅とレーダのコヒーレント帯域幅の比率分だけ実効パルス幅を減少させる．妨害装置がこの周波数変調を持たない信号を作り出した場合，実効 J/S はこの圧縮比の分，低下する．チャープ化妨害パルスを生成することで，DRFM は最大限の J/S を持続する．

- バーカコードパルス圧縮では，ある符号で各パルスを 2 位相偏移変調する必要がある．レーダ受信機には，この符号のビット数と同数の段数を持ったタップ付き遅延線がある．その出力のいくつかは，180° 位相偏移した出力を有し，パルスがシフトレジスタを正確に満たしている場合，全ビット

が加算される．パルスが，シフトレジスタと正確に位置が合っていないと，出力はほぼゼロとなる．事実上，これが受信パルスを符号 1 ビットの長さに縮めることになる．また，これは距離分解能をそれぞれのパルスのビット数の分だけ圧縮する．バーカコードを持たない妨害パルスは圧縮されないので，実効 J/S は，符号のビット数の分だけ低減する．DRFM は，正しいバーカ符号を持った妨害パルスを作り出すことができ，最大限の J/S を持続する．

8.5　コヒーレント妨害

　DRFM を使用する利点の一つは，コヒーレントな妨害信号を発生させうることである．これは，パルスドップラ・レーダを妨害するときに特に重要である．図 8.5 に，レーダ受信機に入ってくる全信号に対するパルスドップラ・レーダ処理の部分的な距離対速度マトリクスを示す．このマトリクスの速度の次元は，通常，ソフトウェアで実装される狭帯域フィルタのバンクにより生成される．送信信号はコヒーレントであるので，目標からの正規の反射信号は，多数のフィルタの一つに入ることになるが，これらのフィルタは極めて狭帯域である．しかし，バラージやスポット雑音のような非コヒーレントな妨害信号は，数個のフィルタ

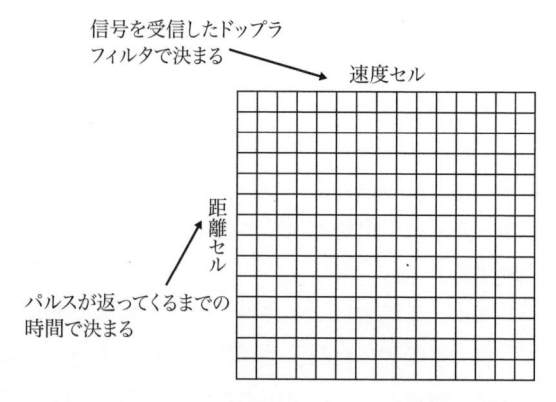

図 8.5　パルスドップラ・レーダ処理のハードウェアとソフトウェアは，各受信パルスについての距離対速度のマトリクスで構成される．

に入ることになる．これにより，レーダは，自身のコヒーレントな反射信号のほうを優先し，妨害は拒むことが可能になる．

8.5.1 実効 J/S の増大

雑音妨害は，パルスドップラ・レーダに対して，レーダの処理利得のために，何デシベルも低減した実効 J/S を持つ可能性がある．走査ビームが目標を照射する時間と同じコヒーレント処理期間（CPI）を持つ捕捉レーダの例を考えよう．このレーダは，走査間隔 5sec の全周走査，ビーム幅 5°，およびパルス繰り返し周波数（PRF）10,000pps を有する．このビームは，次式から計算される（CPI に等しい時間の）69.4msec 間，目標を照射する（図 8.6 参照）．

$$照射時間 = 走査間隔 \times \left(\frac{ビーム幅}{360°} \right)$$
$$= 5\text{sec} \times \left(\frac{5°}{360°} \right) = 69.4 \, [\text{msec}]$$

パルスドップラ・レーダの処理利得は，その CPI に PRF を乗じたものであり，したがって，処理利得は

$$処理利得 = 0.0694 \times 10{,}000/\text{sec} = 694$$

となり，これは 28.4dB に等しい．

単一のドップラフィルタの帯域幅は，CPI の逆数，すなわち 14.4Hz の狭さになるはずである．すなわち，自分のレーダ信号の反射は 28.4dB 増強されるが，非

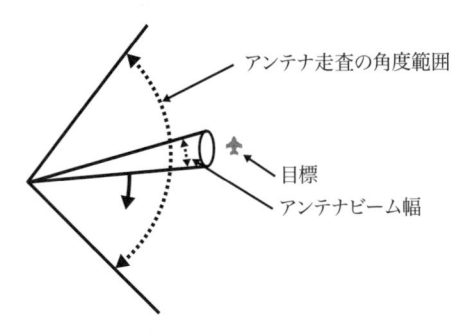

図 8.6 走査レーダが目標を照射する時間は，そのビーム幅，走査速度，および角度走査範囲によって決まる．

コヒーレント妨害信号は増強されないことになる．したがって，14.4Hz のフィルタに入る（DRFM で発生させた）コヒーレント妨害信号は，同じ実効妨害放射電力の非コヒーレント雑音妨害信号よりさらに 28.4dB 良好な妨害ができる．

8.5.2　チャフ

チャフで反射されたレーダ信号は，図 8.7 に示すように，多くのチャフ素子の動きにより周波数が拡散する．適切な分析を行えば，パルスドップラ・レーダはチャフ反射信号を判別することができる．これにより，実目標へのレーダのロックオンを外すチャフの働きを妨げ，チャフの存在下で，レーダは正当な目標反射信号を選択して処理することが可能になる．これが，パルスドップラ・レーダへのレーダ対策としてのチャフの有効性を減じるか，あるいは排除する．しかしながら，（DRFM による）コヒーレント妨害信号を使用してチャフに照射すれば，レーダのロックを外すのに有効になることがある．

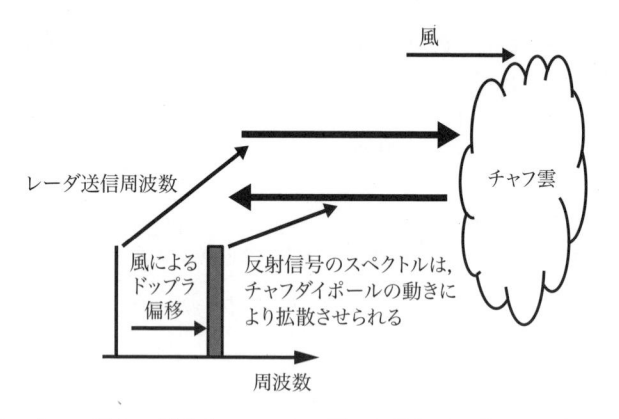

図 8.7　チャフ雲中のダイポールのランダムな動きは，チャフからのレーダ反射信号の周波数を拡散させる．風によるチャフ雲の動きは，周波数偏移を引き起こす．

8.5.3　RGPO および RGPI 妨害

ドップラフィルタバンクにより目標までの距離の変化率を決定することができる．図 8.8 に示すように，パルスドップラ・レーダは，それぞれのドップラ偏移を伴った分離目標を判別することができる．レーダ処理は，信号の距離対

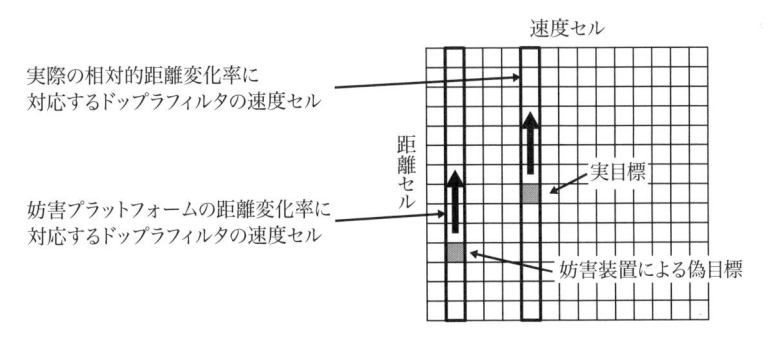

図 8.8　パルスドップラ・レーダは分離目標パルスを，それぞれに対応する
ドップラ偏移を用いて，距離対速度マトリクスに配置する．

時間の履歴を調べることが可能で，さらに，分離目標それぞれの視線速度を計
算することができる．正規の目標反射信号の距離変化率は，ドップラから導か
れる速度と同一になる．このレーダに対して距離ゲートプルオフ（RGPO），あ
るいは距離ゲートプルイン（RGPI）妨害技法を使用している場合，ドップラ
偏移は距離変化率と一致しないことになる．なぜなら，妨害装置が送信周波数
において，各パルスをただ遅らせているか早めているだけだからである．これ
により，レーダは，妨害パルスを排除し，実目標を追尾し続けることが可能と
なる．

　DRFM は，レーダパルスをコヒーレントに再送信する前に，その時間と周波数
のいずれをも変えることができる．これにより，そのレーダに，妨害信号が正規
の目標反射信号であるように見せかけられるので，その妨害はレーダの目標への
ロックオンを外すことができる．

8.5.4　レーダ積分時間

　レーダ受信機は，自分の信号に最適化されている．したがって，厳密にぴった
り合った長さのパルスは，そのレーダ自身の信号と同一の積分特性を持つことに
なる．これによって，異なるパルス幅の妨害パルスと比べて，その妨害信号の処
理利得が高まる．DRFM は，厳密にぴったり合ったパルス持続時間を持つ妨害
パルスを生成できるので，得られる J/S を最大化することができる．

8.5.5　連続波信号

DRFM は連続波（CW）信号を連続的に記録し，それをシーケンシャルデジタルデータに変換し，その後デジタルメモリに格納する．次いで，この格納データは，CW 信号が存在する限り遅れて再生され，アナログ信号に戻される．CW レーダは，目標までの距離を決定するため，図 8.9 に示すように，その信号に周波数変調（FM）をかけなければならない．多くの FM 波形を使用することができる．図示した FM 変調波形により，波形の最初の部分は，視線速度を測定できるように固定周波数を保持している．2 番目の部分は，送信周波数と（ドップラ偏移を除去した）受信周波数を比較することにより，距離を決定することができる．DRFM は CW 信号を記録するので，どのような周波数変調でも記録され，その後，再生される．付加的な周波数変調と混合することにより，DRFM は，どのような所望目標速度（すなわち，ドップラ偏移）をも模擬することができる．

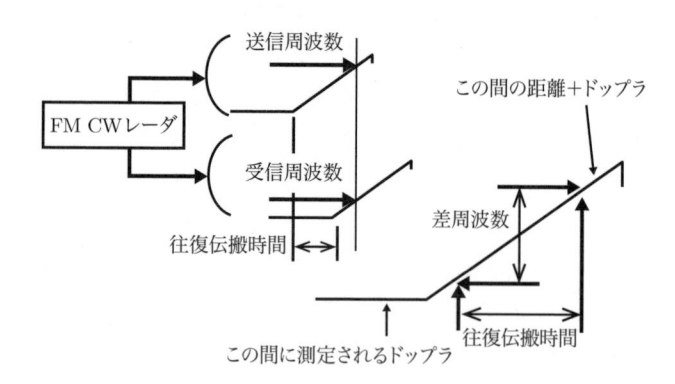

図 8.9　CW レーダに周波数変調をかけると，送信信号と受信信号の周波数を比較することにより，目標までの距離を測定できるようになる．

8.6　脅威信号の分析

DRFM（および，それに付随する処理装置）が電子戦（EW）運用にもたらす重要な利点の一つは，傍受した脅威信号を極めて迅速に分析する能力である．問題の一つは，脅威レーダの周波数である．送信周波数の測定や複製が重要であるのは，現代の脅威レーダにおける周波数ダイバーシティの問題にその理由がある．

8.6.1 周波数ダイバーシティ

レーダが使用できる電子防護 (EP) 手段の一つに周波数ダイバーシティがある. レーダは, オペレータが選択可能な周波数を利用したり, さらに複雑なものとして, 周波数を周期的に変更したりすることができる. どちらの場合でも, DRFM はそれが出会う最初のパルスを分析し, 同一の周波数で後続のパルスをコヒーレントに送信することができる. そのためには, DRFM のシステムスループット遅延は, (数 μsec から 1msec くらいの) インターパルス期間 (interpulse period) 内に受信, 分析, 妨害パラメータ設定, および再送信をすべて行えるだけ短いことが必要である. これは, 広帯域および狭帯域 DRFM の最新の技術で十分実現可能な範囲である.

8.6.2 パルス毎周波数ホッピング

さらに難しい状況は, 図 8.10 に示すような, パルスごとに周波数ホッピングするレーダである. このレーダは, 擬似ランダム的に選択される送信周波数の配列を持つことがよくある. その全体の周波数範囲は, 最大でも名目の送信周波数の約 10% である. これは, 広い周波数範囲にわたって動作させる場合に生じるアンテナや送信機の効率に関わる損失を回避するためである.

周波数ホッピングレーダは, そのホッピング範囲内でランダムな周波数をパルスごとに選択するだけでなく, 妨害により反射信号の品質が低下する周波数をレーダがスキップすることで, 妨害を受ける度合いを最小化する機能も持ちうる. すべてのパルスが送信されるが, 図 8.11 に示すように, 妨害される周波数は選択されない.

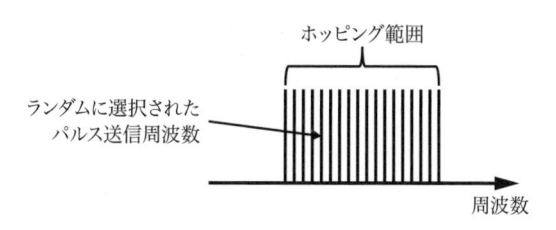

図 8.10 パルス毎周波数ホッピングを備えたレーダは, 各パルスを送信するために数個の周波数の中から一つを擬似ランダムに選択する.

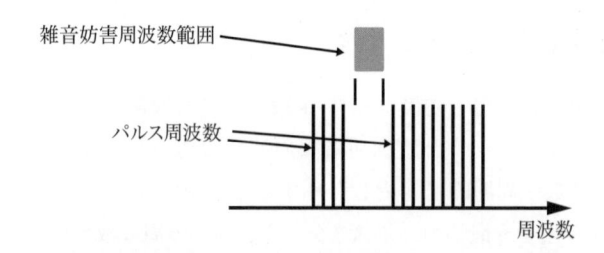

図 8.11　周波数ホッピングレーダは，妨害が存在している周波数をスキップすることで，妨害を受ける度合いを最小化する．

8.7　非コヒーレント妨害手法

パルス毎周波数ホッピング（pulse-to-pulse frequency hopping）は，非コヒーレント妨害装置にパルスのすべてを妨害するための二つの選択肢を与える．すなわち，図 8.12 にあるように，観測された周波数の間で妨害電力を分配するか，それとも図 8.13 にあるように，ホッピング範囲全域に妨害を拡散させるかのどちらかである．4GHz においてある帯域内をホッピングしているレーダが，例えば 25 波の周波数を使用している場合，これらの周波数はたぶん 400MHz にわたって拡散しているであろう．これは，レーダの RF 周波数の 10% に相当する（10% に満たない動作周波数範囲では，レーダアンテナと増幅器の動作を最適にできることを指摘しておこう）．妨害を 25 の送信波に分割できれば，すべてのパルスを妨害することができる．しかしながら，これは各周波数において実効的な妨害を 25 分の 1 に低下させるだろう．つまり，$10 \log_{10}(25)$ は 14dB であるので，J/S を

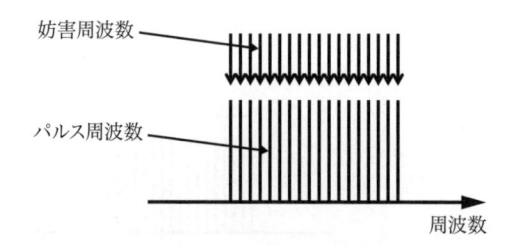

図 8.12　妨害装置を，パルスが送信される各周波数において帯域幅が整合した妨害信号を送信する構成にすることができる場合は，各周波数の妨害電力は，周波数の数の分だけ低減される．

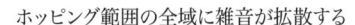

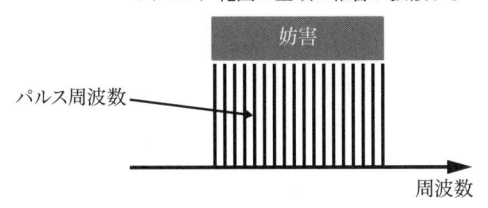

図 8.13 妨害装置がホッピング範囲の全域に電力を拡散させると，各ホップ周波数における妨害電力は，妨害範囲とレーダ受信機のコヒーレント帯域幅の比率の分だけ低減される．

14dB 低減させることになる．

　妨害信号をホッピング範囲全域にわたって拡散させる効果を考えるには，まず，レーダ受信機のコヒーレント帯域幅を決定する必要がある．コヒーレント帯域幅は，パルス幅の逆数になる．パルス幅が $1\mu sec$ の場合，コヒーレント帯域幅は 1MHz になる．スポット妨害をレーダ受信機の帯域幅内にかけるのが最適ということになる．しかしながら，非コヒーレント妨害の場合は，一般に妨害帯域幅が少し，例えば 5MHz 広くなるだろう．このことは，この妨害をホッピング範囲全域（すなわち，400MHz）にわたって拡散させると，妨害電力は各ホップ周波数において 80 分の 1 に低減することを意味している．これは，$10\log_{10}(80)$ が 19dB であるので，J/S を 19dB だけ低減させることになる．

　われわれは，一部の周波数だけをより高い妨害レベルでカバーすることはできるだろうが，この方策は，われわれが妨害しているところには送信しないという，妨害される度合いを最小化する機能により無効化されてしまう．すべてのレーダパルスはどこかの周波数で送信されるので，レーダへの反射信号エネルギーは何ら変わらず，妨害はまるで役に立たないことになる．

8.8　　追随妨害

　しかしながら，各パルスの周波数を測定することができ，その周波数に妨害できた場合は，最大限の J/S（すなわち，説明した二つの手法で得られるであろう J/S より，もう 14〜19dB 大きい J/S）を達成できることになる．

　パルスごとの追随妨害をできるようにするために，DRFM（と，それに付随する処理コンポーネント）は，送信周波数を決定し，パルスのごく一部の間に妨害をその周波数に設定しなければならない．パルス幅 1μsec の脅威レーダを考えよう．DRFM の処理遅延が，信号伝搬時間と処理時間の両方を含めて 100nsec 未満の場合，図 8.14 に示すように，そのパルスの最後の 90% を妨害しうる．これは，DRFM に処理遅延がない場合に比べると，11% の妨害パルスのエネルギーの減少である．11% の変化は 0.5dB に変換できるので，100nsec の処理遅延を持つこの追随妨害は，実効 J/S をわずか 0.5dB 減らすだけである．この妨害は，非コヒーレント妨害を基礎として用いており，設定精度が限られていることに注意しよう．また，レーダが前縁追尾機能を持っている場合，そのレーダは，妨害が新しい周波数で始まるまでの時間内は，依然として目標追尾ができる．

　パルスがもっと長い場合は，その分だけ DRFM は信号を長く処理できるので，周波数をはるかに高い精度で求めることができる．レーダのホップ周波数が既知とすれば，妨害を正確にそのホップ周波数に設定することができる．

　DRFM を関連するデジタル信号処理装置（DSP）とともに利用すると，レーダ波形の微妙な特徴をいくつか備えた妨害信号を作り出すことが可能になる．これらの微妙な特徴を備えていない妨害信号で生み出される J/S は，かなり低減するだろう．最初に取り上げるレーダの機能は，パルス圧縮（PC）である．

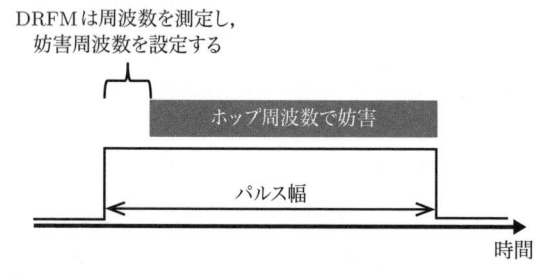

図 8.14　DRFM は，脅威パルス幅よりはるかに小さい処理遅延で，各パルスの周波数を測定し，妨害をその周波数に設定することができる．パルスの残りの部分は妨害されるので，レーダが使える反射信号エネルギーは減少することになる．

8.9　　レーダ分解能セル

　分解能セルは，複数目標が存在していることをレーダが確認できない物理的体積のことである．これを図 8.15 に示す．このセルのクロスレンジ方向（距離方向に直交する方向）の寸法は，角度的な隔たりがある複数目標をレーダが区別できない範囲の距離である．その距離は次式で決まる．

$$\text{距離} \times 2\sin\left(\frac{\text{BW}}{2}\right)$$

　ここで，距離はレーダから目標までの距離，BW はレーダアンテナの 3dB ビーム幅である．

　例えば，距離が 10km でビーム幅が 5° の場合，分解能セルの幅の寸法は，

$$10{,}000\text{m} \times 2 \times 0.0436 = 873 \,\text{[m]}$$

となる．

　セルの奥行きは，距離的に離隔した複数目標をレーダが区別できない距離の増分である．その奥行きは次式で決まる．

$$\frac{\text{PD}}{2} \times c$$

ここで，PD はパルス持続時間，c は光の速度である．

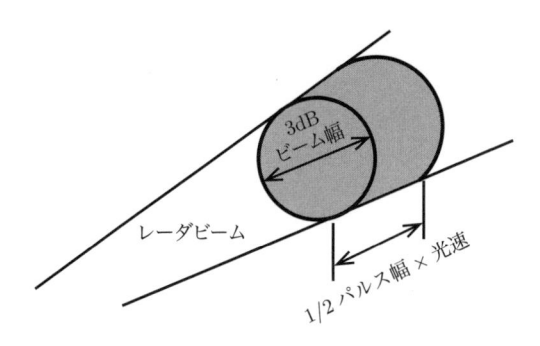

図 8.15　レーダ分解能セルとは，複数目標の存在をレーダが確認できない体積のことであり，長さが 1/2 パルス幅×光速と同じくらいの 3dB ビームのセグメントである．

例えば，パルス持続時間が $1\mu\mathrm{sec}$ の場合，分解能セルの奥行きは次のように
なる．

$$10^{-6}\mathrm{sec} \times 0.5 \times (3 \times 10^8 \mathrm{m/sec}) = 150 \ [\mathrm{m}]$$

分解能セル内の複数目標は，次のいずれかが挙げられる．

- 複数の有効な目標
- 有効な目標とデコイ
- 有効な目標と妨害装置で発生させた擬似目標

これらの状況はいずれも，レーダが有効な目標を追尾（そして，さらに攻撃あ
るいは移管）することを困難あるいは不可能にする．これは，各パルスのエネル
ギーを増やすために長いパルス持続時間を持つことが多い長距離捕捉レーダにお
いて，特に問題となる（レーダの有効距離は，その実効放射電力とその信号がそ
の目標を照射する時間の関数であることに注意しよう）．

8.9.1　パルス圧縮レーダ

前述のとおり，パルス圧縮では，各レーダパルスに変調を加えることが必要
である．この変調はレーダ受信機内で処理され，レーダの分解能セルの奥行
きを減少させる．この変調は，チャープと呼ばれるパルスへの線形周波数変調
（LFMOP）でも，あるいはバーカコードと呼ばれるパルスへの 2 位相変調（binary
phase modulation on pulse; BPMOP）でも可能である．どちらの場合にも，パル
スに加えられた特定の変調に応じて，分解能セルの奥行きを多少あるいは大幅に
減少させることができる．どちらの技法によっても，実現できる圧縮比は最大で
1,000 の桁に達する．

8.9.2　チャープ変調

図 8.16 に示すように，チャープ変調は，パルス持続時間の全域を通した周波数
変調である．チャープ波形は，それが単調であれば，非線形にもできることに注
意しよう．達成される圧縮量は，次式で決まる．

$$\frac{\mathrm{FM\ 幅}}{\mathrm{コヒーレントレーダ帯域幅}}$$

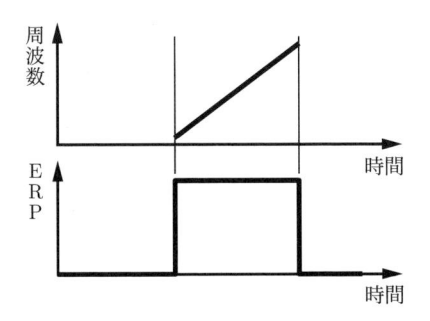

図8.16 チャープパルスは，そのパルス持続時間の全域で線形の（あるいは単調な）周波数変調を持つ.

ここで，FM 幅はパルスの期間の全域を通して周波数が掃引される範囲，コヒーレントレーダ帯域幅は 1/パルス持続時間である.

例えば，周波数変調の幅が 5MHz で，パルス持続時間が $10\mu\mathrm{sec}$ の場合，圧縮比は次のようになる.

$$\frac{5\mathrm{MHz}}{100\mathrm{kHz}} = 50$$

パルス圧縮を施した場合の分解能セルは，ここで図 8.17 に示すように変更される.明確にするために，この図では距離圧縮を 2 次元で示しているが，縮小された分解能セルは，実際には図 8.15 のような空間的に大きな塊であることに注意しよう.

妨害への影響を図 8.18 に示す.FM 変調された反射信号パルスは圧縮されるのに対し，（FM 変調を持っていない）妨害パルスは圧縮されない.レーダは，圧縮されたパルスの持続期間中，両方の信号を処理する.妨害信号のエネルギーは，

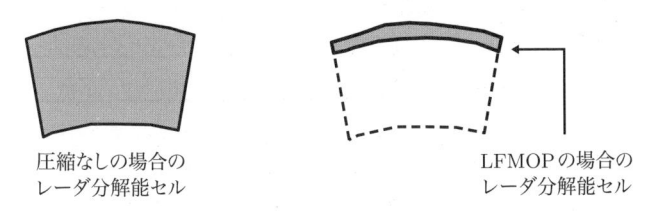

圧縮なしの場合の
レーダ分解能セル

LFMOPの場合の
レーダ分解能セル

図 8.17 チャープパルス圧縮により，分解能セルの距離方向の長さは，圧縮比の分減少する.

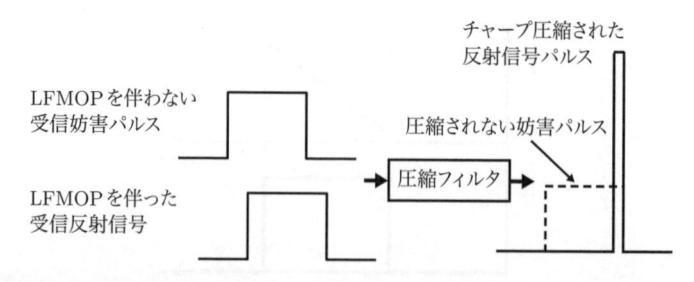

図 8.18　反射信号パルスは，レーダ受信機での処理中に，圧縮受信機によって図のように圧縮される．妨害パルスは LFMOP 変調を持っていないので，圧縮されない．

（この処理時間中に）圧縮比の分減少する．したがって，実効 J/S は圧縮量の分低減する．上記の例では，J/S の低減量は 50 すなわち 17dB である．

8.9.3　DRFM の役割

　図 8.19 は，妨害パルスのパルス圧縮特性を反射信号に合致させる以下のリストの処理をフローチャート化したものである．

- 受信したレーダ信号を DRFM の動作周波数に変換する．
- DRFM が受信した最初の脅威パルスをデジタル化する．

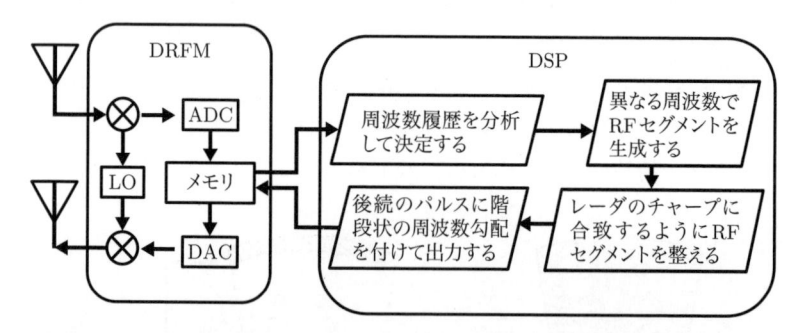

図 8.19　DRFM は受信したレーダ信号を DRFM の動作周波数に変換し，それをデジタル化して DSP に渡す．DSP は最初の受信パルスの周波数履歴を決定し，異なる周波数列を持った信号セグメントを生成し，後続の各パルスに階段状の周波数勾配を付けて出力する．DRFM はこの階段状の周波数勾配が付いた後続の妨害パルスを発生させる．

- デジタル化されたパルスを DSP に渡し，そこでそのパルスの周波数履歴を決定する．
- 後続のパルスとして使用するために，異なる RF 周波数列を持った一組の信号セグメントを DRFM へ返す．
- DRFM は，レーダのチャープを階段状に近似したステップを持つ妨害パルスを発生させる．
- DRFM の出力は，レーダパルスを受信した周波数にコヒーレントに戻され，正しくチャープ化された妨害パルスとして送信される．

レーダパルスが線形周波数変調を持っている場合，この処理は DRFM なしで実行できることに注意しよう．瞬時周波数測定（instantaneous frequency measurement; IFM）受信機は，周波数変調を決定することができ，セロダイン回路（serodyne circuit）は，合致した周波数変調を持った妨害信号を発生させることができる．しかしながら，DRFM はもっと高い精度をもたらすことができ，必要なら非線形周波数変調を持った妨害信号も発生させることができる．

8.9.4　バーカコード変調

他のパルス圧縮技法は，すでに説明したように，各パルスに 2 位相偏移変調（BPSK）方式のデジタル変調を加えることである．このバーカ符号には，各パルスの期間中に固定数のビットが存在しており，そのパルスが反射信号としてレーダに受信されると，図 8.20 に示すようにタップ付き遅延線アセンブリに渡

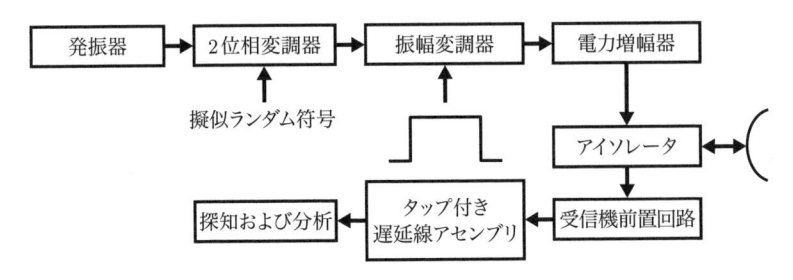

図 8.20　バーカコードを持つレーダは，各送信パルスに BPSK 変調をかけ，受信した反射信号パルスをタップ付き遅延線に通すことにより，それを圧縮する．

される.

　バーカコードでも，あるいはいくつかある他の符号の一つでもよいが，その符号は最大周期系列符号である．これは符号が擬似ランダムであることを意味し，1の個数から0の個数を引くと，その合計は0あるいは −1 になる．図 8.21 の上端のパルスの符号は7ビットバーカコードであり，その中の "+" は1を示し，"−" は0を示している．これは短い符号だが，パルス圧縮レーダで使用される一般的な符号はずっと長い（最大で 1,000 ビットの桁）．タップのいくつかには180°の移相器がある．それらは，パルスが遅延線をぴったり満たした場合，0のビットはそれぞれ移相器の付いたタップに位置するように作られている．したがって，パルスが遅延線を満たし，各タップが合計されると，そのパルスは最大の振幅を持つ．他のどの時間においても，合計出力は著しく小さい．図示したような7ビット符号を使用すると，パルスが遅延線と揃っていない場合，その合計出力は0か −1 のどちらかになる．もっと長い符号の場合，その合計値が大きくなる期間がいくつかあるが，それでも最大のパルス振幅をはるかに下回って

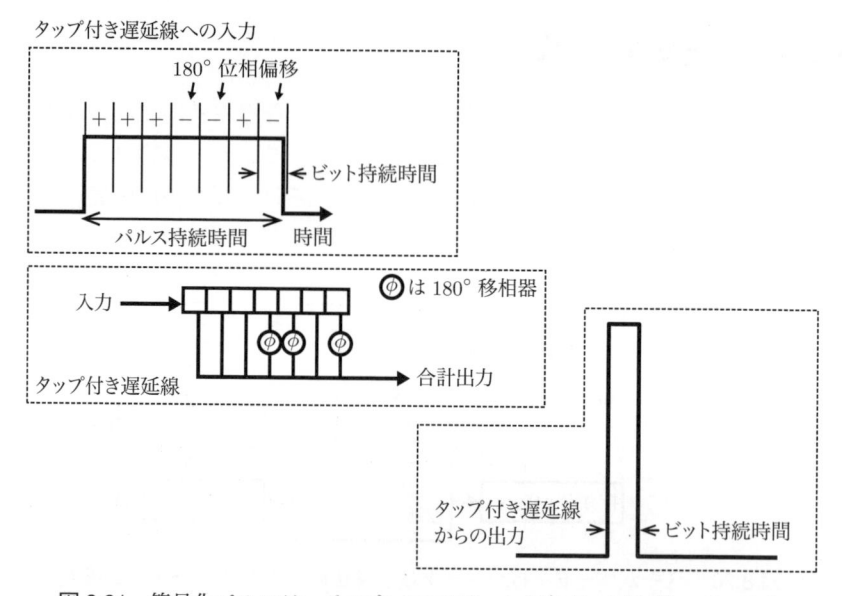

図 8.21　符号化パルスは，そのすべてのビットが各タップと揃っているときにのみ，遅延線からの大きな出力を生む．これにより，処理後のパルス幅は符号1ビットの持続時間まで減少する．

いる．このパルスが遅延線や合計処理を終えると，パルス持続時間は実効的に1
ビット幅になっている（すなわち，処理後の実効的なパルス持続時間は，パルス
がタップ付き遅延線をぴったり満している時間となる）．

図8.22は，レーダの分解能セル上でこのパルス幅の削減効果を示している．分
解能セルのクロスレンジの寸法は，依然としてレーダアンテナの3dBビーム幅
であるが，セルの奥行きは，符号1ビットのパルス持続時間の半分に光の速度を
乗じたものになる．したがって，距離分解能は，各パルス間に送信されたビット
数に等しい倍率で改善される．

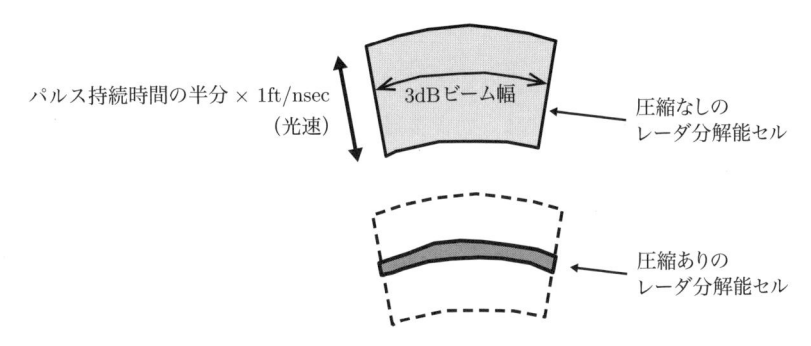

図8.22　バーカコード圧縮を使うことで，分解能セルの奥行きは，符号1
ビットの持続時間の半分に光速を乗じた値まで減少する．

8.9.5　バーカコード化レーダへの妨害

ここで，（図8.23に示すような）バーカコード化パルスを持ったレーダに対し
て動作している非コヒーレント妨害装置を考えよう．反射信号パルスは，タップ
付き遅延線の構成に適合させた符号となっている．このことは，処理後のパルス
幅が実質的にビット持続時間まで減少することを意味している．例えば，バーカ
コードが13ビットである場合，そのパルスは1/13に幅が減少する．しかしなが
ら，バーカコード変調を持たない妨害信号は短くならない．レーダ処理は，圧縮
された短い反射信号パルスに対して最適化されているので，妨害パルスをその時
間の1/13の間しか処理しない．これは，処理中のこの時点の反射信号電力に対
して実効妨害電力を11dB低減させ，そのため，J/Sは11dB低減される（係数
13は11dBに変換されることに注意）．符号が1,000ビットであれば，J/S低減量

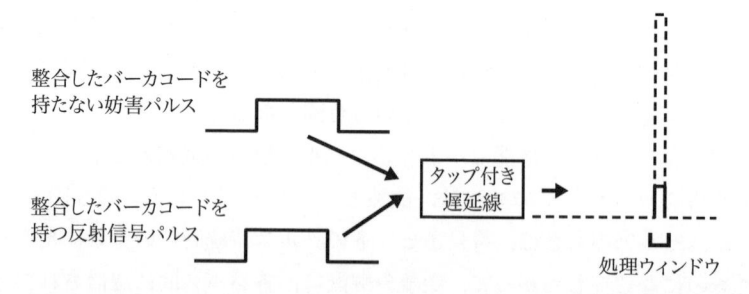

整合したバーカコードを
持たない妨害パルス

整合したバーカコードを
持つ反射信号パルス

タップ付き
遅延線

処理ウィンドウ

図 8.23 妨害が正しい BPSK 変調を持たない限り，実効 J/S は圧縮率の分低減する．

は 30dB になるであろう．

　この問題の対処法は，各妨害パルスにバーカコードを加えることである．これ
を達成する唯一の実用的方法は，妨害装置で DRFM を使用することである．

　図 8.24 に示すように，レーダからの各パルスが DRFM に入力され，DRFM は
受信した最初のパルスをデジタル化して処理装置に渡す．処理装置は，符号の
ビット持続時間，および符号中の 1 と 0 のビット列を決定する．また，処理装
置は，1 のビットと 0 のビットのデジタル表現を生成する．そして処理装置は，
バーカコード化レーダパルスのデジタル表現を形成するために，これらの正確な
ビット列の符号ブロックを出力して DRFM に返す．所望の妨害機能を果たす
ために必要であれば，この出力を遅延または周波数偏移させることができる．

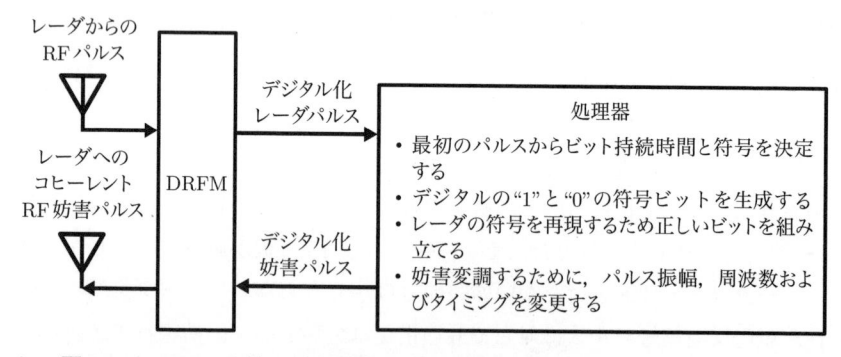

レーダからの
RFパルス

レーダへの
コヒーレント
RF妨害パルス

DRFM

デジタル化
レーダパルス

デジタル化
妨害パルス

処理器
- 最初のパルスからビット持続時間と符号を決定
する
- デジタルの"1"と"0"の符号ビットを生成する
- レーダの符号を再現するため正しいビットを組み
立てる
- 妨害変調するために，パルス振幅，周波数およ
びタイミングを変更する

図 8.24 DRFM を持つ妨害装置は，反射信号パルスと同一のバーカコード
を有する妨害パルスを生み出すことができ，それゆえ，被妨害レーダの中
に最大の J/S 比を作り出すことができる．

DRFM は各 RF 妨害パルスを発生させ，それらをコヒーレントに被妨害レーダの動作周波数に変換する．妨害パルスは目的とする妨害技法を生成するために，振幅，ドップラ偏移周波数，およびタイミング内の受信レーダパルスから変更される．

8.9.6　妨害効果への影響

被妨害レーダが BPSK 符号化妨害パルスを受信した場合，そのレーダの処理回路は，各反射信号パルスを圧縮するのとまったく同じように各妨害パルスを圧縮する．これは，J/S が圧縮比分低減しないことを意味し，これによる（非コヒーレント妨害と比べた）妨害効果の向上は，かなりのデシベル数に及ぶだろう．

DRFM を使った妨害のもう一つの恩恵は，構成された各妨害パルスが，極めて正確にパルスを持続していることである．レーダ受信機の処理回路は，特定のパルス持続を持つパルスに対して最適化されており，そのため，妨害パルスは，反射信号パルスに対するのと同じ処理特性から恩恵を受けるのである．

8.10　複雑な擬似目標

現代のレーダ，特に合成開口レーダ（synthetic aperture radar; SAR）や，アクティブ電子走査アレイ（AESA）を備えたレーダは，目標のさまざまな部分の形状によって生じる多数の散乱点からなるレーダ断面積（RCS）を持つ複合目標の特性を明らかにすることができる．これらの散乱点のそれぞれは，そこに特有の位相，振幅，ドップラ偏移，および偏波の各特性を持つ反射信号を発生させる．これらの多重反射信号が合わさって，正確な目標識別に役立てるために現代のレーダが解析することができる複雑な反射信号を形成する．非コヒーレント妨害装置からの単純な擬似目標が，真の反射信号のそれとは著しく異なる波形とともに被妨害レーダに受信される．

これによって，最新の処理能力を備えたレーダは不正確な RCS 特性を持つ擬似目標を排除できるようになる．したがって，現代のレーダを効果的に妨害するためには，例えば，距離ゲートプルオフ，距離ゲートプルインなどの技法を適用して生成される擬似目標が，正確で複雑な波形を持っている必要がある．

8.10.1　レーダ断面積

図 8.25 に，航空機の複合 RCS に影響する機体上の各点をいくつか例示する．さらに，エンジン空気取入口や吹出口からの寄与，および（航空機によっては）エンジン内部の動いている部品からの寄与がある．これらのすべての要因の合成が，目標が機動しているときのアスペクト角（aspect angle）とともに変化する非常に複雑な RCS を生み出す．

例えば，ジェットエンジン変調（jet engine modulation; JEM）やロータブレード変調（rotor blade modulation; RBM）などの目標特性もある．JEM は，レーダ反射信号内に強いスペクトル成分をもたらす複雑な圧縮パターンを航空機の前方に発生させる．

ヘリコプタ目標からのレーダ反射は，ブレード（blade）の数とその回転速度に関連したスペクトル特性を持っている．

RCS は，目標の機動につれて時間的に変化する特性を有する．最新のレーダは，この時間的変化特性を解析して，擬似目標を検知し排除することが可能である．

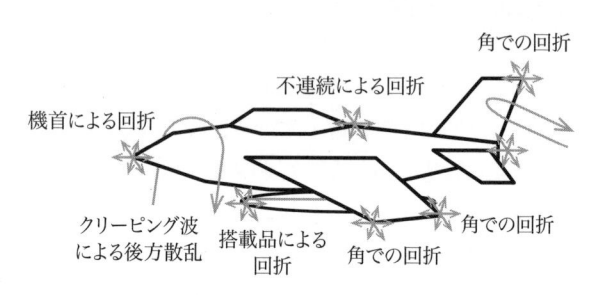

図 8.25　航空機の RCS に影響する要因は多い．それらは一体となって，複素振幅や位相成分を持つ RCS をもたらす．

8.10.2　RCS データの生成

目標の詳細な RCS は，RCS 室での測定とコンピュータ解析のどちらによってでも決定することができる．図 8.26 に示すように，RCS 室は，低電力のレーダを実際の物体かその物体の縮尺模型に照射する電波暗室である．暗室の各表面は，反射が生じないように電波吸収体で覆われている．暗室表面のほとんど一面

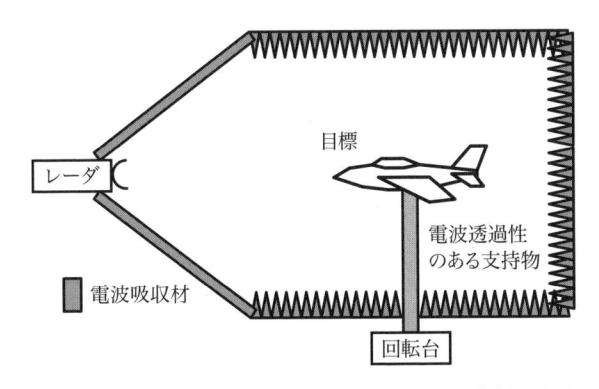

図 8.26 RCS 室は，室内の中ほどに取り付けられた模型に向けた低電力レーダを備えた電波暗室である．模型を回転させながら，レーダが測定する反射信号によって，そのレーダ断面積を求めることができる．

にわたり，隣接したスパイクとの内角が急峻なピラミッド状になった電波吸収体が形成されており，模型で反射した信号が電波吸収体の中へ向かうようになっている．これによって，その模型があたかも自由空間環境内に存在しているかのような，きれいなレーダ反射信号をレーダが受信できるようになる．目標が小さい場合は，実際の物体を暗室内で使用することができる．目標が大きすぎて利用できる暗室に収まらない場合（例えば大型航空機）は，縮尺模型を使用する．レーダの動作周波数は，模型の寸法縮小と同じ縮尺率の分，高くする．例えば，5分の1の縮尺模型では，周波数を5倍にして試験する必要がある．これにより，目標の寸法とレーダ信号反射の波長との比率に矯正される．測定される RCS データの尺度は微細であるので，正しい RCS 測定結果を生み出すには，模型の表面特徴が重要であり，非常に精密でなければならない．

　目標を暗室の中央に置き，重要なアスペクト角の RCS データがすべて発生するよう回転させる．その後，このデータが解析され，特徴が明らかにされて，レーダ目標識別テーブルが作成される．

8.10.3　計算による RCS データ

　RCS テーブルを生成する他の方法として，コンピュータ解析によるものがある．目標（例えば，航空機）は，平面と曲面のセットで特徴付けられる．図 8.27 に，航空機を作り出すさまざまな特徴的な形状のうちいくつかを示す．コン

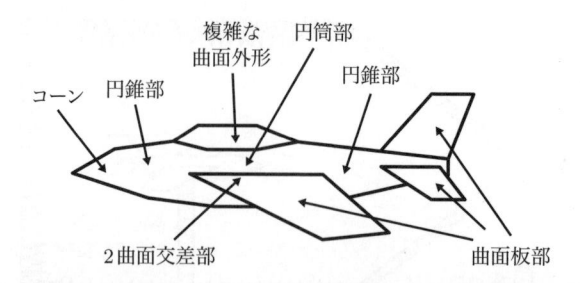

図 8.27　航空機は極めて多数の特有な形状特性を持つ．各形状の構成要素の RCS の計算式は，アスペクト角，材質，表面，および周波数の関数となる．航空機のレーダ断面積は，これらの計算式の組み合わせで計算される．

ピュータ解析に使用される実際のモデルは，はるかに複雑になる．

　表面のタイプ別に RCS を求める計算式があるので，航空機の合成モデルをコンピュータで生成することができる．表面の各構成要素の計算式は，その構成要素の RCS の振幅成分と位相成分を，そのサイズおよびレーダとの相対的な方位の関数として，特徴付けることになる．各構成要素の材料（金属，ガラス，プラスチックなどの種類），およびその表面の性質も考慮する．目標のコンピュータモデルは，これらの表面の構成要素すべてについての計算式を，互いの相対位置に基づいて組み合わせたものである．

　本節は，文献 [1] にある情報資料などから構成されており，詳細についてはこの文献が推薦される．

8.11　DRFM を可能にする技術

　DRFM 性能の主な制約は，いつも A/D 変換器（ADC）にあった．DRFM の動作可能な帯域幅はデジタル化速度によって制限され，信号を複製可能な精度はビット数の関数である．また，サンプル当たりのビット数は，出力信号中に現れるスプリアス応答のレベルを決める．

　原稿執筆時点での技術レベルは，12 ビットの量子化を行うのに，2GHz のサンプルレートを優に超える水準である．これらを進展中の目標とする，開発の取り組みが極めて多数進行していることに注目しよう．ADC の性能は，かなりの右上がりの状態である．

　もう一つの重要な対応技術は，フィールドプログラマブル・ゲートアレイ（field programmable gate array; FPGA）である．これらにより，1 枚の DRFM 基板上でより多くの処理を実行することが可能になり，その結果，必要な DRFM 機能のプログラム可能性と速度が著しく向上した．

8.11.1　複雑目標の捕捉

　レーダ目標の距離とアスペクト角は，交戦中は絶えず変化している．つまり，目標上には多数の散乱点が存在しているという事実に加えて，現代のレーダは，絶えず変化する非常に複雑な反射信号を受信しているということになる．最近のレーダは，妨害装置によって生成された擬似反射信号と，受信している反射信号との相違を特定できる．したがって，このようなレーダに対して，思いどおりの欺まん妨害を実行するには，妨害装置は，その擬似反射信号を正当な反射信号にかなり近づけることができなければならない．

　上述のとおり，正確（また複雑）な RCS データは，RCS 室での測定，あるいはコンピュータシミュレーションのどちらによっても得られる．このようなデータは，作戦環境においても測定できるが，すべてのこの種の野外でのデータ収集と同じで，環境条件から所望のデータを分離することは困難である．

　図 8.28 に示すように，収集データは，支配的な散乱点を究明する専用ソフトウェアで処理される．これらの各散乱点からの反射信号は，その位相，振幅，

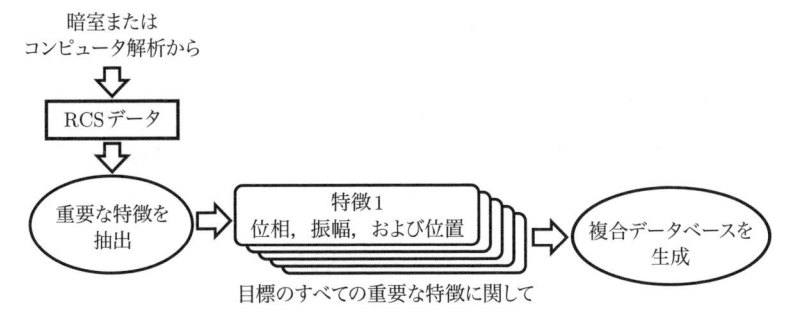

図 8.28　重要な特徴を抽出するために，目標のコンピュータモデルが解析される．位相，振幅，ドップラ偏移，および位置のそれぞれが複合データベースに組み入れられる．

ドップラ偏移，および位置に関する特徴が，アスペクト角の関数として表される．このデータは，正確かつ動的な目標反射信号を生成するために，DRFM チャンネル駆動のもととなるデータベースに保存される．

8.11.2　DRFM の構成

図 8.29 に，複雑な擬似目標を生成する旧式の DRFM システムのブロック図を示す．多数の DRFM 基板があり，それぞれが 1〜2 個の反射信号を生成することができる．各 DRFM は，受信機からの信号入力をデジタル化し，目標上の散乱による反射信号を表すため，それに変更を加える．その出力は，指定された散乱点に対して，適切な振幅，位相，およびドップラ偏移を持っている（図 8.30 参照）．また，その出力は，現在の目標アスペクト角を持ったレーダからの距離に対応する時間遅延も持っている．DRFM の RF 出力は結合され，目標レーダへコヒーレントに送信される．

FPGA の導入に伴い，1 枚の DRFM 基板で 12 個の散乱点に対する反射信号を生成することができる．散乱点の信号は，それぞれ，現在の速度および 3 次元の角速度を持つ目標の現在の姿勢において，相対的位置関係に適合するドップラ偏移と距離遅延を有する固有の変調を持っている．

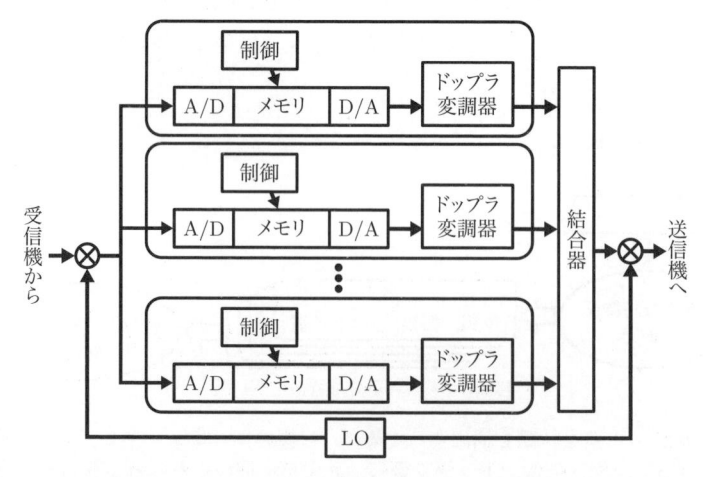

図 8.29　旧式のシステムは多数の DRFM を使って複雑な目標を生成でき，そのおのおのは 1〜2 個の散乱現象を再現することができる．

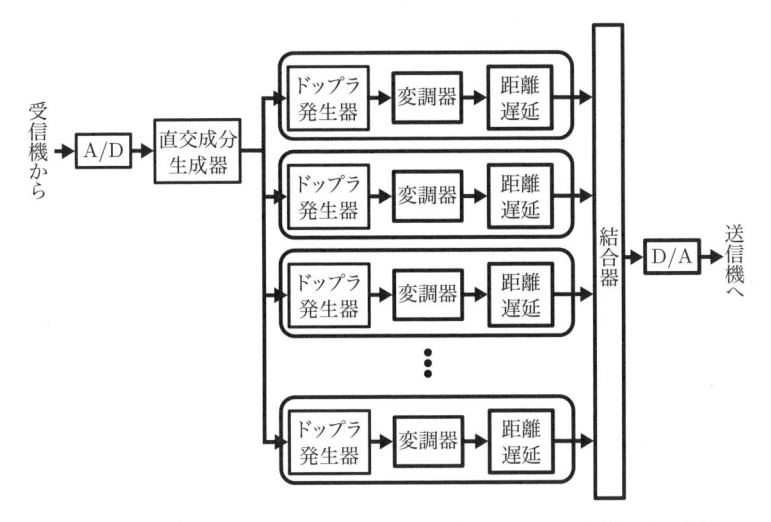

図 8.30 FPGA 技術を使った単一の DRFM は，その回路基板上に制御お
よびドップラ偏移機能を備え，12 個の散乱現象をエミュレートすることが
できる．

これらの散乱点チャンネルは，それぞれ，適用する欺まん妨害技法の実行に必
要な変調も加える．この変調は，被妨害レーダを欺くポイントごとに異なってい
なければならない．

8.12　妨害とレーダ試験

これまでの説明は，欺まん妨害の観点から述べているが，それは最新のレーダ
の試験においても同様に重要である．

複雑レーダ反射信号を検出する処理能力を持ったレーダを試験するために，多
くの一般的な交戦を通してさまざまな目標を描いた正確で動的なシナリオを持っ
ている必要がある．レーダのハードウェアとソフトウェアの特性のすべてを試験
するために，これらの試験シナリオは，適切な振幅，位相，および位置の特徴を
備えた実際的な多点の散乱信号などから構成されていなければならない．

8.13　DRFM の遅延問題

　チャープ化パルス（chirped pulse）とバーカコード化パルスの再生について，8.9.2 項と 8.9.5 項で説明した．どちらの場合も，DRFM とその関連 DSP は，最初のパルスを捕捉して分析し，後続の各パルスを再送信する際にそのパルスを複製した．これは，受信したレーダ送信パルスがすべて同じものであることを前提にしている．再送信する各パルスは，受信した各パルスとコヒーレントであり，使用する妨害技法に対応した他の変調成分が加えられている．例えば，後続の各パルスには，遅延や周波数偏移が加えられている．

8.13.1　同一パルス

　受信したレーダ送信パルスのすべてがまったく同じであれば，DRFM とそれに関連した処理装置は，最初の受信パルスを分析し，その送信パルスに続くパルスの一つひとつを妨害するのに適切な変調を持つ妨害パルスを作り出す．必要な処理遅延は，パルス間隔時間内で必要な処理を完了するに十分な短さでなければならない．この時間は，数十 μsec から数 msec である．

8.13.2　同一チャープ化パルスについて

　図 8.31 に示すように，最初のパルスの分析は，パルス間隔時間内に完了しなければならない．パルス幅が 10μsec で，デューティサイクルが 10% の追尾レーダを考えよう．パルス間隔は，連続する各パルスの前縁の間の時間であることを思

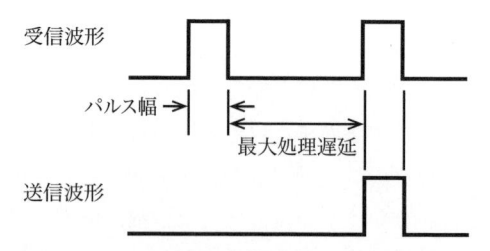

図 8.31　後続の各パルスに最初に受信したパルスをコピーするために，DRFM と処理器はすべての処理をパルス間隔時間内に完了しなければならない．

い起こすと，これは，DRFM が計算を行うのに使用できるインターパルス時間が $90\mu\mathrm{sec}$ であることを意味する．この処理のスループット遅延時間は，DRFMの処理装置がデジタル化パルスデータを受け入れ，パルス変調パラメータを決定し，所望の妨害パルスを生成して，変更を加えた信号を（デジタル形式で）DRFMに戻す処理を行う間の時間であり，$90\mu\mathrm{sec}$ 未満でなければならない．

　チャープ化パルスにおいては，受信した最初のパルスを，DRFM の中でデジタル化し，処理装置に渡さなければならない．図 8.32 に示すように，周波数変調の勾配を測定する必要がある．パルスへの周波数変調は，線形も非線形もありうることに留意しよう．符号のブロックは，パルス幅の最初から最後まで，多くの時間増分のそれぞれに対して生成される．次いで，パルス全体のデジタル表現が，受信パルスの周波数測定値から各時間増分の間に決定された周波数および所望のドップラ偏移のオフセットとともに生成される．再送信のために DRFM に戻されるデジタル信号は，受信パルスの周波数変調を階段状にした形状を持ち，使用する妨害技法で指示される量だけ周波数と時間がオフセットされることになる．

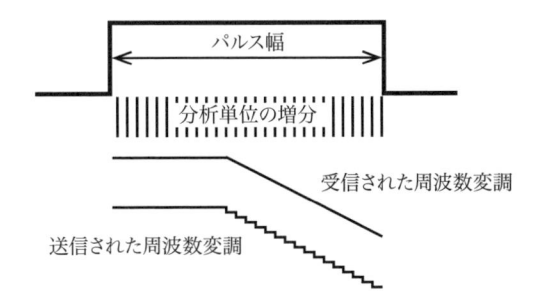

図 8.32　パルス間隔時間の間に，分析単位の増分ごとに受信チャープ信号が分析され，周波数が決定される．次いで，デジタル反射信号が，変調周波数の階段状の近似を用いて作成される．反射信号は，選択された妨害技法に合わせて周波数と時間がオフセットされる．

8.13.3　同一バーカコード化パルスについて

　受信したレーダ信号上に 2 位相偏移変調（BPSK）信号がある場合，DRFM は受信した最初のパルスをデジタル化する．次に，処理装置は以下の項目を決定する．

- 符号のクロック速度（バーカコードあるいは多少長い最大周期系列符号)
- 符号中の 1 と 0 のビット列
- 受信周波数
- パルスの到来時刻

　その後，処理装置は，1 のビットと 0 のビットについて，デジタル信号を構成する．最後に，図 8.33 に示すように，処理装置は後続の各受信信号パルスに対して BPSK 変調パルスのデジタル表現を出力する．生成された信号は，受信周波数に基づく正確な周波数，および選択した妨害技法に適したドップラ偏移を有する．この信号には，受信信号のパルス繰り返し間隔（PRI）および選択した妨害技法に必要な時間オフセットの両方を考慮しながら，後続の各パルスとして適した時間にパルスを配置できる程度の遅延が加えられる．その結果，DRFM は，最初のパルスを受信したあと各パルスをコヒーレントに再送信する．

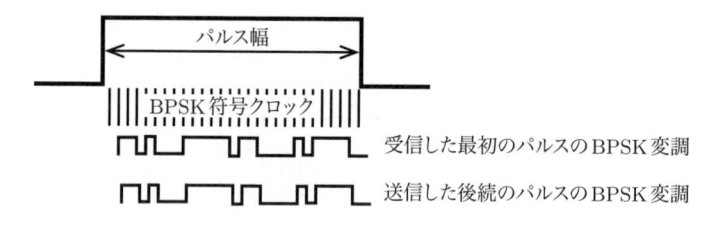

図 8.33　最初の BPSK 変調パルスを受信した後，処理装置は符号クロックと符号中の 1 と 0 のビット列を決定する．次いで，処理装置は 1 と 0 それぞれに対するデジタルモデルを作る．最後に，後続の各パルスに対して正しい符号を持つデジタル信号を出力し，使用する妨害技法に適した時間オフセットと周波数偏移を付加して再送信するために，この信号を DRFM に出力する．

8.13.4　固有のパルスについて

　ここで，パルスごとに変化するレーダ信号を複製する際のより困難な要件を考えてみよう．その主な例が，パルスごとの周波数ホッピングレーダである．レーダが擬似ランダムに選んだ周波数は，多数あるだろう．また，レーダはいつ妨害されているかを検知でき，最も妨害されない周波数のモードを持てると仮定しておくのが合理的であろう．妨害あるいはその他の干渉が検知された周波数は，ホッ

ピングシーケンスの中でスキップされることになる．このことは，各パルスの周波数を測定する能力のない妨害装置は，周波数ホッピング範囲全体をカバーしなければならず，そして，カバーする帯域の一部にその電力を集中させても（パーシャルバンド妨害と呼ばれる技法）その J/S を最大化できないことを意味している．

妨害周波数帯域が広がっている場合，達成される J/S は，レーダの受信帯域幅とパルスのホッピング範囲の比率の分，低減される．3MHz の受信帯域幅を持ち，6GHz で動作しているレーダを例にとってみよう．レーダのホッピング周波数範囲は，一般に，その動作周波数の 10%（すなわち，600MHz）であろう．したがって，ホッピング範囲の受信帯域幅に対する比率は次式となる．

$$\frac{600\text{MHz}}{3\text{MHz}} = 200$$

これは，実効 J/S を 23dB 減少させる．

さて，各受信パルスの周波数を測定できる，DRFM を備えた妨害装置を考えよう．各受信パルスの周波数がわかれば，妨害装置は，この実効 J/S の損失を回避しつつ，正しい周波数でそのパルスを妨害することができる．

各パルスの周波数は，妨害装置がそれを受信するまでわからないので，DRFM とそれに付随する処理装置は，

- レーダが送信中の周波数を決定すること
- 正しい周波数とタイミング（選択した妨害技法における任意の周波数と時間オフセットを含む）を持ったパルスのデジタル表現を生成すること
- その周波数でコヒーレントに再送信を開始すること

のすべてを，図 8.34 に示すように，レーダパルス幅内のわずかな期間で行わなければならない．

妨害パルスのエネルギーは，妨害パルスの持続時間の割合で（すなわち，処理遅延時間を差し引いたレーダパルス幅の，元のパルス幅に対する比率で）減少する．例えば，パルス幅が 10μsec で，処理遅延時間が 100nsec の場合，妨害エネルギーの減少は次のようになる．

$$\frac{9.9\mu\text{sec}}{10\mu\text{sec}} = 0.99$$

これは，たったの 0.04dB である．

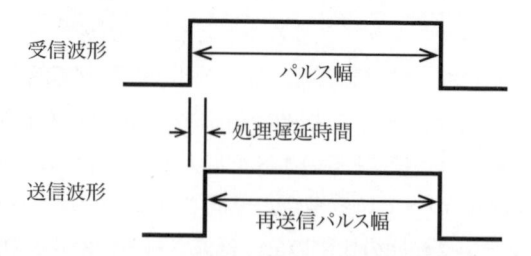

図 8.34　すべてのパルスが一意的であれば，再送信パルスの幅は，処理遅延時間の分短くなる.

8.14　DRFM を使った対策を必要とするレーダ技術の概要

以下の技術を含むいくつかのレーダ技術は，従来の妨害装置で対抗することは困難である.

- コヒーレントレーダ
- 前縁追尾
- パルス毎周波数ホッピング
- パルス圧縮
- 距離変化率/ドップラ偏移相関（range rate/Doppler shift correlation）
- 目標 RCS の詳細解析
- 高デューティサイクル・パルスレーダ

8.14.1　コヒーレントレーダ

図 8.35 に示すように，コヒーレントレーダは，その反射信号が単一の周波数セル内に収まることを想定している. これは，処理回路中にフィルタバンクを有するパルスドップラ・レーダを引き合いに出したものである. 非コヒーレント妨害装置は，スポット妨害モードであっても，その電力を多数のフィルタに拡散するため，レーダは妨害を検出でき，妨害電波源追尾（HOJ）モードに入ることができる. また，達成される J/S をコヒーレントパルス処理利得により低下させることもできる.

DRFM を備えた妨害装置はコヒーレント妨害信号を生成できるので，パルス

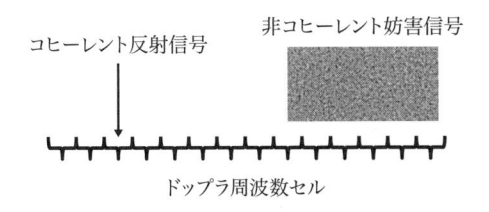

図 8.35　コヒーレントレーダは，単一の周波数セルの中に反射信号を作る
のに対して，非コヒーレント妨害信号は数個のセルを占有する．

ドップラ・レーダは同じ処理利得を妨害信号にも与えてしまい，妨害の存在を検
出することができない．このことは，両方とも J/S を改善するとともに，ホーム
オンジャムモードの起動を妨げる．

8.14.2　前縁追尾

　距離ゲートプルオフ妨害は各妨害パルスをレーダ反射信号から徐々に遅らせて
いくので，前縁追尾はこの妨害を無効にする．レーダは，各パルスの前縁だけを
使用して目標を追尾する．各妨害パルスの前縁は，反射信号のものより遅れてい
るので，図 8.36 に示すように，レーダは妨害パルスを無視して反射信号パルスを
追尾し続ける．位置関係にもよるが，前縁により，レーダは長い伝送経路のため
に遅延している地形反射利用妨害の妨害パルスを無視することが可能となる．
　最新の DRFM は，遅延時間が非常に短いので（ほぼ 50nsec 程度），前縁追尾
回路を捕捉できるほど十分迅速に妨害パルスを生成することができる．これによ
り，距離ゲートプルオフと地形反射利用妨害の両方が有効になる．

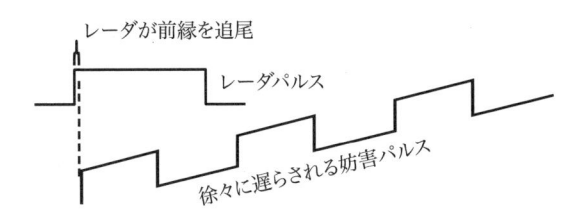

図 8.36　レーダが前縁追尾を使用している場合，DRFM を備えた妨害装置
は，50nsec 以内で反射信号と一致する前縁を持つ妨害パルスを発生させる
ことができる．

8.14.3　周波数ホッピング

　周波数ホッピングは，コヒーレント処理期間（CPI）ごとおよびパルスごとのどちらのホッピングでも，従来型の妨害装置に，レーダのホッピング帯域全体をカバーすることを要求する（レーダは一度にただ一つの周波数を使用するが，妨害装置はどの周波数であるか，わからない）．これにより，妨害装置が生み出せる J/S を低減させる．

　各パルスの最初の 50nsec の間に，（図 8.37 にあるように）レーダの周波数を測定することにより，DRFM を備えた妨害装置は，周波数ホッピングに追随する妨害信号を生み出すことができ，極めて大きな割合で反射信号パルスをカバーすることができる．

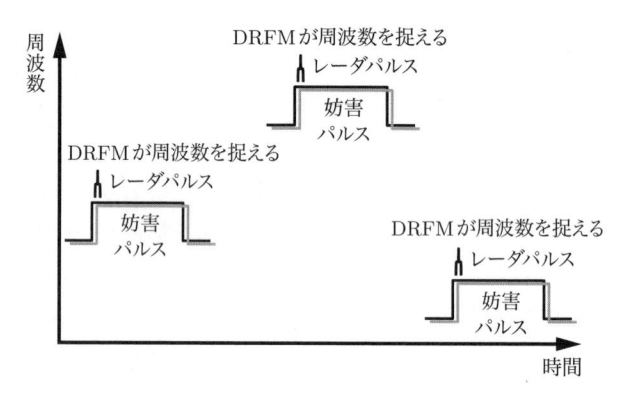

図 8.37　DRFM を備えた妨害装置は，周波数ホップパルスの周波数を最初の 50nsec で捉え，対応する妨害パルスをその周波数に一致させる．

8.14.4　パルス圧縮

　距離分解能の改善に加えて，レーダはまた，妨害装置が生み出せる J/S を圧縮比と同程度分，低減させる．これは，妨害パルスが適切なパルス圧縮変調を持っていないことを前提とする．パルス圧縮は，各パルスにチャープ変調をかけるか（すなわち，周波数変調をかけるか），バーカコードを適用すれば実現できる．どちらの場合にも，妨害装置が生み出せる J/S は，圧縮比と同程度分，低減する．これにより，妨害効果を何桁もの大きさで低減できることになる．

　線形チャープ化妨害パルスを作る他の方法があるが，DRFM を備えた妨害装置は，レーダパルスにかけられている周波数変調を（線形，非線形のどちらの変調でも）測定することができる．したがって，この妨害装置は，反射信号パルスにかけられているものに極めて近い周波数変調を持つ妨害パルスを生成することができる．

　DRFM を備えた妨害装置は，受信した最初のバーカコード化パルスのビットレートと正確なデジタル符号を決定できる．したがって，この妨害装置は，図 8.38 に示すように，正確なバーカコードを持った，後続のすべての反射信号パルスに対する妨害パルスを生成することができる．

　どちらの場合にも，DRFM は，パルス圧縮レーダに対して達成される J/S を何桁も改善する．

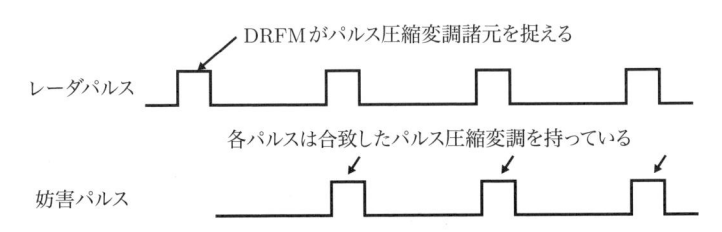

図 8.38　DRFM を備えた妨害装置は，最初のパルスの圧縮変調を捉え，合致した変調を持つ後続パルスを発生させる．

8.14.5　距離変化率／ドップラ偏移相関

　パルスドップラ・レーダは，分離目標を探知し，それらの目標それぞれの距離履歴を，そのドップラ周波数履歴と一緒に保存することができる．距離変化率とドップラ偏移との相関をとることにより，レーダは擬似目標を見分けることができ，実反射信号を使って各目標の追尾を続けることが可能になる（図 8.39 参照）．

　DRFM を備えた妨害装置は，パルスタイミングと各妨害パルスの周波数の両方を設定することができ，そのため，これらは実反射信号と矛盾なく一致しており，したがって，距離ゲートプルオフ，距離ゲートプルイン，およびその他の擬似目標妨害技法を有効にする．

パルスドップラ・レーダ距離対速度マトリクス

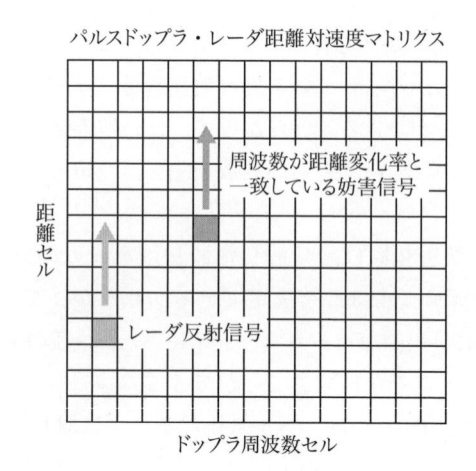

周波数が距離変化率と
一致している妨害信号

距離セル

レーダ反射信号

ドップラ周波数セル

図8.39　DRFM を備えた妨害装置は，距離変化率と一致しているドップラ
周波数を模擬した周波数の擬似目標パルスを発生させることができる．

8.14.6　レーダ断面積の詳細解析

　妨害装置によって擬似目標パルスが生成された場合，レーダは，レーダ断面積の詳細解析により，目標からの受信反射信号の変化を検出することが可能になる．この変化に着目することにより，レーダは，新たに取り込まれた妨害信号を排除し，実反射信号を再捕捉することができる．

　最新の DRFM を備えた大部分の妨害装置は，多面体の RCS パターンを組み込んだ非常に複雑なパルスを作り出すことができるので，レーダにとって偽パルスの識別が極めて難しい擬似目標を生成することができる．

8.14.7　高デューティサイクル・パルスレーダ

　高 PRF モードのパルスドップラ・レーダなど高デューティサイクルのレーダに対して，DRFM を備えた妨害装置を使用している場合，DRFM は，前のパルスを再送信するより前に，2番目のパルスからデータを収集することができる（図8.40 参照）．このパイプライン処理モードにより，適切な妨害パルス諸元を生成する十分な時間が得られる．高 PRF レーダは，通常は，受信信号の高速フーリエ変換（FFT）処理を強化するため，単一の周波数で作動していることに注意

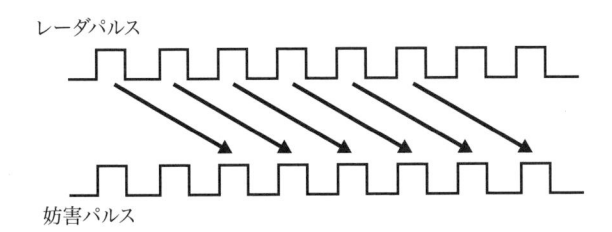

図 8.40　パイプライン処理モードでは，整合した妨害パルスを作るために
DRFM が必要な処理を完了するのに，1 パルス間隔以上の時間がかかる．

しよう．したがって，一つのパルスが他のどのパルスのようにも見えるので，パ
イプライン処理をうまく使用することができる．

参考文献

[1] Andrews, R. S., Olivier, K., and Smit, J. C., "New Modelling Techniques for Real Time RCS and Radar Target Generation", *Proceedings of the 2014 EWCI Conference*, February 17–20, 2014.

第9章

赤外線脅威と対抗策

赤外線（IR）武器，センサ，対抗策において，ここ数年で顕著な進展があった．本章では，そのいくつかの原理，技法，および最近の動向について述べる．

9.1　電磁スペクトル

電子戦（EW）の目的は，味方の電磁（EM）スペクトルの使用を確保しつつ，敵によるその使用を拒否することにある．それは直流（DC）のすぐ上から昼光のすぐ上までのすべての電磁スペクトルを対象としている．とは言うものの，大部分の電子戦に関する文献は，そのスペクトルの無線周波数（RF）の一部のみを扱っている．本章では，この不足を補うことにする．

図9.1は，光学領域と赤外線領域を強調した電磁スペクトル領域の全般展開図である．横目盛りは，周波数でもあり波長でもあることに注意しよう．これらの二つの値は，次式で定義される．

$$\lambda F = c$$

ここで，λ は波長〔m〕，F は周波数〔Hz〕，c は光速（3×10^8 m/s）である．

スペクトルの一部の RF は，便宜上，普通は周波数を使う．しかし，可視光部や赤外部では周波数は大きくて不便であるので，通常はこれらの信号について論じるときは，波長を単位とする．使用する単位はマイクロメートル（μm）である．マイクロメートルは，ミクロンとも呼ばれる．EW において，われわれにとって重要な IR スペクトル部分が三つある．すなわち，近赤外線（near IR）領域（0.78〜3μm），中赤外線（mid IR）領域（3〜6μm），および遠赤外線（far IR）

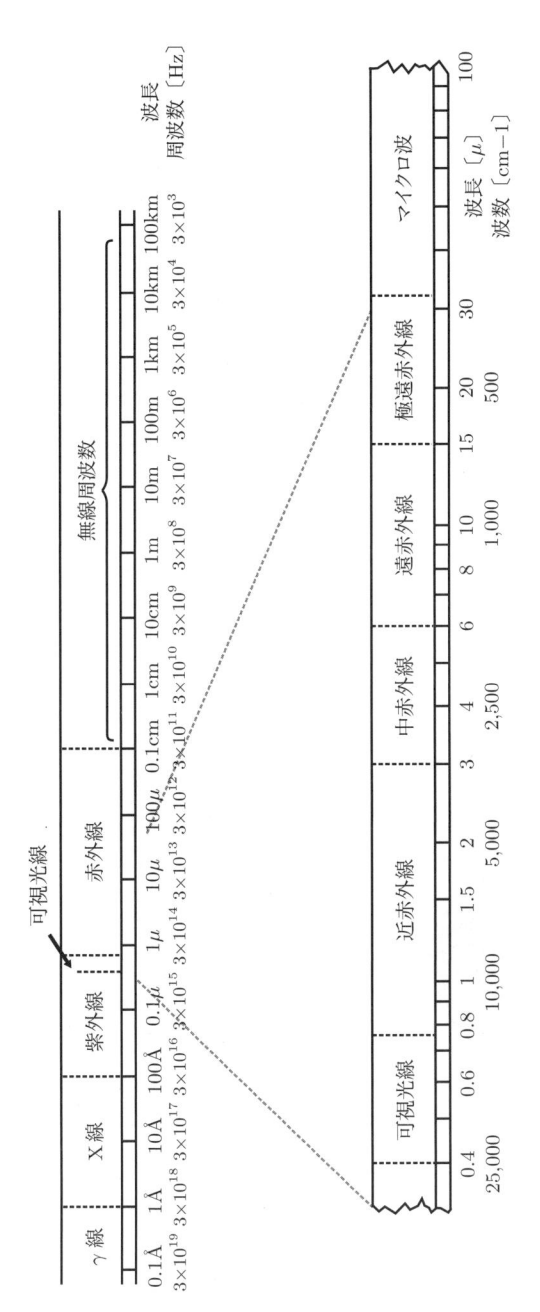

図 9.1　電磁スペクトルには，無線周波数範囲よりはるかに広い範囲が含まれる．

領域（6〜15μm）である．

　文献によっては他の帯域や帯域端の波長が定義されているが，本章ではこれらの定義を用いることにする．

　一般的に，近赤外線信号は高温を，中赤外線信号はそれより低温を，また遠赤外線信号は，人間がその中で存続可能なレベルの非常に低い温度を伴っている．これについては，9.3 節の黒体（black-body）理論の説明の中で明らかにし，さらに展開することにする．

9.2　赤外線伝搬

9.2.1　伝搬損失

　第 6 章で，RF 信号の見通し線減衰について説明した．その説明の中で，その公式は光学に由来していると述べた．RF への応用に便利な公式とするため，単位と前提を変えた．つまり，損失 $= 32 + 20\log(d) + 20\log(F)$ であった．IR 周波数帯域では，光学の基本的な考え方を用いる．図 9.2 に，適用される位置関係を示す．送信機は単位球の中心に位置する．送信開口は，その球の表面に投影される．受信開口は，同じ単位球に投影し返される．単位球上の受信と送信の面積比が伝搬損失係数である．距離が長くなればなるほど，単位球上にあるであろう受信開口は小さくなるので，伝搬損失は大きくなる．

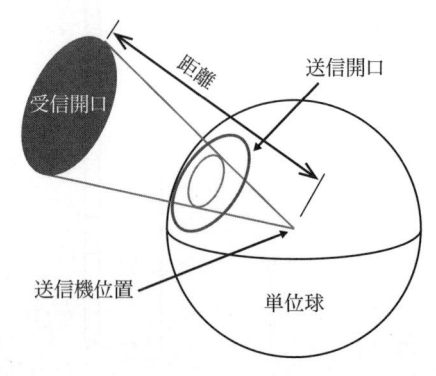

図 9.2　IR 伝搬損失は，送信機を中心とする単位球上に投影された送信開口と受信開口の比の関数である．

9.2.2 大気減衰

第 5 章で，無線周波数帯におけるキロメートル当たりの大気減衰の図を示した．減衰は周波数とともに増加するが，しかし大気ガスに起因する二つの減衰ピークもある．その一つは水蒸気によるもので，22GHz にあり，もう一つは酸素（O_2）によるもので，60GHz にある．図 9.3 は，IR 周波数/波長の範囲に対応している．この図は，大気を通り抜ける IR 信号の（減衰の対語としての）透過率（transmittance）を，波長の関数として表している．ここで数種の大気ガスに起因する高損失（すなわち，低透過率）の波長帯があることに注意しよう．この図の重要性は，IR 信号が通過する伝搬窓（すなわち，高透過率の領域）を示していることにある．通信，探知，追尾，ホーミング，画像のために，IR 信号を送信したり受信したりすることに依存しているシステムはどれも通常，これらの窓のうちの一つの帯域で機能せざるを得ない．送信または受信を低透過率（すなわち，高損失）帯の一つ（例えば，6μm から 7μm の間）で試みた場合，受信電力は極めて小さくなる．

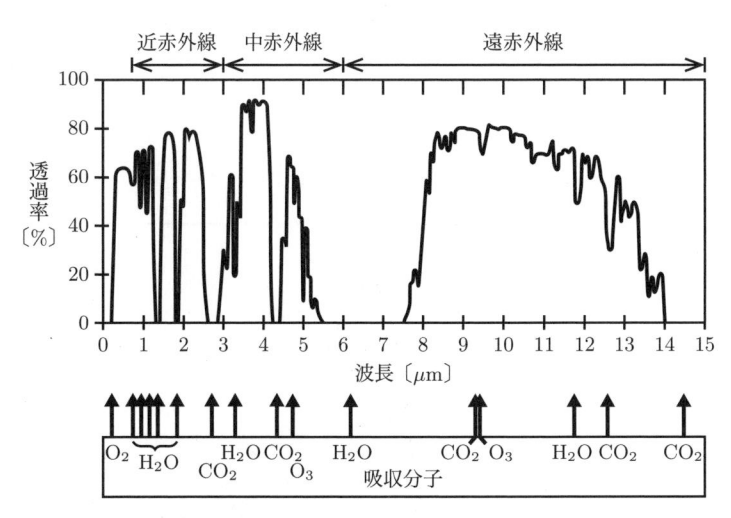

図 9.3　IR 波長域での大気透過率には，伝搬窓域とドロップアウト域がある．

9.3　　黒体理論

　黒体は，いかなるエネルギーも反射しない物体である．実験室では，黒体はある大きさと特性を持った純粋なカーボンブロックで近似される．黒体は，放射エネルギー対波長の明確に定義された外形を備えた完全吸収体であり完全放射体である．図 9.4 は，黒体がある特定の温度に熱せられたときの黒体放射対波長を示している．温度は，K（Kelvin; ケルビン）（絶対零度にスライドさせた百分目盛り）で示されている．各曲線は，単一の温度の物体の波長に対する放射を表している．物体の温度が高くなるにつれて曲線のピークが左に移動することに注意しよう．同様に，どの波長でも温度が高いほど，放射されるエネルギーは大きくなることに注意しよう．

　興味のある注釈に，太陽は黒体であるということがある．太陽の表面温度は 5,900K であり，その放射ピークを可視光波長領域内で生じさせる．

　図 9.5 は，低い温度における，同一の放射電力対波長曲線を示している．これら二つの図の要点は，受信した IR 信号の放射出力対波長の形を測定し，分析することで，信号が放射された物体の温度を決定できることである．後にわかるように，このことは IR 誘導武器に対抗しようとする誰にとっても極めて重要になりうる．

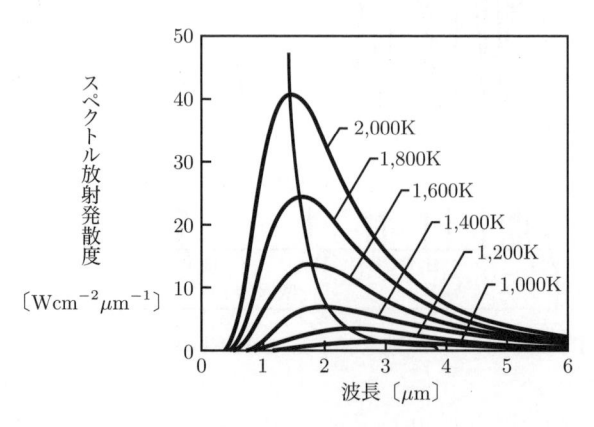

　図 9.4　どの物体の黒体放射も波長によって変化する．そのピークは，温度が上がるにつれ左に移動する．この図は高温に対するものである．

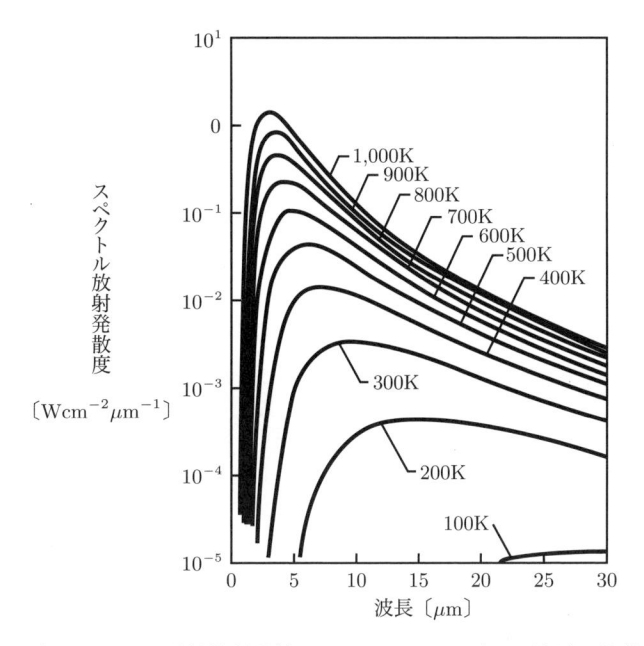

図 9.5 低温における黒体放射曲線は，ピークエネルギーの波長の温度と一体になった連続的推移を示す.

9.4 熱線追尾ミサイル

　高温の航空機は，低温の空を背景にすると，容易に見分けられる熱目標になるので，IR 誘導ミサイルは航空機にとって大きな脅威となる．これらには，空対空ミサイルや肩撃式の携行型地対空システム（MANPADS）などの地対空ミサイルがある．公開文献のいくつかは，航空機の損失の 90% までが IR ミサイルによるものだとしている.

　IR ミサイルは，目標から放射される IR エネルギーをパッシブに追尾する．9.3 節で述べたように，物体によって放射されるエネルギーの波長は，その温度によって決まる．物体が高温であるほど，IR 放射がピークとなる波長はより短くなる．IR ミサイルセンサ材料は，そのミサイルの選択した目標の温度で，ピーク発光波長に最大の応答をするように選択される.

　初期の IR ミサイルは，極めて高温の目標を必要とすることから，近赤外線領

域で運用された．そのセンサでは，高温のエンジンの内部部品が見えることが必要とされたので，ミサイルの攻撃は，ジェット機の背後からに限定されていた．より最近のミサイルは，エンジンのプルーム（plume; 噴煙）や空気力学的に加熱された翼の先端など，より低温の目標に対して運用可能なセンサを用いるようになった．こうすれば，ミサイルはどの方向からでも攻撃することが可能になる．

9.4.1　IRミサイルの構成要素

図9.6は，熱線追尾ミサイルの略図である．頭部（IRドーム）内にはIR波長を通す透明なレンズがある．レンズの後ろには，誘導・制御回路が目標方向を決定できるもとになる信号を生成するIRシーカ（seeker）がある．誘導・制御グループは，飛行方向を制御するロール補助翼（rolleron）などの操舵外板を制御する．次に信管（fuse）と弾頭がある．ミサイルは目標を追尾するばかりに，実際に目標に命中することになり，そのために，ほとんどの場合，接触信管（contact fuse）が使用される．最後部には，固体式ロケットモータ（solid-state rocket motor）と安定翼がある．

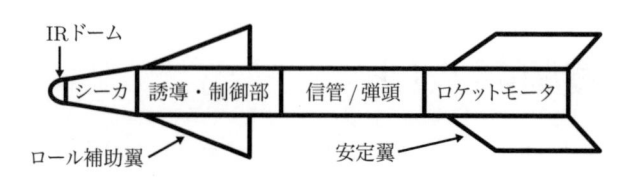

図9.6　熱線追尾ミサイルはIRセンサからの入力により誘導される．

9.4.2　IRシーカ

図9.7に示すように，シーカは，目標から放射されたIRエネルギーを，IRレンズを通して受信し，並列成形鏡を使用してIR検知セルの上に集中させる．IR信号はフィルタにかけられ，レティクル（reticle; 鏡内目盛り）を通過し，受信IR信号の強度に比例した電流を発生するIR検知セルに向かう．シーカは，ミサイルの推進軸からオフセットした光軸に沿って配置されていることに注意しよう．図9.8に示すように，ミサイルは，緩やかな角度で目標に接近できるように，

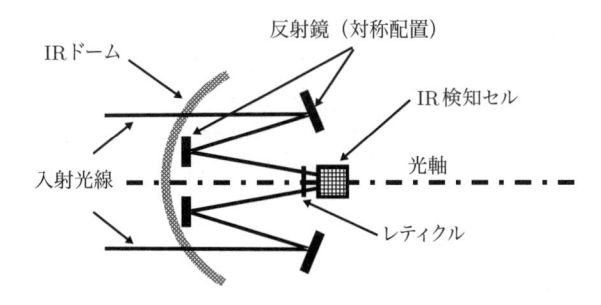

図 9.7 IR シーカは，受信した IR エネルギーを，レティクルを通して検知セル上に集中させる.

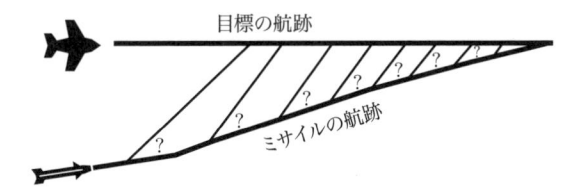

図 9.8 IR ミサイルは，目標に接近するにつれて高 G 旋回が必要になるのを避けるため，比例誘導を用いている.

比例誘導を用いる．ミサイルが目標に直接向かう場合，目標到達前にその近傍で「高 G」旋回を行う必要がある.

9.4.3 レティクル

異なる性質を持つ数種のレティクルがある．図 9.9 に，初期の IR ミサイルで用いられた朝日レティクル（rising sun reticle）を示す．このレティクルは，その表面の半分以上は 50% の透過率であり，残りの半分は透明なくさび形と不透明なくさび形を交互に持つ．これによって，目標からの IR エネルギーが受信されるように，IR エネルギーは，図 9.10 に示すエネルギー対時間特性に従って検知セルへ向けられる．パターンの方形波部分は，ベクトルがシーカから目標に向かってレティクルの交互に並んだ部分に入るとすぐに始まる．このエネルギー対時間パターンは検知セルに，同じパターンを持つ電流を誘導・制御グループへ出力させる．目標への方向が変化すると，波形の方形波部分が始まる時間が適切に

図 9.9　回転する朝日レティクルの半分は，透明と不透明が交互にある領域である．

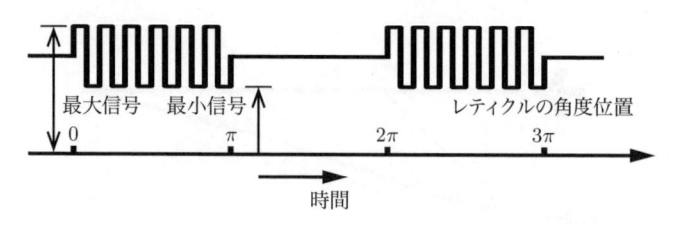

図 9.10　検知セルに入る IR エネルギーは，レティクルの変化部分が IR 目標を通過するときに，デューティサイクル 50% の方形波パターンを持つ．

シフトする．したがって，誘導・制御グループは，シーカの光軸を目標の中心に置くよう，適切な操舵指令を生成できる．IR 目標の方向がレティクルの中心に近づくと，透明のくさび形部が狭くなる（すなわち，目標部分が不透明のくさび形により隠される）ことで，そのエネルギーが減少する．その結果，誤差信号は操舵誤差角とともに，図 9.11 に示すように変化する．これにより引き起こされる一つの問題は，レティクル外縁の信号からの信号エネルギーが大きくなって，レティクルの中心にある目標からのエネルギーより優位になることである．このようにして，ミサイルがレティクルの中心近くにある目標を追尾しているとき，レティクルの外縁にあるフレアがより大きな信号を生成し始めることで，ミサイルはそのフレアのほうへおびき寄せられやすくなる．もう一つの問題は，最終的な照準点は，検知セル内の受信信号が最小になるところに存在するということである．後ほど，これらの問題や他の問題を克服するいくつか異なる種類のレティクルについて説明する．

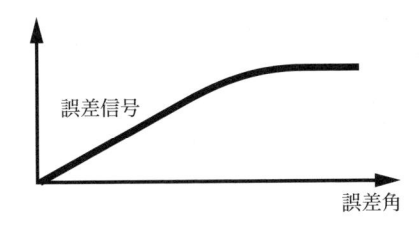

図 9.11 検知セルに入る信号の振幅は，目標とシーカの光軸の角度とともに変化する.

9.4.4 IR センサ

初期のセンサは，硫化鉛（PbS）で作られ，2〜2.5μm 帯（近赤外線領域）で作動するものであった．PbS センサは冷却なしに作動可能であり，それによってミサイルを簡略化することができる．その後のミサイルでは，より高い感度とより低い所要目標温度を目指して，PbS センサは 77K まで冷却されたが，それでもこれらのセンサは，目標に対する攻撃のためには後方に位置することが求められた．膨張ガスを使用すると，77K まで冷却できることに注意しよう．

その後全方位ミサイルは，3〜4μm 帯（中赤外線領域）で作動するセレン化鉛（PbSe），10μm 帯（遠赤外線領域）付近で作動するテルル化水銀カドミウム（HgCdTe）など，他のいくつかの化学物質から作られたセンサを使用した．これらのセンサは，約 77K に冷却される必要がある．図 9.3 の大気透過図では，これらの動作帯のそれぞれは，ミサイルの IR センサによって効率良く受信できるように，目標からの IR エネルギーが透過窓のうちの一つに入ることに留意しよう．

9.5　他の追尾レティクル

9.4.3 項では，初期の追尾レティクルを含む，熱線追尾ミサイルの各種構成要素について考察した．これからはより最近のいくつかの追尾レティクルについて検討する．これらはさまざまな機能を説明するために選んだもので，使用可能なレティクルの構造をすべて盛り込んでいるわけではない．これらのどの説明においても，その目的は，追尾装置を搭載しているミサイルが，その目標を光軸に置くように誘導できるよう，追尾装置の視野の中で目標の位置角を決定することにある，ということを覚えておいてほしい.

9.5.1   車輪レティクル

車輪レティクル（wagon wheel reticle）は，自身が回転するのではなく，円錐走査パターンで動かすように章動（うなずき）運動を行っている．これにより，目標が追尾窓を円形パターンで移動するようになる．図9.12に示すように，目標が光軸から外れているとき，検知セルへのエネルギーは多数の不均一なパルスを持っている．目標を追尾装置の中心に持っていくためには，追尾装置の光軸を，最も狭いパルスと逆の方向に動かさなければならない．目標が追尾装置の光軸の中心にあるとき，図9.13に示すように，レティクルの透明部分と不透明部分は，エネルギーの一定の方形波パターンをセンサに送ることに注意しよう．図9.9の

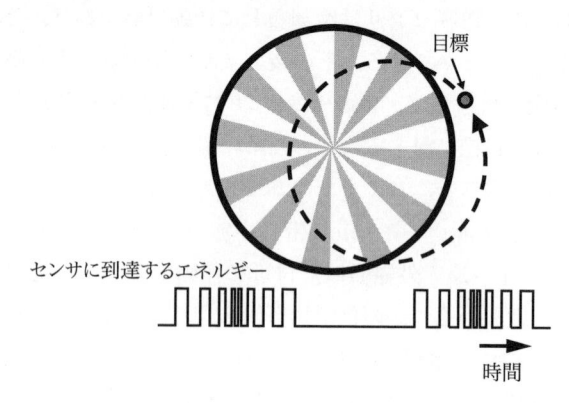

図 9.12   車輪レティクルは回転しない．光軸からずれており，コニカルパターンで動く．

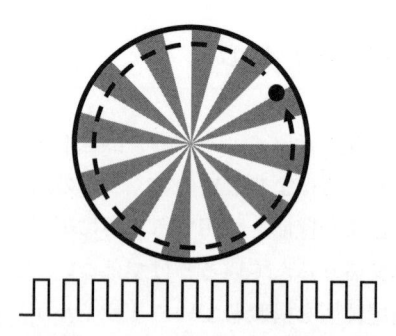

図 9.13   目標が追尾装置の中心にあるとき（すなわち光軸にあるとき），車輪レティクルは，検知セルに入る一定方形波のエネルギーを生成する．

朝日レティクルは，目標が追尾装置の光軸に近づくにつれて検知セルへの各パルスのエネルギー量を減少させ，追尾装置がまっすぐに目標を照準したときゼロ信号を生じさせる．車輪レティクルには，目標が中心にあるとき，強力な信号が得られるという利点がある．

9.5.2　多周波レティクル

　図9.14に示すレティクルは，時間の半分は，ちょうど朝日レティクルのように，センサに入るひと続きのエネルギーパルスを発生させることに注意しよう．しかしながら，センサに入るパルス数は，目標がレティクルの透明/不透明範囲を通り過ぎると，目標方向と追尾装置の光軸との角度に応じて異なってくる．追尾装置は単一目標を追尾しているだけであるが，図は，異なるエネルギーパターンを説明するため，2個の目標を示している．図の上部に示されている目標は，図の中心近くに示される目標より，光軸からより遠い．上方の目標は9個のパルスのパルスパターンを生み出し，下部の目標はパルス6個のパターンしか生み出さないことに注意しよう．これをもとに，追尾論理部が角度追尾誤差の大きさを求めることができ，正しい操舵修正がなされる．朝日追尾装置とまったく同様に，目標を追尾装置の中心に持っていくためにミサイルが旋回しなければならない方向は，パルスパターンの開始時間から導出される．

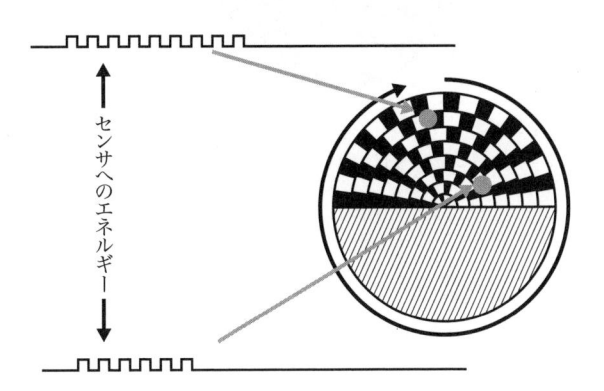

図9.14　多周波レティクルは，目標の軸ずれ角に伴ってパルス数が変化するエネルギーパターンを生成する．

9.5.3　湾曲スポークレティクル

図9.15に示すレティクルは，湾曲したスポークと機能的に工夫された大きな不透明範囲を有する．それは追尾装置の光軸の周りを回転する．湾曲スポークは，直線光学干渉を区別するように設計されている．地平線は輝線を有し，各種物体からの反射は，追尾処理と干渉する可能性のあるまっすぐな輝線群として追尾装置に届くことになる．

不透明範囲の形状は，目標と光軸間の角度の関数として，目標が通過するスポーク数の違いを引き起こすことに注意しよう．目標がレティクルの外縁に近い場合は，時間の半分に7個のエネルギーのパルスが生じるであろう．目標が光軸に近づくにつれ，パルスが存在する時間割合が増加し，エネルギーパルスの数は増加する．目標が光軸に非常に近い場合は，11個のエネルギーパルスが存在し，パルスはレティクル回転時間のほぼ100%を占める．これにより，多周波レティクルとまったく同様に，比例誘導が可能となる．

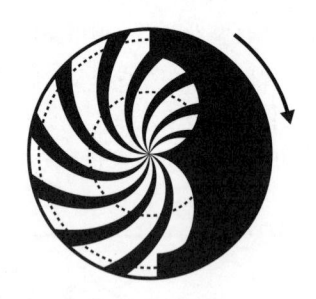

図9.15　湾曲スポークレティクルは，（地平線のような）直線状の余分な入力を判別する．それはまた，目標の軸ずれ角に比例するパルス数のエネルギーパターンを入力する．

9.5.4　ロゼット追尾装置

図9.16に示すロゼット追尾装置（rosette tracker）は，センサの焦点を図示したパターンによって動かす．この動きは，2個の二重反転（counter-rotating）光学素子により生み出され，ロゼットは花弁をいくつでも持つことができる．センサが目標のほうに進むとき，エネルギーのパルスがセンサに届く．図では，目標

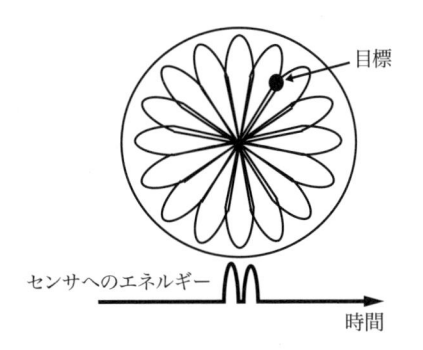

図 9.16 ロゼットパターンに従ってセンサに入力されるエネルギーパルスのタイミングにより，目標の角度位置が割り出される．

は 2 個の花弁で覆われた位置に示されている．したがって，2 個の応答パルスがある．光軸に対する目標の相対位置は，エネルギーパルスのタイミングにより決まる．

9.5.5 交差直線アレイ追尾装置

図 9.17 に示す交差直線アレイ追尾装置は，4 個の直線状センサを有する．アレイは，自身をコニカルスキャンで動かすように章動運動を行う．目標が 4 個のセンサのそれぞれを通過するとき，エネルギーパルスが生成される．追尾装置の光軸と相対的な目標の位置は，各センサのエネルギーパルスのタイミングから求められる．

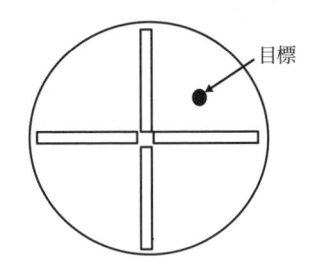

図 9.17 交差直線アレイは 4 個の直線状センサを有する．アレイは章動運動を行い，目標位置を通る各センサからのパルスを出力する．

9.5.6　画像追尾装置

　画像追尾装置は目標の光学画像を生成する．図 9.18 に示すように，追尾装置はセンサの 2 次元アレイを有するか，民間のテレビカメラで行われているように，ラスタスキャンパターンで動かすことができる単一のセンサを有する．各位置はピクセルを生成し，そこから処理装置は目標の大きさや形状を再現し，光軸に対する相対角度位置を生成する．

　すべての光学装置でそうであるように，達成可能な解像度はピクセル数で決まる．一般に，画像追尾装置は比較的少数のピクセルしかないため，普通，終末誘導装置と考えられている．したがって，その目標が追跡中のものであると識別するに足る目標のピクセル数を得るためには，（追尾装置を搭載している）ミサイルは比較的目標に近くなくてはならない．文献によっては，捕捉距離において目標のエネルギーを受信可能なピクセル数として，約 20 という数を挙げているものもある．この点についてはあとで詳述する．

　図 9.18 では，目標の上のピクセルを灰色で示している．これは，航空機の極めて鮮明な画像は提供できないが，熱デコイとは完全に違って見える．デコイはおそらく一つのピクセルだけを占有する可能性があるので，処理装置が目標航空機を選択して，デコイを排除することが可能となる．

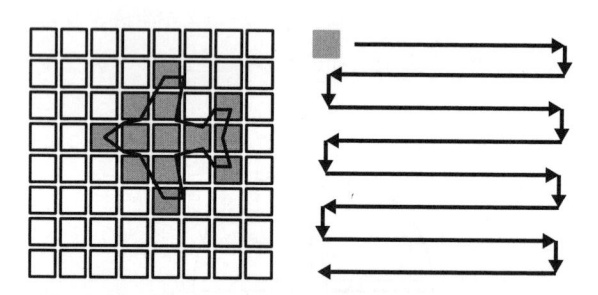

図 9.18　画像追尾装置は，2 次元アレイ状の多数のセンサ，またはラスタパターンで角度範囲を動かされる単一のセンサを有する．この装置は目標の画像を生成する．

9.6　IR センサ

9.4 節では熱線追尾ミサイルについて述べ，9.5 節では各種のレティクルに焦点を当てた．ここでは，実際の IR センサについて，もう少し詳しく見ていきたい．センサは，受信した IR エネルギーをもとに信号を生成する．各種センサ材料は，一つのスペクトル範囲に対応するが，それによって最も効果的に対抗可能な目標温度を決定する．

9.6.1　航空機の温度特性

図 9.19 は，熱線追尾ミサイルによって狙われる可能性がある，ジェット機の部品のおおよその温度範囲を示している．

エンジン内部のコンプレッサブレード（compressor blade; 圧縮機翼）は，最も高温領域であり，エンジン外部にあるテールパイプ（tail pipe; 後部排気管）は若干温度が低い．双方ともに 1,000〜2,000K の範囲にあるが，このことは，エネルギーピークが 1〜2.5 ミクロン（μm）の波長範囲にあることを意味する．エンジンプルームは 700〜1,000K の範囲にあり，ピークは 3〜5μm の波長範囲にある．空気力学的に加熱された航空機の外板，例えば主翼の前縁は，300〜500K になりえ，これらの範囲のエネルギーのピークは 8〜13μm の波長範囲にある．ピーク温度対波長の関係を説明した 9.3 節も参照されたい．

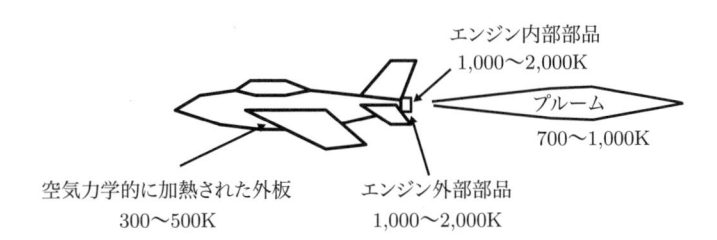

図 9.19　ジェット機のエンジン内部の高温部品，テールパイプ，プルーム，空気力学的に加熱された外板は，追尾する熱線追尾ミサイルに攻撃される可能性がある．

9.7　　大気窓

9.2.2 項から得られるもう一つの重要な問題は，大気の透過率である．図 9.20 に，赤外線エネルギーがよく伝搬する四つの主要な窓を示す．二つの低域の窓は，1.5〜1.8μm および 2〜2.5μm にある．これらは近赤外線領域にある．中赤外線領域は 3〜5μm 領域に二つの窓を有する．遠赤外線領域は 8〜13μm の大きな窓を有する．

テールパイプや内部エンジン部品のような高温目標は，近赤外線領域で追尾され，プルームは中赤外線領域で追尾され，さらに加熱された外板は，遠赤外線領域で追尾される．一般に，熱線追尾ミサイルはより高温の目標を狙う．

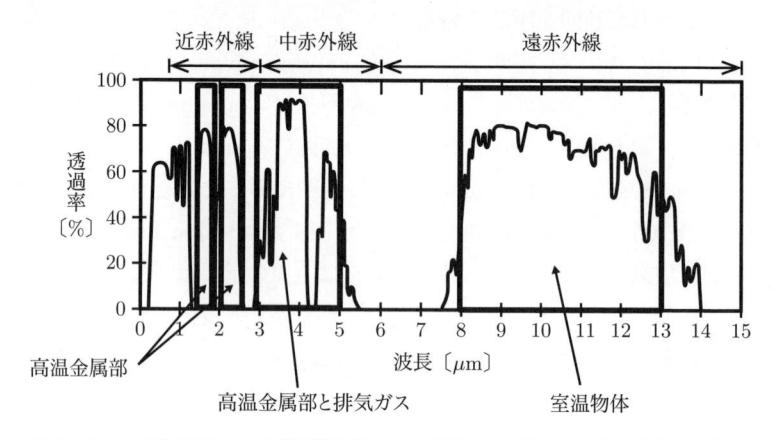

図 9.20　IR 波長域での大気透過率には，明確に定義された波長範囲に伝搬窓域とドロップアウト域がある．

9.8　　センサ材料

表 9.1 に，各種の重要なセンサ材料のピーク応答波長と，その代表的な用途を示す．

硫化鉛を除くすべてのセンサ材料は，感度と信号対雑音比を増加させるとともに，太陽エネルギーを区別するために，77K（1 気圧での窒素の沸点）まで冷却される．硫化鉛は，航空機の最高温部である内部エンジン部品を追尾する最初の

表 9.1　センサ材料の特性

| 記号 | 材料 | ピーク応答波長〔μm〕 | | 代表的用途 |
		300K	77K	
PbS	硫化鉛	2.4	3.1	高温目標に対して室温で使用
PbSe	セレン化鉛	4.5	5	プルーム追尾
HgCdTe	テルル化水銀カドミウム		10	77K まで冷却必須. ミサイル追尾装置と前方監視型赤外線（FLIR）で使用. 中波長窓と長波長窓の両方で有効.
InSb	アンチモン化インジウム	3.5	3	プルーム追尾

熱線追尾ミサイルに使用された. 追尾点の明瞭な視界を得て効果的に追尾するには, ミサイルは航空機に後方から接近する必要があった. これらの初期のセンサは, 冷却の必要はなかったが, 感度が制限されていた.

　冷却されたセレン化鉛またはアンチモン化インジウムを使用したセンサは, 航空機のプルーム追尾が可能であった. プルームは航空機の前方や側方からも見えるので, ミサイルはどの角度からでも攻撃できるようになり, 全方位ミサイルが生まれた.

　テルル化水銀カドミウムセンサを使用すると, ミサイルは空気力学的に加熱された航空機の外板を追尾でき, 全方位追尾が可能となる. 次に説明するように, この材料は, 画像追尾を可能にする焦点面アレイ（focal plane array; FPA）を作るのにも用いられた.

9.9　単波長センサ vs. 2 波長センサ

　熱線追尾ミサイルが直面する課題の一つは, フレアや太陽などの高温の邪魔物と目標とを見分けることである. 従来の紛らわしい邪魔物は, 目標とする航空機の目標部品よりかなり高温であった. マグネシウムフレアは 2,200〜2,400K であり, 太陽は 5,900K である. このため, 邪魔物は目標よりはるかに高いエネルギーを放射することになる. 図 9.21 の黒体放射曲線は（9.3 節で説明したように）どの波長においても, 温度が上昇すればエネルギーは増加することに注意し

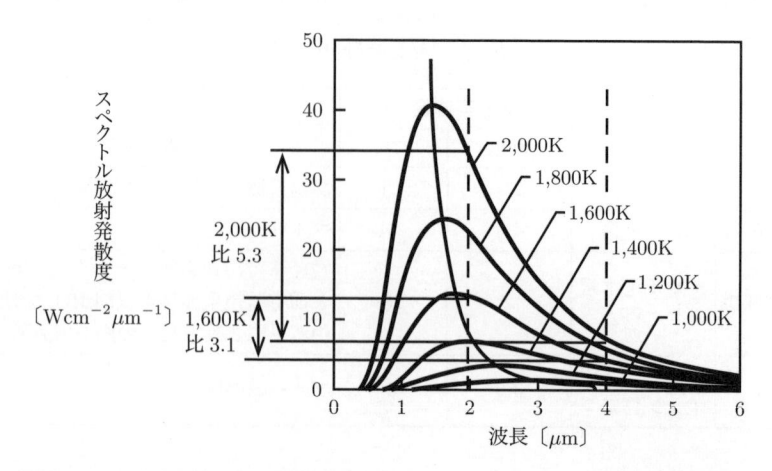

図 9.21　あらゆる物体の黒体放射は波長により変化する．温度が増加するにつれピークは左にずれる．異なる温度の物体が二つの波長で検知されると，各波長におけるエネルギーの比は温度により大きく異なる．

よう．したがって，非常に高温のマグネシウムフレアは，ミサイル追尾装置を目標から引き離す．

　しかしながら，もしミサイルがその目標を二つの波長で検知すれば，ミサイルは実際には目標物体の温度を計算できる．これによって，ミサイルは目標を選んだ温度で追尾でき，あるいは少なくとも，実目標よりはるかに高温の偽目標を区別することができる．図 9.21 は，二つの高温目標，すなわち二つの異なる波長（2μm と 4μm）における 2,000K の邪魔物と 1,600K における実目標を示している．これらの温度や波長は，その効果を説明するために選んだものであり，特定の敵もしくは味方のセンサの値を示すものではないことに注意しよう．2,000K のフレアは，2μm において，4μm におけるものの 5.3 倍のエネルギーを放射する．ここで 1,600K の目標を見ると，2μm において 4μm におけるものの 3.1 倍のエネルギーしか放射していない．ミサイルの処理装置に，適切なエネルギー範囲を持つ物体の追尾波形のみが入力されれば，そのミサイルは不正な温度のフレアを無視して正しい温度の目標を追尾する．

　選択される二つの波長は大気窓内にある必要があり，さらにフレアと目標航空機の標的部分との間に大きな対比差を作り出せるように選択できる．

9.10 フレア

熱線追尾ミサイルから航空機を防護する重要な手段となるのが，フレアの使用である．フレアは三つの異なる役割で機能する．これらの役割（あるいは，戦術上の目標）とは，セダクション（seduction; 誘引），ディストラクション（distraction; 注意をそらすもの，邪魔なもの），ダイリューション（dilution; 希釈）である．

9.10.1 セダクション

セダクションの役割は，熱線追尾ミサイルの追尾装置から見た物理的領域や波長帯の中にフレアを展開することである．フレアは，追尾されている目標が与える信号よりも強力な信号を（ミサイルの追尾装置で）与えなければならない．ミサイル追尾装置がフレアを区別する保護機能を備えていない限り，ミサイルはその注意を目標からフレアに移す．その結果，ミサイル追尾装置は，ミサイルを目標ではなくフレアのほうへ進ませる．図9.22 に示すように，フレアが目標航空機から離れると，ミサイルはそれに追随する．

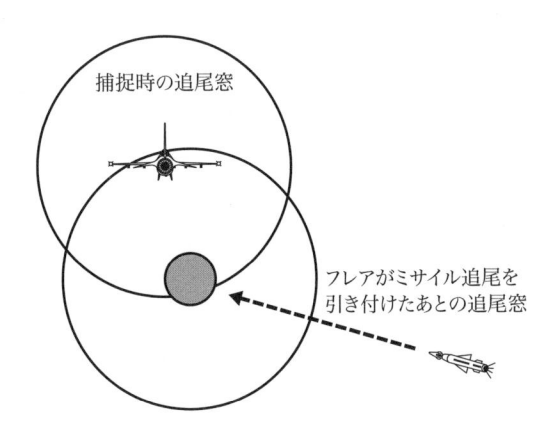

図9.22 セダクションモードで使用されるフレアは，脅威ミサイルの追尾装置を引き付け，ミサイルを目標航空機から遠ざけるように誘導する．

9.10.2　ディストラクション

　ディストラクションの役割では，フレアは熱線追尾ミサイルが目標航空機の追尾を始めるまでに展開され，ミサイル追尾装置が目標を捉える前にフレアを捉えるように配置される．この役割では，フレアは目標より大きなエネルギーを発生する必要はないが，ミサイル追尾装置が有効な目標として認識する程度に目標に近いエネルギーである必要がある．図 9.23 に示すように，ディストラクションが成功すれば，ミサイルはフレアを追尾し，目標を実際に見ることはない．この技法は，艦艇を熱線追尾対艦ミサイルから防御するためにも使用されることに注意しよう．ただし，ミサイル追尾装置が目標艦艇を捉える前にフレアを捉える確率を最大にするには，おそらく多数のフレア（または熱デコイ）が必要になるだろう．

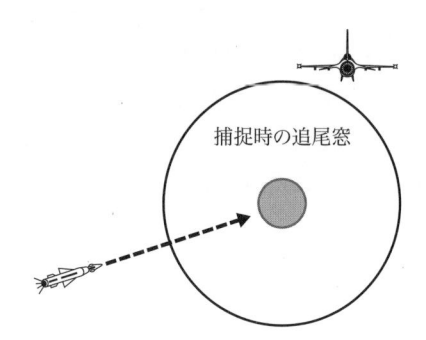

捕捉時の追尾窓

図 9.23　ディストラクションモードで使用されたフレアは，脅威ミサイルの追尾装置が目標航空機を捕捉する前に追尾装置を引き付ける．

9.10.3　ダイリューション

　ダイリューション戦術は，撮像能力やトラック・ホワイル・スキャン（TWS）能力を有する脅威に対して使用される．換言すれば，ミサイル追尾装置は，多数の潜在的目標を扱うことができるということである．図 9.24 に示すように，ダイリューション戦術の目的は，敵に多数の偽目標の中から選択させるようにすることである．このフレア（または熱デコイ）は，ミサイル追尾装置から無視されない程度に実目標のように見えなければならない．当然のことながら，このやり方の効果は，攻撃側のミサイルの精巧さにかかっている．この方法は，展開され

目標航空機のようなIRシグネチャを持つフレア

図 9.24　ダイリューションモードで使用されるフレアは，実目標を攻撃するために，脅威ミサイルに多数の偽目標の中からそれを選択させるようにする．

たデコイではなく真の目標をミサイルがうまく選択するかもしれないので，セダクションやディストラクションに比べて好ましくない方法であることに注意しよう．一つの目標を一つの脅威から防御するのに n 個のデコイが使用されるとした場合における残存確率は，$n/(n+1)$ となる．

9.10.4　タイミングの問題

　この説明は，セダクション技法に基づいているが，他の技法の必要条件として同様に当てはまる．

　図 9.25 に示すように，フレアは，それが攻撃側のミサイルの追尾範囲内にあるうちに有効なエネルギーレベルに達する必要がある．フレアの空気力学的減速度は，フレアの型式と目標航空機の速度にもよるが，$300\mathrm{m/s^2}$ にも達することがある．また，フレアが展開された時点の脅威の視野の直径は通常 200m に満たない．これらから計算すると，ミサイルがその追尾を目標から確実にフレアに移すためには，フレアエネルギーが目標エネルギーを1/2 秒強で上回らなければならない．この時間内に，脅威ミサイルが追尾している可能性があるすべての波長で，そのエネルギーレベルに到達しなければならないことに注意しよう．

　図 9.26 は，高度 3km から標準的なフレアを投下する際の，航空機からのフレアの離隔距離を示している．この図は航空機の対気速度（airspeed）に応じた垂直および水平離隔距離を示す．

　デコイは，目標がもはやミサイルの追尾窓内にいなくなり，ミサイルが目標を

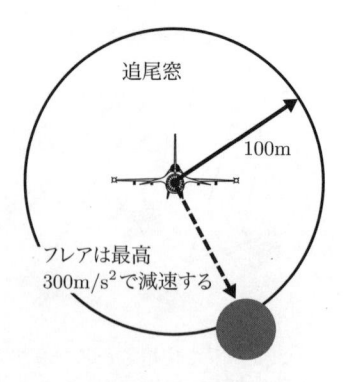

図 9.25　フレアは 300m/s^2 で減速する可能性があり，また脅威ミサイルの追尾窓は捕捉時に直径約 200m しかないので，ミサイルを目標から離れたところへうまく誘引するためには，フレアは，約 $1/2$ 秒で十分なエネルギーレベルに達しなければならない．

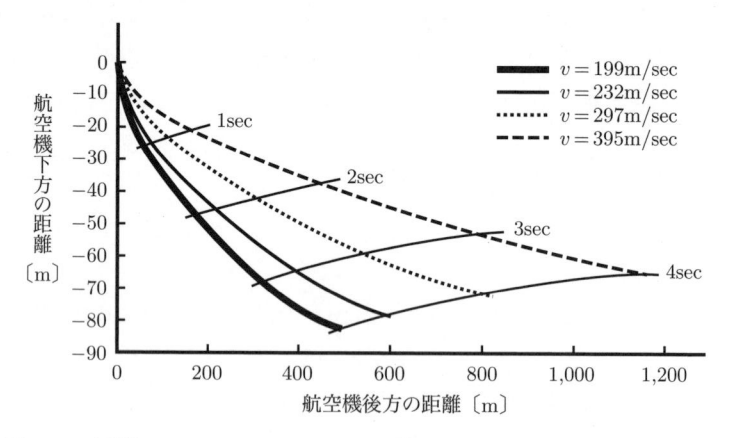

図 9.26　展開されたフレアは，それを展開している航空機の高度と速度により，異なる落下の仕方で後下方に落下する．

再捕捉できなくなるまで，ミサイル追尾装置内の目標エネルギーを凌駕するエネルギーを供給し続ける必要がある．ミサイルが目標を通り過ぎるまで，または，もはや目標に命中するための運動ができなくなるまで，フレアがこの防護レベルを備えていることが最も望ましい．

9.10.5　スペクトルと温度の問題

　フレアが有効であるためには，フレアは脅威ミサイルのセンサがその追尾を実行する波長で放射をしなければならない．9.3 節と 9.9 節で説明した黒体放射と大気透過を見てみよう．ミサイル追尾装置は，大気窓のうちの一つで作動する必要があるが，それは相当量のスペクトル範囲に広がっている．防護を成功させるには，フレアは，ミサイル追尾装置で使用される実際の波長帯で十分なエネルギーを供給する必要がある．

　一般に，フレアで使用されている燃料やバインダ材料は，黒体放射エネルギー特性に従って放射する．したがって，その温度がエネルギーのスペクトル分布を決定する．しかしながら，どの波長においても，黒体から放射されるエネルギーは温度とともに増加する．小さなサイズのフレア内でミサイル追尾装置を引き付けるに足るエネルギーを生成するには，非常に高温の燃焼物（燃焼を強めるバインダと一緒になったマグネシウム粉末など）を用いることが望ましい．フレアの温度が目標より著しく高い場合，ミサイル追尾装置内に極めて大きな信号レベルを作り出して，追尾機能を引き付けることが可能になる．9.9 節で述べたように，2 波長センサはフレアの温度を測定することができる．これは，ミサイル追尾装置がフレアを区別するために使用できる技法の一つである．

　フレアは，追尾装置に目標が投入するより多くのエネルギーを投入するので，熱線追尾ミサイルに対する非常に有効な対抗手段となる．フレアはシーカを引き付け，ミサイルをその目標から遠ざける．しかしながら，ミサイル追尾装置がフレアと目標とを区別するために使用できる各種の技法がある．うまくいけば，それらが追尾装置にフレアを無視させ，実目標を目指して追尾させ続ける．それらの技法の中には，化学作用によるもの，経時作用によるもの，ならびに幾何学的作用によるものがある．

9.10.6　温度検知追尾装置

　目標やフレアの実際の温度を測定できる 2 波長センサについて説明してきた．2 波長センサを使うと，追尾装置はその正確な温度で，目標だけを追尾することになる．9.9 節で説明したように，追尾装置は二つの異なる波長で検知する．もし二つの波長で検知されたエネルギーが正確な比率を有していたら，追尾装置は

有効な目標を追尾していると判定する．もしフレアが高温であれば，追尾装置に無視され，実目標からミサイルを引き離すことができない．

フレアが2波長センサに対して有効であるためには，正確なエネルギー比率を作り出す必要がある．これは，追尾装置で検知される二つの波長のエネルギー間の正確な比率を使う以外に，正確な温度で放射するか，あるいは，より高温で放射することによって実行できる．

図9.27に示すように，低温フレアは正確な温度で放射できるとはいうものの，一方で，ミサイルが対象とする目標よりも大きな体積を満たすことによって，より高いエネルギーを生み出さなければならない．これは，正確な温度で自発的に燃焼可能な，容易に酸化する化学物質でコーティングされた材料の小塊雲を噴出させることで達成できる．可燃性蒸気の雲に点火することでも，同様の効果を生み出せる．低温フレアはあまり見えず，かつ森林や市街地上に衝突した際に発火しないという利点がある．

二つ目の方法は，高温で燃焼するが，ミサイル追尾装置によって検知される二つの波長の正確なエネルギー比率で放射する二つの化学物質を使って，フレアを作り出すことである．このエネルギー比率は，追尾装置にフレアを有効な目標と判定させ，さらにその高温によって，追尾装置を引き付けて対象の目標から追尾を引き離すことができる．これらは2波長フレアと呼ばれる．図9.28にこれらを示す．

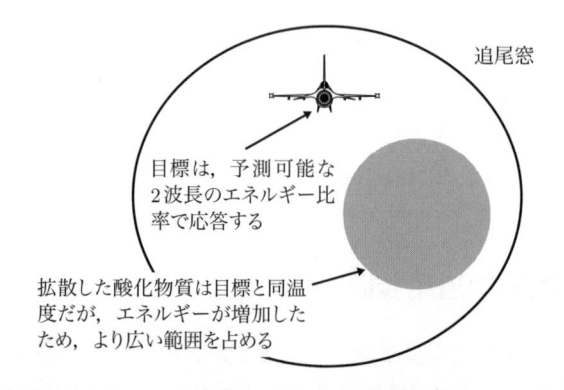

図9.27　低温フレアは，くすぶって燃焼する物質を広範囲に発生させて，ミサイルのセンサに高エネルギー応答を起こさせ，追尾装置を対象目標からそらすよう誘引する．

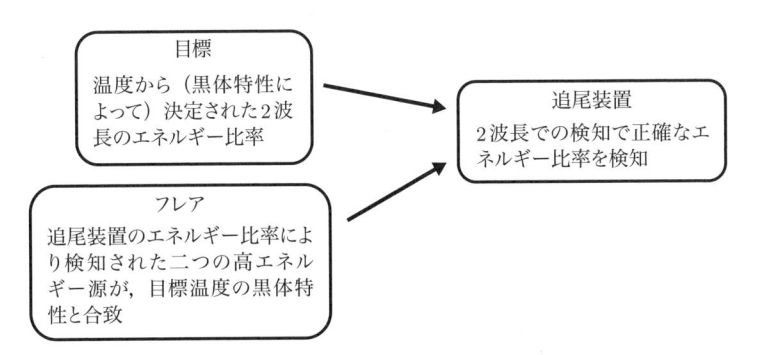

図 9.28 2波長フレアは，目標のエネルギー比率と合致するよう正確な比率で放射する．

9.10.7 立ち上がり時間に関連した防御

9.10.4 項で述べたように，フレアは最高 300m/s² で減速し，目標捕捉時の追尾窓は約 200m 幅に過ぎない．したがって，フレアは約 1/2 秒以内にその最高エネルギーに達しなければならない．そのためには，フレアの構成に選ばれる化学物質は，そのエネルギーを極めて高速に高める必要がある．使用される化学物質は，ジェットエンジンのアフターバーナ（afterburner; 再燃焼装置）よりはるかに高速のエネルギー立ち上がり速度を生み出す．そして，もし追尾窓の目標からのエネルギー増加速度が，プリセット時間間隔のすべてにわたり，あるしきい値を上回ると，追尾装置は追尾を停止することができる．その後，（フレアが追尾窓から離れたとき）追尾装置のエネルギーが以前のレベルに落ちると，追尾装置は追尾を再開することができる（図 9.29 を参照）．このフレア対抗策は，探知されたミサイル接近に応えるのではなく，ミサイル攻撃を予期してフレアを作動させることによって切り抜ける可能性がある．

9.10.8 幾何学的防御

ミサイルが航空機の真横から攻撃している場合，フレアに対する角度の変化率は，目標に対するものよりもはるかに大きい．アスペクト角の変化率を検知することにより，ミサイル追尾装置はフレアの存在を検知し，フレアが追尾窓から離れるときまで追尾を停止できる．目標航空機の前方あるいは後方からの攻撃の間

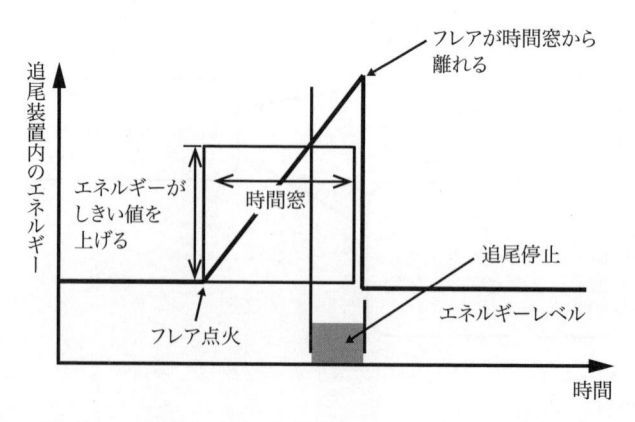

図 9.29　フレアが追尾装置内のエネルギーを，ある一定期間にある一定量以上に増加させると，フレアが窓から離れるまで追尾を停止することができる.

の角度分離（angular separation）は，より小さく見える可能性があるので，この防御ははるかに有効性が低くなることに注意しよう.

　さらに，真横からの攻撃では，図 9.30 に示すように，フレアは発射した航空機に対して減速するので，ミサイルシーカは二つの目標を見ることになる. この場合，追尾装置が先頭を行く目標に焦点を合わせれば，フレアを区別することが可能となる.

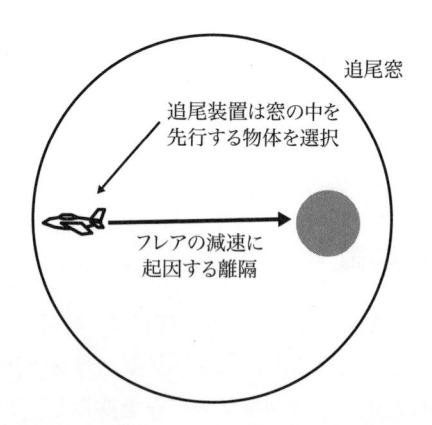

図 9.30　真横方向からの攻撃では，追尾装置はその窓の中で先行する物体をフレアと区別して選択できる.

　図 9.31 に示すように，発射されたフレアは，発射航空機より下に落下すること
になるので，追尾装置は追尾窓の下側あるいは真横からの追尾の場合には，下後
方の四分円内にフィルタをセットすることができる．これにより，フレアから受
信するエネルギーを弱め，追尾装置は対象とする目標を，より注目すべき目標と
して見ることができるようになる．

　フレアが前方推力，あるいは揚力を有する場合，これらの幾何学的防御は機能
しないことに注意しよう．

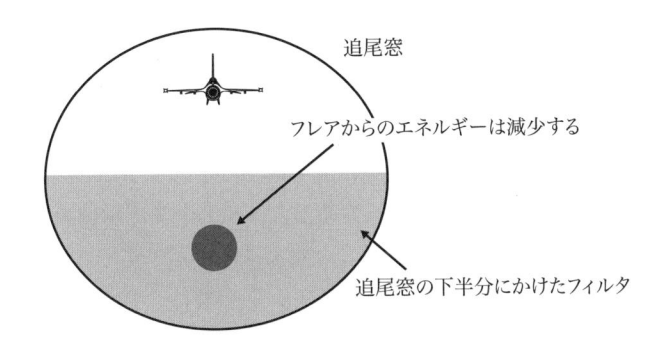

　図 9.31　追尾窓の下半分にかけたフィルタは，フレアからのエネルギーを
減少させるので，目標に追尾装置がロックオンしたままになる．

9.10.9　フレアの運用上の安全性の問題

　IR フレアは，大量のエネルギーを生み出し，また極めて速く熱を発生させる．
このため，それらの利用にあたって，考慮すべき深刻な安全性の問題が存在す
る．本項では，熱線追尾ミサイルに対して航空機を防護するのに用いられるさま
ざまな種類のフレアとそれらに関連した安全性の問題について説明する．本項で
はまた，所要の試験と使用されている安全機能についても説明する．

　フレアは航空機のタブに取り付けられる．それはアルミ製で，フレア本体が収
容されているガラス繊維製の弾倉を備えており，そこから発射される．米国海軍
は，すべて同一寸法（直径 36mm，長さ 148mm）規格の丸型フレアを使用する．
米国空軍と陸軍は，1×1 インチまたは 1×2 インチ，長さ 8 インチのフレアを使
用しており，空軍はさらに $2 \times 2 \times 8$ インチの寸法も使用する．これらは NATO
標準型である．より大きいフレアほど，より大型の航空機エンジンの IR 断面に

勝るより大きなエネルギーをもたらす．他のサイズや形状のフレアが多数あり，さまざまな国や航空機タイプで用いられている．どのタイプのフレアも，防護すべき目標から熱線追尾ミサイルを引き離すため高温目標を作り出す材料が含まれており，航空機から発射される．それらは火工品（pyrotechnic）型であったり，自然発火性（pyrophoric）の物質であったりする．

9.10.9.1　火工品型フレア

火工品型フレアは，電気起動式放出薬によって航空機から発射される．図 9.32 は，火工品型フレアの略図である．フレアペイロードは火工品型ペレット（pellet; 小弾丸）で，フレア発射用と同じ装薬か，あるいはフレア発射装薬で点火される補助装薬により点火される必要がある．最も初期の種類のフレアに含まれるペレットは，機械的完全性を与え，その性能を高める，いくつかの結合剤が一体となったマグネシウムテフロン（MT）であった．MT フレアは極めて高温で燃焼して，ミサイルシーカを引き付けるのに必要なエネルギー差をもたらす．これらは今でも使用されているが，説明したように，現在では，燃焼中のマグネシウムのスペクトルに反応しないように工夫された 2 波長センサに逆に作用するフレアもある．これらはスペクトル整合型フレアと呼ばれている．

実際の燃焼温度ははるかに高いかもしれないとしても，スペクトル的に整合されたフレアは，2 波長ミサイルシーカの選定基準を満たすため，一般的には，低・中帯域の IR 帯において，より正確なエネルギー比率を生み出す火工品物質を燃焼させる．安全性の問題は，一般に，つい最近になって開発されたこの種のフレアに付き物である．

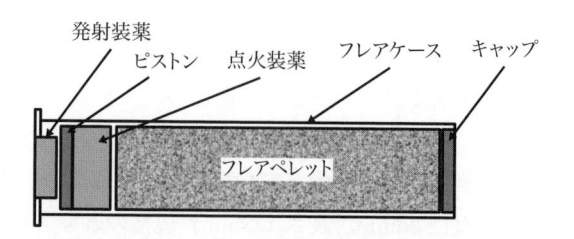

図 9.32　火工品型フレアは点火に必要なペイロードを有する．ペイロードは圧縮されたマグネシウムテフロンやその他の複合物である．発射装薬がペイロードに点火するものもあるし，発射装薬がペイロードに点火する 2 次装薬に点火するものもある．

9.10.9.2 自然発火性デコイ装置

自然発火性デコイ装置は，冷たいフレアと呼ばれることもあるが，燃焼しないので正確にはフレアと呼ばれない．それらは実際には急速に酸化し，裸眼には見えずミサイルシーカには目標のように見える IR 放射を生成する．図 9.33 は，自然発火性デコイ装置の略図である．

初期には，一部の自然発火性デコイ装置では液体を使用していたが，これらは危険で取り扱いが困難であることがわかり，現在では主に自然発火性の金属薄片爆発物が用いられている．その基本的な方法は，空気に触れたとたん急速に酸化する高多孔質表面を持つ薄い金属箔ホイルを製作することである．これらの装置は，燃焼はせず，鈍い赤色の輝きを放ちながらくすぶる．したがって，ペイロード発射装薬による閃光以外は，実用距離内では昼夜を問わず見えない．円形または方形のデコイ筐体に合うように切断された厚さ 1〜2 ミル（25〜51μm）の表面加工されたホイルの小片が発射されて拡散し，大きな断面積を作ることで，ミサイルシーカを引き付ける目標となる．デコイが正確な温度であれば，そのエネルギー対波長特性は，図 9.4 に示した黒体放射特性と一致する．これらは黒体フレアと呼ばれることもあるが，真の黒体の理想的な放射特性を有するわけではないので，より正確には灰色体（gray body）デコイと呼ばれる．

自然発火性デコイは，火工品型フレアの要求事項と同様に，1/2 秒足らずで所望の温度に達することが可能である．

図 9.33　自然発火性デコイのペイロードは多数のコーティングされた鉄ホイル片であり，これらは展開時に急速に酸化し，熱線追尾ミサイルに対する熱目標を生成する．

9.10.9.3　安全性の問題

　抗点火衝撃力に加えて，抗放射電力規格もある．その懸念は，発射装薬を点火する点火装置がレーダ信号によって起動されるおそれがあることである．すなわち，RF 電力による実際の装薬の点火は危険と見なされていないが，そのエネルギーが点火装置の接続線に結合される可能性がある．これは空軍の用途にとっての大問題ではないが，発進準備を完了した航空機にごく接近している強力なレーダを持つ航空母艦には極めて大きな影響を与える．レーダのエネルギーによるフレア発射によって引き起こされた（航空母艦上での）事故の報告がある．この種の障害は，対兵器電磁波障害（hazard of electromagnetic radiation to ordnance; HERO）として知られている．レーダによる空中でのフレア点火の報告はない．

　最小限の安全要求事項として，ほとんどの点火装置は，1A の電流に作動することなく耐えるように義務付けられている．それらは 1Ω の抵抗も持っているので，1W で 1A を生み出す．非点火基準は一般的に 1A であり，全点火仕様は通常 4〜5A である．レーダなどの RF 信号源からのエネルギーを低減するための低域通過フィルタを持つ HERO 対応の安全点火装置もあるが，あらゆる状況に使われているわけではない．

9.10.9.4　狭域機能試験

　偶発的なフレア点火と射出障害に関する問題が，密閉機能試験の要求につながった．これらの試験では，発射筒は閉塞され，フレアは点火され燃え尽きてもよい．合格基準は機関ごとに若干異なるが，一般的にフレアディスペンサ（dispenser; 散布機）の外には損傷を与えてはならないことになっている．

9.10.9.5　腔内の安全性

　火工品型フレアには，スライダ（slider; 滑体）と呼ばれる腔内安全装置が付いていることがある（図 9.34 参照）．この装置は，フレアが弾倉から離れるまで点火しないようにするものである．弾倉内で点火される形式のフレアも多く，必ずしも広く用いられているわけではない．発生する燃焼ガスは，フレアディスペンサや航空機にほとんど損傷を与えることなく，フレアを速やかに排出できる．

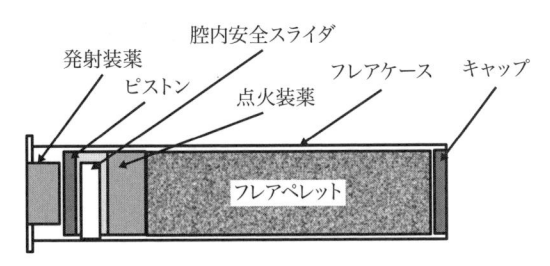

図 9.34 腔内安全装置は，火工品型フレアにおいて，フレアペレットがフレアケースから出てケースが空になるまでフレアペレットに点火されることを防ぐ．

9.10.10 フレアカクテル

フレアは，ミサイル攻撃に効率良く対抗するため，通常 2〜3 種類を組み合わせて発射される．図 9.35 に，標準的なフレアの組み合わせを示す．フレア展開の混合と順序は，予想される脅威へ最適に対処できるように選定される．

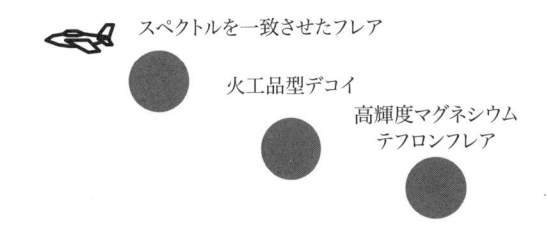

図 9.35 通常，複数タイプのフレアを組み合わせたものが発射され，各種 IR ミサイル追尾装置に対する航空機の最適な防御がもたらされる．

9.11 画像追尾装置

対空ミサイル用の画像赤外線追尾装置 (imaging infrared tracker) は，民間開発の焦点面アレイ (FPA) から大きな恩恵を受け，作戦上の重要性も増している．画像追尾装置は，航空機のように見える目標を追尾する．これにより IR デコイを区別することが可能になる．

より大きな温度の輪郭を生成して，ミサイル追尾装置を捉える IR デコイ，およびこの種のデコイに対して弱いタイプのミサイル追尾装置について説明して

きた．ここでは，ミサイル追尾装置で検知されるエネルギーパターンの形に基づいてデコイと目標を区別する新型ミサイル追尾装置を取り上げる．初期の画像追尾装置は追尾装置の視野内の光景を捉えるのに，走査線形アレイを用いていた．これらの追尾装置は大型で重いものであった（約 40 ポンド）．兵器並みに加工された焦点面アレイ（FPA）の発展により，いまや，最大 256 × 256 ピクセルで，（長時間連続動作可能な循環型冷却器を含めて）重量が約 8 ポンドしかないスターリングアレイ（staring array）を追尾装置に搭載することが可能となっている．

目標航空機をカバーするピクセル数を距離の関数として表したものを図 9.36 に示す．典型的な捕捉距離の 10km では，目標は 1 または 2 ピクセルである．5km では 4 × 4 ピクセル，1km では 20 × 20 ピクセル，500m では 40 × 40 ピクセル，250m では 80 × 80 ピクセルに広がる．

画像追尾装置は，プルームシグネチャ（plume signature）が最大となる約 3 ミクロンの大気窓内で運用される．これらの FPA は，77K に冷却されたアンチモン化インジウム（InSb）センサを使用している．

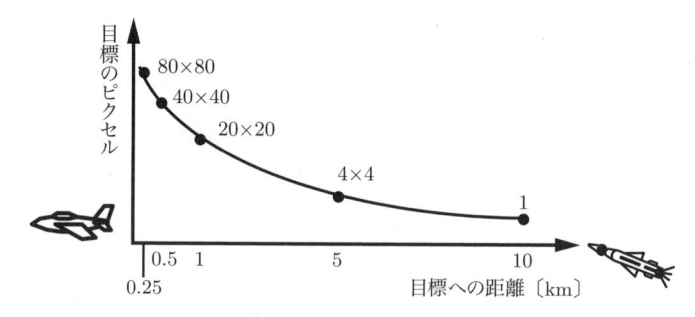

図 9.36　ミサイルが目標に近づくにつれ，画像の解像度は劇的に高まる．

9.11.1　画像追尾装置を用いた交戦

図 9.37 に示すように，交戦には三つの段階（フェーズ）がある．すなわち，捕捉段階（acquisition phase; 目標探知段階），中間段階（mid-course phase），および終局段階（end game phase; 終盤段階）である．交戦段階それぞれに課題がある．

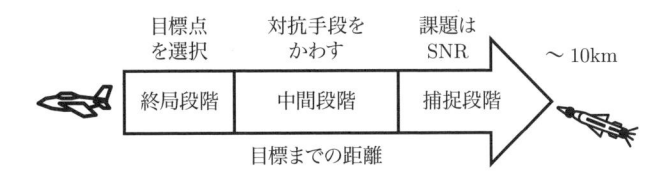

図 9.37 交戦には捕捉，中間，および終局の三つの段階がある．

9.11.2 捕捉段階

捕捉段階では，目標は灰色を背景にした白斑のように見える．大きな課題は，熱の信号対雑音比である．追尾装置のドーム（dome）の空力加熱（aerodynamic heating）は，かなり大きな熱雑音源であり，多くの開発努力は最適なドーム材料に集中している．ドーム材料は雨滴の衝突に対して物理的に強靭でなければならず，なおかつ，対象とするスペクトル領域において高光学品質でなければならない．現在広く用いられている材料は合成サファイア製で，平面レンズに加工されており，飛行方向に対してある角度をなして装着される（図 9.38 参照）．

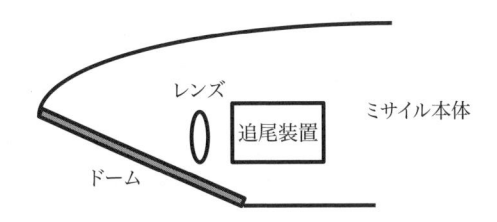

図 9.38 ドームは空気抵抗や加熱を最小化し，熱的 SNR を増大させるため，ミサイルの機体に対してある角度で装着される平板材とすることができる．レンズは，大きな対象視野が得られるドーム後方のジンバルに搭載される．

9.11.3 中間段階

中間段階では，UV，IR，また，場合によってはレーダのミサイル警報装置（missile warning system; MWS）が接近するミサイルを探知し，対抗手段が発動される．中間段階の主要な課題は，これらの対抗手段を排除することである．その対抗手段は，目標航空機からミサイルを引き離すためのデコイか，あるいはミサイル追尾装置の動作を妨げるための妨害装置となる．目標を追尾し続けるに

は，追尾装置はデコイを目標から区別し，排除しなくてはならない．前述したように，デコイは追尾する波長における追尾窓内で目標航空機より大きなエネルギーを発現させることによって，追尾装置の注意を引き付ける．デコイには，2 波長追尾装置，および追尾装置の角度や立ち上がり時間による分別能力に勝る精巧さがある．一方，画像追尾装置は，物理的寸法や形状によってデコイを対象の目標と区別するので，新たな問題を提起する．

画像追尾装置がある目標を追尾中に，目標からデコイが展開されたとき，追尾装置は相関追尾を実行する複雑なソフトウェアを使用する．一つの導入例として，追尾装置は新たなエネルギー源が最近追尾された輪郭と同じ輪郭を有するかどうかを問いかけるものがある．もしそうでないなら，その新たなエネルギー源は排除され，ミサイルは最初のエネルギー源を追尾し続ける．

中間段階においては，目標航空機の追尾 FPA は通常 7×7 または 9×9 ピクセルで可能である．図 9.39 は目標航空機，高温フレア，および灰色体デコイを見ている 7×7 ピクセルアレイを示している．目標は複雑なパターンの受信エネルギーピクセルを供することに注意しよう．高温フレアは物理的に小さいので，（多くの）エネルギーは 1 個のピクセルに入る．灰色体では，有効な目標と同等のエネルギーが複数のピクセルに入る．この種のデコイは，広がって大きな容積を満たすために高速酸化ホイル片を使用することを思い出そう．しかしながら，そのエネルギーパターンは，目標の空間エネルギー分布とは異なる．大事なことは，その形状が，航空機とはどういうものか先験的に記憶された画像と同じである必要はないということである．むしろ，追尾装置は，直前に見たエネルギー分布と相関関係がないという理由でデコイを排除することができる．

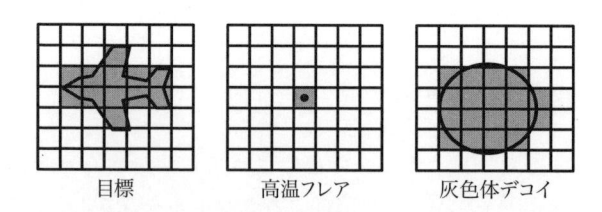

目標　　　　　高温フレア　　　　灰色体デコイ

図 9.39　目標航空機，高温フレア，灰色体デコイに対する FPA ピクセルでのエネルギー分布が相関追尾を援助する．

　レーザ妨害装置は，画像追尾装置に深刻な課題を提起する．これは，それが追尾装置の FPA に過大なエネルギーを送り込むことにより，アレイを飽和あるいは損傷させ，目標の追尾を不可能にすることができるからである．40〜50 年にわたって，IR ミサイルが各種のデコイに対応してきており，その間に追尾のための高度な知識が多数開発され展開されたことは興味深い．しかしながら，レーザを使った妨害装置が使用されてきたのは，ほんの 10 年間に過ぎない．

　このような対抗手段の存在下で追尾装置の性能を向上させるハードウェアとソフトウェアの大幅な発達に期待しよう．これによって，妨害戦術が改善されてくる．

9.11.4　終局段階

　終局段階では，ミサイル追尾装置は，多くのエネルギーと，目標を表す多数のピクセルを持っている．この段階（飛行の最後の瞬間）における課題は，目標に対して最大の致死的影響を及ぼす最適点を選定することである．図 9.40 に示すように，これらの高い致死効果を持つ目標位置には，操縦席，エンジン，燃料タンクなどがある．FPA の各素子のセンサエネルギーレベルを 10 ビットで量子化するとすれば，その FPA のダイナミックレンジは約 30dB となり，操縦席などの脆弱で重要な要素を見分けて攻撃点を選定するのに十分である．

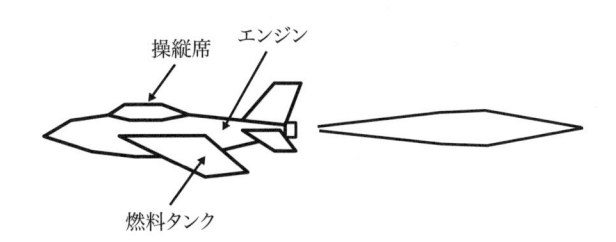

図 9.40　終局段階では，ミサイル追尾装置は操縦席，エンジン，燃料タンクなど，航空機の最も脆弱な部分を狙うことができる．

9.12　IR 妨害装置

IR 誘導脅威の致死距離内に留まらなくてはならないプラットフォームは，十分な防護をもたらすために極めて多くのフレアを必要とする．したがって，IR 妨害装置の使用が最善の解決法となる．

図 9.41 に示すように，IR ミサイルは，目標とされた航空機のある部分からの IR エネルギーを追尾する．目標航空機の妨害装置は，変調された IR エネルギーを攻撃中のミサイルに指向する．受信 IR エネルギーは，ミサイルに目標を追尾させるべく誘導する方向を決定するために処理される．図 9.42 は，ミサイル追尾装置の構成品を示す．IR エネルギーは，レンズとレティクルを通過して検知セルに達する．検知セルはビデオ信号を生成し，これにより処理装置はミサイル誘導指令を生成する．

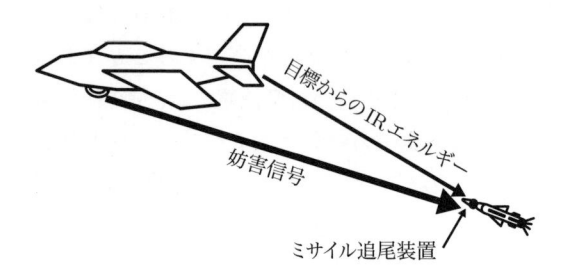

図 9.41　IR 妨害装置は，ミサイルに正しい目標の認識を失敗させるか，ミサイルが目標から遠ざかるように誘導する波形を持った IR エネルギーをミサイル追尾装置に指向する．

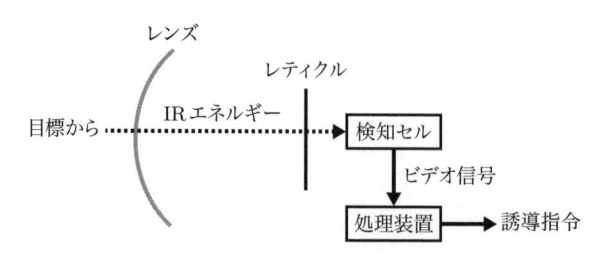

図 9.42　ミサイル内の追尾装置は，目標からの IR エネルギーを，レティクルを通過させて検知セルに送る．検知セルはビデオ信号を生成して処理装置に送り，そこで誘導指令が生成される．

IR 妨害装置は，変調された IR 放射を生成する．これは攻撃中のミサイルに向けて送信され，変調されたエネルギーが検知セルに入力される．このエネルギーが，処理装置に不正確な追尾情報を出力させ，目標に向けたロックを外すか，あるいはその対象とする目標から離れるようミサイルを誘導する．

9.12.1　ホットブリック妨害装置

最初期の IR 妨害装置は，高レベルの IR エネルギーを放射する熱せられたシリコン/カーバイドのブロックを有していた．図 9.43 に示すように，これらのブロックは，円柱状の筐体内に据え付けられ，筐体の垂直面の表面にはレンズを持っていた．各レンズは，開閉することでエネルギー波形を発生する機械シャッタを有している．発生する波形は，ミサイル追尾装置内のレティクルの動作によって生成されるものに似ている．このようにして，この妨害信号は，ミサイル追尾装置の処理装置に正当な IR 目標として受け入れられる．この種の妨害装置は，ホットブリック（hot-brick; 高温レンガ）妨害装置と呼ばれることがある．妨害信号を広角度範囲に出力するので，攻撃中のミサイルの位置についての正確な情報を必要とせず，多数の攻撃中のミサイルを妨害できる．

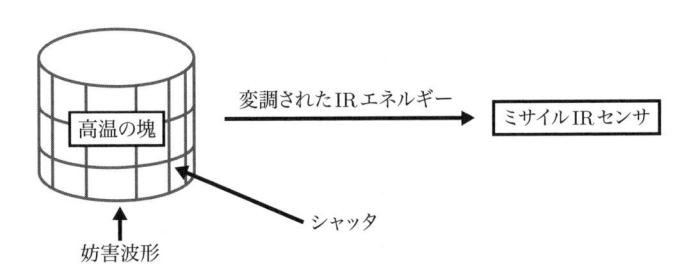

図 9.43　初期の IR 妨害装置は，周囲 360° に機械式シャッタを備えたハウジングの中に熱した塊を持っていた．それはレティクルから追尾装置のセンサに届くパルスのような IR エネルギーのバーストを放射した．

9.12.2　妨害装置の追尾装置への影響

図 9.44 に，前述したいくつかのタイプのレティクルを，検知セルに出力される IR エネルギーパターンとともに示す．処理装置は検知セルからのビデオパルスのタイミングまたは幅を使用して，目標航空機を追尾するためにミサイルが誘導

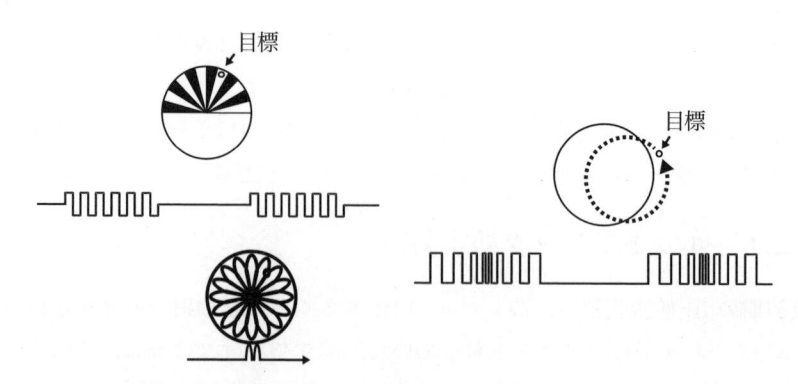

図9.44　各種のレティクルは，追尾装置のセンサに対して，受信したIRエネルギーと異なる変調波形が見えるようにする．

されるべき方向を特定する．一部のミサイルでは，パルスの振幅または各バースト中のパルスの数が，目標方向と追尾装置との光軸の角度オフセットの大きさを決定する．

　図9.45に，ある種類のミサイルにおける目標の（レティクル通過後の）IRエネルギーと，妨害信号を示す．両方のIRエネルギーパターンは検知セルに入り，これらが合成されたエネルギーパターンにより，複雑なビデオ信号パターンが処理装置に入力される．この合成パターンによって，どのようにして処理装置がバースト内のパルス数やバーストのタイミング，あるいはビデオパルスの振幅を，正確に特定できなくなるかに注意しよう．妨害装置からのビデオ信号は，目標からのビデオ信号よりはるかに大きいことにも注意しよう．これは妨害対信号比（J/S），この場合は，受信妨害エネルギーに対する受信目標信号エネルギーの

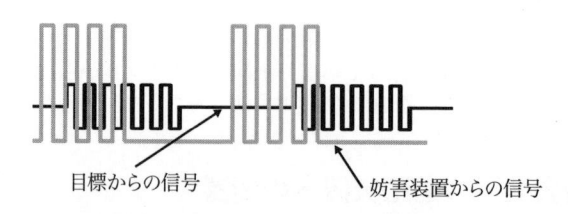

目標からの信号　　　　　　　　　妨害装置からの信号

図9.45　攻撃中のミサイルの処理装置は，目標のIRエネルギーおよび妨害装置のエネルギーからの重畳されたビデオ波形を受信する．妨害装置のビデオの存在が，追尾装置による目標航空機の相対位置の決定を妨げる．

比率となる.

　9.11 節で，エネルギーパターンが大きく異なる画像追尾装置について述べた.
これによって使用可能な妨害手法は複雑となるが，このことについては，あとで
説明する.

9.12.3　レーザ妨害装置

　図 9.46 に，非常に高い J/S を生成できるもう一つの種類の IR 妨害装置を示
す.　この種の妨害装置においては，IR レーザが所要の妨害エネルギーパターン
を生成し，誘導される望遠鏡によって攻撃中のミサイルに向けられる.　これらの
妨害装置は，指向性赤外線対策（directed infrared countermeasures; DIRCM）シ
ステムと呼ばれる.　共通 IRCM（CIRCM），大型航空機用 IRCM（LAIRCM）な
ど，この技法を用いている最新のプログラムがいくつかある.　望遠鏡により非常
に高レベルの IR エネルギーをミサイル追尾装置に送ることが可能であるが（す
なわち高 J/S），妨害装置システムに二つの重要な要求が必要となる.　第一に，
レーザは，ミサイル追尾装置に受け入れられるために，正しい波長で信号を生成
しなければならない.　第二に，システムは，望遠鏡が正しく配置されるために，
ミサイルがどこに位置しているかを知らなければならない.　ゆえに，システムは
ミサイル追尾能力を備えていなければならない.　この機能は，レーダによりなし
うるが，妨害装置はたいてい，そのプルームの紫外線（UV）エネルギー，あるい
は空気力学的加熱によるミサイルの IR 特性を通してミサイルの位置を見つけて

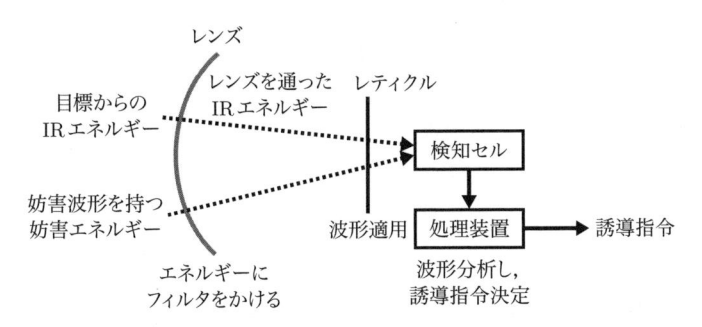

図 9.46　レーザを使用した妨害装置がミサイルを検知し位置決定する.
レーザは適切な妨害波形で変調され，望遠鏡はレーザ妨害信号をミサイル
に向ける.

追尾している．技法はどうであれ，所要 J/S レベルを生成するには，妨害装置の望遠鏡が十分な IR エネルギーをミサイル追尾装置に到達させるのに足りる正確さで，ミサイルの位置が決定されなければならない．

9.12.4　レーザ妨害装置の運用上の課題

これから，レーザを使用する妨害装置の仕様を検証する．この装置は，ミサイル追尾装置向けであるので，レーザは大きなエネルギーレベルをミサイル追尾装置の検知セルの中に発生させることが可能であり，それゆえ，かなりの J/S を生み出すことができる．しかしながら，ミサイル追尾装置がより高性能になるに従って，妨害パターンも同様に精巧さが必要となってくる．その目的は，ミサイルを目標とは異なる方向に向かわせるか，あるいは，そこには有効な目標が存在していないとミサイルの処理装置に確信させて，ミサイルを起爆しないようにすることにある．

ミサイル内の目標追尾装置は，フレアによって突きつけられた難題に何十年も取り組むとともに，これらの対抗手段に対する数多くの対抗策が開発され，配備された．しかしながら，IR 妨害装置は比較的新しいものであり，新たな課題をもたらしている．これから何年かにわたって，IR ミサイル追尾装置と IR 妨害装置の双方による手段と対抗手段の決着のつかない競合関係を経験することになる．

上述したように，レーザを使った妨害装置は，敵のミサイルを探知し位置を決定し，ミサイルの追尾装置にエネルギーを指向するため，その望遠鏡がミサイルに狙いを定められるようにしなければならない．図 9.47 に示すように，追尾装置のレンズは，動作帯域内の信号だけを追尾装置に通過させるように，フィルタリング機能を備えている．波長帯が短いほど，ジェットエンジン内部の部品のような，より高温の目標を追尾する．しかし，プルームや空気力学的に加熱された機体外板など，より低温の目標を追尾するには，より長い波長が必要となる．画像追尾も同様に，長い波長を必要とする．これらの長波長の追尾装置は，一般的に 77K まで冷却される必要がある．ミサイルはほんの数秒間作動するだけでよいので，冷却には通常，膨張ガスが用いられるが，より長時間の戦闘には冷凍タイプの冷却が必要である．この長時間冷却は，レーザを使った IR 妨害装置のミサイル検出器位置でも必要となる．これは，妨害装置が先制モードで運用されて

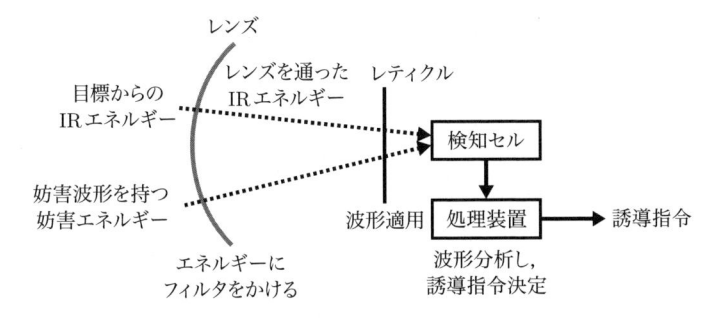

図 9.47　ミサイル追尾装置のレンズはエネルギーをフィルタにかけ，追尾装置が動作するよう設計された波長にする．

いるとき，ミサイルが目標を捕捉しないようにするのに，特に重要である．追尾装置が固有の温度になるまでの時間を削減するために，約 100K の高温センサを用いて研究された．冷却システムを単純化することで，追尾装置の複雑さが軽減され，システムの信頼性が向上することになる．

9.12.5　妨害波形

最新式の妨害装置は，極めて速く試せる妨害コードのライブラリを持つことが可能である．攻撃中のミサイルを追尾するサブシステムは，次に，正しい妨害コードが適用されたかどうかを判定するため，異常なミサイル動作を探さなければならない．正確な妨害コードは，特定のミサイルのレティクルで生成された波形のように見えるが，追尾装置の働きを妨げる可能性がある．初めに，回転レティクルと章動レティクルの種類について考えよう．妨害波形は，追尾装置に受け入れられ，追尾装置を目標から遠ざけるよう誘導しなければならない．ここに二つの例を示す．

9.12.5.1　章動式追尾レティクル

章動式追尾装置からの波形を，図 9.48 に示す．左側は，ミサイルがその目標にロックオンされているので，目標はレティクルの中心にある．この場合，検知セルに矩形波のエネルギーパターンを生成する．右図では，目標はレティクルの外にあり，エネルギーパターンは大きく異なっている．妨害装置が強力な信号をこのエネルギーパターンに適用すると，追尾装置は右に移動し，目標をレティクル

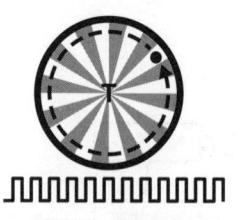 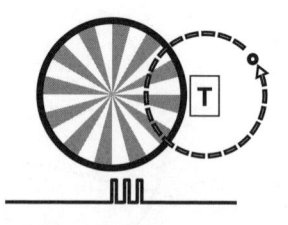

図 9.48 章動レティクルで追尾装置を妨害するためには，レティクルの外に目標を移動させるパターンでエネルギーが入力されなければならない.

の中心に持ってくるよう試みるであろう．これによってミサイルの目標点を右に移動させ，本来の目標から離れさせることができる.

9.12.5.2 比例誘導レティクル

図 9.49 は，レティクル中心からの目標の角度の関数として，数が異なる透明な部分と不透明な部分を持つ回転レティクルを示している．左図では，ミサイルは目標にロックオンしているので，目標はレティクルの中心にある．ゆえに，レティクルへのエネルギーパターンはゼロとなる．右図では，目標はレティクルの端にあり，検知セルへのエネルギー波形は，レティクルの回転ごとに 10 パルスを有している．もし強力な 10 パルスの妨害信号が検知セルに送信されれば，検知装置は，目標を中心に持ってくる（結果として，エネルギー波形をゼロにする）のに必要な方向に動く．したがって，追尾装置は実際の目標位置から遠ざかる.

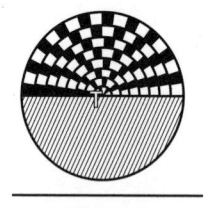 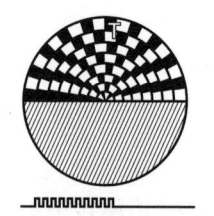

追尾装置が目標にロックオンしたときの波形　　　追尾装置がレティクルの外縁にあるときの波形

図 9.49 多周波のレティクルを持つ追尾装置に対しては，妨害信号は，追尾装置の処理装置に，追尾点を目標から遠ざけるよう操舵しなくてはならないと誤判断させる.

9.12.5.3 画像追尾

　画像追尾は，図 9.50 に示すような IR センサの FPA を必要とする．より良い目標区別のためには，より正確な画像が必要なので，アレイ内のピクセル数はより多くなる傾向にある．本書では，パターン追尾について述べた．FPA 内にある目標の熱画像の位置が，ミサイルが目標にロックオンするために動く必要のある方向を決める．追尾装置を航空機から離すためにフレアが使用される場合，精巧な追尾装置は，その画像を 1 秒ほど前に追尾していた画像と比較し，それより大きいフレアのシグネチャを排除する．このことが，対 IR ミサイル防衛システムに手強い問題を提示する．追尾された航空機の IR 画像は，航空機の移動につれて常に変化し続けるので，FPA の中心から離される可能性のある標準パターンを生成することは非常に難しく見える．一つの有望な方法は（その仕事についている人々の話によると），その FPA に非常に強力な信号を入力して飽和させ，表示装置を埋めて，結果として航空機の検知を失敗させるようにすることのようである．議論したもう一つの方法は，さらに多くのエネルギーを使って FPA のピクセルを焼き切ることである．回路を破壊するためには，一時的に無力化させるのに必要な電力よりほぼ 3 桁大きい電力が必要であることに注意しよう．

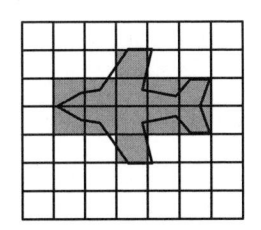

図 9.50　画像追尾装置内の FPA は，目標からのエネルギーで照射されたピクセルのパターンを捉えたデジタル信号を生成する．画像の形状は，航空機が移動するにつれて変化する．

第10章

レーダデコイ

10.1　はじめに

　どんなデコイでも，その目的はセンサに本物のように見せかけることである．見せかけ方は，当然ながらセンサがその情報を受け取る方法によって異なる．センサが光学式や感熱式のものであれば，デコイはサイズ，形状，色（すなわち波長）などから正確な光学イメージを作らなければならない．例として，第2次世界大戦でのノルマンディー上陸作戦に先だって，敵の航空写真偵察が上陸作戦はカレー（Calais）で行われると誤解する場所に偽造施設が建造されたことが挙げられる．

　レーダは，その送信機が照射した目標から反射される信号を分析することにより，潜在的な目標を特定する．したがって，レーダデコイは，レーダが実目標だと思い込むような偽りの反射信号を生成しなければならない．

　本章では，デコイについて，その運用目的や，敵方のレーダに偽目標を発生させる方法，その展開方法といった観点から説明する．

10.1.1　デコイの目的

　レーダデコイには，表10.1に示すように，三つの基本的な目的がある．すなわち，飽和（saturation），セダクション，および輻射強制（detection）である．

　飽和デコイは図10.1に示すように，十分に真目標らしく見えるような多くの偽目標を作り，レーダに対し，真目標と偽目標を区別する時間と処理のリソー

表 10.1　デコイの型式と対比した目的とプラットフォーム

デコイの型式	目　的	防護プラットフォーム
投棄型	セダクション，飽和	航空機，艦艇
曳航型	セダクション	航空機
独力運動型	輻射強制	航空機，艦艇

図 10.1　飽和デコイは，敵のセンサまたは敵が管制する武器の処理能力に過負荷をかけるために，多くの偽目標を作り出す.

スを拡大させる. 本来，レーダはこの区別をすることができないので，その結果，多くの偽目標の中にいる数個の目標を撃破するために，多くの弾薬を射耗しなければならなくなる. デコイがセンサを完全に欺まんできなくとも，センサは十分に区別できなくなるので，検知プロセスの速度は大幅に落とされる. 上に述べたように，デコイの目的は，交戦中に味方からの攻撃を防ぐいとまを敵に与えないように，敵の情報処理能力を飽和させることにある. この場合，デコイはレーダをある程度まで欺まんするために十分に真目標らしく見えなくてはならない. 必要とされるデコイ機能は，レーダの解析能力に左右される. すなわち，レーダの処理が高度であればあるほど，デコイは複雑でなくてはならない.

　セダクションデコイ（seduction decoy）は，図 10.2 に示すように，防護されている真目標に並べてレーダの分解能セル内に設置される. 分解能セルとは，その中に存在するのが単一目標か複数目標かをレーダが決定できない容積のことである. セルは簡単にするために 2 次元で表現されているが，実際には 3 次元の容

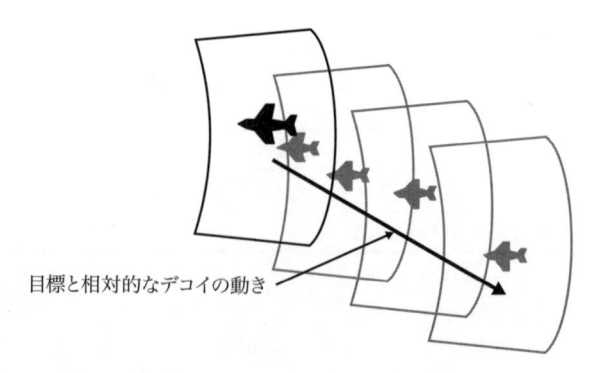

目標と相対的なデコイの動き

図 10.2 セダクションデコイは，レーダの追尾を対象となる目標から「誘引」し，他の位置に連れていく．

積である．デコイはこの目的のため，目標以上に目標らしく見えなければならない．セダクションを成功させるには，レーダの追尾回路を真目標から離して，デコイそれ自体に「誘引する」必要がある．ここで，レーダは標的ではなくデコイを追尾中であり，自身の分解能セルをデコイの中心に据えようとしている．デコイが防護されている目標から離れるにつれ，分解能セルもそれに合わせて移動する．分解能セルが真目標を含まなくなると，レーダが誘導中の武器は，デコイに誘導されるようになる．

　輻射強制デコイ（detection decoy）は，レーダにデコイを捕捉・追尾させるようにするため，いかにも実目標のように見せる．レーダが目標を捜索している場合，偽目標は，レーダにその設計機能を果たさせることができる．レーダが専用の捕捉レーダの場合，目標は追尾レーダに送られる．第 4 章で説明したとおり，防衛ネットワークの運用思想は，今も普通に，隠れ（隠蔽），撃ち（射撃），移動する（運動）ことである．つまり，レーダは武器（弾）を発射する前は，できるだけ長く電波を止め，発射後，できるだけ早く発射位置から遠ざかるのである．レーダデコイがもっともらしい目標のように見えれば，敵は追尾レーダを持ち出さざるを得ないだろう．このような追尾レーダは，図 10.3 に示すように，対電波放射源ミサイル（antiradiation missile; ARM）により攻撃できる．

　高度化された最新レーダに対しては，デコイをもっともらしい潜在目標に見せるためには，極めて精緻なレーダ断面積（RCS）の生成を必要とする．これについては，本章の後半で説明する．

対電波放射源ミサイル

図 10.3　輻射強制デコイは自身を捕捉レーダに捕捉させるが，これにより敵は追尾レーダを作動させることが必要となることが多い．これによって，追尾レーダが対電波放射源ミサイルの目標になる．

10.1.2　パッシブ/アクティブデコイ

　パッシブデコイ（passive decoy）は，RCS を物理的に作り出す．明らかに，真目標と同じ大きさ，形，および材質で作られたデコイは，真目標と同じ RCS になる．また，デコイを実際より大きく見せる方法がある．一般的な技法は，コーナリフレクタ（corner reflector）のパターンを組み込むことである．コーナリフレクタは，その実際の大きさより相当大きな RCS となる．図 10.4 に示す円弧を持つコーナリフレクタの RCS 式は，

$$\sigma = \frac{15.59 L^4}{\lambda^2}$$

である．ここで，σ は RCS〔m^2〕，L は辺の長さ〔m〕，λ は照射している信号の波長〔m〕である．

　辺が 0.5m，照射している信号が 10GHz（つまり波長は 3cm）とすると，RCS は 1,083m^2 となる．

　チャフは，多数の半波長のアルミ箔やガラス繊維のめっき撚り線からなってお

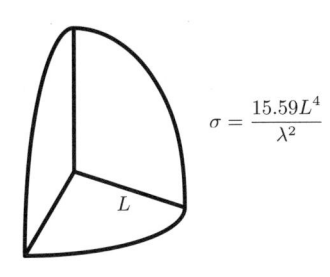

$$\sigma = \frac{15.59 L^4}{\lambda^2}$$

L

図 10.4　コーナリフレクタは，自身の物理的面積よりはるかに大きなレーダ反射断面積を作り出すことができる．

り，雲状に展開してかなり大きな RCS にすることが可能であり，結果としてデコイの機能を果たすことができる.

アクティブデコイ（active decoy）は，図 10.5 に示すように，電子的利得を利用して RCS を作り出す．これは，強力な信号を発生する増幅器または注入同期式発振器（primed oscillator）のいずれかを使って，デコイよりかなり大きい物体からのレーダ反射波を模擬する．ただし，これらの機器は目標レーダが生み出す信号と同じ周波数と変調を使用しなければならない．本章の後半でわかるように，レーダに戻される信号には，レーダが偽信号として排除しないように，複雑な変調を持たせる必要がある.

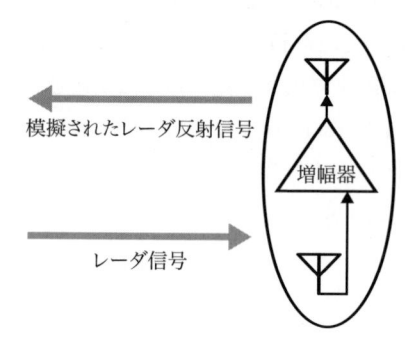

図 10.5　アクティブデコイは目標レーダから受信した信号を，増幅，再放射することで，大きなレーダ反射断面積を作り出す.

10.1.3　レーダデコイの展開

レーダデコイは，それらがレーダ管制武器に対して防護するプラットフォームから，物理的に分離されていなければならない．図 10.6 に示すように，この分離は，被防護プラットフォームからデコイを投棄すること，プラットフォームの背後にデコイを曳航すること，あるいはそれらのデコイが独力で運動することにより実現できる．後ほど説明するように，これらの各展開技法を用いたデコイの重要な事例がある．後に説明するように，最新のレーダの特徴と機能は，こうした種類のデコイのそれぞれの特質に大きな影響を与えてきた.

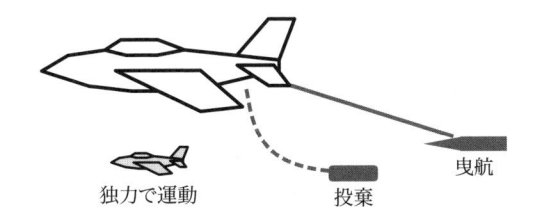

図 10.6 デコイは，投棄または曳航，あるいは独力で運動することで，そ
れらが防護するプラットフォームから分離される．

10.2 飽和デコイ

　飽和デコイは，敵の武器に対して偽目標を与えることにより，味方のアセット
を防護する．これらのデコイには，航空機搭載型，艦載型，陸上配備型がある．
いずれの場合にも，デコイは敵の武器システムのセンサにもっともらしい目標と
して認識されなければならない．もし敵センサが高性能なものでなければ，デコ
イは被防護アセットと変わらない大きさの RCS を作り出しさえすればよい．し
かし，多くの最新の武器センサはより高性能になってきており，かつ，その高性
能化の度合いは当面増し続けることになりそうである．
　本章では，既存のシステムの説明に留まらず，予測される新技術の中で実用に
なると思われる武器やデコイ技法はすべて考察する．ここでは，その技術はまだ
開発されていなくても，近い将来開発されるものは扱っていく．したがって，そ
れに対してわれわれは将来何をするかを考える必要がある．

10.2.1 飽和デコイの忠実度

　有効な飽和デコイは，信ぴょう性のある偽目標を作り出す．レーダがいかに
して真目標とデコイを区別できるかを考えてみよう．まず，目標プラットフォー
ムの大きさと形状である．デコイは通常，それが模擬する航空機や艦艇より
ずっと小さい．したがって，そのレーダ断面積（RCS）は増大されなければな
らない．これは，コーナリフレクタや他の何らかの高反射性の形状外観を加え
ることによって，機械的にできる．しかし，照射中のレーダに戻る信号を増大
するように利得を与え，RCS を電子的に増大させるのが，通常は最も現実的

である．敵のレーダによって検知される RCS は，（代数形式で）次式で与えられる．

$$\sigma = \frac{\lambda^2 G}{4\pi}$$

ここで，σ はデコイによって作り出される RCS〔m^2〕，λ はレーダ信号の波長〔m〕，G はデコイの送信・受信アンテナおよびその内部の電子回路の比形式の総合利得（図 10.7 参照）である．

上式をデシベル形式にすると，次式となる．

$$\sigma = 38.6 - 20 \log_{10}(F) + G$$

ここで，σ は RCS〔dBm^2〕，F はレーダ周波数〔MHz〕，G はデコイの総合利得〔dB〕である．

例えば，レーダ信号が 8GHz，デコイの送信・受信アンテナの利得がそれぞれ 0dB，その内部電子回路利得が 70dB であれば，このデコイは 1,148.2m^2 の RCS を模擬する．

$$\sigma \,[dBm^2] = 38.6dB - 20 \log(8{,}000) + 70dB$$
$$= 38.6 - 78 + 70 = 30.6 \,[dBm^2]$$
$$\mathrm{antilog} \left(\frac{30.6}{10} \right) = 1{,}148.2 \,[m^2]$$

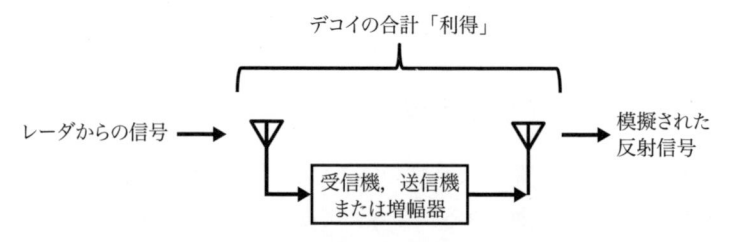

図 10.7　アクティブデコイの受信アンテナ利得，送信アンテナ利得，および処理利得の合計が，そのデコイが模擬する RCS を決める．

10.2.2　航空機用飽和デコイ

　図10.1で，一つの真目標と多くのデコイを含めた多数の航空目標を示した．敵レーダにデコイが本物であると受け取らせるには，デコイが（レーダに対し）真目標そっくりに見えなければならない．つまり，それらはほぼ同じ RCS を持っていなければならない．しかし，考慮すべき別の事項もある．

　第4章で説明したパルスドップラ・レーダは，最新の脅威レーダを広く代表するものである．パルスドップラ・レーダの処理回路には，図10.8 に示すように，複数目標の電波到来時刻と受信周波数が記録される距離対周波数マトリクスが含まれる．目標ごとに，距離は電波到来時刻によって示される目標までの距離であり，受信周波数は受信信号内のドップラ偏移によって決定される．ドップラ偏移は目標までの距離の変化率の関数であるので，この図は距離対速度マトリクスと見ることもできる．周波数データは，通常ソフトウェアとして実装されたフィルタバンクからもたらされる．このフィルタバンクは，受信信号のスペクトルを解析することも可能であることに注目しよう．

　航空機の速度はかなり速いので，相当なドップラ偏移を生じる．デコイは航空機から放出されると，大気抵抗を受けて急速に減速する．これがドップラ偏移を大きく変化させることになり，それに対して再送信されるレーダ信号を補正しなくてはならない．敵のレーダは，大気抵抗による減速曲線で示される特性形状に

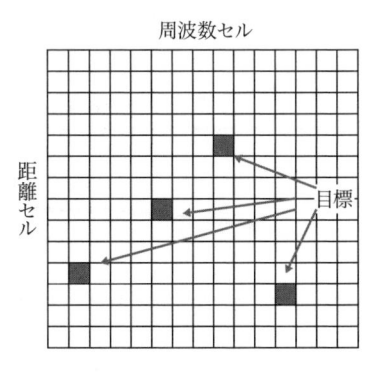

図 10.8　パルスドップラ・レーダの処理回路には，受信した各反射信号の周波数を決定することを可能にする距離セル対周波数セルのマトリクスが含まれる．

従って，時間的に変化する信号周波数を返してくるデコイを排除する可能性がある．これは，見破られないためには，デコイが適切な周波数偏移を持つレーダ信号を返して，真目標の正確なドップラ偏移を作り出す必要があることを意味する．図 10.9 は，移動中の航空機から放出された物体（例えば，デコイ）の速度対時間，および放出された物体の速度が，放出した航空機と同じである，とレーダに信じ込ませるのに必要な周波数偏移を示している．

ジェットエンジン変調（JEM）は，ジェットエンジン内部の推進部分の動きによる振幅と位相の複雑な変調である．それはアスペクト角で変わり，ジェット機の飛行針路に対し 60° 以内の角度範囲でレーダの方向に返る反射信号内で検知できる．敵レーダが JEM を検知できれば，ジェットエンジンがないデコイにはこの変調特性がないので，レーダは簡単に実目標と区別できるであろう．したがって，JEM をデコイからの反射信号に乗せて模擬する必要があるかもしれない．

第 8 章では，デジタル RF メモリ（DRFM）が戦術航空機の複雑な RCS を模擬する方法について説明した．図 10.10 に示すように，敵レーダが反射信号の周波数スペクトルを解析する機能を持っているなら，デコイからの反射は航空機の反射より波形が単純であると判定するであろう．したがって，潜在目標としてのデコイは直ちに排除される．高性能レーダの性能を凌駕するには，デコイの出力信号に複雑で実際的な RCS 特性を作り出すための変調を加える必要がある．

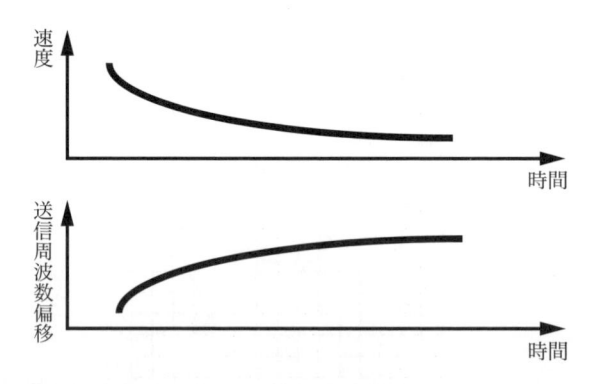

図 10.9　航空機から放出されたデコイは，（物体の速度低下につれて減少する）大気抵抗によって減速される．したがって，デコイを放出する航空機の速度を模擬するには，デコイから送信される周波数を時間変化量に応じて増加させる必要がある．

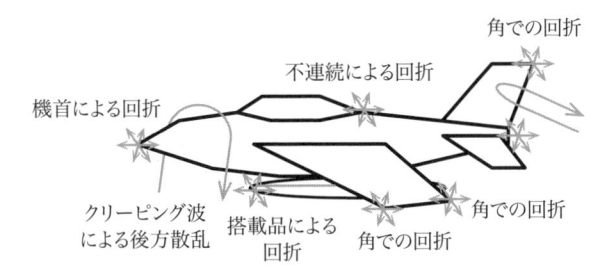

図 10.10　航空機の RCS には多くの要因が存在する．それらが相まって，振幅成分と位相成分が複合した RCS をもたらす．

10.2.3　レーダ分解能セル

ここで，レーダ分解能セルについての説明に紙面を少し割こう．これは，その中に存在しているのが単一目標か複数目標かをレーダが確定できない空間体積のことである．図 10.11 は，これをわかりやすくするために，2 次元で示しているが，実際は 3 次元であり，アンテナのビーム幅の範囲内にある円錐体を距離方向にスライスしたものである．分解能セルの寸法は通常，以下のように計算される．

- クロスレンジの分解能 $= R \times 2\cos(\mathrm{BW}/2)$
  ここで，R はレーダから目標までの距離，BW はレーダアンテナの 3dB ビーム幅である．
- ダウンレンジの分解能 $= c \times \mathrm{PW}/2$
  ここで，c は光の速度，PW はレーダのパルス幅である．

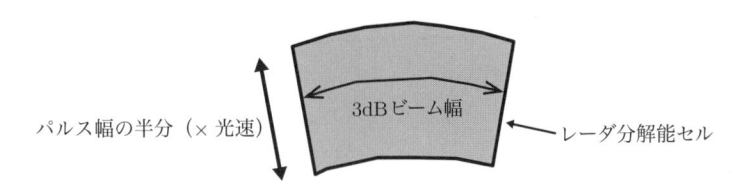

パルス幅の半分（× 光速）　　3dB ビーム幅　　レーダ分解能セル

図 10.11　レーダ分解能セルとは，その中に存在するのが単一目標か複数目標かを確定できない容積のことである．

　CW レーダのダウンレンジ分解能は，同じ式でパルス幅をレーダのコヒーレント処理期間（CPI）に置き換えて計算する．

　第 4 章において，レーダ分解能を改善する二つの技法（チャープとバーカコード）について説明した．現時点では，一部の複数パルス技法と同様に，この二つの技法によって分解能セルの有効寸法を小さくできることに注意しよう．

10.2.4　艦艇用飽和デコイ

　アクティブデコイやパッシブデコイは，対艦ミサイルから艦艇を防護するのに利用できる．図 10.12 に示すように，防護される艦艇とほぼ同じ RCS を持つデコイは，あるパターンで艦艇周辺に配置することができる．対艦ミサイルが艦艇に向けて航空機，艦艇，または沿岸設置サイトから発射されると，そのミサイルは艦艇が探知された位置へ慣性誘導される．その後，ミサイルがレーダの探知距離にかなり近づくと，図 10.13 に示すように，搭載レーダが目標を捕捉する．この捕捉距離はミサイルと目標の種類によって決まるが，一般に 10〜25km となる．理想的には（ミサイルとしては），ミサイルの搭載レーダは，所望の目標を捕捉

図 10.12　ディストラクションデコイは，目標センサや，それが制御する武器の能力を過負荷にさせる多数の偽目標を作り出す．

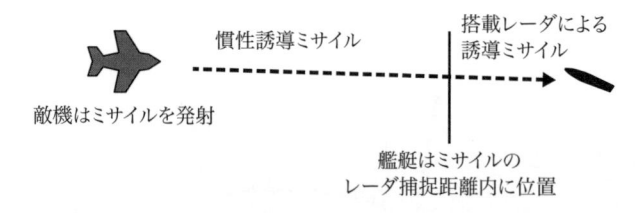

図 10.13　対艦ミサイルは長距離から発射される．これはまず，艦艇の概略位置まで慣性誘導され，レーダ捕捉距離に入ると搭載レーダが目標に誘導する．

して，ミサイルを目標の中心に誘導することが可能である．しかし，ミサイルが目標とデコイを区別できなければ，艦艇ではなくデコイを捕捉する可能性が高まる．仮に n 個のデコイがあるとした場合，艦艇を捕捉する確率は $n/(n+1)$ だけ減少する．

航空機用飽和デコイと同じように，艦艇防護用の飽和デコイも，艦艇の RCS にほぼ相当する RCS となる必要がある．デコイは防護する艦艇よりかなり小さいので，その RCS を高める必要がある．そのため，コーナリフレクタを組み込むか，あるいは大きな反射信号を電子的に返す方法をとることになる．航空機と同じように，艦艇もかなり込み入った RCS を持つことに注目しよう．艦艇の RCS の特徴とデコイの特徴を見分けられる対艦ミサイルは，デコイを目標ではないとしてすぐに排除できる．そのようなミサイルに対しては，デコイは航空機防護用デコイで説明したような複雑な RCS パターンを示さなければならない．複雑で多面的な RCS を創出するためには，相当の処理能力が必要である．通常これは，ローカルプログラマブルゲートアレイ（local programmable gate array; LPGA）上に多数のデジタル RF メモリ（DRFM）を実装することにより可能になる．

チャフ雲は，図 10.14 に示すように，ディストラクションデコイとしても使用される．ディストラクションチャフ雲はそれぞれ，防護される艦艇の RCS くらいの RCS を持ち，レーダの分解能セルに近接してはいるが，その外側に配置される．攻撃するミサイルが艦艇を見つける前にディストラクションチャフバーストを見つけ，しかも艦艇と区別できなければ，ミサイルはチャフ雲を追尾することになるだろう．

ディストラクションチャフバーストのパターン

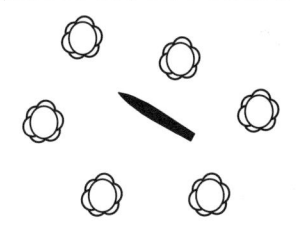

図 10.14　ディストラクションデコイは，多くの偽目標を作り出し，目標センサや，それが管制する武器の機能を過負荷にさせる．

　ディストラクションデコイすなわちチャフ雲の配置は，図 10.15 のように，ミサイルを他の味方艦艇のほうへ向かわせてはならないことに注意しよう．ミサイルは，延期接触信管（delayed contact fuse）を持っているので，デコイやチャフ雲によって，起爆されることはない．ミサイルがチャフ雲を切り抜ける（またはデコイを通過する）と，捕捉モードに戻ることが可能となり，その後，そのミサイルが別の艦艇を目標として捕捉すると，新たに目標とされた艦艇には有効な対抗手段をとる時間はなくなるだろう．

図 10.15　対艦ミサイルはチャフ雲では起爆されないので，その雲を通過すると，新しい目標を捕捉できる．

10.2.5　輻射強制デコイ

　ここで輻射強制デコイと呼んでいるものは，これまで説明してきたディストラクションデコイと同じである．ただし，その目的は異なる．この場合の目的は，敵にその電子アセットを暴露させることである．例えば，図 10.16 にあるように，敵の捕捉レーダがデコイを正当な目標として捕捉すると，追尾レーダに移管するであろう．送信を停止していた（したがって，検出不能であった）追尾レーダは，追尾を開始することになる．これによって，味方アセットは，追尾レーダが探知

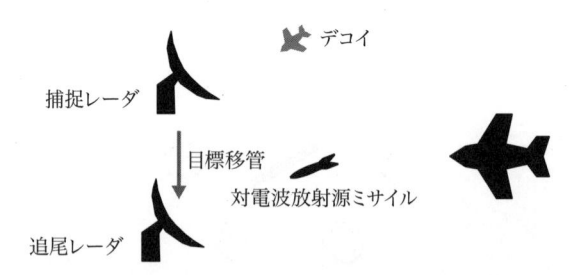

図 10.16　輻射強制デコイが捕捉レーダによって探知され，未活動の追尾レーダに目標が移管される．これが追尾レーダを放射させることになり，したがって，対電波放射源ミサイルは，追尾レーダを探知・攻撃できる．

可能になるとともにその位置決定が可能になる．その後，（高速対電波放射源ミサイル（high speed antiradiation missile; HARM）のような）レーダ誘導ミサイルや，他の種類の爆弾やミサイルによって，敵の追尾レーダを破壊することができる．

10.3　セダクションデコイ

　セダクションデコイの目的は，脅威レーダの追尾機能を引き付けて，レーダが選定した目標の追尾を外し，偽目標であるデコイを捕捉させることである．これは艦艇，航空機のいずれの防護においても行われる．図 10.17 に示すように，デコイはレーダの分解能セル内で作動を開始する．分解能セルの内部では，レーダは二つ目の目標の存在に気づかない．レーダは，そのセル内の 2 目標の中間点にただ一つの目標が位置していると思い込んでいる．図 10.18 に示すように，偽の目標位置は，より大きなレーダ断面積（RCS）を持つ目標のほうに，RCS 比に応じて近づく．このことは，デコイは，より大きな RCS を提示しなければならないことを示している．RCS を倍にすることが非常に望ましい．

　第 4 章で説明したように，レーダがパルス圧縮であれば，デコイはこの縮小された容積の内側で始動せざるを得ない．

　図 10.19 に，セダクションデコイが作動する際に，目標を追尾するレーダから見える目標 RCS の変化を示す．レーダが目標を補足した後，デコイが作動開始すると，そのレーダには，デコイと目標が合成された RCS が見えることになる．

図 10.17　追尾中は，脅威レーダは分解能セルの中心に目標を置く．セダクションデコイは，脅威レーダの分解能セル内で作動を開始し，目標よりかなり大きい RCS を提示する．

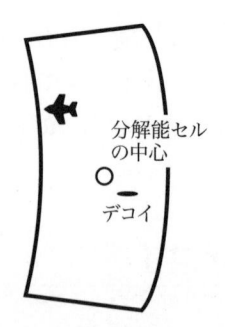

図 10.18　セダクションデコイが脅威レーダの分解能セル内で作動開始すると，目標よりはるかに大きい RCS が提示される．それにより，セルの中心は，デコイの RCS と目標の RCS との比に基づき，デコイの近くに来る．

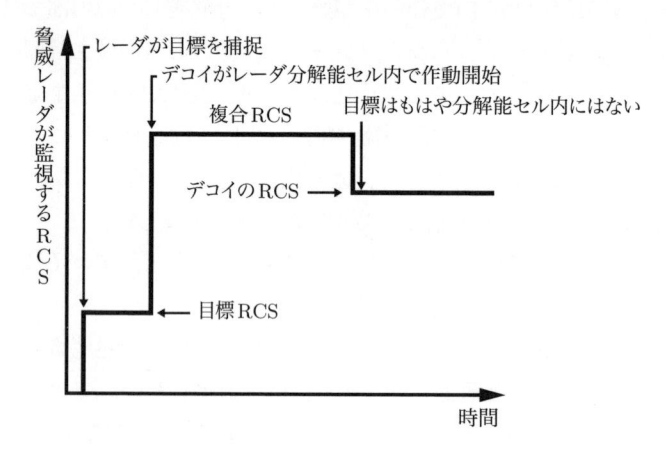

図 10.19　デコイが作動を開始すると，敵レーダでは RCS が大幅に増大したことがわかる．その後，目標が分解能セルから離れると，レーダにはデコイの RCS だけが見える．

デコイは目標から遠ざかることになるので，最終的に目標は分解能セルから離れる．その結果，レーダではデコイの RCS しか見えなくなる．

　レーダがこのような RCS 変化を検知し，デコイを排除する可能性があると心配するのは当然である．艦艇や航空機を実測した RCS は，一般に毛羽立った球のようであり，角度が少し変化しただけで RCS は急変するものであることを理解しよう．データは，RCS の作図前に平滑化される（つまり，わずかな個数の

方位や仰角に平均化される）．したがって，実際の RCS は，目標やレーダ搭載プラットフォームの両方またはいずれか一方が移動するときに相当変化しうるが，平均 RCS ははるかにゆっくり変化する．考えられる処理の高度化を論じる場合，筆者はしばしば「賢いが，天才ではない」と言っている．とは言うものの，レーダ処理の将来における高度化によって，この対妨害手段のツールが有効になることは，現実に起こりうることである．ちなみに，読者は第 9 章の IR ミサイルに使用されている処理技術のいくつかを復習するとよいかもしれない．

図 10.20 は，デコイが成功した場合の，しばらくたったあとの分解能セルの位置を示している．レーダには，目標が分解能セルから離れたことも見えていないので，これは強力な対抗手段となる．

図 10.17 と図 10.20 は，航空機を追尾中のレーダを示している．図 10.21 に，対

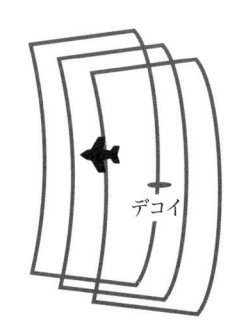

図 10.20 デコイの RCS が大きいので，脅威レーダの分解能セルが目標から離れるにつれてデコイを追尾するようにする．

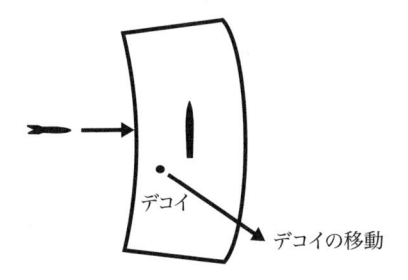

図 10.21 艦艇を防護するセダクションデコイは，攻撃するミサイルのレーダ分解能セル内で作動を開始し，その分解能セルを艦艇の位置から遠ざけるように移動する．

艦ミサイルと，それが狙っている艦艇（とデコイ）を，分解能セルを介して示す．ミサイル搭載レーダは，目標がレーダ探知距離内に入ると作動する．対艦ミサイルは，自身の搭載レーダを使用して，艦艇に命中するように自身を積極的に誘導する．レーダが艦艇を追尾している間は，ミサイルのレーダの分解能セルは，目標とされた艦艇を中心に据えている．

　艦艇がデコイ（例えばヌルカ（Nulka））を発射すると，それは分解能セル内で作動を開始し，その後，艦艇から離れて移動する．デコイは艦艇より大きい RCS を持っているので，レーダの追尾を本来の目標から引き離す．図 10.22 に示すように，ミサイルのレーダ分解能セルはデコイに追随するようになる．当然，デコイはミサイルが別の味方艦艇を捕捉することがない方向に向かって，艦艇から離れる．

　あらゆるデコイと同様に，セダクションデコイは，ミサイルレーダに有効であるために，もっともらしい（適切な RCS を持つ）レーダ反射波を提示する必要がある．

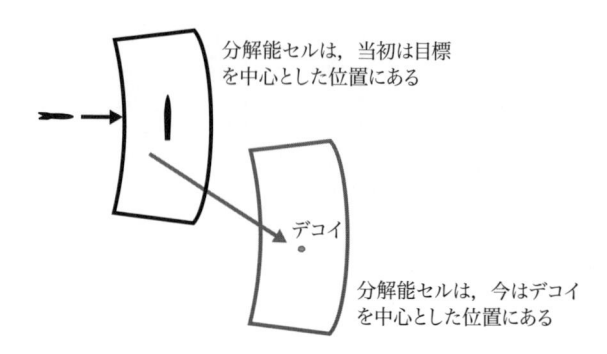

図 10.22　ミサイルのレーダ分解能セルは，デコイが艦艇の位置から離れても，依然としてその中心にデコイを留めている．

10.4　投棄型デコイ

　投棄型デコイ（expendable decoy; 使い捨て型デコイ）は，艦艇と航空機の両方の防護で用いられ，ディストラクションかセダクションの役割を果たす．

　これらはそれが防護するプラットフォームよりかなり小さいアクティブデコイなので，図 10.23 に示す直通式のリピータと，図 10.24 に示す注入同期式発振器

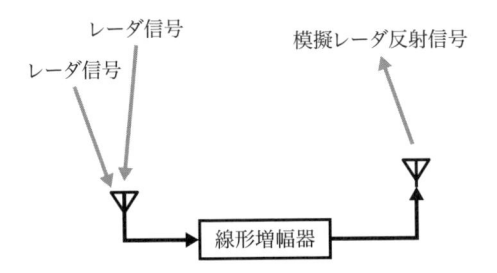

図 10.23 直通式のリピータデコイは，一つ以上のレーダ信号を増幅し再放射する．

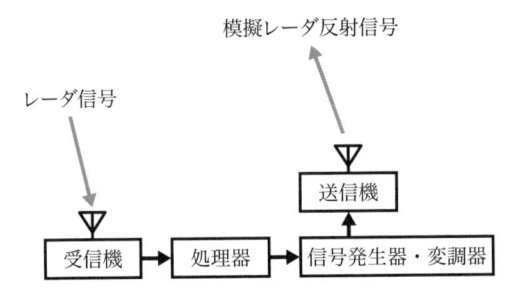

図 10.24 注入同期式発振器のデコイは，一つのレーダ信号を受信し，その周波数と変調を確定する．次に，大きな RCS を提示するのに釣り合う大きな ERP を持つ反射信号を発生させる．

のいずれかによって，その見掛け上のレーダ断面積（RCS）を電子的に増大しなければならない．その受信機は，物理的にデコイ上に設置する必要はないことに注意しよう．どちらの場合にも，実効レーダ断面積は，（10.2.1 項で示した）次式によるデコイの処理利得から求められる．

$$\sigma = 38.6 - 20\log_{10}(F) + G$$

ここで，σ は RCS〔dBm^2〕，F はレーダ周波数〔MHz〕，G はデコイの処理利得〔dB〕である．

デコイがリピータであれば，G は，受信アンテナ利得，増幅器，送信アンテナ利得の合計から損失を差し引いたものである．

デコイが注入同期式発振器であれば，G はデコイの受信アンテナに入るレーダ信号強度で割り算した（またはデシベルでは減算した），デコイの送信アンテナから出る ERP となる．到来信号強度は次式で求められる．

$$P_A = \text{ERP}_R - L_P$$

ここで，P_A はデコイの受信アンテナに到来する信号の強度〔dBm〕，ERP_R はデコイ方向のレーダの ERP〔dBm〕，L_P はレーダからデコイまでの伝搬損失〔dB〕である．

　リピータは，複数のレーダをおびき寄せることが可能であり，またそれぞれに対し同じレーダ断面積を作り出すことができる．注入同期式発振器は，実効放射電力（ERP）が一定であるので，弱い受信信号ほど高利得にすることで，より多くの RCS を模擬できる．

10.4.1　航空機用デコイ

　投棄型航空機用デコイは，チャフやフレアを展開するのと変わらない散布機から発射される．米国の空軍機と陸軍機用のフレアは，図 10.25 に示すように，長さ 8 インチで 1 × 1 インチ方形の形状係数を持つ．米国海軍機用は円筒形で，図 10.26 に示すように，直径 36mm，長さ 148mm である．どの場合も，デコイをプロペラ後流の中に放出するために，電気的に発射される．デコイは発射されるとすぐに作動を開始する．

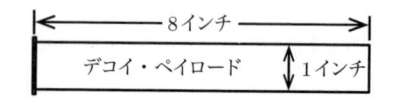

図 10.25　米空軍機用デコイは，1 インチ角で長さ 8 インチである．これは米空軍のチャフカートリッジおよび最小のフレアカートリッジと同じ形状係数である．

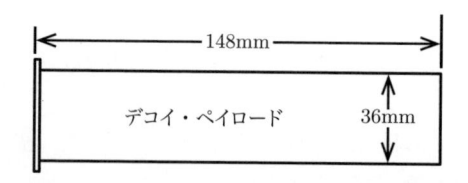

図 10.26　米海軍機用の投棄型デコイは，円筒形で，直径 36mm，長さ 148mm である．これは海軍機用のフレアおよびチャフのカートリッジと同じ散布機から放出される．

　航空機用デコイは小型なので，熱電池で電力を供給するようになっており，その寿命は数秒である．この時間でもデコイが役割を果たすのに十分である．

10.4.2　アンテナのアイソレーション

　デコイがリピータであれば，図 10.27 に示すように受信アンテナと送信アンテナの間に十分なアイソレーションが必要である．適切なアイソレーションがなければ，マイクロホンが増幅スピーカに極めて近いときに音響装置がハウリングするのと同じように，システムは振動する．航空機用投棄型デコイは小型であるため，アイソレーションの確保は深刻な問題である．アイソレーションはデコイの処理利得より大きくなければならない．

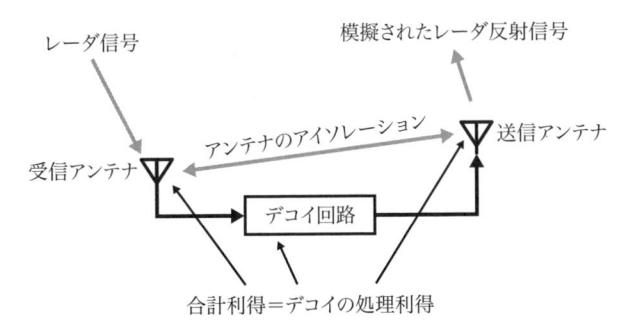

図 10.27　厳密なデコイ運用のため，アンテナのアイソレーションは，少なくともデコイの処理利得と同じにしなければならない．

10.4.3　航空機用ディストラクションデコイ

　デコイがディストラクションの役割で成功すれば，捕捉レーダに捕捉され，捕捉レーダはそれを追尾レーダに移管する．追尾レーダは，その追尾が目標とする航空機から離れるときにデコイにトラック（航跡）を確立するので，航空機を捕捉も追尾もしない．ディストラクションデコイは目標航空機とほぼ同等の RCS を持ち，脅威レーダの処理器がデコイと目標を区別できないように，十分に本物らしいレーダ反射波を示さなければならない．脅威レーダによっては，デコイは複雑な RCS かジェットエンジン変調（JEM）のような信号特性を示す必要があるだろう．

10.4.4 航空機用セダクションデコイ

デコイをセダクションデコイの役割で使用するならば，すでに航空機を追尾している脅威レーダに対して，そのデコイを運用することになる．脅威レーダの分解能セルは，その中心を目標とする航空機に置く．デコイはその役割を果たすために，分解能セルを離れる前に完全運用状態になっている必要がある．デコイの有効 RCS が航空機の倍であれば，レーダの分解能セルの中心はデコイより航空機のほうが倍も遠くなる位置に置かれる．その後，デコイが航空機から離れていくとデコイは分解能セルを引っ張っていくので，脅威がミサイルを発射したら，それはデコイに発射したことになる．

10.5 艦艇防護用セダクションデコイ

航空機防護用セダクションデコイと同様，艦艇防護用のセダクションデコイは，脅威レーダの追尾メカニズムを捉え，本来の目標から引き離す．デコイは，脅威レーダの分解能セル内で始動し，目標艦艇より大きな RCS を模擬しなければならない．脅威レーダは対艦ミサイルに搭載されており，攻撃方向から艦艇の RCS を観測する．図 10.28 に，対艦ミサイルのセダクションにおける位置関係を示す．

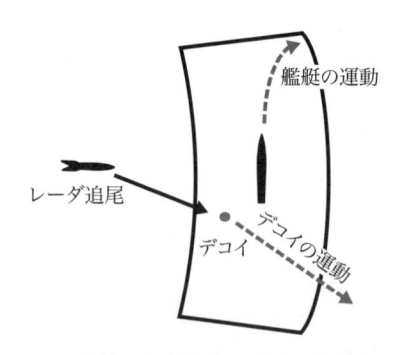

図 10.28 セダクションデコイを成功させるには，まず，デコイがレーダ分解能セル内でレーダ追尾を捉えることである．その後，艦艇およびデコイの両方または一方が，目標艦艇からデコイを引き離すように動く．

10.5.1　艦艇用セダクションデコイのRCS

　航空機用セダクションデコイ同様，それが模擬するRCSは目標の2倍が望ましい．艦艇は大きいため，デコイが模擬するRCSは数千m^2になるだろう．

　艦艇は一般に，艦首や艦尾方向から攻撃されるより，船腹方向から攻撃される際にRCSが大きくなる．図10.29に，旧型艦艇の方位角に対する標準的なRCSの略図を示す．また，図10.30は，レーダ反射を低減させるように作られた外部構造を有する新型艦艇のRCSを示している．

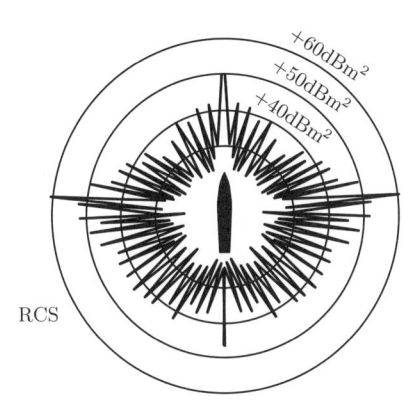

図10.29　旧型の艦艇は，複雑で有効なレーダ反射体になるような多くの外形的特徴を持つ．これが艦艇のRCSを複雑かつ大きくしてしまう．

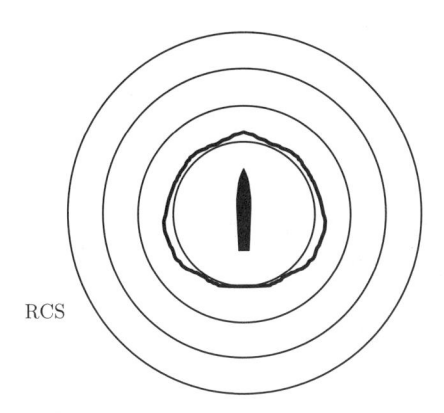

図10.30　レーダ反射を低減させるように設計された外部特徴を持つ新型艦艇は，旧型の艦艇よりずっと小さくかつ単純なRCSとなる．

10.5.2　デコイの散布

デコイは（チャフや IR デコイのカートリッジとともに），艦艇の超高速散布艦艇用チャフ（super rapid blooming offboard chaff; SRBOC）ランチャから，または艦上の台からロケットとして発射される．SRBOC 弾の直径は 130mm である．SRBOC 弾またはロケットは，艦艇のレーダ警報装置が敵の追尾レーダを探知すると発射される．

デコイは海面上に発射されるか，または独力で運動することが可能である．デコイが海面上に発射された場合，艦艇が遠ざかるまで（そして，その後も）デコイは適所に留まる．図 10.31 に示すように，艦艇は攻撃する対艦ミサイルから見た RCS を最小化し，かつ命中誤差を最大化するように動くことができる．

独立して動く場合，デコイを海面上で有人ヘリの下か無人飛行体に取り付けて空中停止させることができる．また，小型の動力艇に取り付けることもある．どちらにしても，デコイは，図 10.32 に示すように，攻撃中のミサイルをおびき寄せて艦艇から引き離すのに最適な経路に沿って運動する．

前述したとおり，対艦ミサイルは，目標艦艇がレーダ覆域に入ると追尾レーダを作動させる．デコイの RCS は艦艇より大きいので，おびき寄せに成功すれば，ミサイルはデコイを追尾することになる．

攻撃中のミサイルのレーダが，受信信号の波形解析を実施すれば，艦艇からの反射信号とデコイからの模擬反射信号の細部を比較できる可能性がある．これによって，ミサイルレーダは，艦艇からの複雑な反射波を受信すると同時に，デコイか

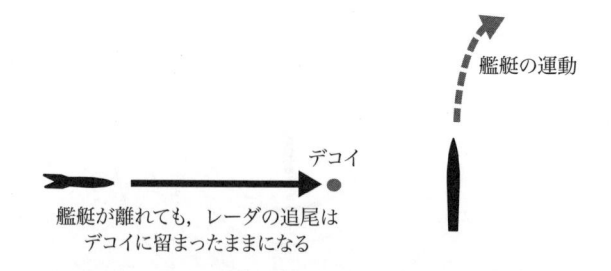

図 10.31　浮遊デコイは，攻撃するレーダの分解能セル内で捉えられるように発射される．艦艇が遠ざかっても，レーダは動かないデコイを追尾し続ける．

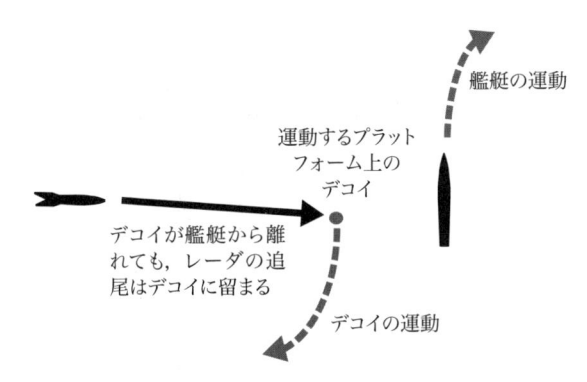

図 10.32 独力で運動するデコイは，ホバリングロケットや，無人ヘリ，有人ヘリ，ダクテッドファンビークル，無人小型艇に搭載される．

らの単純な反射波を排除できることになる．艦艇の RCS は，さまざまな物理的特徴を示す構成要素を持っていることがある．これを克服するには，本物の反射波とレーダが思い込むように，複雑な波形を発生させる多数の DRFM をデコイに組み込むことが不可欠となるだろう．この処理については，第 8 章で説明している．

10.5.3　ダンプモード

　図 10.33 に示すように，セダクションデコイが攻撃中のレーダの分解能セル外に出された場合，艦艇の欺まん妨害装置は，レーダの追尾中心をデコイの位置に移動させることができる．その結果，デコイはレーダの追尾を引き付け，図 10.34 に示すように，目標艦艇から引き離して保持する．この技法をダンプモード（dump mode）という．

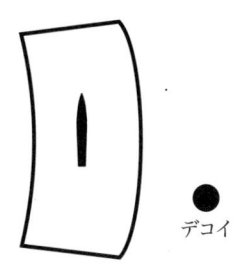

図 10.33 ダンプモードでは，デコイは分解能セル外のほど良い距離に置かれる．

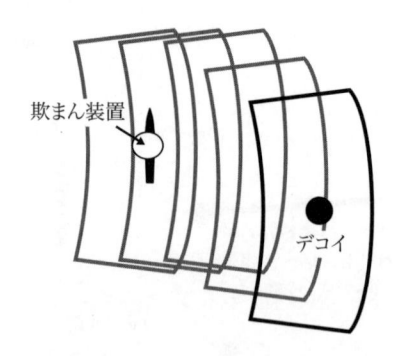

図 10.34　目標艦の欺まん装置が，レーダの追尾中心をデコイの位置に移動させる．

10.6　曳航デコイ

　曳航デコイ（towed decoy）は，レーダ誘導ミサイルから攻撃を受けている航空機に最終的な防御手段を与える．これは脅威ミサイルが妨害電波源追尾（HOJ）能力を持っている場合，あるいは，航空機が有効な妨害支援を可能にするバーンスルーレンジよりもレーダに近づいて飛行しなければならない場合に，最も重要になる．曳航デコイは航空機から投射され，曳航索の先端まで達する．索の先端に達すると，作動を始める．

　デコイは，防護航空機の RCS よりかなり大きい RCS により効果を生む．これによって，レーダ誘導ミサイルは，航空機ではなくデコイを追尾するようになる．最近の戦闘において，航空機の曳航デコイ 10 発が撃ち出されたことがある．したがって，航空機が，攻撃しうるミサイルの炸裂半径外となるように，曳航索は十分長くなければならない．

　曳航デコイにはセダクションの役割がある．このことは，デコイは捕捉時に攻撃中のレーダの分解能セル内にいなければならないことを意味する．デコイの RCS が大きいほど，レーダに目標とされた航空機ではなくデコイを追尾させる（また，そのミサイルを誘導する）ことが容易になる．

　一部の曳航デコイは，使い捨て機器である．必要がなくなれば航空機から切り離される．最近のデコイは，任務が終わったら回収できる．この回収可能なデコイは，被防護航空機からの間隔を選定できる特徴も有する．この特性により，脅

威レーダから追尾しやすくするためにデコイとの間隔を短くしたり，実際にミサイルによって撃破されるデコイとの間隔を長くしたりといった，最適なトレードオフが可能になる.

図 10.35 に示すように，曳航デコイシステムは，曳航する航空機内の受信機と処理器，ならびにデコイ本体からなる．受信機と処理器は，デコイからの模擬レーダ反射信号に対する周波数と最適な変調を決定し，曳航索を通して実際のデコイ信号を（低電力レベルで）送信する．図 10.36 に示すように，デコイは増幅器とアンテナしか装備していない．増幅器への供給電力も航空機から曳航索を介し，デコイに送られる．アンテナはデコイの頭部と尾部にあり，デコイがレーダから数度外れて指向されてもなお有効であるように，これらのアンテナはかなり広いビーム幅を持っている.

図 10.37 は，脅威レーダとの戦闘を示している．航空機とデコイは追尾レーダによって，単一目標のように処理される．レーダ信号は航空機で受信・解析され，模擬反射信号は，航空機よりはるかに大きな RCS を作り出すのに十分な電

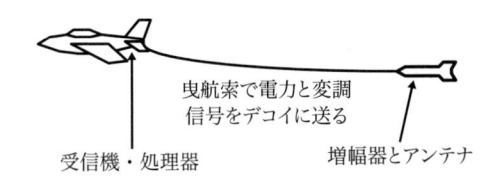

図 10.35　曳航デコイは，曳航する航空機に 2 本の索で取り付けられる．この索を通じて，機内の受信機と処理器からデコイ側の増幅器とアンテナに信号が伝送される.

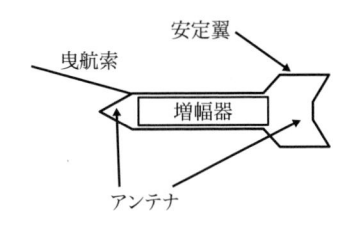

図 10.36　デコイは，増幅器と前後部の送信アンテナしか備えていない.

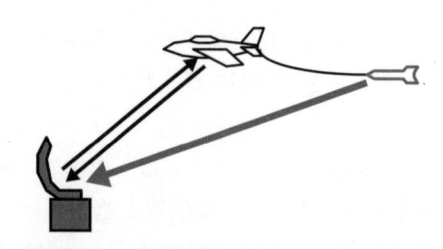

図 10.37　航空機はレーダ信号を受信し，デコイからの反射信号が本物らしくなるように，増幅した模擬反射信号に所要の特殊変調をかけて再放射する．

力で，デコイから送信される．RCS を式で示すと，

$$\sigma = 39 - 20\log_{10}(F) + G$$

となる．

　この式では定数部を丸めてデコイの実効 RCS を計算しており，利得項 (G) は，デコイからの模擬反射信号の実効電力と曳航中の航空機の受信アンテナに到来する信号強度との差〔dB〕となる．

10.6.1　分解能セル

　図 10.38 は，攻撃レーダの分解能セル，およびチャープまたはバーカコードのパルス圧縮を使った分解能セルの実効範囲を示している．分解能セルとパルス圧縮については，第 4 章で詳しく説明した．ここで大切なのは，デコイが有効であるためには，曳航中の航空機とデコイの双方が分解能セル内に（圧縮がある場合も含めて）収まっていなければならない，ということである．

　レーダのパルスが高圧縮である場合は，図 10.39 に示すように，分解能セルは，

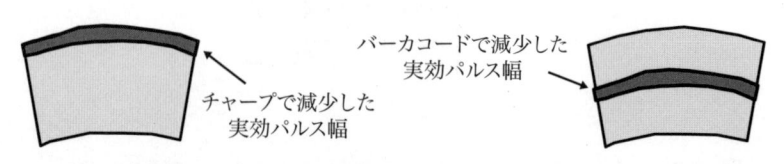

図 10.38　攻撃するレーダの分解能セルは，チャープやバーカコード技法で距離方向に圧縮できる．

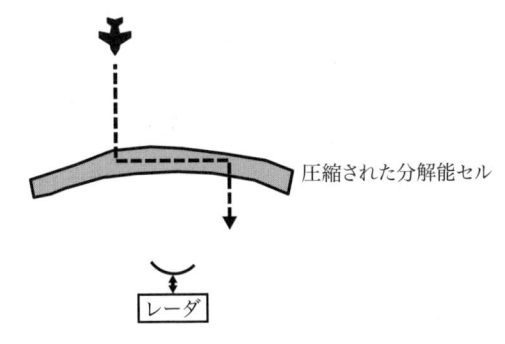

圧縮された分解能セル

レーダ

図 10.39 曳航する航空機は，追尾レーダに対して 90° で飛行すると，圧縮されたレーダ分解能セルの浅い距離範囲の中に曳航デコイを置くことができる．

その深さよりはるかに幅広い．このことは，レーダは航空機とデコイの両方とも探知するが，デコイを無視してしまう可能性があることを意味する．これを防ぐには，まずレーダの追尾を捉えてから，レーダからはその浅い分解能セル内のデコイしか見えないようにする必要がある．これを実現する一つの戦術は，レーダをいったん横切ることである．すなわち，航空機とデコイの両方とも浅い圧縮セルに入るように，レーダに対して 90° 旋回し，その後，航空機がレーダのほうに向き直ると，セル内にはデコイだけが残ることになる．

10.6.2 運用例

図 10.40 に描いた場面について考えてみよう．$10\mathrm{m}^2$ の RCS を持つ航空機が，ERP 100dBm の 8GHz レーダから 10km の位置にいる．航空機の受信アンテナへの到来信号の強度は（第 3 章にある式を用いて）−30dBm となる．デコイの実効放射電力を 1kW（= +60dBm）とする．したがって，デコイの利得は 90dB である．

すると，デコイが模擬する RCS は，$39 - 20\log(8{,}000) + 90 = 51\mathrm{dBm}^2$ となる．これを換算すると，デコイで作り出される模擬 RCS は $125{,}893\mathrm{m}^2$ となる．これと航空機の RCS $10\mathrm{m}^2$ を比較すると，曳航デコイに航空機を防護する能力があることは明らかである．

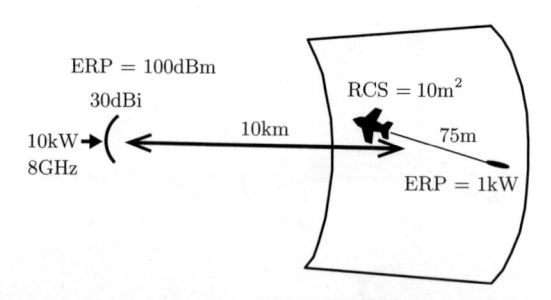

図 10.40　ERP 100dBm の 8GHz レーダから 10km に位置している 1kW ERP の曳航デコイは，125,893m^2 の実効 RCS を作り出す.

第11章

ES vs. SIGINT

11.1　はじめに

　本章では，電子戦支援（ES）システムと信号情報（SIGINT）システムの相違点について説明する．両者はともに敵の信号を受信するために設計されている．表 11.1 に要約しているとおり，SIGINT と ES との相違点は，それらが信号を受信する理由に関係している．さらに，これらのシステムが動作する特有な環境の

表 11.1　SIGINT vs. ES

	SIGINT システム	ES システム
任務	［COMINT］敵の通信を傍受し，信号で伝送される情報から敵の能力と意図を究明する．	［通信 ES］電子戦力組成の作成を可能にするとともに，通信妨害を支援するため，敵の通信電波源を識別して位置決定を行う．
任務	［ELINT］新種の脅威を探し出して識別を行う．	［レーダ ES］脅威警報を可能にするとともに，レーダ妨害を支援するため，敵のレーダを識別し位置決定を行う．
適時性	出力の適時性はあまり重要ではない．	情報の適時性を任務の主眼とする．
収集されるデータ	詳細分析を援助するため，できるだけすべての受信信号のデータを集める．	脅威の形式，運用モード，および位置を確定するのに足りるデータだけを集める．

間で，システムの設計手法や，システムのハードウェアとソフトウェアの違いを
決定付ける技術的な違いもいくつかある．

11.2　SIGINT

　SIGINT (signal intelligence) とは，受信信号から軍事的に意味のある情報を作成
することである．図 11.1 に示すように，これは通常，通信情報 (communications
intelligence; COMINT) と電子情報 (electronic intelligence; ELINT) に分けられる．
これらのそれぞれの下位分野は，図 11.2 にあるように，ES に多少関連している．
ES は通常，通信 ES とレーダ ES に分けられる．通信信号とレーダ信号の特質
が，これら二つの分野の任務の違いを決定する．以下の節では，タイプ別の信号
を処理するシステムに重点を置き，情報と ES の役割の差異を明らかにしていく．

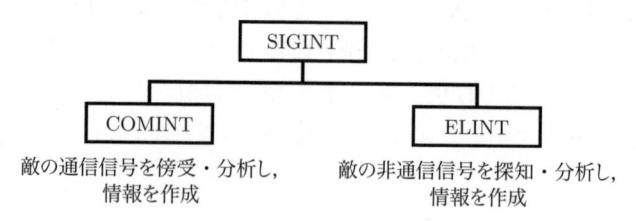

図 11.1　SIGINT は COMINT と ELINT からなり，敵の通信信号および非
通信信号から情報を作成する．

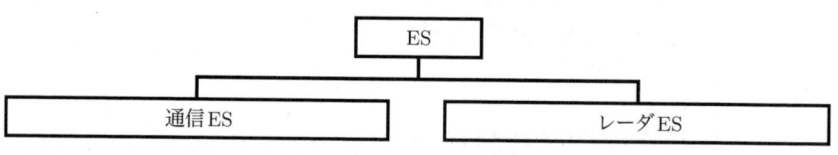

図 11.2　ES は通信 ES とレーダ ES からなる．双方とも，EA や武器交戦を
支援する裏付けとして，敵が現在運用中の電波源に関する情報を提供する．

11.2.1　COMINT と通信 ES

　図 11.3 は，COMINT システムと通信 ES システムとの関係を示す流れ図である．

　COMINT の辞書的定義は，「有線または無線通信の傍受による情報の収集」である．これは要するに，敵の能力，戦力組成，ならびにその意図を究明するために，敵の通話内容を聴取することである．これは，COMINT システムは，送信された敵の信号に内在する情報（すなわち，変調で持ち込まれる情報）を処理することを意味している．軍事通信の特質から言って，重要な信号は暗号化されているはずであり，それはもちろん敵国語である．信号の解読と翻訳が，再生された情報の可用性を遅らせることが起こりうる．したがって，COMINT は，適切な直近の戦術的応答を決定することよりは，戦略的または高水準の戦術的判断を行う上でより役立つと考えられる．

　通信 ES は，通信信号の外面的情報，すなわち変調型式や変調レベル，送信機の所在に焦点を合わせる．通信 ES は，敵電波源の種類や位置を究明することによって，現在の状況に対する戦術的応答を支援する．あらゆるタイプの電波源を，敵の多様な部隊組織によって使用される電波源の型式と対照してモデル化することによって，敵の戦力組成を推定することができる．実際の電波源位置とその所在履歴は，敵部隊の所在と活動を示すために用いられる．送信機の全体配置

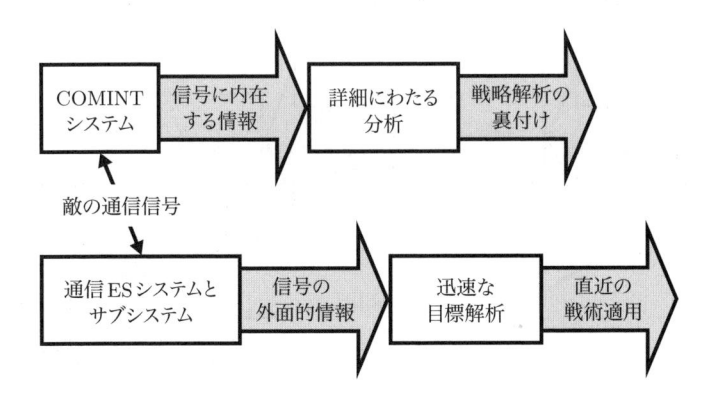

図 11.3　COMINT は，戦略活動を支えるため，伝統的に信号に内在する情報を処理する．これに対し，通信 ES は，直近の戦術的意思決定を支援するため，信号の外面的情報を処理する．

図は電子戦力組成（EOB）と呼ばれており，これを分析することで，敵の能力の
みならず，その意図まで究明することができる．

　要するに，COMINT は話されていること（すなわち，信号の内容）を聴取する
ことによって，敵の能力や意図を究明するのに対し，通信 ES は信号の外面的情
報の分析により敵の能力や意図を究明する．

11.2.2　ELINT とレーダ ES

　ELINT は非通信信号，主としてレーダからの信号を捕捉・分析する．ELINT
の目的は，新しく遭遇した敵のレーダの能力と脆弱性を究明することである．
図 11.4 に示すように，ELINT システムは，詳細にわたる分析を支援するのに十
分なデータを収集する．新種のレーダ信号が受信されたときの最初の仕事は，要
するに，受信信号が新しい脅威であるかどうかを判定することである．そのほか
に次の二つの可能性がある．それは誤作動中の古い脅威レーダであるかもしれな
いし，捕捉システムに何らかの故障が起きているかもしれない．受信信号が新型
のレーダか，もしくは新しい運用モードによるものであれば，詳細な分析によっ
て，新しい脅威の型式を認識できるように ES システムを技術的に改善すること
が可能になる．

　レーダ ES システムも同様に敵のレーダ信号を受信するが，その目的は，目下
目標に対して配備されている敵の武器は既知のどの武器なのかを迅速に見つけ出

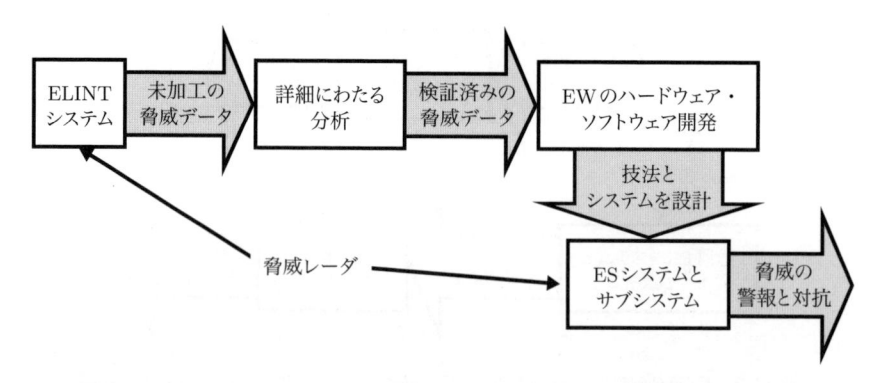

図 11.4　ELINT システムは，脅威データを収集して，脅威警報や対抗手段
の選択を行うための ES システムとサブシステムの開発を支援する．

すことである．この情報は，脅威の型式とモードの照合を終えた後，脅威電波源の位置とともにオペレータに表示されるか，あるいは，対抗策の開始を支援する他の EW システムやサブシステムに渡される．未知の型式の信号が受信されると，彼我不明と判断される．オペレータに彼我不明脅威が受信されたことを通知するだけの ES システムもあれば，脅威型式の推測を試みる ES システムもある．一部の ES システムでは，彼我不明脅威は事後の分析のために記録される．

　要するに，ELINT は敵がどんな能力を保有しているかを究明するのに対し，レーダ ES は，目下使用されているのは敵のどのレーダであるか，および，その電波源（したがって，それが管制している武器）がどこに配置されているかを特定する．

11.3　アンテナと距離の考察

　ES システムと SIGINT システムとの間には，任務と環境を考察することで必然的に決まる技術的な差異がいくつかある．この差異は，予想される傍受位置関係，敵の傍受信号から得られるさまざまな情報の種類，および傍受の時間的緊急度に関係している．

11.4　アンテナの論点

　アンテナは，指向性か無指向性かで特徴付けられる．これは極端な単純化である．ホイップやダイポールのようなアンテナは，ときどき（間違って）無指向性と呼ばれることがある．その二つのアンテナ型式は，それらの覆域にヌルを持つので，これは当てはまらない．しかし，垂直面指向の場合，両方の型式とも 360° 方位の覆域を与える．また，全周覆域を与える指向性アンテナの円形配列もある．指向性アンテナは，（パラボラ反射鏡アンテナに限らず，フェーズドアレイアンテナや対数周期アンテナなど）それらの覆域を，縮小された角度セクタに限定する．

　角度覆域は，電波到来方向（DOA）が不明な敵の信号を傍受する確率に大きな影響を与える．図 11.5 に示すように，360° 覆域のアンテナ（またはアンテナ配列）は，全方向を常に「注視」しているので，どんな新しい信号でも現れるとす

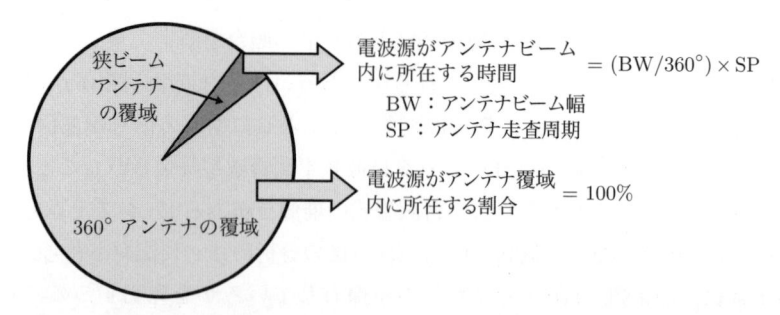

図11.5　ダイポールやホイップのような360°覆域のアンテナは，あらゆる到来方位に100%の覆域を持っている．一方，狭ビームアンテナは，的確な到来方向を走査しなければならない．

ぐに受信機に入力できる．指向性アンテナは，新しい信号が受信できるまで，その電波到来方向を走査しなければならない．敵の信号が期間を限定して現れる場合の傍受確率は，アンテナビーム幅とアンテナ走査速度の関数である．傍受を生起させるには，信号の到来方向がアンテナビームの覆域に入るように，アンテナを移さなければならない．

　図11.6に示すように，ビーム幅によってアンテナがカバーできる到来角の割合

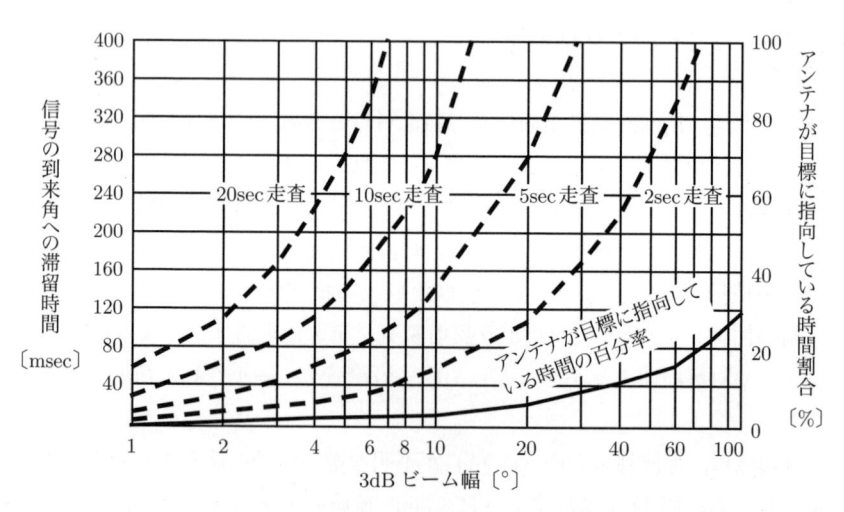

図11.6　アンテナビーム内の角度間隔の割合は，信号の到来角に滞留する時間が変化するにつれて，ビーム幅に比例して変化する．

が決まる．図のこの部分を利用するには，まずビーム幅を選んでまっすぐ上に実線まで進み，次に右側の縦軸の値へ進む．これは 1 次元捜索（例えば水平捜索）だけを検討したものであり，2 次元の捜索は，極めて困難である．同じ図で，走査アンテナが信号の到来角（これも方位のみ）に滞留する時間は，個々の全周走査周期におけるビーム幅の関数で表される．図のこの部分を利用するには，ビーム幅から選択した走査周期別の破線まで上に進み，次に左側の縦軸の値まで進む．注目すべき点は，周波数捜索は，アンテナが予想される電波到来角のそれぞれに指向している間に実施しなければならないことである．アンテナビームが狭いほど，周波数捜索が可能になるよう，受信アンテナはゆっくり走査されなければならない．したがって，周波数と電波到来角が不明な対象信号の捜索には，さらに時間を要する．周波数捜索については，11.6 節の受信機型式との関連で説明する．

通常，SIGINT における傍受は，ES での傍受に比べて緊急性を求められない．したがって，狭ビームアンテナを走査することによってもたらされる傍受の遅延は，許容されうるであろう．しかし，一般に ES システムは，敵の信号をほんの数秒内で傍受しなければならないので，広覆域のアンテナかアンテナアレイが必要となることが多い．

図 11.7 に示すように，アンテナの半値電力（3dB）ビーム幅とアンテナ利得に

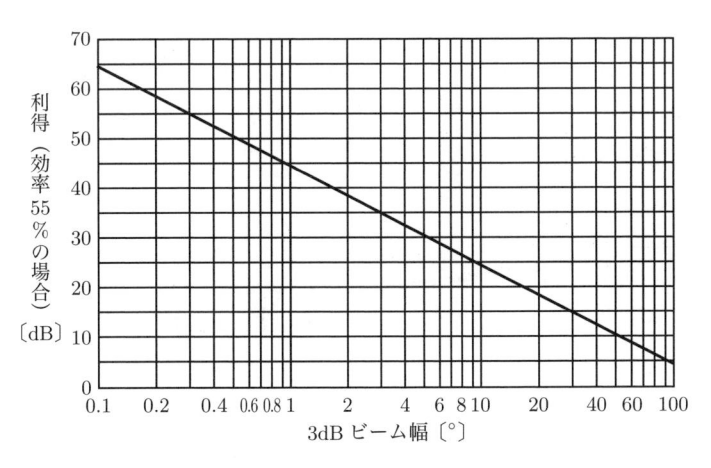

図 11.7 狭ビームアンテナの利得は，ビーム幅に反比例する．

は，トレードオフが存在する．この図は，55%効率のパラボラ反射鏡アンテナにおけるものであるが，このトレードオフは，すべての種類の狭ビームアンテナに適用される．受信アンテナ利得は，次に説明するとおり，敵の信号を探知する距離に関する重要な考慮事項である．

つまり，広覆域（よって低利得）アンテナは，ほとんどすべてのESシステムに用いられるものの，狭ビーム（ゆえに高利得）アンテナは，SIGINTシステムにおける最善の解決法かもしれない．

11.5 傍受距離の考察

図11.8は，ESとSIGINTのどちらのシステムにもある傍受の場面を示す．受信システムが敵の信号を傍受できる距離は，目標信号の実効放射電力（ERP），適用される伝搬モード，電波源方向の受信アンテナ利得，および受信システムの感度によって決まることに注意しよう．伝搬モードについては，第6章で詳述した．

レーダやデータリンクの信号は，主として，見通し線モードで伝搬する．このモードでの探知距離は，次式で与えられる．

$$R_I = \text{antilog} \left\{ \frac{\text{ERP}_T - 32 - 20 \log(F) + G_R - S}{20} \right\}$$

ここで，R_I は傍受距離〔km〕，ERP_T は目標電波源の ERP〔dBm〕，F は送信信号の周波数〔MHz〕，G_R は目標電波源方向の受信アンテナ利得〔dB〕，S は受信システムの感度〔dBm〕である．

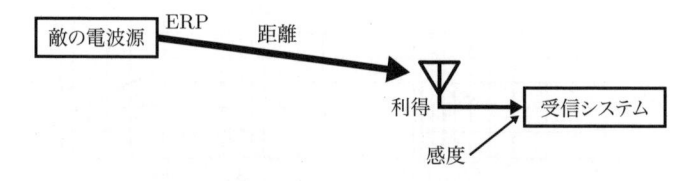

図11.8 受信システムが敵の電波源信号を傍受可能な距離は，アンテナ利得と受信システム感度の関数である．

通信信号は，回線距離，アンテナ高および周波数に応じて，見通し線あるいは平面大地（2 波）伝搬モードで伝搬する．伝搬が平面大地（2 波）伝搬モードの場合，その傍受距離は次式で与えられる．

$$R_I = \mathrm{antilog} \left\{ \frac{\mathrm{ERP}_T - 120 - 20\log(h_T) + 20\log(h_R) + G_R - S}{40} \right\}$$

ここで，R_I は傍受距離〔km〕，ERP_T は目標電波源の ERP〔dBm〕，h_T は送信アンテナ高〔m〕，h_R は受信アンテナ高〔m〕，G_R は目標電波源方向の受信アンテナ利得〔dB〕，S は受信システムの感度〔dBm〕である．

これらの式からわかるように，傍受距離は常に受信アンテナ利得と受信システム感度に影響される．感度は，傍受の達成に必須の信号強度であることに注意しよう．受信システムの感度が高いほど，この数値は低くなる．例えば，高感度受信機の感度は −120dBm かもしれず，一方，低感度受信機の感度は −50dBm ということもある．

目標電波源の実効放射電力（ERP）は，電波源が傍受受信機の方向に放射する電力量である．戦術通信脅威はたいてい，方位に対してほぼ一定の利得を有する 360° のアンテナを持つので，その ERP は，送信電力〔dBm〕とアンテナ利得〔dB〕の和となる．しかし，レーダ脅威は，狭ビームアンテナを持っているはずである．図 11.9 に示すように，狭ビームアンテナは主ローブとサイドローブを持つ．サイドローブはすべて同じ強度に簡略化して示されており，実際のアンテナサイドローブは異なるものになる．しかし，ローブの間のヌルがローブよりか

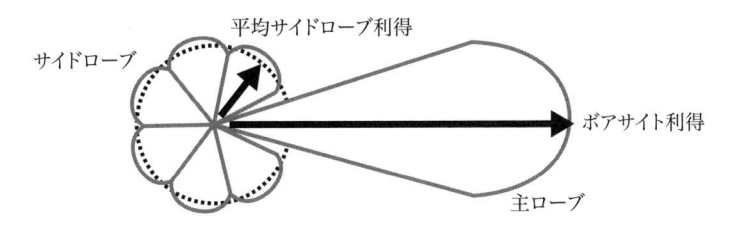

図 11.9　レーダ ES システムは，脅威レーダアンテナのボアサイトからの信号を受信することが多いという特徴を持つのに対し，ELINT システムは，平均的なサイドローブレベルの信号を受信することが多いという特徴を持つ．

なり狭く描かれている点は，現実に即している．これは，傍受受信機の主ビームの方向から離れてレーダ脅威電波源に向けられた傍受受信機は，平均的なサイドローブレベルの ERP に遭遇することが予期されることを意味している．このレベルは，通常，$S/L = -N$〔dB〕と規定されている．ここで，S/L はサイドローブを表し，N は平均サイドローブレベルがボアサイト利得を下回るデシベル数である．

常に正しいとは言えないが，ES システムはレーダ脅威の主ビームを受信するものとして，また，ELINT システムは目標レーダ電波源からのサイドローブ送信を傍受するものとして定義されることが非常に多い．これは，ES システムは ELINT システムより，感度や受信アンテナ利得をさほど必要としないことを意味する．

SIGINT システムには，一般に ES システムより長い傍受距離が必要であると考えられている．しかし，すべての一般原則と同様に，これは個別の役割や状況による．SIGINT システムには長い傍受距離が必要であると認めると，受信アンテナ利得や感度は，ES システムに要求されるレベルより高くなければならない．狭ビームアンテナは高利得であるが，（短時間では）傍受確率が低い．したがって，これらは SIGINT 用途により適合している．全周覆域アンテナは，利得が低いが，短時間でかなり良好な傍受確率をもたらすので，一般には ES システムに最もふさわしい．

11.6　受信機の考察

受信機の論点によって，ES システムと SIGINT システムの要件を区別できる．すでに説明した論点と同様，これらの差異は，予想される傍受配置，敵の傍受信号から得られる各種の情報，および傍受の時間緊要度と関係がある．

ES や SIGINT システムに使用できる受信機には，どちらも多くの型式がある．表 11.2 に，最も一般的な受信機の型式と，ES や SIGINT 用途に役立つ特徴を列挙する．これらの受信機の各型式については，例えば参考文献 [1] の第 4 章で詳しく説明されている．

クリスタルビデオ受信機（crystal video receiver; 鉱石ビデオ受信機）は，主としてレーダ警報受信機（RWR）システムに用いられる．これは一般に，4GHz も

表 11.2 受信機の型式と特徴

受信機の型式	感度	ダイナミックレンジ	帯域幅	信号の数	特徴と限界
クリスタルビデオ	低	高	広	範囲内で一つ	AM のみ
IFM	低	高	広	範囲内で一つ	周波数のみ
スーパーヘテロダイン	高	高	狭	多数のうちで一つ	変調を再生
チャネライズド	高	高	広	同時多数	変調を再生
ブラッグセル	低	極めて低い	広	同時多数	周波数のみ
コンプレッシブ（圧縮）	高	高	広	同時多数	周波数のみ
デジタル	高	高	柔軟対応	同時多数	変調を再生，優れた分析能力

の広い周波数範囲を瞬時にカバーするので，この ES 用途に適している．これが，どの信号も非常に短い期間に受信する能力を ES に与える．また，これは一般に，極めて短いパルスを受信するのに十分な広い帯域を持っている．しかしながら，この受信機には，感度が比較的低いこと，受信信号の周波数を測定できないこと，全帯域内で同時多数の信号受信ができないことといった欠点がある．クリスタルビデオ受信機は，特殊な状況のもとで，偵察システムに使用されてきているが，これらはほとんどの場合，レーダ ES 受信機である．

瞬時周波数測定（instantaneous frequency measurement; IFM）受信機は，1 オクターブの帯域幅にわたり，どのような受信信号も極めて迅速に（概して 50nsec で）周波数を（かつ，それだけを）測定する．この受信機は，クリスタルビデオ受信機とほぼ同じ感度を持っている．その大きな欠点は，その帯域内に（すなわち，同じ 50nsec の間に）電力がほぼ同じ信号が複数存在すると，必ず正しくない出力になることである．この受信機は比較的感度が低いため，主としてレーダ ES システムに使用される．

スーパーヘテロダイン受信機は，あらゆる通信用途に極めて広く使用されている．これはどの SIGINT システムや通信 ES システムにもほぼ必ず見受けられ，また，レーダ ES システムに使用されることもたまにある．スーパーヘテロダイン受信機の主な利点は，以下のとおりである．

- 良好な感度

- 高密度信号環境で一つの信号を受信する能力
- どの変調形式も復調する能力
- 受信信号の周波数測定

スーパーヘテロダイン受信機の主な欠点は，一度に限られた周波数範囲しか受信しないことである．したがって，脅威信号を捜索するには，掃引しなければならない．次に説明するように，不明周波数の信号を捜索するのに必要な感度と時間に対する帯域幅との間にはトレードオフがある．

チャネライズド受信機（channelized receiver）は，同時多数の信号の同時復調を可能にする．その主な欠点は，かなりの数のチャンネル数がある場合の複雑度（すなわち，寸法，電力，重量）である．

電子光学（electro-optical; EO）受信機，すなわちブラッグセル受信機（Bragg cell receiver）は，高密度環境で同時多数の信号の周波数（周波数のみ）を測定する．この受信機はそこそこの感度を有しているが，ES と SIGINT の用途においては，どちらの場合もダイナミックレンジが極めて限定されているという大きな欠点を持つ．これは極めて限定された用途にしか役立たない．

コンプレッシブ（圧縮）受信機（compressive receiver）は，高密度環境で同時多数の信号周波数（周波数のみ）を測定する．この受信機は優れた感度を有し，対象信号の識別を行うスーパーヘテロダイン受信機とともに使用すると，ES システムと SIGINT システムの両方に役立つ．

デジタル受信機は ES と SIGINT の多くの用途で使用されている．アナログ/デジタル変換器の最新技術に関連するトレードオフがあるが，これらは優れた感度とダイナミックレンジを備えている．デジタル受信機は例えば以下のような優れた分析能力を持っている．

- 高速フーリエ変換（FFT）回路により，極めて高速のスペクトル分析を実行できる．
- 雑音状の信号を探知するために，時間圧縮アルゴリズムを実装することができる．
- どの変調方式も受信するように構成できる．

11.6.1　感度 vs. 帯域幅

次式により，受信システムの感度〔dBm〕が求められる．

$$S = \mathrm{kTB} + \mathrm{NF} + 所要\,\mathrm{RFSNR}$$

ここで S は感度〔dBm〕，kTB はシステムの熱雑音〔dBm〕，NF はシステムによって前記の kTB に加算される雑音の量〔dB〕，所要 RFSNR は所要検波前 SNR〔dB〕である．

　この式は，受信機が所要の出力品質で信号を受信するための受信電力量を定義したものである．感度は，最小識別信号（minimum discernable signal; MDS）として表されることもある．MDS も上式により計算できるが，RFSNR は 0dB（すなわち，信号が受信システムの入力部における雑音と同じ）とする．

　kTB は受信システムの有効帯域幅の関数であるので，図 11.10 のグラフは，受信機の有効帯域幅とその雑音指数から MDS 感度を求めるために用いることができる．図を使用するには，横軸の帯域幅から目的の雑音指数の直線まで上に進

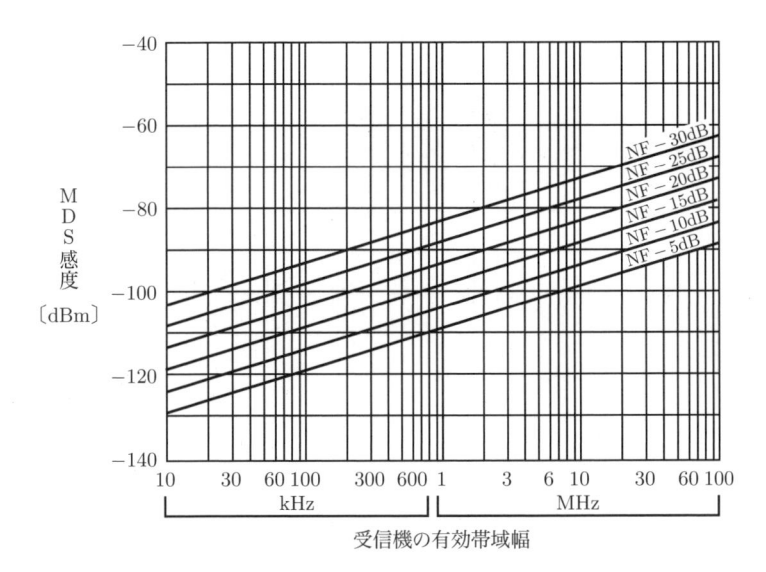

図 11.10　受信システムの MDS 感度は，その有効帯域幅と雑音指数の関数である．

み，次に左の縦軸に進んで MDS 感度〔dBm〕の値を読み取る．規定の最大限の出力性能における感度を決定するには，MDS 感度に所要 RFSNR を加えるだけでよい．

11.7 周波数捜索の論点

11.4 節では，狭ビームアンテナに付随する捜索問題を扱った．図 11.6 は，アンテナビーム幅と走査速度に応じて，ある信号に滞留する時間を計算するグラフである．ここではもう一つの捜索問題として，不明脅威信号を周波数で捜索する問題を扱おう．確かな経験則によれば，信号の存在を傍受するためには，その信号が受信機の有効帯域幅の逆数に等しい時間，受信機の帯域幅内に留まっていなければならない．例えば，帯域幅が 1MHz の受信機は，新周波数に移る前に $1\mu s$ は同じ周波数に留まらなければならない．

図 11.11 のグラフにより，与えられた周波数範囲を（適切な帯域幅内の滞留時間で）カバーするために必要な時間を，帯域幅と掃引範囲に応じて求めることが

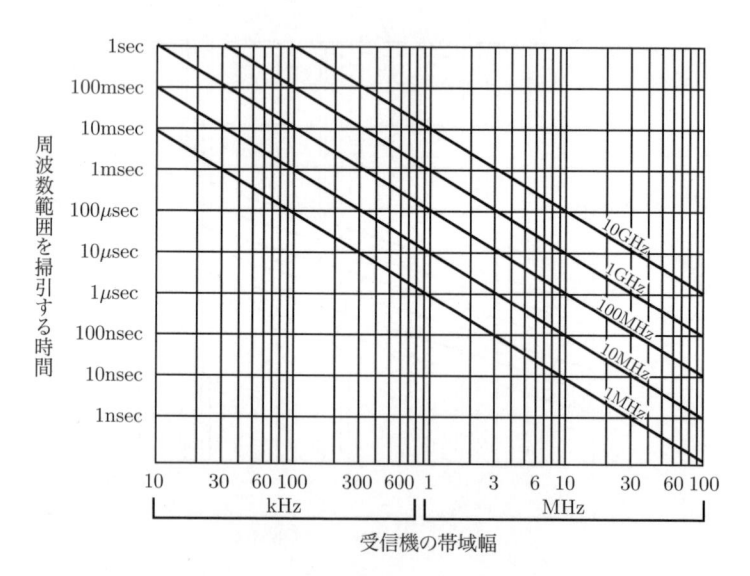

図 11.11 適切な帯域幅内の滞留時間で，ある周波数範囲を掃引するために必要な時間は，その範囲を掃引する受信機の帯域幅の関数である．

できる．図を使うには，横軸の受信機帯域幅から目的の掃引周波数範囲の直線まで上に進み，次に左の縦軸に進んで，信号を探すために必要な総所要時間を読み取る．

11.8 信号処理の論点

ESシステムとSIGINTシステムへの要求に違いを生じさせる信号処理の問題を検討しよう．それらの違いは，対象信号から収集しなければならない情報の性質や，その出力報告の緊急性に関係がある．

ESシステムとSIGINTシステムの役割を分ける最も重要な関心事は，おそらく遭遇する脅威信号から収集されるべきデータの性質と量であろう．

図11.12は，レーダと通信のESおよびSIGINTシステムへのデータ要件を要約したものである．

一般に，レーダESシステムは，敵がどの武器を使用しているかを見つけ出し，また適切な対抗策を選定しうるに足るデータを収集する．これらはすべて，10秒以内で行われる．受信データの収集と利用について，図11.13に示す．受信システムの脅威識別（TID）テーブルに格納された脅威諸元は，ELINTシステムで事前に収集した詳細なデータ分析の成果であることに注目しよう．

	ESデータ収集	SIGINTデータ収集
レーダ脅威信号	・レーダ型式と運用モードの特定に十分なデータのみを収集 ・既知の脅威データの範囲 ・識別アンビギュイティ解消に十分なパラメータの精度	・詳細にわたる分析を裏付けるのに十分なデータを収集 ・どのような将来脅威であっても，役に立つ範囲の限定的なデータ範囲 ・将来脅威の能力の究明に十分なパラメータの精度
通信脅威信号	・外面的データのみ(周波数, 変調型式・レベル, 受信信号強度, 電波源位置, 傍受時刻)を収集 ・脅威の識別, EOBおよび妨害活動支援のみに十分なパラメータ範囲と精度	・外面的データと内在データの収集 ・ES要求と同類の外面的データ ・復調信号から所望の軍事情報を取り出すのに十分な内在データ

図 11.12　データ収集要件は，ESシステムとSIGINTシステムとでは大きく異なる．

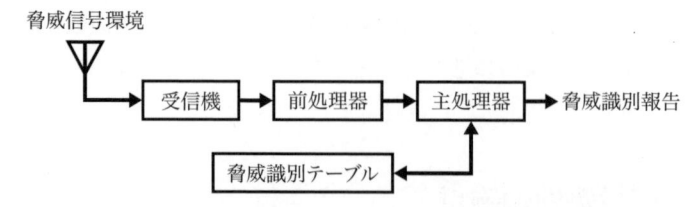

図 11.13　レーダ ES システムにおいては，受信信号から各信号諸元を究明し，信号諸元ファイルと脅威識別テーブルとを照合して，脅威識別報告が出力される．

　ELINT システム（すなわち，レーダ脅威に備えて運用中の SIGINT システム）は，予想されるすべてのパラメータ範囲にわたり，さらに多くの完全なデータを収集しなければならない．この詳細なデータは，長時間または多数の傍受によって収集され，レーダ ES システムがすぐに識別しなければならないかを判断するのに必要な詳細分析を助ける．ELINT システムによって収集された代表的なパルスレーダ脅威信号および ELINT システムに必須のデータを，表 11.3 に要約する．

　通信 ES システムは，電子戦力組成の作成，対抗手段の運用，および火力と機動戦術の選択を援助するために脅威信号の外面的特性を処理する．戦術行動の動的性質のため，この処理は概して極めて迅速に行わなければならない．データの量（一般にデジタル）は，収集すべき諸元の数と戦術解析を裏付ける所要の詳細

表 11.3　代表的なパルスレーダ脅威に関する ELINT データ

諸　元	範囲	精度	ビット数
パルス幅	$0.1\sim20\mu s$	$0.1\mu s$	8
パルス繰り返し間隔	$3\sim3,000\mu s$	$3\mu s$	10
無線周波数	$0.5\sim40GHz$	$100MHz$	9
走査周期	$0\sim30$ 秒	0.1 秒	9
BPSK クロック速度	$0\sim50Mpps$	$100pps$	19
パルス内の BPSK ビット数	$0\sim1,000$ ビット	1 ビット	10
パルス内の FM	$0\sim10MHz$	$100kHz$	7
信号当たりの合計ビット数			72

度によって決まる．表 11.4 は，各脅威についての通信 ES データの収集に必要とされる一般的な諸元を列挙したものである．

仮に 250 の信号が存在し，その電波環境を毎秒 10 回収集するとした場合の所要データ帯域幅は，

$$250\,信号 \times 27\,ビット/信号 \times 毎秒 10\,回の収集 = 67{,}500\,[\text{bps}]$$

となる．

一般に COMINT（すなわち，通信脅威に対する SIGINT）は，通信信号が伝送する軍事的に有用な情報を抽出することを想定している．しかし，この情報を役立てるには，通常，その位置と電波源の種類とが紐付けされなくてはならない．したがって，COMINT システムは，ほとんどの場合，図 11.14 に示すように，外面的特性と内在するデータの両方の信号データを記録することが必要である．外面的データとして必要なビットに加えて，変調も記録しなければならない．これには，

表 11.4 通信 ES が捕捉する脅威信号の代表的な諸元

諸　元	範囲	精度	ビット数
無線周波数	10〜1,000MHz	1MHz	12
変調方式			3
符号化方式			3
電波到来方向	0〜360°	1°	9
信号当たり合計ビット数			27

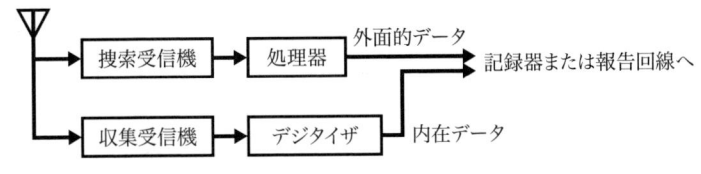

図 11.14 COMINT システムは，受信信号の外面的データと内在データの両方を記録する．

$$
\begin{array}{c}
\text{いくつかの分解能} \\
\text{ビット数（3〜6）}
\end{array}
\times
\begin{array}{c}
\text{音声出力帯域幅（また} \\
\text{は IF 帯域幅）の 2 倍}
\end{array}
\times
\begin{array}{c}
\text{常に使用中と考えられる} \\
\text{チャンネル数}
\end{array}
$$

が必要である．例えば，6 ビットでデジタル化され，25kHz 帯域の対象チャンネルが 20 個あれば，合計ビットレートは次のようになる．

$$
20 \text{ チャンネル} \times 2 \times 25,000 \text{ サンプル}/\text{sec} \times 6 \text{ ビット}/\text{サンプル} = 6 \text{〔Mbps〕}
$$

EW システムと SIGINT システムを使用する状況について，昔からの言い方を思い出そう．「どんな戦術的問題にも正解が一つだけ存在する．すなわち，それは状況と地形による」．さらに具体的に言うと，正解は脅威信号の変調，脅威の運用特性，電波環境密度，脅威や受信アセットの位置関係と運動，および戦況に左右される．このように正解は一つではないので，本章の主な目標は，読者が結果を最適化するためのトレードオフを行うための助けとなることにある．

11.9　　記録器追加の議論

図 11.15 に示すように，通常の ES 活動中に遭遇するかもしれない，あらゆる新しい信号型式の特性を記録するデジタル記録器を有するレーダ ES システムがある．このため，一部の人はそのようなシステムは SIGINT システムの必要性を排除すると議論している．これは起こりうることであり，それはまさに，状況と地形によるということである．一般に，収集すべき新しい脅威信号型式とデータの種類の組織的な捜索と分析を行う場合は，その種の意思決定をする前に，ことによると異なる状況についてもよく考えることが賢明である．

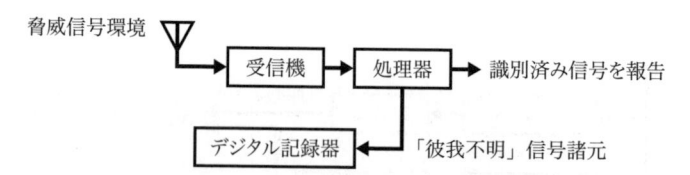

図 11.15　デジタル記録器は，レーダ ES システムに組み込まれ，遭遇する新型式の信号諸元を記録する．

参考文献

[1] Adamy, D., *EW101: A First Course in Electronic Warfare*, Artech House, 2001.
【邦訳】河東晴子, 小林正明, 阪上廣治, 徳丸義博 訳, 『電子戦の技術 基礎編』, 東京電機大学出版局, 2013.

和文索引

欧文索引

■ E

■ 著者紹介

David Adamy が国際的に認められた電子戦の専門家であることは，彼が長年にわたり EW101 コラムを執筆してきたことから，おそらくわかるだろう．これらのコラムの執筆に加え，制服時代から 50 年以上にわたり，彼は常に EW のプロであった（業界用語でいう Crow（カラス）だと，彼は誇りを持って自分をそう呼んできた）．システムエンジニア，プロジェクトリーダ，テクニカルディレクタ，プログラムマネージャ，そしてラインマネージャとして，DC（直流）のすぐ上から可視光のすぐ上に及ぶ EW の各計画に直接参画してきた．それらの計画は，潜水艦から宇宙に及ぶプラットフォームに配備されるシステム，また，にわか仕立てから高信頼性のものまで各種要求に適合するシステムを生み出してきた．

彼は通信理論において電気工学学士・修士の学位を持っている．EW101 コラムの執筆に加え，EW と偵察，およびそれらの関連分野において数多くの技術論文を発表しており，16 冊の書籍を出版している．また，世界中の EW 関連講座で教えるほか，軍関連機関や EW 企業のコンサルタントを務めている．さらに，AOC（Association of Old Crows; オールドクロウズ協会）全国理事会の長年のメンバーであり，その元会長でもある．

■ 訳者紹介 (五十音順)

河東晴子 (かわひがし・はるこ, Haruko Kawahigashi)

1985 年 東京大学工学部電気工学科卒業. 同年 三菱電機株式会社入社. 1991〜1992 年 カリフォルニア大バークレー校客員研究員. 2001 年 博士 (工学) (東京大学). 三菱電機株式会社情報技術総合研究所主管技師長. AOC Japan Chapter EW Study Group Secretary.

小林正明 (こばやし・まさあき, Masaaki Kobayashi)

1974 年 大阪大学大学院工学研究科通信工学専攻博士課程修了. 同年 三菱電機株式会社入社. 以来, EW システムのシステム設計, 研究開発などに従事. 元 神戸大学非常勤講師. AOC Japan Chapter EW Study Group Chair. 2013 年 フリーランスの防衛電子技術コンサルタント.

阪上廣治 (さかうえ・ひろじ, Hiroji Sakaue)

1972 年 防衛大学校卒業. 海上自衛隊入隊. 主要配置は, 護衛艦によど・護衛艦はるゆき・輸送艦おおすみ艦長, 電子情報支援隊司令. 2005〜2012 年 三菱電機株式会社通信機製作所電子情報システム部勤務.

徳丸義博 (とくまる・よしひろ, Yoshihiro Tokumaru)

1973 年 防衛大学校卒業, 陸上自衛隊 (通信科) 勤務. 1997 年 三菱電機株式会社入社, 通信機製作所勤務. 通信電子戦システム開発・プロジェクト業務に従事. 2015 年 三菱電機株式会社退社.

電子戦の技術　新世代脅威編

2018年4月10日　　第1版1刷発行	ISBN 978-4-501-33290-7 C3055
2019年12月20日　　第1版2刷発行	

著　者　デビッド・アダミー
訳　者　河東晴子・小林正明・阪上廣治・徳丸義博
　　　　Ⓒ Kawahigashi Haruko, Kobayashi Masaaki, Sakaue Hiroji, Tokumaru Yoshihiro 2018

発行所　学校法人 東京電機大学　〒120-8551 東京都足立区千住旭町5番
　　　　東京電機大学出版局　　Tel. 03-5284-5386（営業）03-5284-5385（編集）
　　　　　　　　　　　　　　　Fax. 03-5284-5387 振替口座00160-5-71715
　　　　　　　　　　　　　　　https://www.tdupress.jp/

制作：㈱グラベルロード　　印刷：新灯印刷㈱　　製本：渡辺製本㈱
装丁：小口翔平（tobufune）
落丁・乱丁本はお取り替えいたします。　　　　　　　Printed in Japan

電子戦の 技術

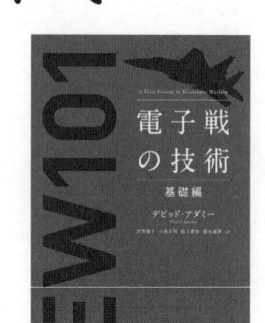

基礎編

原著＝EW101：A First Course in Electronic Warfare
著＝デビッド・アダミー
訳＝河東晴子，小林正明，阪上廣治，徳丸義博
A5 判／382 ページ
ISBN：978-4-501-32940-2

Feature

　電子戦の本来の目的は，電磁波を使用してあらゆる軍事活動（戦闘以外の軍事活動を含む）を支援することである．一方，対象は異なるが，電子戦の考え方，技術を適用できる分野，すなわち電磁波を使用する入試不正行為などの対策，サイバー戦，情報戦，国家安全保障，公共保安，防犯等においてもその利用可能性は増大している．したがって，このような新たな観点から本書が利用されることも期待する．

　本書は，電子戦の専門家のみならず，他分野の技術者・運用者の理解に役立つ平易な内容となっており，「拡充編」，「通信電子戦編」への入門編として位置づけられる．

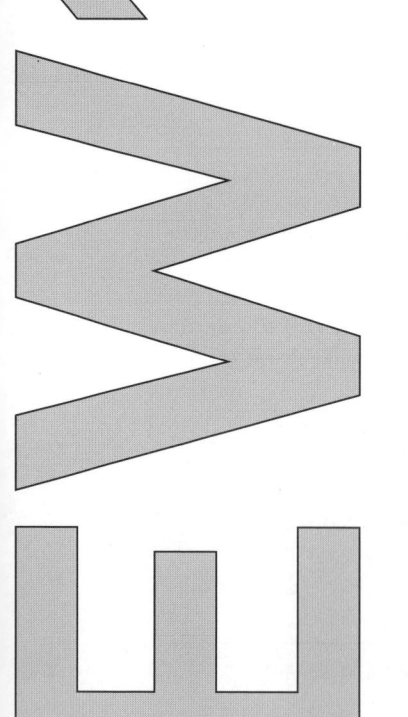

Contents

電子戦の技術

拡充編

原著＝EW102：A Second Course in Electronic Warfare
著＝デビッド・アダミー
訳＝河東晴子，小林正明，阪上廣治，徳丸義博
A5 判／ 378 ページ
ISBN：978-4-501-33030-9

Feature

　「EW101」の出版から「EW102」出版に至る間の EW の変遷，技術の発展並びに EW 脅威範囲の拡大・多様化に対応して，「EW101」の内容を拡充した内容となっている．特に，EW の EO 領域への対応，スペクトル拡散信号に対する EW，通信衛星における EW 考慮等について，平易に解説している．本書は「基礎編」に続く完全翻訳版であり，引き続き EW を研究したいと思う読者の参考書として，前作と併せて活用されることを期待する．

Contents

電子戦の技術

通信 電子戦編

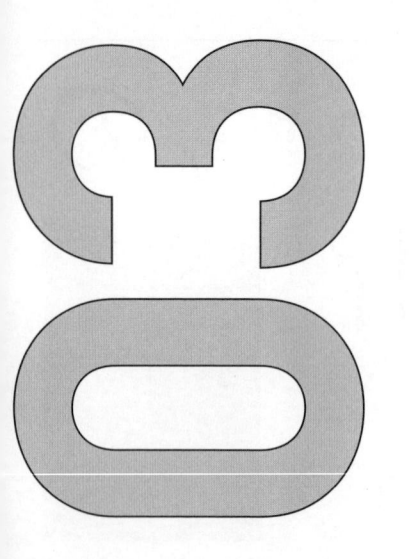

原著＝EW103：Tactical Battlefield Communications Electronic Warfare
著＝デビッド・アダミー
訳＝河東晴子，小林正明，阪上廣治，徳丸義博
A5判／394ページ／計算尺付き／WEB資料
ISBN：978-4-501-33100-9

Feature

　EW101-基礎編，EW102-拡充編の続編として，戦術通信電子戦に特化した内容となっている．通信信号の概要，アンテナ，受信機，電波伝搬等の基礎について平易に解説するとともに，通信 EW における ES（電子戦支援），EP（電子防護），EA（電子攻撃）といった，電子戦の機能と通信並びに通信電子技術との関わりについて説明している．

　また，LPI信号，デジタル信号等に対する EW も紹介しており，新しい観点からの EW についての理解も得られる．電子戦は 21世紀には通信電子戦の重要性が増していくと言われている．本書はこの意味で好個の参考書でもある．

Contents